프렌즈 시리즈 28

프렌즈 다낭

안진헌 지음

Da Nang

중앙books

Prologue
저자의 말

베트남 여러 도시 중 하나를 다루는
시티 가이드북을 낸다면 하노이가 먼저일 줄 알았다.
그런데 다낭 · 호이안 · 후에가 먼저 책으로 묶여 나오다니, 세상이 변했다.
하긴 그토록 아름다운 바닷가를 간직한 도시를
여행자들이 가만히 내버려둘 리 없지 싶다.
유네스코 세계문화유산도 세 곳이나 있어 역사 · 문화 여행지로도 손색없다.
호이안은 그곳에 머무는 것만으로도 기분이 좋아질 정도니.
이 글을 쓰면서도 그리워지는 매력적인 공간이다.

20년 가까이 들락거리던 베트남.
뭔가 새로운 게 없을까 하고 그 익숙한 길을 걷고 또 걸었다.
세상은 늘 변하지만, 팬데믹 이후의 세상은 너무도 많이 변해 있었다.
살아남은 레스토랑이 거의 없을 정도라,
새로운 책을 만드는 기분으로 취재하고 글을 썼다.
그렇게 흩어졌던 조각들을 하나둘 맞춰가며 큰 그림을 완성해 갔다.

새로운 변화의 물결이 넘실대는 베트남.
도시가 주는 편안함과 열대 해변의 정취가 가득한 다낭,
올드 타운을 가득 메운 호이안의 낭만적인 거리 풍경,
고도(古都)의 향기가 가득한 후에의 고즈넉함이
이 책을 통해 예비 여행자들에게 잘 전달되기를 희망해본다.

안진헌

Thanks To

Tran Thu Huong, Long Hoang Bui, Nguyen Quy Anh, Tran Bi Lot Tran, Foo Chik Aun, Frankie Seo, Nguyen Anh Hong, Hoang Hanh, Huong Nguyen, Phuong Tran, Nguyen Xuan Quang, Nguyen Duc Quynh, Phan Ho Chau Nam, Dinh Hong Tam, Hong Yen Park, Minsun Park, Nguyen Hoang Cam Tu, Tran Thien Tung, Le Thi My Hanh, Nguyen Hong Tho, Cao Thi Xuan Tram, Ngo Hoang Nguyen Anh, Ha My, Duy Phan, Pham Thi Phuong Anh, Nguyen Thanh Ha, Anh Nguyen, Ho Phuong Lan, Phan Thi Van Thao, Nguyen Phuong, Pham Quoc Trung, Ngo Hoai Diem Thi, Le Trang, Duong Dang Thuy, Chu Long, Hoa Phu Thanh, Lune Production, 권형근, 박영근, 김도균, 김슬기, 이창환, 신윤영, 구윤선, 김성영, 안명순, 마미숙, 김우열, 김현철, 김은하, 양영지, 최혜선, 최승헌, 남지현, 성남용, 정창숙, 쑤기쒸, 안수영, 이지상, 배훈(재키), 이현석, 김경희, 류호선, 권지현, 찬찬, 구자호, 소방, 이국환, 유환수, 류선하, 올림푸스카메라, 트래블메이트, 트래블게릴라

Special Thanks To

중앙북스 이정아 님, 문주미 님, 허진 님, 가이드북 공작단 동지 노커팅 조현숙, 디자인 작업을 해 주신 정원경 님, 개정 디자인 작업을 해 주신 김미연 님, 변바희 님, 지도 작업을 해 주신 김영주 님, 한 팀이 되어 책 작업을 해 주신 에디터 박수민 님 감사합니다.

How To Use
일러두기

이 책에 실린 정보는 2024년 5월까지 수집한 정보를 바탕으로 하고 있습니다. 현지 교통 · 볼거리 · 레스토랑 · 쇼핑센터의 요금과 운영 시간, 숙소 정보 등이 수시로 바뀔 수 있음을 말씀드립니다. 때로는 공사 중이라 입장이 불가능하거나 출구가 막히는 경우도 있습니다. 저자가 발빠르게 움직이며 바뀐 정보를 수집해 반영하고 있지만 예고 없이 현지 요금이 인상되는 경우가 비일비재합니다. 이 점을 감안하여 여행 계획을 세우시기 바랍니다. 혹여 여행의 불편이 있더라도 양해 부탁드립니다. 새로운 정보나 변경된 정보가 있다면 아래로 연락주시기 바랍니다. 더 나은 정보를 위해 귀 기울이겠습니다.

저자 이메일 bkksel@gmail.com

1. 알차게 여행하는 요령,
다낭 · 호이안 · 후에(훼) 베스트

베트남이 낯선 초보 여행자를 위해 준비했다. 베트남에서 꼭 해봐야 할 것, 꼭 먹어봐야 할 것, 꼭 사야할 것 등 베트남을 상징하는 키워드별로 소개했다. 각 도시별로도 베스트 오브 베스트 Best of Best, 도시 들여다보기 Look Inside를 통해 짧은 여행에서 낯선 도시에 대한 두려움을 해소하고 알차고 재미있게 관광할 수 있다.

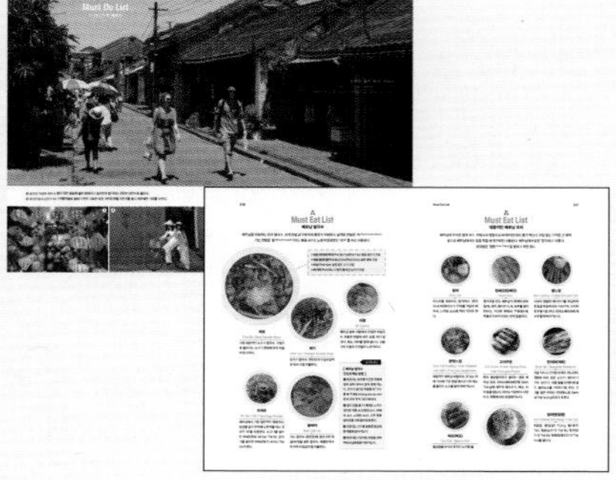

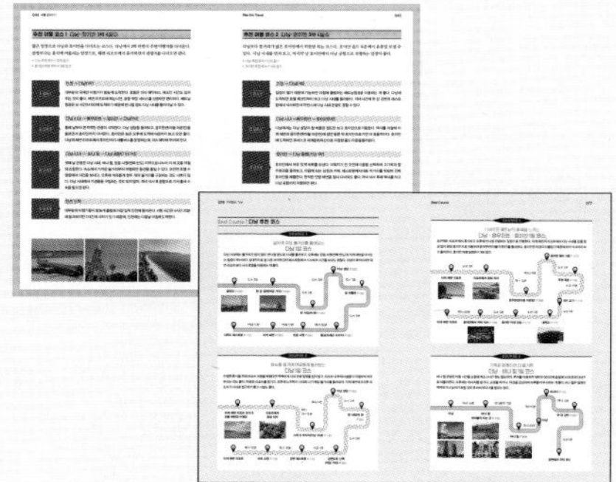

2. 여행자의 취향 존중,
추천 여행 코스

여행 전 가장 중요하면서도 가장 설레는 순간이 바로 일정 짤 때가 아닐까. 한국인들이 선호하는 베트남 다낭 · 호이안 · 후에(훼) 여행 스타일을 분석해 3박 4일, 4박 5일, 5박 6일 코스 등 기간별 · 테마별 추천 코스를 소개한다. 도시별로 볼거리 중심의 당일 추천 코스도 확인할 수 있으니 자신의 여행 스타일에 맞춰 선택할 수 있다.

3. 길을 찾거나 기사에게 보여주는, **베트남어 표기**

볼거리 · 레스토랑 · 숙소의 이름은 영어와 베트남어를 이중병기했다. 같은 글자여도 성조에 따라 전혀 다른 뜻이 되므로 베트남어 표기가 중요하다. 현지인에게 길을 물어보거나 택시 기사에게 목적지를 설명할 때, 유용한 자료가 된다. 인덱스에서는 주요 볼거리의 영문 표기를 모아놓아 구글 지도에서 검색할 때 용이하도록 했다.

4. 인기 스폿을 엄선한, **볼거리 · 레스토랑 나이트라이프 · 쇼핑 · 마사지**

지역별 세부 볼거리와 그에 얽힌 친절한 문화 · 역사 이야기, 길거리 맛집 · 노점부터 격식 있는 레스토랑과 대형 쇼핑센터까지, 베트남 여행을 더 풍성하게 해 줄 최신 여행 정보와 다양한 즐길 거리를 소개한다. 스폿마다 저자가 적극 추천하는 '추천' 마크와 많은 여행자들이 찾는 '인기' 마크를 참고하자.

5. 여행자 선택의 폭을 넓혀 주는, **베트남의 숙소**

도시별 · 구역별 · 예산별로 여행자가 선택할 수 있도록 게스트하우스부터 중급 호텔, 고급 호텔까지 다양한 숙소를 담았다. 객실 타입별 부대시설과 서비스를 상세히 소개해 숙소를 선택할 때 도움이 된다. 특히 다낭과 호이안의 해변 리조트 숙박 여행자들을 위해 호텔에서 제공하는 다양한 무료 서비스와 액티비티, 추천 여행 코스 등을 소개한다.

6. 스마트폰이 없어도 안심되는, **도시별 최신 지도**

본문에 소개한 볼거리 · 레스토랑 · 쇼핑 · 숙소 등의 위치를 지도에 표시했다. 본문 상세 정보에 표시된 '지도 P.000-A1'은 해당 스폿의 위치가 표시된 지도가 있는 페이지와 구역 번호다. 참고해 지도와 연계해 보면 찾기 쉽다. 각 도시별로 교통수단과 이동 방법도 친절하게 소개한다.

지도에 사용한 기호

● 관광	● 식당	● 쇼핑	● 숙소	● 엔터테인먼트	● 마사지
공항	학교	우체국	은행	기차	철도
버스정류장	보트	사원	해변	병원	교회

Contents
다낭 · 호이안 · 후에

호이안 Hoi An 150

미썬 My Son 222

후에(훼) Hue 230

베트남 여행의 숙박 Accommodation 272

여행 준비하기 Before the Travel 301

Must Do List

이것만은 꼭 해보자

❶ 호이안 야경에 취하기 밤이 되면 홍등에 불이 밝혀지고 호이안의 밤거리는 은은한 낭만으로 물든다.

❷ 호이안에서 자전거 타기 여행자들로 붐비기 전인 고요한 오전. 현지인처럼 자전거를 끌고 차분해진 거리를 누빈다.

1

2

호이안 올드 타운 거닐기

마을 전체가 유네스코 세계문화유산인 호이안.
산책하듯 옛 거리를 거닐다보면 베트남 특유의 정취를 느낄 수 있다.

❸ 한 강 강변에서의 저녁 식사 늦은 오후 붉게 물든 강변으로 사람들이 모인다. 레스토랑 야외 테라스에 앉아 다낭의 일상을 구경한다.

❹ 후에 황제릉 다녀오기 옛 왕궁터가 남아 있는 후에(훼)의 향기는 깊다. 보트를 타고 흐엉 강을 유람하며 황제릉까지 둘러본다.

3

4

Must Do List

이것만은 꼭 해보자

❶ 다낭 미케 해변에서 휴식하기 세계 6대 해변으로 선정된 미케 해변의 리조트에서 도시의 번잡함을 벗어나 열대 바다를 만끽한다.

❷ 쩌 한(한 시장)에서 쇼핑하기 현지에서 입기 좋은 원피스와 베트남 전통의상인 아오자이, 라탄 가방까지 원스톱 쇼핑이 가능하다.

바나 힐 케이블카 타기

세계에서 2번째로 긴 케이블카를 타고 위로, 위로 올라가면
비밀처럼 유럽풍의 도시와 드라마틱한 전망이 기다리고 있다.

© Ba Na Hills

❸ 로컬 식당에서 쌀국수 한 그릇 베트남에 간다면 현지식 쌀국수를 꼭 맛보자. 소고기 육수와 부드러운 면발이 입 안 가득 즐거움을 준다.

❹ 다낭에서 기차 타고 후에(훼) 가기 느리게 이동하는 기차는 하이번 고개를 넘는다. 구불구불 해안선을 따라 바다가 모습을 드러낸다.

Must Do List
이것만은 꼭 해보자

❶ 다낭 성당에서 기념사진 찍기 다낭의 랜드마크인 핑크색 성당 앞에서 기념사진 찍기는 필수다.

❷ 호이안에서 소원 등 띄우기 홍등이 호이안의 거리를 밝히기 시작하는 저녁시간, 뱃놀이를 즐기며 소원 등을 띄워 보내자.

1

2

골든 브리지 거닐기

해발 1,414m의 바나 힐 꼭대기에 만든 인공 다리. 신비하고 웅장한 모습 덕분에 다낭의 대표적인 볼거리로 자리 잡았다.

❸ 베트남 커피 마시기 목욕탕 의자에 앉아 거리 풍경을 감상하며 마시는 베트남 커피가 별미다.

❹ 1일 1마사지 실천하기 한낮의 무더위를 피하는 가장 좋은 방법은 마사지를 받으며 피로를 푸는 것. 1일 1마사지로 호사를 누려보자.

Must Do List

이것만은 꼭 해보자

❶ **야시장 다녀오기** 더운 나라답게 밤이 되면 야시장이 생기고 사람들이 모여든다.

❷ **썬짜 반도 일주하기** 해수 관음상으로 유명한 린응 사원부터 다낭 전망대로 알려진 딘반꺼에 이르는 비경을 감상할 수 있다.

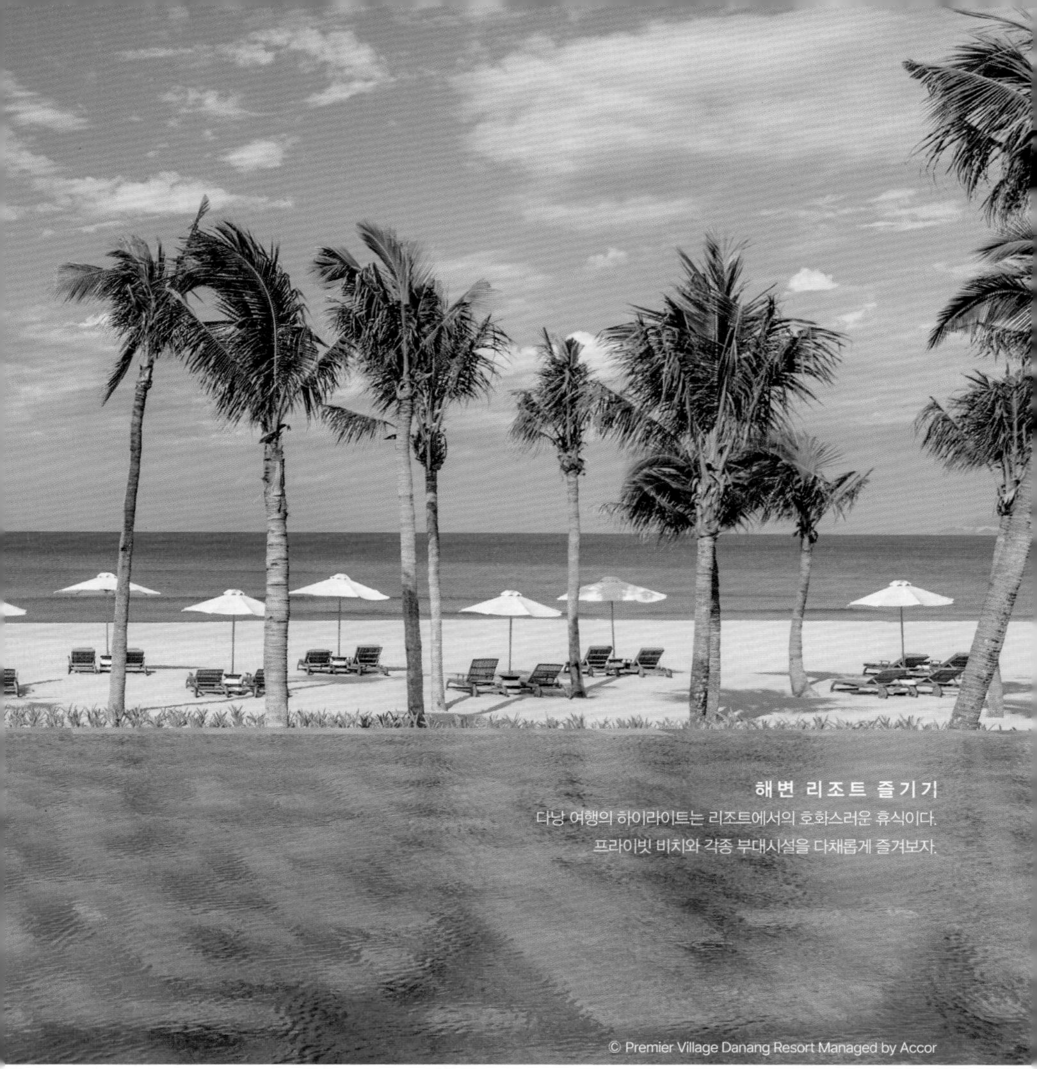

해변 리조트 즐기기

다낭 여행의 하이라이트는 리조트에서의 호화스러운 휴식이다.
프라이빗 비치와 각종 부대시설을 다채롭게 즐겨보자.

© Premier Village Danang Resort Managed by Accor

❸ **응우한썬(마블 마운틴) 다녀오기** 해안과 접한 평지에 봉긋 솟아 있는 다섯 개의 바위산. 호이안으로 가는 길에 들르기 좋다.
❹ **안방 해변 나들이** 호이안과 가까운 안방 해변은 인근에 분위기 좋은 로컬 레스토랑이 가득하다.

3

4

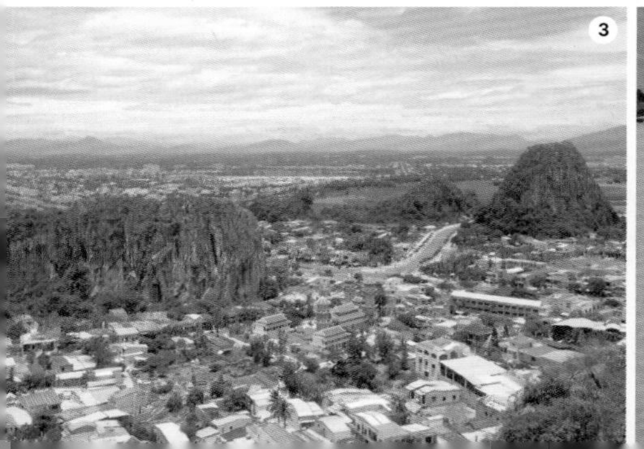

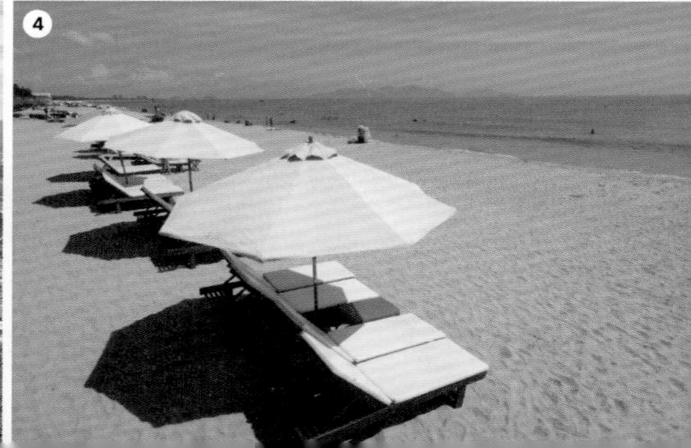

01

Must Eat List

베트남 쌀국수

베트남을 대표하는 요리 쌀국수. 크게 면발 굵기에 따라 종류가 구분된다. 넓적한 면발은 '퍼 Phở(Noodle Soup)', 가는 면발은 '분 Bún(Vermicelli)'이다. 볶음 국수는 노란색 달걀면인 '미 Mì'를 주로 사용된다.

- **퍼보 따이(퍼 따이)** Phở Bò Tái(Phở Tái): 얇은 생고기 고명
- **퍼보 찐(퍼 찐)** Phở Bò Chín(Phở Chín): 삶은 편육 고명
- **퍼 남** Phở Nạm: 삶은 양지 고기 고명
- **퍼 거우** Phở Gầu: 지방이 들어간 소고기 고명

퍼보

Phở Bò / Beef Noodle Soup

가장 대중적인 소고기 쌀국수. 고명으로 올라가는 소고기 형태에 따라 이름이 또 다르다.

퍼가

Phở Gà / Chicken Noodle Soup

닭고기 쌀국수. 연한 닭고기 살과 담백한 육수가 잘 어울린다.

미꽝

Mì Quảng

베트남 중부 지방에서 유명한 비빔국수. 두툼한 면발에 새우, 땅콩, 튀긴 쌀과자, 채소, 허브를 함께 넣는다. 강황 가루가 들어가 면발이 노란색이다.

미싸오

Mì Xào / Stir Fried Egg Noodle

베트남에서 가장 일반적인 볶음국수. 달걀을 넣고 반죽해 노란색을 띠는 국수인 '미'를 이용한다. 소고기를 넣으면 미싸오팃보 Mì Xào Thịt Bò, 닭고기를 넣으면 미싸오팃가 Mì Xào Thịt Gà가 된다.

분짜까

Bún Chả Cá

가는 쌀국수 생면(분)에 생선 어묵 튀김(짜까)을 넣은 쌀국수. 매콤한 육수와 어묵의 질감이 잘 어울린다.

알아두세요

【 베트남 쌀국수 맛있게 먹는 방법 】

❶ 초급자는 숙주를 뜨끈한 국물에 넣어 살짝 데쳐서 면과 함께 먹는다. 고수가 싫다면 주문할 때 "고수를 빼 주세요 Không cho rau mùi 콩 쪼 자우 무이."라고 말하자.

❷ 현지 맛을 좀 더 제대로 느끼고 싶다면 각종 소스(칠리 소스, 바베큐 소스, 느억맘 소스), 고추 등을 넣어 맛을 더욱 풍부하게 한다.

❸ 고급자는 고수를 포함한 향신채를 국물에 넣어 먹는다.

❹ 초급자든 고급자든 라임을 살짝 뿌려서 상큼함을 더해 먹는다.

02

Must Eat List

대중적인 베트남 요리

베트남의 주식은 쌀과 국수. 프랑스의 영향으로 바게트(반미)도 즐겨 먹는다. 부담 없는 가격은 큰 매력. 참고로 베트남에서는 밥을 먹을 때 젓가락만 사용한다. 베트남에서 밥은 '껌'이라고 부른다. 공깃밥은 '껌짱 Cơm Trắng'을 달라고 하면 된다.

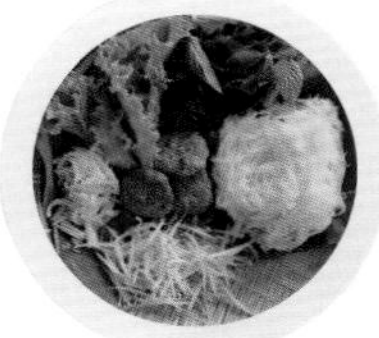

분짜
Bún Chả

하노이를 대표하는 음식이다. 분(국수)과 짜(돼지고기 구이)를 적당히 떼어서, 느억맘 소스에 찍어 먹으면 된다.

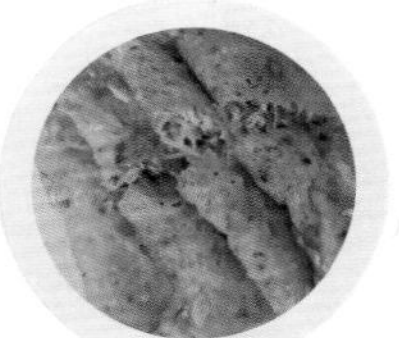

반쎄오(반쌔오)
Bánh Xèo

쌀가루로 만든 베트남식 팬케이크(부침개). 새우, 돼지고기, 파, 숙주를 넣어 만든다. 커다란 팬에서 구워내는데, 두툼하고 바삭거리는 맛이 일품이다.

넴느엉
Nen Nướng / Grilled Ground Pork

다져서 양념한 돼지고기를 떡갈비처럼 둥글게 뭉쳐 만든 석쇠구이. 꼬치처럼 만들기도 한다. 라이스페이퍼에 채소와 함께 싸서 먹는다.

분팃느엉
Bún Thịt Nướng / Rice Noodles with BBQ Pork and Vegetables

대중적인 베트남 비빔국수. 분 Bún 위에 석쇠에 구운 양념 돼지고기와 채소를 올리고 소스를 넣어 비벼 먹는다.

고이꾸온
Gỏi Cuốn / Fresh Spring Rolls with Pork and Prawn

흔히 월남쌈이라고 불리는 대표 베트남 요리. 라이스페이퍼(반짱 Bánh Tráng)에 새우와 돼지고기, 채소, 허브 등을 넣는다. 허브는 식당마다 다양하고, 취향에 따라 조절해 먹는다.

반미(바게트)
Bánh Mì / Baguette Sandwich

아침 식사나 간식용 바게트 샌드위치. 취향에 따라 조린 소고기·돼지고기 구이·닭고기·피클 등을 바게트에 넣고, 칠리소스를 가미하기도 한다. 고기를 넣은 반미는 반미팃느엉 Bánh Mì Thịt Nướng이라고 부른다.

짜조(짜요)
Chả Giò / Spring Roll

월남쌈을 바삭하게 튀긴 스프링 롤.

껌찌엔(껌장)
Cơm Chiên(Cơm Rang) / Fried rice

볶음밥. 쯩(달걀) Trứng, 똠(새우) Tôm, 팃보(소고기) Thịt Bò, 팃가(닭고기) Thịt Gà, 팃헤오(돼지고기) Thịt Heo를 넣는다.

03

Must Eat List

호이안 전통 요리

호이안은 중국 · 일본 상인들이 정착하면서 자연스레 두 나라 음식의 영향을 받았다. 오랜 기간 동안 다양한 문물이 베트남 본토에 젖어들며 생긴 호이안만의 독특한 음식 문화를 맛보자.

까오러우 Cao Lầu

일본의 우동과 비슷하다. 면발이 쌀국수지만 두툼한 것이 특징. 철분이 함유된 호이안 지방의 우물물로 반죽해서 쫄깃하고 달콤한 맛이 난다. 고명으로 돼지고기와 바삭한 쌀 튀김, 채소, 허브를 넣어 면과 함께 비벼 먹으면 된다. 호이안 음식 중에 가장 유명하며, 조리 방법도 간편해 호이안 어디서나 손쉽게 맛볼 수 있다.

호안탄(환탄) Hoành Thánh

베트남식 완탕. 일반적으로 '호안탄 찌엔 Hoành Thánh Chiên'이라고 해서 튀겨 먹는다. 완탕을 통째로 튀기는 게 아니라, 밀가루만 얇게 따로 튀기고 그 위에 새우나 다진 고기, 토마토, 양파를 요리해 얹는다. 매콤한 만둣국 '호안탄 느억 Hoành Thánh Nước'과 완탕 국수인 '호안탄 미 Hoành Thánh Mì'도 있다.

반바오반박(화이트 로즈) Bánh Bao Bánh Vạc

중국의 만두와 비슷하다. 딤섬처럼 쌀로 만든 만두피가 얇고 투명하다. 다진 새우를 소로 넣고 튀긴 마늘과 곁들여 간장 소스나 생선 소스에 찍어 먹는다. 하얀색 만두피와 붉은색 새우가 어울려 장미 모양을 하고 있기 때문에 '호아홍짱 Hoa Hồng Trắng(White Rose)'이라고도 한다.

껌가 Cơm Gà

중국 남방의 닭고기덮밥처럼 푹 고은 담백한 닭고기를 밥 위에 얹어 주는 치킨라이스. 싱가포르나 태국에서도 흔하게 접할 수 있는 음식이다. 호이안에서는 닭고기를 삶은 육수로 밥을 지어서 밥이 노란색을 띤다. 잘게 썬 파파야와 고추기름을 적당히 넣어 밥과 함께 먹으면 된다.

알아두세요

【 호이안 쌀국수 Phở Hội An 】

호이안 쌀국수는 햇볕에 살짝 건조한 면발을 사용하기 때문에 쫄깃한 편이다. 육수에 땅콩 가루를 넣어 고소한 맛을 낸다. 비빔국수(까오러우)가 발달한 지역이라 일반적인 쌀국수 식당은 많지 않다.

04

Must Eat List

후에 전통 요리

후에 요리 하면 궁중 요리를 떠올리기 쉽지만, 실제로는 정성 가득한 가정식이 보편적이다.
베트남의 주요 사원이 후에에 있었기 때문에 사찰 음식의 영향도 받아 대부분 정갈하고 깔끔한 요리가 많다.

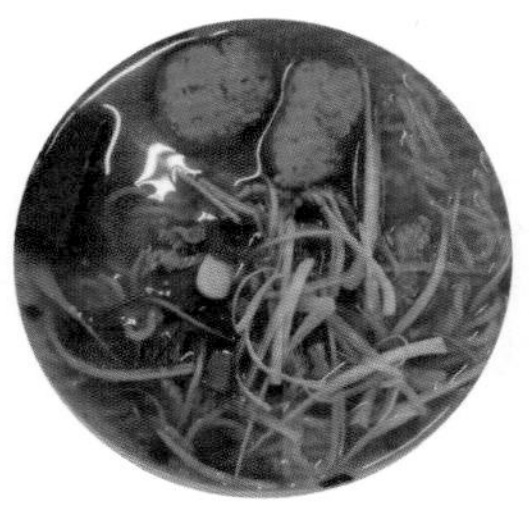

분보후에(분보훼)
Bún Bò Huế

후에 지방의 '분보(가는 면발의 소고기 쌀국수) Bún Bò'라는 뜻. 소고기 뼈를 고아 낸 육수에 칠리 오일을 첨가해 매콤한 맛이 난다. 돼지 족발을 함께 넣어 육수를 내기도 한다.

넴루이
Nem Lụi

후에 스타일의 넴느엉(꼬치 구이) Nem Nướng. 사탕수수 줄기에 다진 돼지고기를 둥글게 뭉쳐 숯불에 굽는다. 라이스페이퍼에 야채, 허브, 마늘, 분(면)을 싸서 먹기도 한다.

반봇록(바잉봇록)
Bánh Bột Lọc

바나나 잎에 타피오카 전분과 새우를 넣고 찐 음식. 바나나 잎을 벗겨 알맹이만 먹는데, 바나나 잎의 향과 타피오카의 쫄깃함이 잘 어울린다.

반람잇
Bánh Ram Ít

반베오와 비슷하나 쌀 반죽을 찌는 게 아니고, 쌀 튀김 위에 달달한 점병을 바르고 다진 새우를 올린다.

반베오(바잉베오)
Bánh Bèo

작은 접시에 쌀 반죽과 다진 새우를 넣고 스팀으로 찐 음식. 느억맘 소스를 얹어 숟가락으로 떠먹는다.

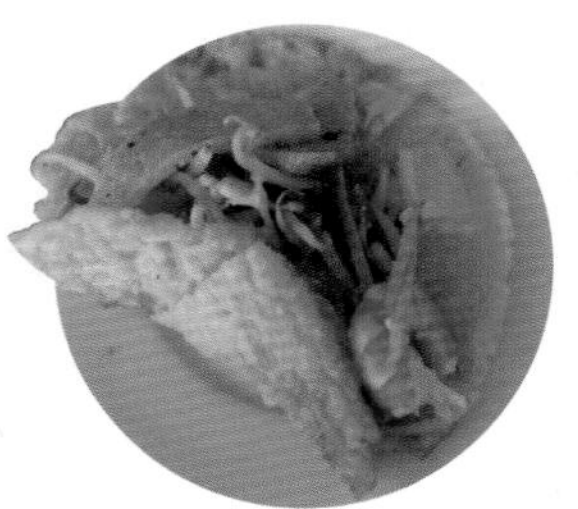

반코아이(바잉코아이)
Bánh Khoái

반쎄오 Bánh Xèo와 동일하지만 크기가 작고 두툼하다. 베트남식 팬케이크(부침개)로 새우와 숙주나물을 넣는다. 자그마한 프라이팬에 기름을 넣고 살짝 튀기듯 만든다.

05

Must Eat List

베트남 커피

세계 3위의 커피 수출국답게 베트남 사람들의 커피 사랑은 유별나다. 아침에 눈 뜨면 쌀국수 먹고 커피 마시는 것이 일상. 커피는 베트남어로 '까페 Cà Phê'. 진하고 묵직한 것이 베트남 커피의 특징이다.

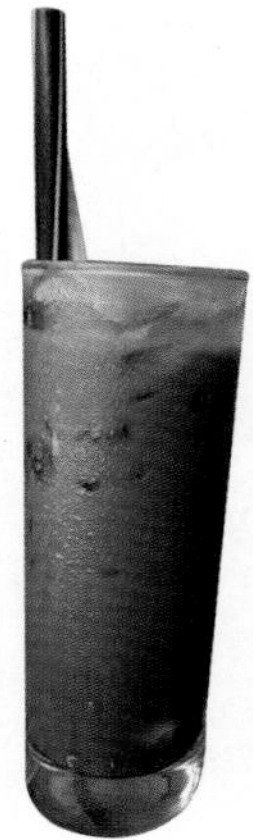

까페 쯩(에그 커피)

Cà Phê Trứng / Egg Coffee

하노이에서 즐겨 마시는 커피. 달걀 노른자를 휘핑크림처럼 만들어 첨가한다.

까페 쓰어 다

Cà Phê Sữa Đá / Ice Coffee with Milk

연유를 넣은 부드럽고 달달한 아이스 커피. '쓰어'는 연유, '다'는 얼음이란 뜻. 연유를 넣은 블랙 커피는 까페 쓰어 농 Cà Phê Sữa Nóng(Black Coffee with Milk)이다.

까페 므오이(소금 커피)

Cà Phê Muối / Salt Coffee

후에 지방에서 최초로 선보인 소금 커피. 아이스커피 위에 크림과 소금을 배합한 토핑을 올려준다.

까페 덴 다(카페 다)

Cà Phê Đen Đá / Black Coffee with Ice

아이스 블랙 커피. 커피와 얼음을 따로 주는 곳이 많다. 얼음을 녹여가며 커피 농도를 맞춘다.

까페 즈어(코코넛 커피)

Cà Phê Dừa / Coconut Coffee

단맛을 내기 위해 연유 대신 코코넛을 갈아서 넣는다. 커피와 과즙이 어우러져 향긋하고 부드러운 맛을 낸다.

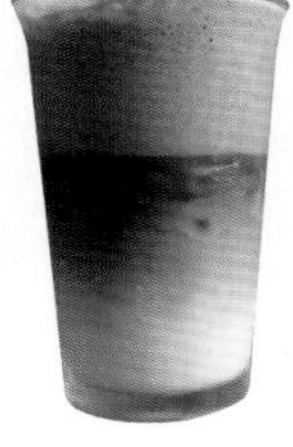

박씨우

Bạc Xỉu / White Coffee

베트남식 아이스 라테. 커피보다 우유와 연유가 더 많이 들어간다. 화이트 커피라고 불리기도 한다.

한국에 돌아와서도 베트남 커피를 즐기고 싶다면, 베트남의 인스턴트 커피 브랜드

1 G7 커피 G7 Coffee

쭝응우옌 커피에서 만든 봉지 커피. 인스턴트 커피 중 가장 유명하다. 커피 · 프림 · 설탕이 모두 들어간 것은 '3 in 1', 커피와 설탕이 들어간 것은 '2 in 1', 아무런 표시도 없으면 블랙커피다.

▸ 18개입 4만 7,000VND

2 하일랜드 커피 Hiland Coffee

베트남에서 유명한 하일랜드 커피에서 만든 봉지 커피. 자체적으로 운영하는 카페에서 구입할 수 있다.

▸ 20개입 5만 4,000VND, 원두(200g) 7만 5,000~8만 5,000VND

3 미스터 비엣 Mr. Viet

리얼 베트남 커피라고 광고하는 커피 브랜드. 현지 농장에서 직접 구매한 천연 원두를 사용해 만든다. 가격은 다른 커피보다 비싼 편.

▸ 15개입 11만 VND

4 아치 카페 Arch Cafe

코코넛 커피가 유명하다. 파란색 봉지에 카푸치노 즈아 Cappuccino Dừa라고 적혀 있다.

▸ 12개입 6만 5,000VND

알아두세요

【 까페 핀 Cà Phê Phin 】

카페 핀은 커피 종류가 아니라 커피를 추출하는 방식이다. 베트남 커피는 일반적으로 스테인리스 필터에 뜨거운 물을 부어 커피를 내려 마신다. 스테인리스 필터는 마트에서 싸게 구입할 수 있다.

06

Must Eat List

베트남 맥주

맥주는 1병(작은 병)에 1만~2만 VND 정도로 저렴해 식사 때 물처럼 마시는 사람도 흔하다. 게다가 베트남은 음주에 대해 특별한 제약이 없고 술에 대해 관대하다. 더운 나라여서 얼음을 타서 마시는 모습을 흔하게 볼 수 있다.

1

비아 Bia

베트남 대표 맥주는 바바바(333)맥주 Bia 333다. 남쪽은 사이공 맥주 Bia Sài Gòn, 북쪽은 하노이 맥주 Bia Hà Nội가 인기 있다. 알코올 도수는 5.3%. 지방에서도 어렵지 않게 구입할 수 있다.

▸ 1만 5,000VND

2

타이거 맥주 Tiger Beer

라루 맥주와 더불어 다낭에서 즐겨 마시는 맥주. 싱가포르 대표 맥주로, 호랑이가 그려져 있다. 맥아(몰트)와 홉으로 만든 라거 맥주로, 알코올 도수는 5%. 베트남 포함, 동남아시아에서 가장 선호하는 맥주다. 열대 지방에 적합한 맥주다.

▸ 1만 6,000VND

3

라루 맥주 Biere Larue

다낭에서는 호랑이가 그려진 라루 맥주를 마신다. 1909년부터 생산됐고, 프랑스 식민 정부에서 맥주 제조 공장을 운영하던 빅토르 라루 Victor Larue의 이름을 따왔다. 현재는 하이네켄 맥주에서 생산·관리하고 있다. 알코올 도수가 4.2%로, 맥주 맛이 부드러운 편이다.

▸ 1만 2,000VND

4

후다 맥주 Bia Huda

후에(훼)의 로컬 맥주. 덴마크의 칼스버그 맥주에서 생산·관리한다. 후에의 후 Hu, 덴마크의 Da를 따와서 지은 이름이다. 후에 외의 지역에서는 보기 어렵다. 알코올 도수는 4.7%.

▸ 1만 2,000VND

07

Must Eat List

베트남 음료와 디저트

열대 과일이 싸고 흔한 곳이라 과일을 이용한 디저트들이 많다. 달고 차가워 더위를 식히는 역할도 해준다. 트렌디한 카페보다는 노점 형태의 로컬 식당에서 흔히 볼 수 있다.

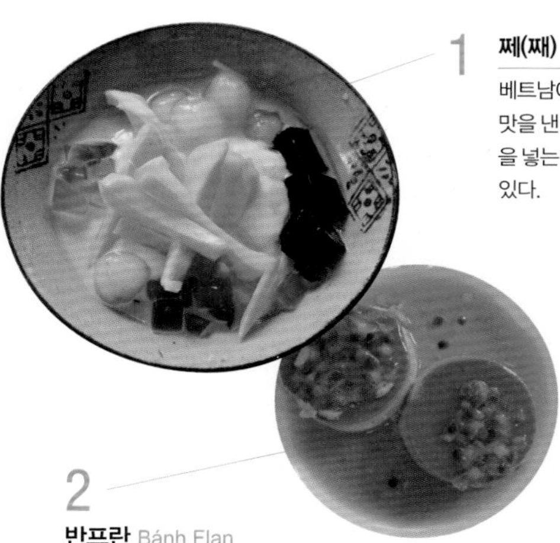

1 쩨(째) Chè

베트남에서 가장 대중적인 디저트. 베트남식 빙수로 연유를 넣어 단맛을 낸다. 열대 과일이나 코코넛, 타피오카, 단팥, 녹두, 연꽃 씨앗 등을 넣는다. 유리컵에 넣어주는 곳도 있고, 작은 그릇에 담아주는 곳도 있다.

2 반프란 Bánh Flan

프랑스의 영향을 받은 디저트. 달걀노른자와 우유, 캐러멜을 넣어 만든 푸딩. 껨 캐러멜 Kem Caramel이라고 불리기도 한다.

3 느억미아 Nước Mía

베트남의 대표적 서민 음료인 사탕수수 주스. 라임과 파인애플을 함께 짜서 상큼한 과일 향과 단맛을 추가한다.

4 쓰어쭈어 Sữa Chua

우유로 만든 떠먹는 요구르트. 디저트 가게에서 직접 만들기도 하고, 비나 밀크 Vina Milk 같은 대형 회사에서도 생산한다.

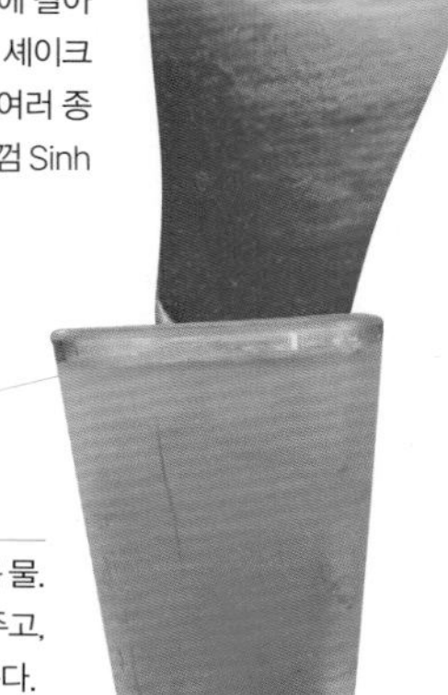

5 신또 Sinh Tố

과일과 연유, 얼음을 넣고 믹서에 갈아서 만든 과일 셰이크다. 망고 셰이크는 신또 쏘아이 Sinh Tố Xoài. 여러 종류의 과일을 섞을 경우 '신또텁껌 Sinh Tố Thập Cẩm'이라고 한다.

6 껨(깸) Kem

코코넛, 두리안 같은 열대 과일 아이스크림이 많다. 껨 버 Kem Bơ(아보카도 스무디+아이스크림)도 있다.

7 짜다 Trà Đá

보리차와 비슷한 얼음 물. 카페에서는 공짜로 주고, 식당에서는 돈을 받는다.

08

Must Eat List

베트남 과일

베트남에는 열대지방에서만 볼 수 있는 독특한 과일들이 널려 있다. 바나나, 파인애플, 수박, 오렌지, 구아바, 아보카도는 흔하게 볼 수 있다. 특히 제철 과일은 맛과 향기가 풍부하고, 가격도 저렴하다.

1 코코넛 Coconut / 즈어 Dừa

야자수 열매로, 시원하게 먹어야 제 맛을 느낄 수 있다. 코코넛 껍질을 칼로 쪼개 하얀 과일을 함께 먹는다.

▸ 1kg 3만~4만 VND

2 망고 Mango / 쏘아이 Xoài

열대 과일 중 가장 사랑받는 과일. 한국인들은 시큼한 맛의 그린 망고보다 단 맛의 노란 망고를 선호한다.

▸ 1kg 5만~6만 VND

3 망고스틴 Mangosteen / 망꿋 Măng Cụt

열대 과일의 여왕. 자주색 껍데기에 하얀 열매를 갖고 있다. 딱딱한 겉모습과 달리 과육은 부드럽다.

▸ 1kg 4만~5만 VND

4 로즈 애플 Rose Apple / 먼(멍) Mận

장미꽃이 연상되는 과일. 빨간색이 많고, 연한 초록색도 있다. 단맛은 강하지 않지만 향기가 좋다. 수분이 많아 차게 먹으면 좋다. 짜이 먼(짜이 멍) Trái Mận이라고 부르기도 한다.

▸ 1kg 3만 VND

5 두리안 Durian / 써우리엥(써우지엥) Sầu Riêng

열대 과일의 제왕. 강한 냄새에 도깨비 방망이 같은 생김새도 요상하다. 하지만 노란색 과육은 한번 입맛을 들이면 헤어나기 어렵다. 고약한 냄새로 반입을 금지하는 건물이 많다.

▸ 1kg 7만~10만 VND

6 패션 프루트 Passion Fruit / 짠저이(짜잉저이) Chanh Dây

둥글고 딱딱한 갈색 과일. 검은 씨가 있는 노란색 과육이 올챙이 알처럼 들어있다. 비타민 C가 많고, 상큼하다. 숟가락으로 떠먹기 좋다. 짠레오(짜잉 레오) Chanh Leo라고 불리기도 한다.

▸ 1kg 4만 VND

7
잭 프루트 Jack Fruit / **밋** Mít

두리안과 비슷하지만, 더 크고 껍질이 부드럽다. 껍질 속 과육은 노란색이다. 향은 강하지만 맛은 부드럽다.

▸ 1kg 5만 VND

8
람부탄 Rambutan / **쫌쫌** Chôm Chôm

성게처럼 털이 달린 빨간색 과일. 껍질 속 하얀 알맹이는 단맛을 낸다. 살짝 얼려 먹으면 색다른 맛이다.

▸ 1kg 3만~4만 VND

9
드래곤 프루트 Dragon Fruit / **탄롱** Thanh Long

빨갛고 둥근 선인장 열매로, 껍질 속엔 검은 점이 알알이 박힌 하얀색 알맹이가 나온다. 맛은 심심한 편.

▸ 1kg 3만~5만 VND

10
용안 Longan / **냔** Nhãn

'용의 눈'이라는 이름을 가진 동그란 갈색 과일. 살짝 얼려 먹으면 더 맛있다.

▸ 1kg 3만~4만 VND

알아두세요

【 익숙한 과일의 베트남 이름 】

바나나 : 쭈오이 Chuối
파인애플 : 즈어 Dứa 또는 텀 Thơm
수박 : 즈어 허우 Dưa Hấu
오렌지 : 깜 Cam
구아바 : 오이 Ổi

입이 심심할 때, 맥주 한 잔 할 때 곁들이기 좋은 말린 과일 과자

【 비나밋 Vinamit 】

잭프루트 Mít Sấy
150g 5만 1,000VND

타로
Khoai Môn Sấy
100g 2만 6,000VND

고구마
Khoai Lang Sấy
100g 2만 8,000VND

【 다나 푸드 Dana Food 】

망고
Xoài Sấy Dẻo
100g 4만 1,000VND

믹스 프루츠
Trái Cây Sấy
100g 3만 1,000VND

Must Buy List

이런 건 놓치지 말자

여행지에서의 감성을 한국에서도 이어가고 싶다면, 베트남에서만 구할 수 있는 희귀한 아이템이 있다면, 베트남의 맛을 기억하고 싶다면, 작은 핸드메이드 숍과 마트에서의 쇼핑도 놓칠 수 없다.

1 베트남 기념 소품

마그넷, 엽서, 우표, 기념 화폐, 수상 인형극의 목각 인형도 기념품으로 좋다. 대부분 가격도 저렴하고 부피도 작아서 부담 없다.

2 논(농)

여행 중 햇빛 가리개로도 유용한 베트남 전통 모자.

3 칠기 제품

화려한 장신구, 보석함, 명함 케이스 등 수제 칠기 공예는 선물용으로 좋다.

4 도자기와 그릇

베트남은 식생활과 그릇도 우리와 비슷하다. 다양하고 예쁘면서도 저렴한 그릇은 실용도가 높다.

5 자수 제품

손재주가 좋은 베트남 사람들이 한 땀 한 땀 만든 찻잔 받침대, 에코백, 베개 커버, 아오자이도 소장용으로 좋다.

알아두세요

【 프로파간다(정치 선전)포스터 】

사회주의 국가로서의 베트남 느낌을 제대로 전달하는 프로파간다 포스터. 엽서와 달력 같은 기념품으로 판매한다. 실제로 사용됐던 포스터 원본은 US$100를 호가한다.

6
라탄 가방

여름에 어울리는 시원한 소재의 라탄을 이용해 만든 가방. 한 시장(쩌 한) 주변의 상점과 기념품 매장에서 어렵지 않게 볼 수 있다.

▸ 중간 사이즈 15만~25만VND
▸ 큰 사이즈 30만~55만VND

7
베트남 커피

원두커피부터 드립백, 인스턴트커피까지 다양한 형태로 판매한다. 로컬 브랜드로는 쭝응우옌 커피 Trung Nguyên Coffee가 유명하다.

▸ 원두 340g 10만~14만 VND

8
말린 과일 & 과자

생과일은 기내로 반입할 수 없지만 말린 과일이라면 가능하다. 말린 과일과 과일 과자는 안주용으로도 좋다.

▸ 말린 과일 4만~8만 VND

9
소스

베트남에서 안 사가면 섭섭한 것이 바로 소스. 한국보다 훨씬 저렴한 가격에 베트남 맛을 옮겨갈 수 있다.

▸ 칠리 소스(320g) Tương Ớt Sriracha 2만 2,000VND
▸ 느억맘 소스(290g) Nước Mắm Cholimex 1만 5,000VND

10
라면

베트남의 쌀국수를 잊을 수 없다면, 한국인의 입맛에도 맞는 라면을 사보자. 하오하오의 새우맛 라면과 비폰의 소고기맛 라면은 한국인에게 인기가 좋다.

▸ **하오하오라면**(시큼하고 매운 새우맛)
Hảo Hảo Mì Tôm Chua Cay 4,400VND
▸ **하오하오 라면**(볶음 마늘과 돼지고기 맛)
라면) Hảo Hảo Sườn Heo Toi Phi 4,400VND
▸ **비폰 라면**(소고기 쌀국수맛)
Vifon Phở Bò 5,200VND
▸ **비폰 라면**(닭고기 쌀국수맛)
Vifon Phở Gà 5,200VND

11
티백 차

몸에 좋다고 알려진 허브차도 저렴하게 구입할 수 있다.

▸ 아티초크차(20봉입)
Trà Atisô(Artichoke Tea Bag) 3만 VND
▸ 노니차(16봉입) Trà nhàu (Noni Tea) 5만 3,000VND
▸ 연꽃차(25봉입) Trà Sen (Lotus Tea) 2만 6,000VND

Shopping List

마트 · 약국 쇼핑 리스트

음료

캔 커피 235㎖
1만 8,000VND

그린 티
8,000VND

이온 음료
1만 VND

Fuze Tea
9,000VND

대용량 요구르트 700㎖
4만 5,000VND

스타 콤부차
2만 5,000VND

옥수수 우유 330㎖
1만 5,000VND

에너지 드링크(레드 불)
1만 4,000VND

달랏 우유 450㎖
2만 6,000VND

떠먹는 요거트
8,000VND

술, 커피

넵머이 500㎖
7만 8,000VND

달랏 와인 750㎖
12만 3,000VND

꼰쏙 커피
(드립백 10개입)
8만 VND

아티초크 차 100g
6만 8,000VND

G7 코코넛 카푸치노
(16개입)
7만 8,000VND

위즐 커피 250g
17만 VND

과자, 라면

커피 조이
2만 7,000VND

김 과자 Big Sheet
9,000VND

코코넛 과자
2만 6,000VND

AFC 크래커
2만 9,000VND

치즈 과자
2만 7,000VND

두리안 케이크
5만 7,000VND

망고 젤리 850g
8만 2,000VND

컵라면
9,500VND

Vifon 새우라면
4,700VND

치즈(8개입)
3만 8,000VND

쌀국수 육수 큐브
1만 9,000VND

약국, 생활용품

호랑이 연고 Tiger Balm
3만 5,000VND

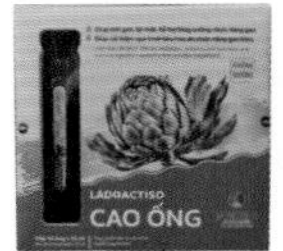

아티쏘(아티초크) 앰플
8만 5,000VND

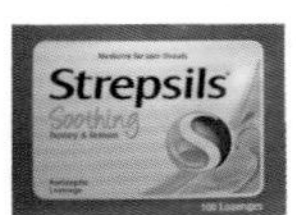

스트랩실
3만 4,000VND

모기 퇴치제 Soffel
3만 5,000VND

비판텐 6만 6,000VND

달리 치약 4만 9,000VND

센소다인 7만 7,000VND

Best Restaurant List

레스토랑 베스트

룩락
Luk Lak

강변도로에 있는 클래식한 베트남 레스토랑. P. 118

쏨머이 가든(쏨모이 가든)
Xóm Mới Garden

베트남 감성이 충만한 복합 레스토랑. P. 122

안토이
Ăn Thôi

유독 한국 관광객이 사랑하는 베트남 레스토랑. P. 116

벱꿰
Bếp Quê

관광객을 위한 베트남 가정식 요리 전문 레스토랑. P. 123

벱헨
Bếp Hên

베트남 가정식 요리 전문점. 음식 맛과 함께 레트로 무드의 인테리어 또한 이곳의 인기 비결이다. P. 119

마담 런(마담 란)
Madame Lân

다낭을 방문한 국내외 관광객들 사이에서 인기 만점인 베트남 요리 전문 레스토랑. P. 119

피자 포피스
Pizza 4P's

현지에서 인기 있는 화덕피자 전문점. 호찌민시와 하노이, 다낭에 지점을 운영한다. P. 121

목 시푸드(목 해산물 식당)
Moc Seafood

바다는 안 보여도 맛과 분위기 만점의 시푸드 레스토랑. P. 132

껌린(깜른)
Cơm Linh

호이안을 방문한 외지인이 실패 없이 베트남 음식을 맛볼 수 있는 곳. P. 200

가오 호이안
Gạo Hoi An

베트남 가족이 정성스럽게 만든 호이안 음식을 접할 수 있다. P. 198

움 반미
Ùmm Banh Mi

안트엉 지역에서 가장 유명한 반미(바게트 샌드위치) 식당 P. 127

톡 바 & 레스토랑
Tok. Bar and Restaurant

호이안을 벗어난 한적한 시골 풍경과 와인을 곁들인 서양식 퓨전 요리. P. 215

Best Cafe List

카페 베스트

꽁 카페
Cộng Cà Phê

사회주의적 미감으로 꾸민 빈티지한 카페. 독특한 컨셉 덕분에 관광객들 사이에서도 인기가 높다. P. 109, P. 195

브루맨 커피
Brewman Coffee

다낭 시내에 있는 드립 커피 전문점. 진한 커피의 맛과 트렌디한 인테리어가 매력적이다. P. 111

43 스페셜티 커피(43 팩토리 커피)
XLIII Specialty Coffee

로스터리를 표방하고 있는 스페셜티 커피 전문점. P. 126

슬로 브리즈 커피
Slow Breeze Coffee

아는 사람만 아는 자그마한 커피숍. 수동 에스프레소 추출기를 이용해 커피를 뽑아준다. P. 114

더 로컬 빈스
The Local Beans

다낭에서 성장한 토종 커피 브랜드. 관광객보다 현지인에게 인기 있다. P. 113

메종 마루
Maison Marou

초콜릿 숍과 프렌치 카페를 접목했다. 베트남의 수제 초콜릿 회사에서 운영한다. P. 112

리칭 아웃 티 하우스
Reaching Out Teahouse

호이안 올드 타운에 있는 호젓한 찻집. 청각 장애인이 근무하고 있으며, 외국인 손님을 위한 배려가 각별하다. P. 191

더 이너 호이안
The Inner Hoian by Àla

힙한 분위기와 창의적인 커피가 매력적인 카페. P. 195

핀 커피
Phin Coffee

스테인레스 필터로 내려 마시는 오리지널 베트남 커피를 맛볼 수 있다. P. 194

에스프레소 스테이션
Espresso Station

호이안의 명물 카페. 골목 안쪽에 숨겨져 있다. P. 193

파이포 커피
Faifo Coffee

루프탑에서 호이안 올드 타운을 한 눈에 내려다 볼 수 있어 멋진 배경으로 인증 사진을 남기기도 좋다. P. 192

리틀 하노이 에그 커피
Little Ha Noi Egg Coffee

호이안의 소란스러움을 피해 조용하게 에그 커피 한 잔. P. 197

Best Spa & Massage List

스파 & 마사지 베스트

오마모리 스파
Omamori Spa

시각 장애인에게 취업 기회를 제공하는 스파 업소. P. 143

허벌 스파
Herbal Spa

다낭에서 합리적인 가격에 훌륭한 스파를 즐길 수 있는 곳으로 유명하다. P. 148

골든 로터스 오리엔탈 오가닉 스파
Golden Lotus Oriental Organic Spa

호찌민시에서 오랜 사랑을 받아온 스파 브랜드가 다낭에도 체인점을 열었다. P. 147

아지트 멀티플렉스
Azit Multiplex

스파, 마사지, 네일, 이발소, 쇼핑까지 한 곳에서 해결 가능한 멀티플렉스. P. 144

핑크 스파
Pink Spa

핑크색 다낭 성당 맞은편의 핑크색 건물, 핑크 스파. P. 145

다한 스파
Dahan Spa

다낭과 호이안 두 곳에 지점을 운영하는 진심을 다한 스파. P. 149

Best Hotel & Resort List

호텔 & 리조트 베스트

풀만 다낭 비치 리조트
Pullman Danang Beach Resort

무료로 즐길 수 있는 액티비티와 아름다운 조경으로 유명한 리조트다. P. 283

쉐라톤 그랜드 다낭 리조트
Sheraton Grand Danang Resort

다낭에서 가장 큰 인피티니 수영장을 보유한 리조트다. P. 289

프리미어 빌리지
Premier Village

가족단위로 이용하기 좋은 단독 풀 빌라가 매력적이다. P. 281

인터콘티넨탈 리조트
Intercontinental Resort

썬짜 반도와 전용 해변으로 둘러싸여 있어 경관이 뛰어난 럭셔리 리조트다. P. 282

나만 리트리트
Naman Retreat

도심을 살짝 벗어난 곳에서 로맨틱한 시간을 보내기 좋은 리조트다. P. 290

TIA 웰니스 리조트
TIA Wellness Resort

풀 빌라에서 특별한 조식과 스파를 즐기며 휴양하기 좋은 곳이다. P. 284

여행 설계하기
Plan the Travel

한눈에 보는 베트남 정보
어디에서 여행을 시작할까
추천 여행 코스
여행 예산 짜기

한눈에 보는 베트남 정보

01 베트남 국가 정보

국가명 베트남 사회주의공화국 Socialist Republic of Vietnam / Cộng Hòa Xã Hội Chủ Nghĩa Việt Nam

면적	332,698㎢(한반도의 1.5배)
인구	104,799,174명(2023년 기준)
언어	베트남어 Tiếng Việt
통화	동 Đồng(VND)
수도	하노이 Hà Nội(최대 도시: 호찌민시 Thành Phố Hồ Chí Minh)
국가 형태	사회주의 공화국 (베트남 공산당 1당 체제)
국기	빨간색 바탕에 노란 별이 그려진 금성홍기(金星紅旗) Cờ Đỏ Sao Vàng.

알아두세요

베트남 국기의 붉은 바탕은 혁명의 피를, 노란 별은 공산당을 상징한다. 노란색 별의 5각은 사(士)·농(農)·공(工)·상(商)·병(兵)으로 대표되는 인민의 단결을 의미한다.

인종	낀족(또는 비엣족) Kinh(Việt)이 전체 인구의 85.7%를 차지한다. 기타 54개 소수민족으로 구성되어 있다.
행정구역	베트남은 58개의 성(省)과 5개의 직할시로 구분된다. 5개 직할시는 하노이, 호찌민시, 하이퐁, 껀터, 다낭. 다낭은 베트남의 5대 도시로, 인구는 134만 6,876명이다.
공휴일	베트남의 법정 공일은 다른 나라에 비해 적다. 독립 기념일, 공산당 창립 기념일 같은 사회주의 국가와 관련된 기념일이 많다. 베트남 최대의 명절은 설날에 해당하는 '뗏 Tết'이다. 일주일에서 10일 정도 연휴가 이어진다. ▸ **1월 1일** 신정 ▸ **음력 12월 31일~1월 3일** 베트남 설날(뗏) ▸ **음력 3월 10일** 훙브엉(베트남 건국 시조) 기일 ▸ **4월 30일** 사이공 해방(베트남 해방) 기념일 ▸ **5월 1일** 국제 노동절 ▸ **9월 2일** 국경절(독립 기념일)

02 베트남 여행 정보

시차 한국보다 2시간 느리다. 한국이 12:00라면 베트남은 10:00. 서머 타임을 적용하지 않는다.

비행 시간 인천에서 출발하는 직항은 다낭까지 약 4시간 30분 소요된다.

비자 무비자로 체류할 수 있는 기간은 45일다. 무비자 조항은 베트남에 입국할 때마다 자동으로 적용된다. 베트남 비자에 관한 자세한 내용은 P.307 참고.

기온(날씨) 다낭을 포함한 중부 지방은 쯔엉썬 산맥과 몬순, 태풍 등의 영향으로 날씨 변화가 심하다. 쯔엉썬 산맥(하이번 고개)을 사이에 두고 다낭과 후에(훼)의 날씨가 다르다. 다낭보다 후에(훼)가 여름에 더 덥고, 겨울에는 더 춥다. 3~5월은 우기가 끝나고 건기가 시작되는 여행하기 좋은 시기. 비교적 덥지 않고 습도도 낮다. 낮 평균 기온은 29~33℃. 베트남 휴가철과 겹치는 7~8월은 여행 성수기지만 습도도 높고 햇빛이 너무 뜨거워 낮에는 에어컨 있는 실내에서 휴식을 취해야 한다. 낮 최고 기온은 40℃. 9~11월은 우기가 시작된다. 몬순의 영향을 받아 맑았다가도 먹구름이 몰려와 한바탕 비를 뿌린다. 낮 평균 기온은 25~29℃. 12~2월에는 흐리고 비 오는 날이 많다. 초겨울 날씨에 비까지 내리며 쌀쌀한 날씨가 유지되는데, 낮 최고 기온이 22~26℃. 밤에는 영상 10℃ 밑으로 내려가기도 한다.

▸ 다낭 지역 월별 기온 P.070 참고
▸ 호이안 지역 월별 기온 P.162 참고
▸ 후에(훼) 지역 월별 기온 P.236 참고

환율 환율은 1USD=2만 5,410VND, 원화로 환산하면 1만 VND에 540원 정도.

ATM 은행뿐만 아니라 시내 곳곳에서 24시간 ATM 기기를 이용할 수 있다. 1회 인출 한도는 은행에 따라 200만~500만 VND(약 US$100~250)이고, 1회 수수료는 3만~6만 VND정도다.

사설 환전소 쏘안하

화폐 동 Đồng. 베트남 동 Vietnamese Dong을 줄여 VND로 표기한다. 지폐는 500₫, 1,000₫, 2,000₫, 5,000₫, 1만₫, 2만₫, 5만₫, 10만₫, 20만₫, 50만₫ 10종류다. 1만 VND 이상의 신권은 플라스틱 지폐다.

알아두세요

【 50K는 무슨 뜻? 】

베트남은 화폐 단위가 크기 때문에 숫자를 끊어서 표기하는 경우가 많다. 5만 VND는 50K, 10만 VND는 100K라고 줄여서 쓴다. K는 1,000 단위를 표기할 때 쓴다.

알아두세요

【 사설 환전소 】

관광객이 많이 찾는 '한 시장' 주변 금은방에서 환전 업무를 대행해준다. 달러를 비롯해 각종 화폐를 환전해주는데 은행보다 환율이 좋은 편이다. 쩐푸 거리에 있는 쏘안하 Tiệm Vàng Soạn Hà(주소 121 Trần Phú 지도 P.065-B2) 환전소가 특히 인기다. 베트남은 화폐 단위가 크기 때문에 환전하고 반드시 금액이 맞는지 확인해야 한다.

트래블로그 (트래블월렛) 카드 자신이 가지고 있는 은행 계좌와 연동해 환전하고, 해외 은행 ATM에서 현금 인출할 수 있는 해외여행에 최적화된 카드. 트래블로그는 하나은행만 계좌 연결이 가능하고 트래블월렛은 다양한 계좌에 연결이 가능하다.

애플리케이션을 통해 필요한 만큼 현지 화폐로 환전할 수 있다. 베트남 현지의 VP 은행과 TP 은행은 수수료도 면제된다. ATM 기계에 따라 비밀번호 6자리를 입력하는 기계도 있는데, 비밀번호 +00을 더해 누르면 된다.

TP 은행

스마트폰 한국에서 본인 휴대전화를 로밍해 가도 되고, 현지에서 SIM 카드를 구입해 베트남 전화번호를 개통할 수도 있다. 통신사는 비나폰 Vinaphone, 모비폰 Mobifone, 비엣텔 Viettel이 유명하다.

SIM 카드 공항 내부에 SIM CARD라고 적힌 통신사 카운터에서 구입하면 된다. 무제한 사용할 수 있는 데이터 요금제는 24만 VND(US$10)으로 정해져있다.

전압 220V, 50Hz. 한국의 전자제품도 사용할 수 있다. 문제는 콘센트의 모양. 한국과 달리 둥근 모양의 콘센트를 사용한다. 대부분의 호텔에서는 콘센트 모양에 관계없이 사용할 수 있다.

생수 베트남에서는 수돗물을 마시면 안 된다. 슈퍼마켓이나 상점에서 파는 생수를 사서 마신다. 생수는 큰 병에 1만 VND 정도. 라비 La Vie, 아쿠아피나 Aquafina, 다싸니 Dasani가 인기 있다.

화장실 다낭이나 호이안에 공중 화장실이 있긴 하지만, 눈에 잘 띄지는 않는다(그 만큼 개수가 적다). 급할 경우 쇼핑 몰이나 카페를 이용하는 게 최선이다. 베트남 화장실에는 독특한 모양의 비데가 있다. 변기 옆에 붙어 있는 호스 모양의 손잡이로, 수압이 세기 때문에 물이 튀지 않도록 조심해야 한다.

길 찾기 베트남은 도로명 주소를 사용하기 때문에 길 찾기가 쉽다. 택시를 탈 때도 업소 명칭과 함께 주소(거리 이름+번지수)를 보여주면 목적지까지 데려다 준다.

치안 베트남은 사회주의 공화국이라 치안은 좋은 편이다. 하지만 대도시에서 관광객을 상대로 한 오토바이 날치기 사고가 빈번하기 때문에 주의해야 한다. 술 먹고 어두운 밤 골목을 들어간다거나, 객기 어린 행동은 삼가자.

알아두세요

【 베트남에서는 달러가 통용된다 】

베트남 화폐의 환율이 워낙 높아서 달러가 통용되는 곳도 있다. 호텔은 달러로 요금을 결제하는 곳이 흔하다. 달러로 적힌 요금을 베트남 돈으로 지불하면 은행보다 환율을 높게 책정하기 때문에 손해다. 고급 레스토랑에서도 종종 달러를 사용할 수 있는데, 대부분의 레스토랑은 달러를 받더라도 거스름돈은 동 VND으로 주는 경우가 많다.

알아두세요

【 구글 지도 애플리케이션으로 길 찾기 】

구글 지도 검색창을 이용할 경우 베트남어 성조를 무시하고 영어로 주소(번지수, 거리, 도시)를 입력하면 된다. 예를 들어 119 Trần Phú, Đà Nẵng는 119 Tran Phu, Da Nang을 입력하면 된다.

다낭 총영사관

한국 교민과 관광객이 증가하면서 다낭에 총영사관 Tổng Lãnh Sự Hàn Quốc Tại Đà Nẵng(대표 전화 0236-356-6100, 긴급 연락처 0931-120-404, 홈페이지 https://overseas.mofa.go.kr/vn-danang-ko/index.do)을 신설했다.

알아두세요

베트남 여행 시 주의해야 할 10가지

❶ 귀중품 관리에 신경 써야 한다. 아무리 좋은 호텔이라 하더라도 객실에 귀중품을 방치해두고 외출하는 일은 삼가자. 필요하다면 객실의 안전 금고 Safety Box를 이용하자. 여권 사본은 지참하고 외출하는 것이 좋다.

❷ 오토바이 날치기를 각별히 조심하자. 휴대 가방이나 카메라는 흘러내리지 않도록 크로스해서 앞쪽으로 메는 것이 좋다. 사람이 많이 모이는 재래시장에서도 소지품에 신경 써야 한다.

❸ 오토바이로 도로가 혼잡하기 때문에 길을 건널 때 안전에 유의해야 한다. 오토바이 진행 방향을 살피면서 천천히 길을 건너면 된다.

❹ 사원이나 종교적으로 신성시하는 곳을 방문할 때는 복장을 단정히 하자.

❺ 상식 이상의 과잉 친절을 베풀거나 은밀한 곳을 소개해주겠다는 유혹은 경계하자.

❻ 야간에는 오토바이 뒤에 여자를 태우고 다니며 남자를 유혹하는 사기단도 있다. 혹시나 했다가 100% 낭패를 당하니 애초부터 관심을 보이지 말자(지갑까지 다 털린다).

❼ 너무 늦은 시간에 음침한 골목을 혼자 돌아다니지 말자. 과다한 음주 후에 현지인과 다툼에 휘말리지 말자.

❽ 사람들과 사진 찍을 때 예의를 지키자. 반드시 상대방에게 의사를 먼저 확인하자.

❾ 현지 문화를 쉽게 판단하지 말자. 다른 나라의 문화를 옳고 그름의 잣대로 평가할 수는 없다. 언어와 인종, 음식이 다르듯 생소한 문화라 하더라도 있는 그대로 받아들이자. 다른 문화를 체험하는 것이 여행하는 큰 이유 중 하나다.

❿ 돈을 현명하게 쓰자. 베트남이 한국보다 경제적 수준이 떨어지는 것은 사실이지만, 돈으로 모든 것을 해결해서는 안 된다. 돈을 써야 할 때와 아껴야 할 때를 구분하는 것도 여행의 기술 중 하나다. 외국 기업이나 수입 브랜드보다 베트남 현지 가게와 그곳 생산품을 소비하면 현지 경제에 직접적인 도움이 된다.

어디에서 여행을 시작할까

한국과 직항으로 연결된 곳은 다낭. 다낭을 중심으로 어디에서 여행을 시작할지 정하고, 그 우선순위에 따라 어디에 묵을지 정하는 것이 여행 계획의 가장 첫 단계. 이 선택에 따라 이동 동선이 달라지기 때문이다. 볼거리에 중점을 둔다면 다낭 시내에서 묵고, 휴식을 하고 싶다면 다낭 주변의 해변 리조트에 묵으면 된다.

01 | 지역 정하기

▶ 다낭에서 시작한다 → 다낭 시내 호텔 중심 여행

다낭을 거점으로 삼았을 경우 다낭 시내에 있는 볼거리를 먼저 보고, 다낭 주변의 미케 해변과 린응 사원, 응우한썬(마블 마운틴)을 다녀온다. 하루 정도 추가 시간을 내면 바나 힐까지 다녀올 수 있다. 다낭에서 호이안을 하루 동안 다녀올 것인지(이 때는 다낭에서 숙박한다), 호이안에서 하루를 보내고 올 것인지(이 때는 호이안에서 숙박한다)를 결정해야 한다.

▶ 다낭 해변에서 시작한다 → 다낭 리조트 중심 여행

다낭 인근 해변 리조트를 이용한다면, 여행에서 휴식의 비중이 얼만큼이냐에 따라 일정과 동선이 달라진다. 리조트의 전용 해변과 수영장, 스파를 포함한 부대시설을 최대한 이용하고, 틈틈이 다낭 시내와 호이안을 여행하면 된다. '오전에는 리조트, 오후에는 관광' 이런 일정으로 하루씩 다낭 시내, 호이안 올드 타운, 바나 힐을 오후 시간에 다녀오는 것도 나쁘지 않다.

▶ 호이안부터 시작한다 → 올드 타운 호텔 중심 여행

도시나 해변 휴양지보다 볼거리에 충실한 여행 패턴이다. 호이안 올드 타운에 머물면서 옛 모습을 간직한 유네스코 세계문화유산을 온몸으로 체험할 수 있다. 차분한 호이안의 아침 거리를 산책하거나, 저녁에는 목조 가옥의 2층 발코니에서 낭만적인 호이안 풍경을 감상할 수 있다. 자전거를 타고 끄어다이 해변을 오가며 전원과 바닷가에서 시간을 보내는 여행자들도 많다.

02 숙소 정하기

▶ 경제적인 여행을 원하는 배낭여행자라면

배낭여행에 중점을 둔다면 호이안을 거점으로 삼는 게 좋다. 저렴한 게스트하우스가 많고, 오픈 투어 버스도 발달해 여행하기 편리하다. 호이안 올드 타운과 인접한 하이바쯩 Hai Bà Trưng 거리에 게스트하우스가 몰려 있다. 다낭 시내에는 도미토리를 운영하는 호스텔이 있지만, 저렴한 숙소는 미케 해변과 가까운 안트엉 지역에 많다. 다낭과 호이안은 택시(그랩)나 셔틀 버스를 이용해 다녀오면 된다. 후에(훼)의 경우 여행자 거리가 형성되어 있어 배낭여행자들을 어렵지 않게 만날 수 있다.

▶ 관광도 하고, 휴식도 즐기고 싶은 자유여행자라면

다낭 시내와 호이안 올드 타운에 있는 호텔을 적절히 배합해 숙박하면 된다. 다낭에서는 중심가에 해당하는 한 강 강변 주변의 숙소를 이용한다. 미니 호텔부터 5성급 호텔까지 객실이 다양하다. 또한 주변에 레스토랑과 카페가 많고, 볼거리도 가까이 있어 관광하기 편리하다. 호이안의 경우 올드 타운 주변에서 수영장을 갖춘 호텔이나, 해변 방향의 끄어다이 거리에 있는 3성급 호텔을 이용하면 된다. 해변 리조트에서의 휴식까지 적절히 안배하면 여행이 더욱 풍부해진다.

▶ 바다에서 충분히 휴식하고 싶은 트렁크족이라면

여행보다는 휴식에 중점을 둔다면 미케 해변과 논느억 해변의 리조트가 편리하다. 시내 중심가에서 멀리 떨어진 한적한 해변에 있어 여유 있는 시간을 보낼 수 있다. 리조트 내부에 있는 수영장과 전용 해변, 레스토랑과 바, 스파, 요가 시설을 적절히 이용하며 휴가를 만끽하면 된다. 미케 해변이 다낭 시내와 인접해 있어 접근성이 좋고, 논느억 해변은 다낭과 호이안 중간에 있어 이동하기 불편한 편이다. 다낭과 호이안을 오갈 때는 택시 또는 리조트에서 운영하는 셔틀버스를 이용하면 된다. 호이안의 럭셔리 리조트들은 개발이 제한된 올드 타운이 아니라 끄어다이 해변에 몰려 있다.

▸ 다낭 숙소 P.276 참고
▸ 호이안 숙소 P.291 참고
▸ 후에 숙소 P.297 참고

추천 여행 코스 1 다낭·호이안 3박 4일①

짧은 일정으로 다낭과 호이안을 다녀오는 코스다. 다낭에서 2박 하면서 주변 여행지를 다녀온다. 관광보다는 휴식에 어울리는 일정으로, 해변 리조트에서 휴식하면서 관광지를 다녀오면 된다.

▸ 다낭 추천 루트 P.076 참고
▸ 호이안 추천 루트 P.166 참고

인천 → 다낭(1박)

대부분의 국제선 비행기가 밤늦게 도착한다. 호텔은 미리 예약하고, 체크인 시간도 알려 주는 것이 좋다. 해변 리조트에 묵는다면, 공항 픽업 서비스를 신청하면 편리하다. 베트남 항공은 낮 시간(14:00)에 도착하기 때문에 반나절 정도 다낭 시내를 돌아다닐 수 있다.

다낭 시내 → 응우한썬 → 호이안 → 다낭(1박)

둘째 날부터 본격적인 관광이 시작된다. 다낭 성당을 둘러보고, 응우한썬(마블 마운틴)을 들르면서 호이안까지 다녀온다. 호이안은 늦은 오후에 도착해 야경까지 보고 오면 좋다. 다낭의 해변 리조트에서 호이안까지 셔틀버스를 운영하는데, 미리 예약해 두어야 한다.

다낭 시내 → 바나 힐 → 다낭 공항(기내 1박)

셋째 날 관광은 다낭 시내, 바나 힐, 린응 사원(썬짜 반도) 지역으로 나누어 이 세 곳을 적절히 조합한다. 숙소에서 가까운 볼거리부터 여행하면 동선을 줄일 수 있다. 오전엔 호텔 수영장에서 시간을 보내고, 오후에 여유롭게 한두 개의 볼거리를 구경하는 것도 나쁘지 않다. 다낭 시내에서 기념품을 구입하는 것도 잊지 말자. 저녁 식사 후 공항으로 가서 출국 수속을 밟으면 된다.

인천 도착

대부분의 비행기들이 밤늦게 출발해 아침 일찍 인천에 들어온다. 비행 시간은 4시간 20분에 불과하지만 2시간의 시차가 있기 때문에, 인천에는 다음날 아침에 도착한다.

추천 여행 코스 2 다낭·호이안 3박 4일②

다낭보다 볼거리가 많은 호이안에서 하룻밤 묵는 코스다. 호이안 올드 타운에서 온종일 보낼 수 있다. 다낭 시내를 먼저 보고, 마지막 날 호이안에서 다낭 공항으로 직행하는 일정이 좋다.

▸ 다낭 추천 루트 P.076 참고
▸ 호이안 추천 루트 P.166 참고

인천 → 다낭(1박)

일정이 짧기 때문에 가능하면 아침에 출발하는 베트남항공을 이용하는 게 좋다. 다낭에 도착하면 호텔 체크인부터 하고 다낭 시내를 둘러본다. 저녁 시간에 한 강 강변의 레스토랑에서 식사하면서 자연스레 다낭 시내 관광도 겸할 수 있다.

다낭 시내 →응우한썬 → 호이안(1박)

다낭에서는 다낭 성당과 참 박물관 정도만 보고 호이안으로 이동한다. 택시를 대절해 미케 해변과 응우한썬(마블 마운틴)에 잠깐 들른 뒤 호이안으로 가면 더 효율적이다. 호이안에 도착하면 유네스코 세계문화유산으로 지정된 올드 타운을 둘러본다.

호이안 → 다낭 공항(기내 1박)

호이안에서 여유 있게 하루를 보낸다. 더워지기 전 오전에 마을을 산책하며 고가옥과 향우회관을 둘러보고, 마음에 드는 상점과 카페, 레스토랑에서 대표 먹거리를 맛보며 진짜 호이안을 체험한다. 한적한 안방 해변을 잠시 다녀와도 좋다. 저녁 식사 후에 택시를 타고 다낭 공항까지 직행하면 된다.

인천 도착

대부분의 비행기들이 밤늦게 출발해 아침 일찍 인천에 들어온다. 비행 시간은 4시간 20분에 불과하지만 2시간의 시차가 있기 때문에, 인천에는 다음날 아침에 도착한다.

추천 여행 코스 3 다낭·호이안 4박 5일①

해변 리조트를 중심으로 다낭 시내, 바나 힐, 호이안을 하루씩 다녀온다. 리조트의 부대 시설을 최대한 즐기는 코스다. 호이안행 셔틀버스는 미리 예약하자. 다낭 2박, 호이안 1박도 좋다.

▸ 다낭 추천 루트 P.076 참고
▸ 호이안 추천 루트 P.166 참고

1 DAY

인천 → 다낭(1박)

대부분의 국제선 비행기가 밤늦게 도착한다. 호텔은 미리 예약하고, 체크인 시간도 알려 주는 것이 좋다. 해변 리조트에 묵는다면, 공항 픽업 서비스를 신청하면 편리하다.

2 DAY

다낭(1박)

오전에 리조트에서 충분히 휴식하다가 오후에 린응 사원, 다낭 성당, 참 박물관 등 다낭 시내를 구경한다. 한 강 강변에서 야경을 보면서 저녁 식사를 해도 좋다.

3 DAY

다낭 시내 → 응우한썬 → 호이안 → 다낭(1박)

다낭에서 응우한썬(마블 마운틴)과 호이안까지 다녀온다. 해변 리조트에서 셔틀버스를 운영하므로 미리 좌석을 예약해 두는 것이 좋다. 호이안 올드 타운을 둘러보고 리조트로 복귀하면 하루 일정이 끝난다. 리조트에서 스파를 받으며 피로를 푸는 것도 좋다.

다낭 → 바나 힐 → 다낭 공항(기내 1박)

마지막 날이라 호텔에서 체크아웃 하고 여행을 나서야 한다. 바나 힐은 택시를 대절해 다녀올 경우, 모두 5시간 정도 예상하고 다녀와야 한다. 돌아오는 길에 다낭 시내에 들러 쇼핑이나 마사지를 즐기고, 저녁 식사 후에 공항으로 이동한다.

인천 도착

대부분의 비행기들이 밤늦게 출발해 아침 일찍 인천에 들어온다. 비행 시간은 4시간 20분에 불과하지만 2시간의 시차가 있기 때문에, 인천에는 다음날 아침에 도착한다.

추천 여행 코스 4 다낭·호이안 4박 5일②

다낭과 호이안, 서로 다른 분위기의 두 도시를 여행하는 코스다. 다낭에서의 2박에 호이안에서 1박 하면서 호이안 올드 타운의 정취도 느껴볼 수 있는 코스다.

▸ 다낭 추천 루트 P.076 참고
▸ 호이안 추천 루트 P.166 참고

인천 → 다낭(1박)

대부분의 국제선 비행기가 밤늦게 도착한다. 호텔은 미리 예약하고, 체크인 시간도 알려주는 것이 좋다. 해변 리조트에 묵는다면, 공항 픽업 서비스를 신청하면 편리하다. 베트남 항공은 낮 시간(14:00)에 도착하기 때문에 반나절 정도 다낭 시내를 돌아다닐 수 있다.

다낭(1박)

다낭에서 온전히 하루를 보낸다. 다낭 시내 호텔을 이용한다면 다낭 성당, 참 박물관을 먼저 보고 린응 사원을 다녀오면 된다. 린응 사원을 다녀오는 길에 미케 해변을 들른다. 해변 리조트에 묵을 경우 린응 사원을 먼저 보고 다낭 시내를 둘러본다. 한 강 강변에서 야경을 보며 하루를 마무리한다.

다낭 → 바나 힐 또는 응우한썬 → 호이안(1박)

다낭 호텔에서 체크아웃 하고, 바나 힐 또는 응우한썬을 들렀다가 호이안으로 이동한다. 호이안에서는 올드 타운을 거닐며 고가옥과 향우회관을 방문한다. 투본 강변에서 야경을 즐기고,야시장까지 다녀오며 낭만적인 시간을 보낸다.

호이안 → 다낭 공항(기내 1박)

온전히 하루 동안 호이안에서 시간을 보낸다. 안방 해변에서의 휴식, 주변 마을을 여행하는 에코 투어와 바구니 배 타기, 또는 자전거를 대여해 올드 타운을 천천히 둘러본다. 저녁 식사 후에는 택시를 대절해 다낭 공항으로 이동한다.

인천 도착

대부분의 비행기들이 밤늦게 출발해 아침 일찍 인천에 들어온다. 비행 시간은 4시간 20분에 불과하지만 2시간의 시차가 있기 때문에, 인천에는 다음날 아침에 도착한다.

추천 여행 코스 5 다낭·호이안·미썬 4박 5일

다낭보다 호이안에 포인트를 맞춘 일정으로 다낭에서는 1박만 하고 호이안으로 이동한다. 호이안에 머물면서 올드 타운과 미썬 유적까지 다녀온다. 리조트에서의 휴양보다는 관광에 비중을 두고 일정을 짜야 한다.

▶ 다낭 추천 루트 P.076 참고
▶ 호이안 추천 루트 P.166 참고
▶ 미썬 추천 루트 P.226 참고

인천 → 다낭(1박)

대부분의 국제선 비행기가 밤늦게 도착한다. 호텔은 미리 예약하고, 체크인 시간도 알려주는 것이 좋다. 해변 리조트에 묵는다면, 공항 픽업 서비스를 신청하면 편리하다. 베트남항공은 낮 시간(14:00)에 도착하기 때문에 반나절 정도 다낭 시내를 돌아다닐 수 있다. 다낭에서 보내는 시간이 많지 않기 때문에 가능하면 낮에 도착하는 비행기를 이용하도록 하자.

다낭 시내 → 미케 해변 → 응우한썬 → 호이안(1박)

다낭에서는 다낭 성당과 참 박물관을 다녀오고, 미케 해변과 응우한썬(마블 마운틴)을 거쳐 호이안으로 이동한다. 호이안에 도착하면 밤 풍경을 즐긴다.

호이안 → 미썬 → 호이안(1박)

호이안 주변에 있는 또 다른 유네스코 세계문화유산 미썬을 다녀온다. 그러나 대중교통이 없어서 반나절 투어를 이용해야 한다. 돌아오는 길에 보트를 타고 투본 강을 유람하는 1일 투어도 가능하다. 만약에 시간이 촉박하다면 새벽에 출발하는 선라이즈 투어를 이용해도 된다. 투어를 마치고 일찍 돌아왔다면 오후에는 호이안 근처의 안방 해변에서 시간을 보내는 것도 나쁘지 않다.

호이안 → 다낭 공항(기내 1박)

호이안 올드 타운을 거닐거나 시클로 또는 자전거를 타며 베트남 정취를 느껴본다. 저녁 식사 후에는 다낭 공항으로 이동한다. 호이안에서 다낭 공항까지 운행하는 공항버스가 없으므로 택시를 대절해야 한다.

인천 도착

대부분의 비행기들이 밤늦게 출발해 아침 일찍 인천에 들어온다. 비행 시간은 4시간 20분에 불과하지만 2시간의 시차가 있기 때문에, 인천에는 다음날 아침에 도착한다.

추천 여행 코스 6 다낭·후에(훼)·호이안 5박 6일

후에(훼), 호이안, 미썬 3개의 유네스코 세계문화유산을 방문하는 코스. 다낭을 사이에 두고 북쪽의 후에(훼)와 남쪽의 호이안, 미썬을 왔다 갔다 해야 한다. 여유 있게 6박 7일로 짜도 된다.

▸ 다낭 추천 루트 P.076 참고
▸ 호이안 추천 루트 P.166 참고
▸ 미썬 추천 루트 P.226 참고
▸ 후에 추천 루트 P.244 참고

1 DAY

인천 → 다낭(1박)

다낭에 머무는 시간이 많지 않기 때문에 아침에 출발하는 비행기를 타야 한다. 베트남항공을 이용해 낮 시간(14:00)에 도착해서, 다낭 성당과 한 강 주변을 먼저 구경한다.

2 DAY

다낭 → 후에(1박)

아침에 출발하는 오픈 투어 버스를 이용해 후에로 이동한다. 후에까지 3시간 정도 걸린다. 후에에 도착하면 황제릉을 다녀온다. 황제릉을 모두 다 볼 필요는 없고 민망 황제릉, 뜨득 황제릉, 카이딘 황제릉 세 곳만 보면 된다.

3 DAY

후에 → 다낭 → 호이안(1박)

오전에는 후에 구시가에 있는 응우옌 왕조의 왕궁을 다녀온다. 왕궁을 가는 길에 흐엉 강과 짱띠엔교를 지나게 된다. 오후에는 오픈 투어 버스를 이용해 호이안으로 이동한다. 랑꼬 해변과 하이번 고개, 다낭 시내를 경유해 호이안 올드 타운까지 간다.

4 DAY

호이안 → 미썬 → 호이안(1박)

호이안 주변의 미썬을 다녀온다. 대중교통이 없어서 반나절 투어를 이용해야 한다. 돌아오는 길에 보트를 타고 투본 강을 유람하는 1일 투어도 가능하다. 투어가 끝나면 호이안 올드 타운을 거닐거나, 안방 해변에서 휴식을 취하며 된다.

5 DAY

호이안 → 바나 힐 → 다낭 공항(기내 1박)

호이안에서 온전히 하루를 보내도 되지만, 하나라도 더 보고 싶다면 택시를 대절해 바나 힐을 다녀올 수도 있다. 바나 힐에서 호이안으로 돌아오지 않고, 다낭 시내를 들러서 쇼핑과 저녁 식사를 해결하고 다낭 공항으로 이동하는 게 편하다.

6 DAY

인천 도착

다낭 공항에서 밤 비행기를 타면 다음 날 아침에 인천 공항에 도착한다.

여행 예산 짜기

저가 항공을 이용해 다낭을 다녀온다면, 3박 4일 기준으로 100만 원 이내로 충분히 다녀올 수 있다. 미니 호텔에서 자고, 오픈 투어 버스를 이용하고, 현지 식당에서 식사를 해결하는 알뜰 여행은 하루 US$30~40 정도 예상하면 된다. 중급 호텔에서 묵는다면 하루 US$60~70 정도면 가능하다. 호텔은 대부분 2인 1실을 기준으로 하므로 둘이 함께 여행하면 경비를 절감할 수 있다.

환율

US$1=2만 5,410VND,
1만 VND=540원

환전하기

먼저 전체 경비 중에서 현금과 신용카드의 사용 비율을 정하는 것이 좋다. 베트남에서 신용카드를 사용하는 건 크게 불편하지 않지만, 해외 사용에 따른 3~4%의 수수료가 추가된다는 사실을 알아둘 것. 환전은 출국 전에 국내 은행의 외환 거래 창구나 인터넷 뱅킹을 통해 달러(US$)로 미리 환전해놓자. US$10, US$20짜리 소액권을 적당히 섞어서 환전하면 현지에서 사용하기 편리하다. 트래블로그(트래블월렛) 카드를 이용하면 베트남 은행 ATM에서 베트남 화폐(VND)로 인출할 수 있다. 현지에서 급하게 환전해야 한다면, 쩌 한(한 시장) 주변의 사설 환전소(금방)를 이용하면 된다.

알아두세요

한국 돈으로 얼마인지 계산기를 두드리지 않아도 쉽게 가늠할 수 있는 방법이 있다. 예를 들어, 10,000VND라고 하자. 마지막 자릿수(맨 끝의 0) 하나를 덜어낸다. 그럼 1,000이 된다. 거기에서 반을 나누면 된다. 약 500원. 대략적으로 파악하기에 좋다.

베트남 현지 물가

● 숙소

미니 호텔 US$14~18

중급 호텔 US$30~40

3성급 호텔 US$50~70

4성급 호텔 US$80~100

● 교통

다낭 공항→시내(택시) 10만~15만 VND

다낭 시내→호이안(그랩) 32만~36만 VND

시내버스 8,000 VND

다낭→후에(기차) 10만 VND

●식사

반미(바게트 샌드위치) 3만~6만 VND

쌀국수 6만~10만 VND

볶음밥 8만~12만 VND

덮밥 8만~12만 VND

볶음 요리(단품) 8만~15만 VND

해산물 요리(단품) 16만~32만 VND

●음료

생수(1.5ℓ) 1만~1만 5,000 VND

콜라(캔) 1만 VND

커피 3만~7만 VND

느억미아(사탕수수 주스) 1만 VND

과일 셰이크 4만~6만 VND

맥주(캔) 2만 VND

●입장료

사원 무료

응우한썬(마블 마운틴) 4만VND

박물관 2만~6만 VND

호이안 올드 타운 12만 VND

미썬 유적 15만 VND

후에 왕궁 20만 VND

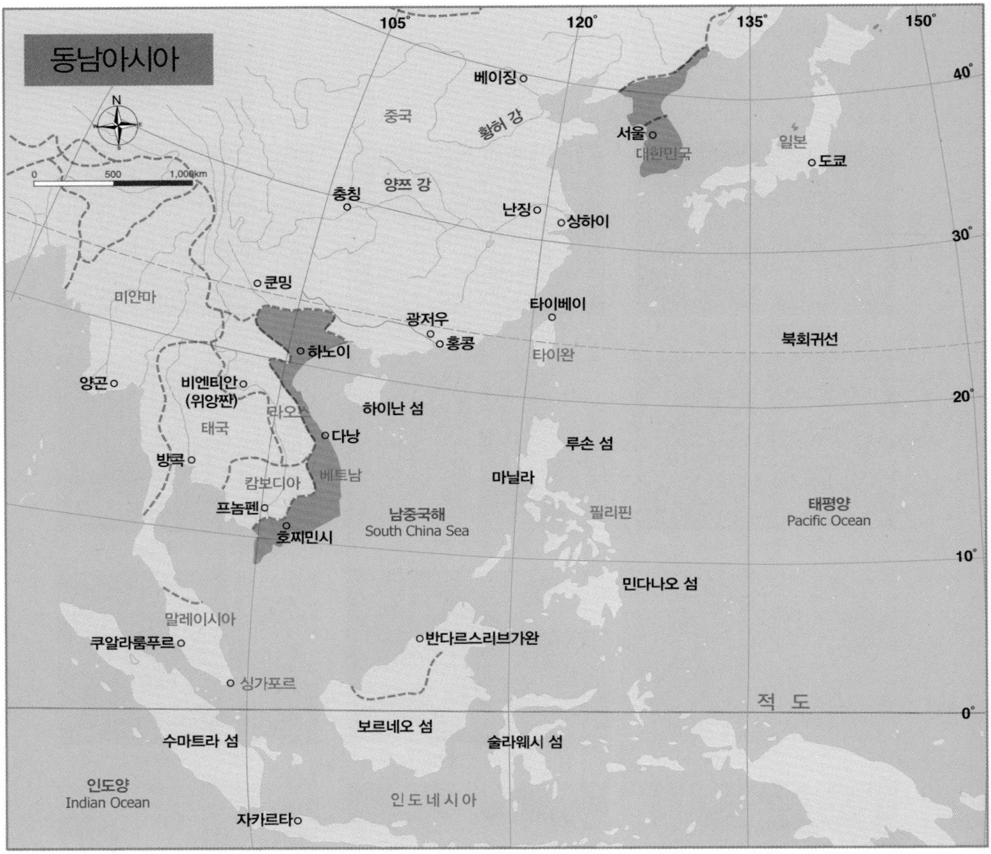

동남아시아

105°
120°
135°
150°
40°
30°
20°
10°
0°
0 500 1,000km
베이징
중국
황허 강
서울
대한민국
일본
도쿄
충칭
양쯔 강
난징
상하이
쿤밍
미얀마
타이베이
광저우
홍콩
하노이
타이완
북회귀선
양곤
비엔티안
(위앙짠)
하이난 섬
라오스
태국
다낭
루손 섬
방콕
캄보디아
베트남
마닐라
프놈펜
남중국해
South China Sea
필리핀
태평양
Pacific Ocean
호찌민시
민다나오 섬
말레이시아
쿠알라룸푸르
반다르스리브가완
싱가포르
적 도
수마트라 섬
보르네오 섬
술라웨시 섬
인도양
Indian Ocean
인 도 네 시 아
자카르타

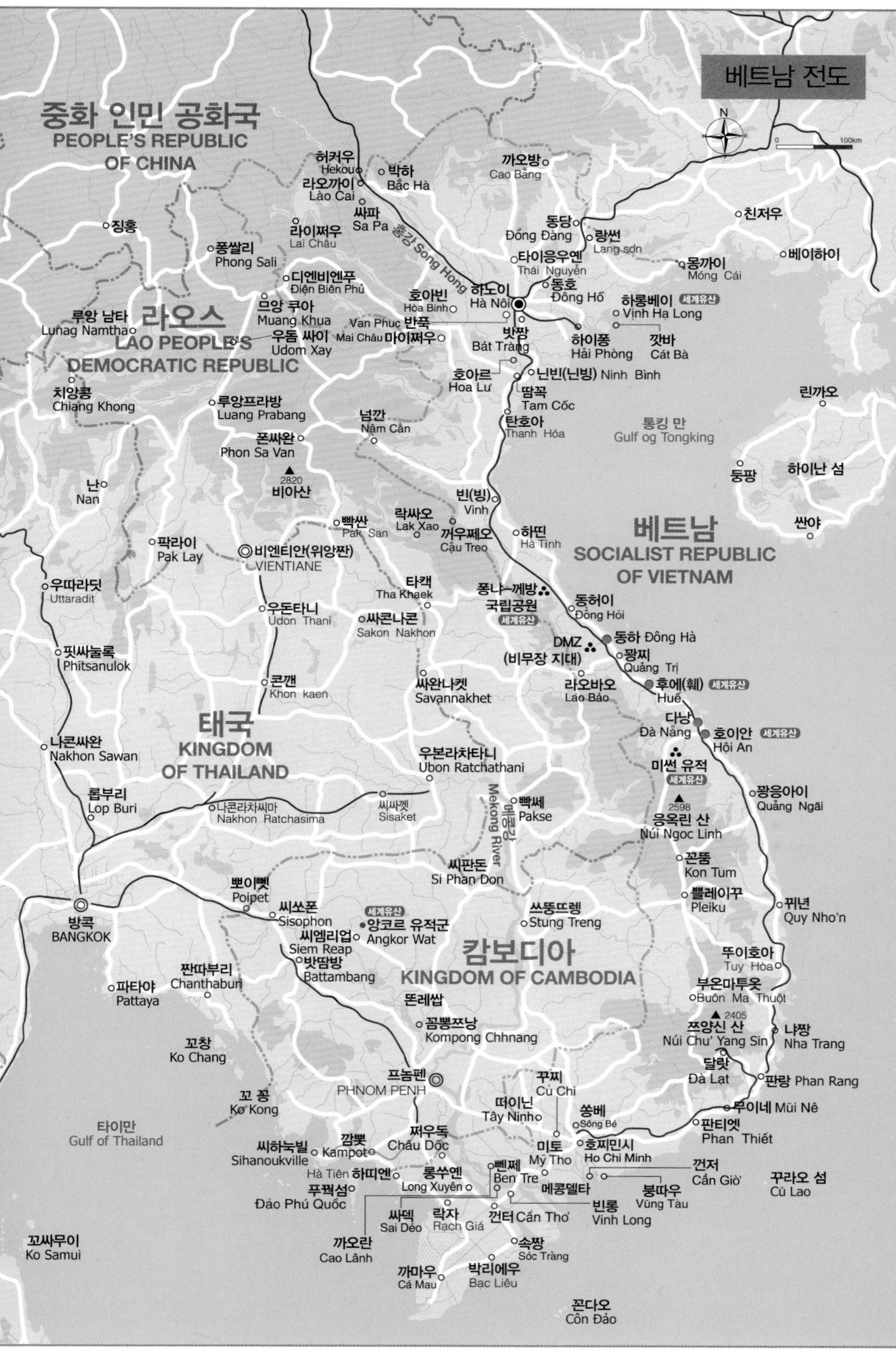
베트남 전도
N
0 100km
중화 인민 공화국
PEOPLE'S REPUBLIC OF CHINA
허커우 Hekou
박하 Bắc Hà
라오까이 Lào Cai
싸파 Sa Pa
홍강 Song Hong
까오방 Cao Bằng
친저우
베이하이
징홍
라이쩌우 Lai Châu
퐁쌀리 Phong Sali
동당 Đồng Đăng
랑썬 Lạng sơn
타이응우옌 Thái Nguyên
몽까이 Móng Cái
디엔비엔푸 Điện Biên Phủ
호아빈 Hòa Binh
하노이 Hà Nội
동호 Đông Hồ
하롱베이 Vịnh Hạ Long 세계유산
므앙 쿠아 Muang Khua
루앙 남타 Lunag Namtha
라오스
LAO PEOPLE'S DEMOCRATIC REPUBLIC
Van Phuc 반푹
우돔 싸이 Udom Xay
Mai Châu 마이쩌우
밧짱 Bát Tràng
하이퐁 Hải Phòng
깟바 Cát Bà
호아르 Hoa Lư
닌빈(닌빙) Ninh Bình
땀꼭 Tam Cốc
치앙콩 Chiang Khong
루앙프라방 Luang Prabang
린까오
넘깐 Nậm Cắn
탄호아 Thanh Hóa
퐁싸완 Phon Sa Van
통킹 만 Gulf og Tongking
2820
비아산
둥팡
하이난 섬
난 Nan
빈(빙) Vinh
락싸오 Lak Xao
빡싼 Pak San
꺼우쩨오 Cậu Treo
하띤 Hà Tinh
베트남
SOCIALIST REPUBLIC OF VIETNAM
싼야
팍라이 Pak Lay
비엔티안(위앙짠) VIENTIANE
우따라딧 Uttaradit
타캑 Tha Khaek
퐁냐-께방 국립공원 세계유산
동허이 Đồng Hới
우돈타니 Udon Thani
싸콘나콘 Sakon Nakhon
동하 Đông Hà
DMZ (비무장 지대)
꽝찌 Quảng Trị
핏싸눌록 Phitsanulok
콘깬 Khon kaen
싸완나켓 Savannakhet
라오바오 Lao Bảo
후에(훼) Huế 세계유산
태국
KINGDOM OF THAILAND
다낭 Đà Nẵng
호이안 Hội An 세계유산
나콘싸완 Nakhon Sawan
우본라차타니 Ubon Ratchathani
미썬 유적 세계유산
롭부리 Lop Buri
나콘라차씨마 Nakhon Ratchasima
씨싸껫 Sisaket
Mekong River 메콩강
빡쎄 Pakse
2598
응옥린 산 Núi Ngoc Linh
꽝응아이 Quảng Ngãi
씨판돈 Si Phan Don
꼰뚬 Kon Tum
뽀이뻿 Poipet
쁠레이꾸 Pleiku
방콕 BANGKOK
씨쏘폰 Sisophon
세계유산 앙코르 유적군 Angkor Wat
씨엠리업 Siem Reap
쓰뚱뜨렝 Stung Treng
꾸년 Quy Nho'n
밧땀방 Battambang
캄보디아
KINGDOM OF CAMBODIA
뚜이호아 Tuy Hòa
짠따부리 Chanthaburi
파타야 Pattaya
똔레쌉
부온마투옷 Buôn Ma Thuột
2405
쯔양신 산 Núi Chu' Yang Sin
꼼뽕쯔낭 Kompong Chhnang
나짱 Nha Trang
꼬창 Ko Chang
달랏 Đà Lat
프놈펜 PHNOM PENH
꾸찌 Củ Chi
판랑 Phan Rang
꼬 꽁 Ko Kong
떠이닌 Tây Ninh
무이네 Mũi Nê
쏭베 Sông Bé
판티엣 Phan Thiết
타이만 Gulf of Thailand
깜뽓 Kampot
쩌우독 Châu Đốc
미토 Mỹ Tho
호찌민시 Ho Chi Minh
씨하눅빌 Sihanoukville
Hà Tiên 하띠엔
롱쑤옌 Long Xuyên
벤째 Ben Tre
껀저 Cần Giờ
꾸라오 섬 Cù Lao
푸꿕섬 Đảo Phú Quốc
메콩델타
빈롱 Vinh Long
붕따우 Vũng Tàu
싸덱 Sai Déo
락자 Rạch Giá
껀터 Cần Thơ
꼬싸무이 Ko Samui
까오란 Cao Lãnh
속짱 Sóc Trăng
까마우 Cá Mau
박리에우 Bạc Liêu
꼰다오 Côn Đảo

Đà Nẵ

다낭

베트남 중부 지방 최대의 도시이자 베트남 5대 도시다. 전략적으로 중요한 곳에 위치해 19세기 프랑스 식민정부에 의해 항구 도시로 개발되기 시작했다. 당시 다낭은 '투란 Tourane'으로 불리며 바다의 실크로드가 지나던 호이안을 대신해 상업 중심지로 변모했다. 통킹만 사건을 핑계로 미군이 베트남에 가장 먼저 발을 들여놓은 곳도 다낭이다. 베트남 전쟁 동안 중부 전선 방어를 위한 대규모 미군 기지가 건설되며 '북쪽의 사이공'으로 여겨졌을 정도다. 지금도 다낭은 변함없이 상업 도시로 번잡하지만 강과 바다를 끼고 있어 한편으로는 여유로운 분위기가 느껴진다. 도시를 흐르는 한 강의 정취와 동쪽의 미케 해변이 곱게 단장하면서 '도시에서의 휴식'이 가능하다.

Best of Best | 다낭 베스트 9

BEST 4
한 시장에서 쇼핑하기
BEST 5
기이한 석회암 산봉우리 응우한썬(마블 마운틴)
BEST 6
핑크색 프랑스식 성당 다낭 성당
BEST 7
화려했던 참파 왕국의 유물 참 박물관
BEST 8
평안한 바다를 기원하는 린응 사원
BEST 9
여행의 낭만을 고조시키는 한강의 야경

Look Inside | 다낭 들여다보기

다낭은 한 강 왼쪽에 형성된 도시다. 다낭 북쪽에는 다낭만(灣)을 이루는 동해(남중국해)가 있고, 동쪽에는 미케 해변과 썬짜 반도가 있다. 미케 해변에 리조트가 몰려 있다. 도시 중심에는 강변도로인 박당 거리가 남북으로 이어지고, 시내를 관통하는 훙브엉 거리와 디엔비엔푸 거리가 동서로 연결된다. 호텔과 레스토랑은 한 시장(쩌 한)을 중심으로 박당 거리와 쩐푸 거리에 몰려 있다. 한 강에 놓인 다리는 모두 5개로, 중심에 위치한 쏭한교가 교통량이 가장 많다.

다낭 시내 Đà Nẵng Downtown

한 강 오른쪽으로 시가지가 형성되어 있다. 대도시답게 상업시설과 호텔, 레스토랑이 즐비하다. 오토바이 물결, 노천 카페 등 베트남의 일상을 체험하기 좋다. 독특한 모양의 다리들도 눈길을 끈다.

하이번 고개 Hải Vân Pass

다낭 북쪽에 있는 해발 496m의 산길이다. 바다를 끼고 굽이굽이 이어지는 산길이 운해와 어우러져 신비한 풍경을 연출한다.

바나 힐 Bà Nà Hills

다낭에서 서쪽으로 45㎞ 떨어진 해발 1,489m 산 위에 건설한 힐 스테이션(산 위의 휴양지)이다. 베트남에서 느낄 수 없는 독특한 기후와 유럽풍의 건물 덕분에 사진 촬영지로 인기가 좋다.

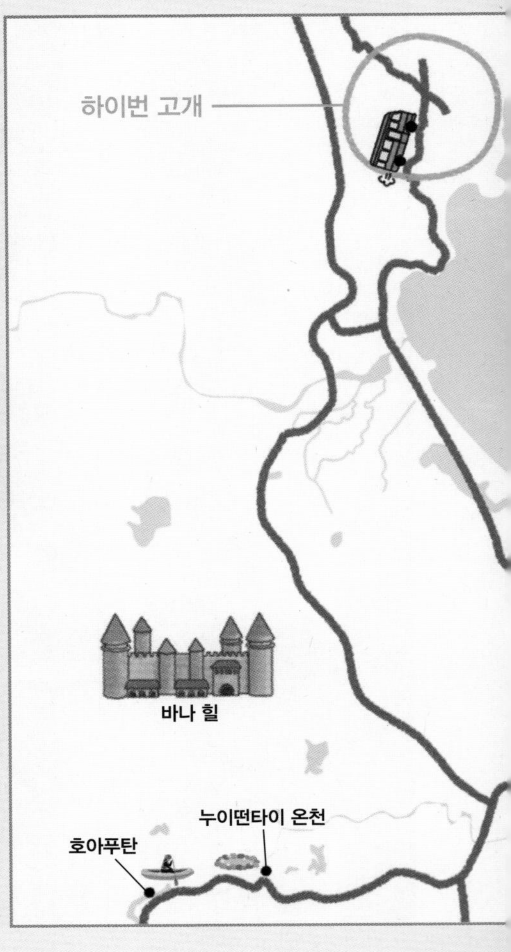

썬짜 반도
Sơn Trà Peninsula

삼면이 바다로 둘러싸인 반도로, 해발 693m 높이의 산악 지형이다. 멍키 마운틴 Monkey Mountain으로도 불린다. 미케 해변 북쪽으로, 다낭 시내에서 10㎞ 떨어져 있다. 린응 사원이 이곳에 있다.

안트엉
An Thượng

미케 해변과 가깝고 저렴한 호텔이 밀집한 곳. 장기 임대 아파트에 머물거나 직접 레스토랑을 운영하는 외국인이 많아 독특한 분위기를 풍긴다. 차분한 주택가 골목과 어우러져 정겹다.

미케 해변
Mỹ Khê Beach

다낭 시내와 가깝고 한적해 인기가 높은 해변. 박미안 해변과 논느억 해변까지 해안선이 길게 이어진다. 전용 해변을 갖춘 고급 리조트가 많아 리조트 여행의 백미로 여겨진다.

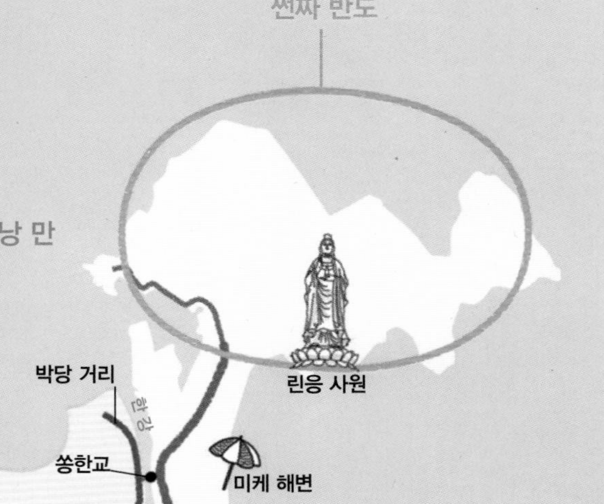

응우한썬(마블 마운틴)
Marble Mountains
Ngũ Hành Sơn

다낭과 호이안 사이에 있는 석회암 바위산. 독특한 모양의 바위산 다섯 개가 해안과 접한 평지에 봉긋 솟아 있다. 해발 108m에 불과하지만 훌륭한 전망대 역할을 해 준다.

논느억 해변
Non Nuoc Beach
Bãi Biển Non Nước

다낭에서 남쪽으로 12㎞ 떨어진 해변이다. 응우한썬(마블 마운틴)과 가깝다. 고운 모래 해변이 길게 이어진다. 대형 리조트들이 터를 잡고 있다.

다낭 & 미케 해변
N
0
250
500m
A
B
C
D
1
2
린응 사원 방면
딘반께(딩반께) 방면
썬짜 리트리트
골든 베이 다낭 호텔
Lê Đức Thọ
투언프억교
Thuận Phước Bridge
아트 인 파라다이스
Art in Paradise
호앙사 군도 박물관
Nhà Trưng Bày Hoàng Sa
Hoàng Sa
Phạm Bằng
Bình Than
Ngô Quyền
Chu Huy Mân
Trần Thánh Tông
Vân Đồn
Khúc Hạo
Đỗ Anh Hàn
Lê Văn Thứ
Trần Quang Khải
Nguyễn Đức An
Vương Thừa Vũ
퓨전 스위트 다낭 비치
포 포인트 바이 쉐라톤
Lê Thước
Đông Kinh Nghĩa Thục
Voco Ma Belle
래디슨 호텔
Loseby
Võ Nguyên Giáp
Morrison
Wyndham Soleil
Phạm Văn Đồng
Đình Nghệ
알라카르트 호텔
미케 해변 Mỹ Khê Beach
Lê Minh Trung
Lê Văn Quý
Lý Thánh Tông
Nguyễn Công Trứ
Nguyễn Trung Trực
Trần Hưng Đạo
Lê Văn Duyệt
한 강 Sông Hàn
쏭한교
Sông Hàn Bridge
빈콤 플라자
멜리아 빈펄
Nguyễn Tất Thành
Xuân Diệu
Như Nguyệt
3 Tháng 2
신 투어리스트
Lý Thường Kiệt
Trần Phú
Bạch Đằng
Nguyễn Du
Đống Đa
Lý Tự Trọng
Lê Lợi
다낭시 정부청사
노보텔
다낭 박물관
Quang Trung
Ông Ích Khiêm
Trần Cao Vân
까오다이교 사원
Hải Phòng
힐튼 호텔
메리어트 호텔
Lê Duẩn
다낭 기차역
미술 박물관
Nguyễn Thị Minh Khai
Ngô Gia Tự
Phan Đình Phùng
Phan Châu Trinh
Hùng Vương
한 시장 (쩌 한)
꼰 시장 (쩌 꼰)
고 다낭
GO! Đà Nẵng(Big C)
Triệu Nữ Vương
다낭 성당
Trần Quốc Toản

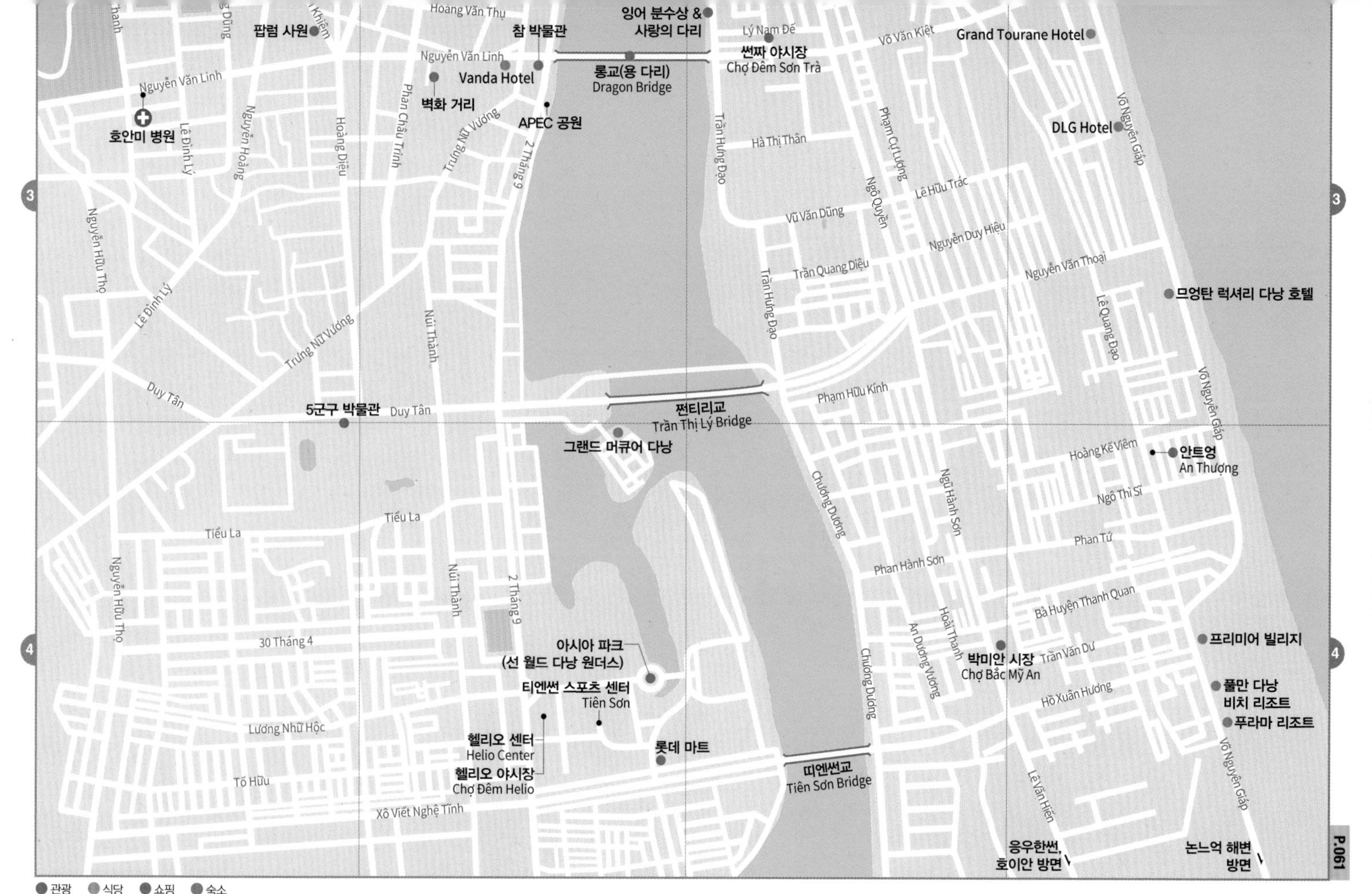

P.061
잉어 분수상 & 사랑의 다리
팝럼 사원
참 박물관
Vanda Hotel
벽화 거리
호안미 병원
APEC 공원
롱교(용 다리)
Dragon Bridge
썬짜 야시장
Chợ Đêm Sơn Trà
Grand Tourane Hotel
DLG Hotel
므엉탄 럭셔리 다낭 호텔
5군구 박물관
쩐티리교
Trần Thị Lý Bridge
그랜드 머큐어 다낭
안트엉
An Thượng
아시아 파크
(선 월드 다낭 원더스)
티엔썬 스포츠 센터
Tiên Sơn
헬리오 센터
Helio Center
헬리오 야시장
Chợ Đêm Helio
롯데 마트
띠엔썬교
Tiên Sơn Bridge
박미안 시장
Chợ Bắc Mỹ An
프리미어 빌리지
풀만 다낭 비치 리조트
푸라마 리조트
응우한썬, 호이안 방면
논느억 해변 방면
Hoàng Văn Thụ
Nguyễn Văn Linh
Lý Nam Đế
Võ Văn Kiệt
Võ Nguyên Giáp
Lê Đình Lý
Nguyễn Hoàng
Hoàng Diệu
Phan Châu Trinh
Trưng Nữ Vương
2 Tháng 9
Trần Hưng Đạo
Hà Thị Thân
Phạm Cự Lượng
Ngô Quyền
Lê Hữu Trác
Vũ Văn Dũng
Nguyễn Duy Hiệu
Trần Quang Diệu
Nguyễn Văn Thoại
Lê Quang Đạo
Nguyễn Hữu Thọ
Duy Tân
Núi Thành
Phạm Hữu Kính
Hoàng Kế Viêm
Ngô Thì Sĩ
Phan Tứ
Chương Dương
Ngũ Hành Sơn
Phan Hành Sơn
Bà Huyện Thanh Quan
Hoài Thanh
An Dương Vương
Trần Văn Dư
Hồ Xuân Hương
Lê Văn Hiến
Tiểu La
30 Tháng 4
Lương Nhữ Hộc
Tố Hữu
Xô Viết Nghệ Tĩnh
관광
식당
쇼핑
숙소

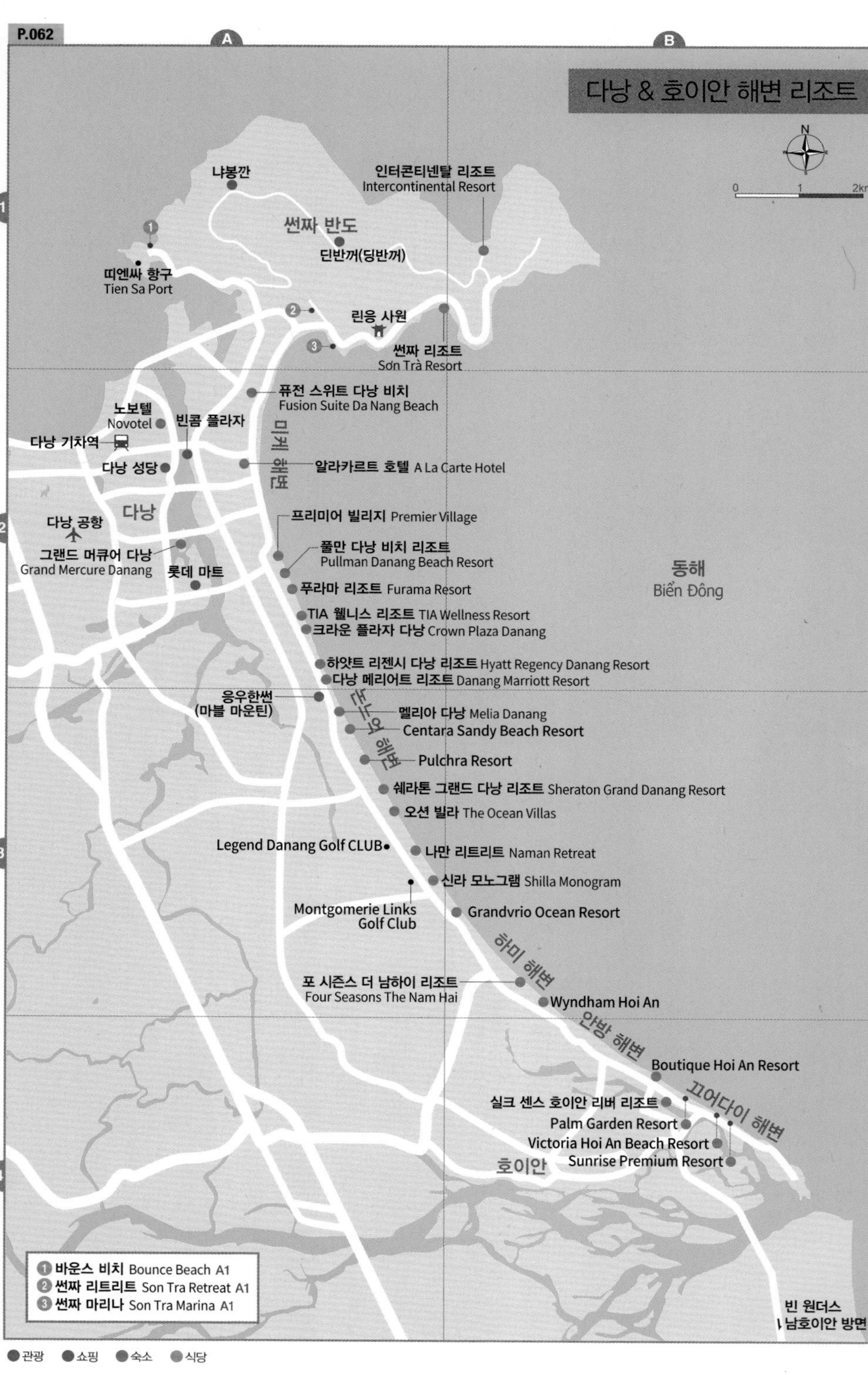

다낭 & 호이안 해변 리조트
A
B
1
2
3
4
N
0
1
2km
냐봉깐
인터콘티넨탈 리조트
Intercontinental Resort
썬짜 반도
딘반꺼(딩반꺼)
띠엔싸 항구
Tien Sa Port
린응 사원
썬짜 리조트
Sơn Trà Resort
퓨전 스위트 다낭 비치
Fusion Suite Da Nang Beach
노보텔
Novotel
빈콤 플라자
미케 해변
다낭 기차역
다낭 성당
알라카르트 호텔 A La Carte Hotel
다낭
다낭 공항
프리미어 빌리지 Premier Village
풀만 다낭 비치 리조트
Pullman Danang Beach Resort
그랜드 머큐어 다낭
Grand Mercure Danang
롯데 마트
푸라마 리조트 Furama Resort
동해
Biển Đông
TIA 웰니스 리조트 TIA Wellness Resort
크라운 플라자 다낭 Crown Plaza Danang
하얏트 리젠시 다낭 리조트 Hyatt Regency Danang Resort
다낭 메리어트 리조트 Danang Marriott Resort
응우한썬
(마블 마운틴)
논느억 해변
멜리아 다낭 Melia Danang
Centara Sandy Beach Resort
Pulchra Resort
쉐라톤 그랜드 다낭 리조트 Sheraton Grand Danang Resort
오션 빌라 The Ocean Villas
Legend Danang Golf CLUB
나만 리트리트 Naman Retreat
신라 모노그램 Shilla Monogram
Montgomerie Links
Golf Club
Grandvrio Ocean Resort
하미 해변
포 시즌스 더 남하이 리조트
Four Seasons The Nam Hai
Wyndham Hoi An
안방 해변
Boutique Hoi An Resort
끄어다이 해변
실크 센스 호이안 리버 리조트
Palm Garden Resort
Victoria Hoi An Beach Resort
Sunrise Premium Resort
호이안
① 바운스 비치 Bounce Beach A1
② 썬짜 리트리트 Son Tra Retreat A1
③ 썬짜 마리나 Son Tra Marina A1
빈 원더스
남호이안 방면

● 관광 ● 쇼핑 ● 숙소 ● 식당

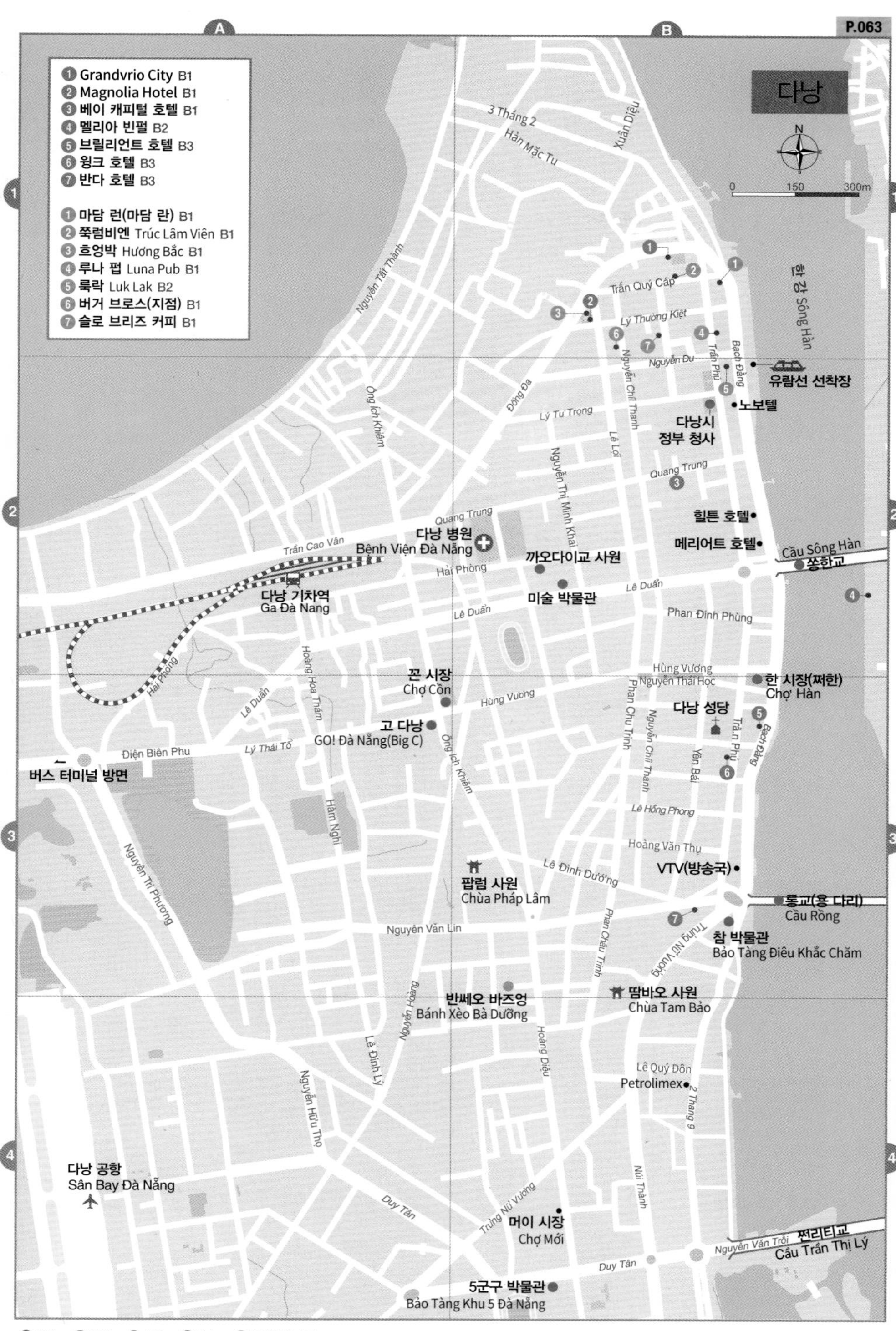

다낭
1 Grandvrio City B1
2 Magnolia Hotel B1
3 베이 캐피털 호텔 B1
4 멜리아 빈펄 B2
5 브릴리언트 호텔 B3
6 윙크 호텔 B3
7 반다 호텔 B3
1 마담 런(마담 란) B1
2 쭉럼비엔 Trúc Lâm Viên B1
3 흐엉박 Hương Bắc B1
4 루나 펍 Luna Pub B1
5 룩락 Luk Lak B2
6 버거 브로스(지점) B1
7 슬로 브리즈 커피 B1
0 150 300m
3 Tháng 2
Hàn Mặc Tử
Xuân Diệu
Nguyễn Tất Thành
Trần Quý Cáp
Lý Thường Kiệt
Nguyễn Du
Trần Phú
Bạch Đằng
한 강 Sông Hàn
유람선 선착장
노보텔
다낭시 정부 청사
Ông Ích Khiêm
Đống Đa
Lý Tự Trọng
Lê Lợi
Nguyễn Chí Thanh
Nguyễn Thị Minh Khai
Quang Trung
힐튼 호텔
메리어트 호텔
Cầu Sông Hàn
쏭한교
Trần Cao Vân
다낭 병원
Bệnh Viện Đà Nẵng
Hải Phòng
까오다이교 사원
미술 박물관
Lê Duẩn
다낭 기차역
Ga Đà Nang
Phan Đình Phùng
Hùng Vương
Nguyễn Thái Học
한 시장(쩌한)
Chợ Hàn
꼰 시장
Chợ Cồn
Hoàng Hoa Thám
다낭 성당
고 다낭
GO! Đà Nẵng(Big C)
Phan Chu Trinh
Yên Bái
Điện Biên Phủ
Lý Thái Tổ
버스 터미널 방면
Hàm Nghi
Lê Hồng Phong
Hoàng Văn Thụ
Nguyễn Tri Phương
Lê Đình Dương
VTV(방송국)
팝럼 사원
Chùa Pháp Lâm
롱교(용 다리)
Cầu Rồng
Nguyễn Văn Linh
Phan Châu Trinh
Trưng Nữ Vương
참 박물관
Bảo Tàng Điêu Khắc Chăm
반쎄오 바즈엉
Bánh Xèo Bà Dưỡng
땀바오 사원
Chùa Tam Bảo
Nguyễn Hoàng
Lê Đình Lý
Hoàng Diệu
Lê Quý Đôn
Petrolimex
2 Tháng 9
Nguyễn Hữu Thọ
Núi Thành
다낭 공항
Sân Bay Đà Nẵng
Duy Tân
머이 시장
Chợ Mới
Nguyễn Văn Trỗi
쩐리티교
Cầu Trần Thị Lý
5군구 박물관
Bảo Tàng Khu 5 Đà Nẵng
관광 식당 쇼핑 숙소 마사지 & 스파

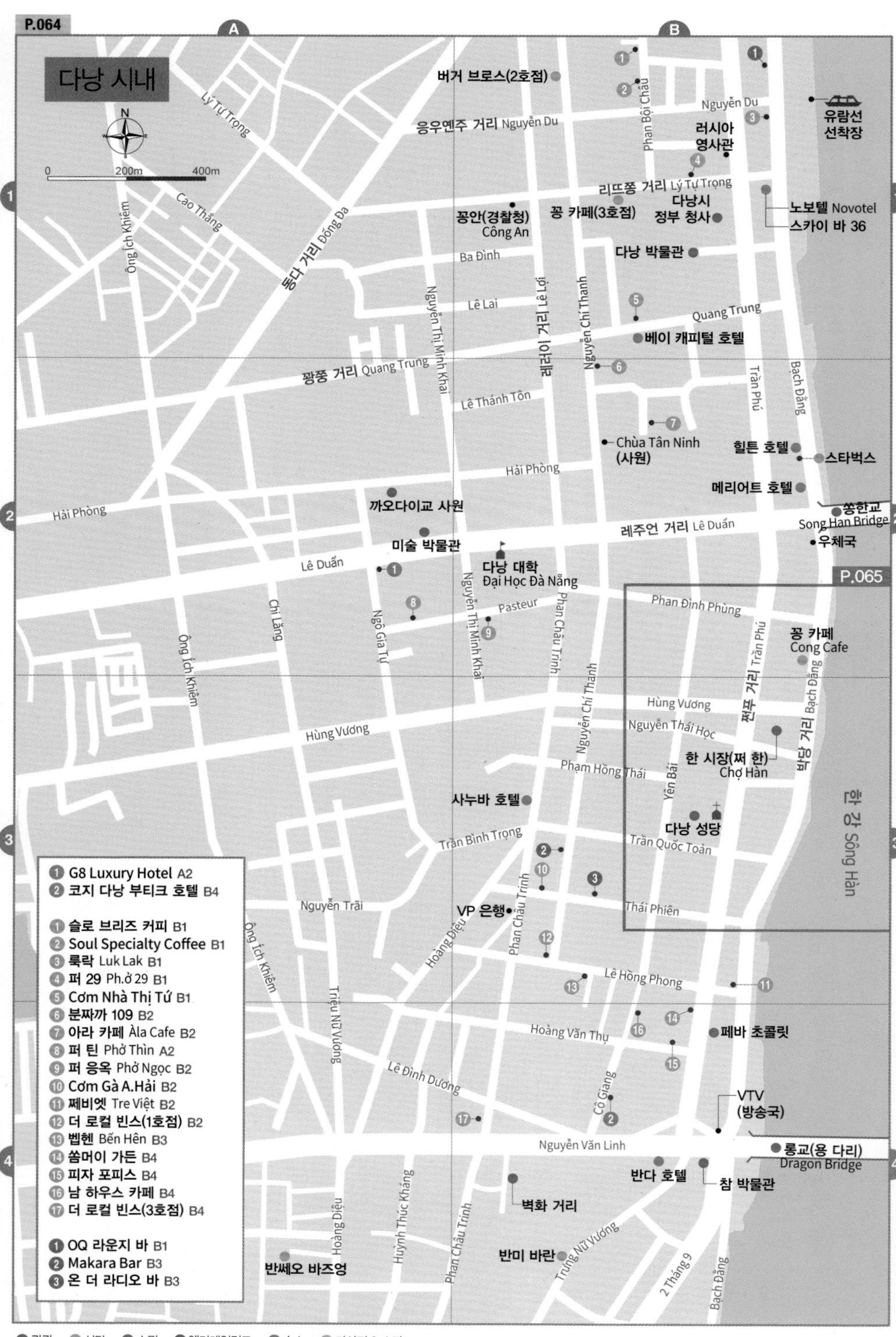

1 G8 Luxury Hotel A2
2 코지 다낭 부티크 호텔 B4

1 슬로 브리즈 커피 B1
2 Soul Specialty Coffee B1
3 룩락 Luk Lak B1
4 퍼 29 Phở 29 B1
5 Cơm Nhà Thị Tứ B1
6 분짜까 109 B2
7 아라 카페 Àla Cafe B2
8 퍼 틴 Phở Thìn A2
9 퍼 응옥 Phở Ngọc B2
10 Cơm Gà A.Hải B2
11 쩨비엣 Tre Việt B2
12 더 로컬 빈스(1호점) B2
13 벤헨 Bến Hên B3
14 쏨머이 가든 B4
15 피자 포피스 B4
16 남 하우스 카페 B4
17 더 로컬 빈스(3호점) B4

1 OQ 라운지 바 B1
2 Makara Bar B3
3 온 더 라디오 바 B3

● 관광 ● 식당 ● 쇼핑 ● 엔터테인먼트 ● 숙소 ● 마사지 & 스파

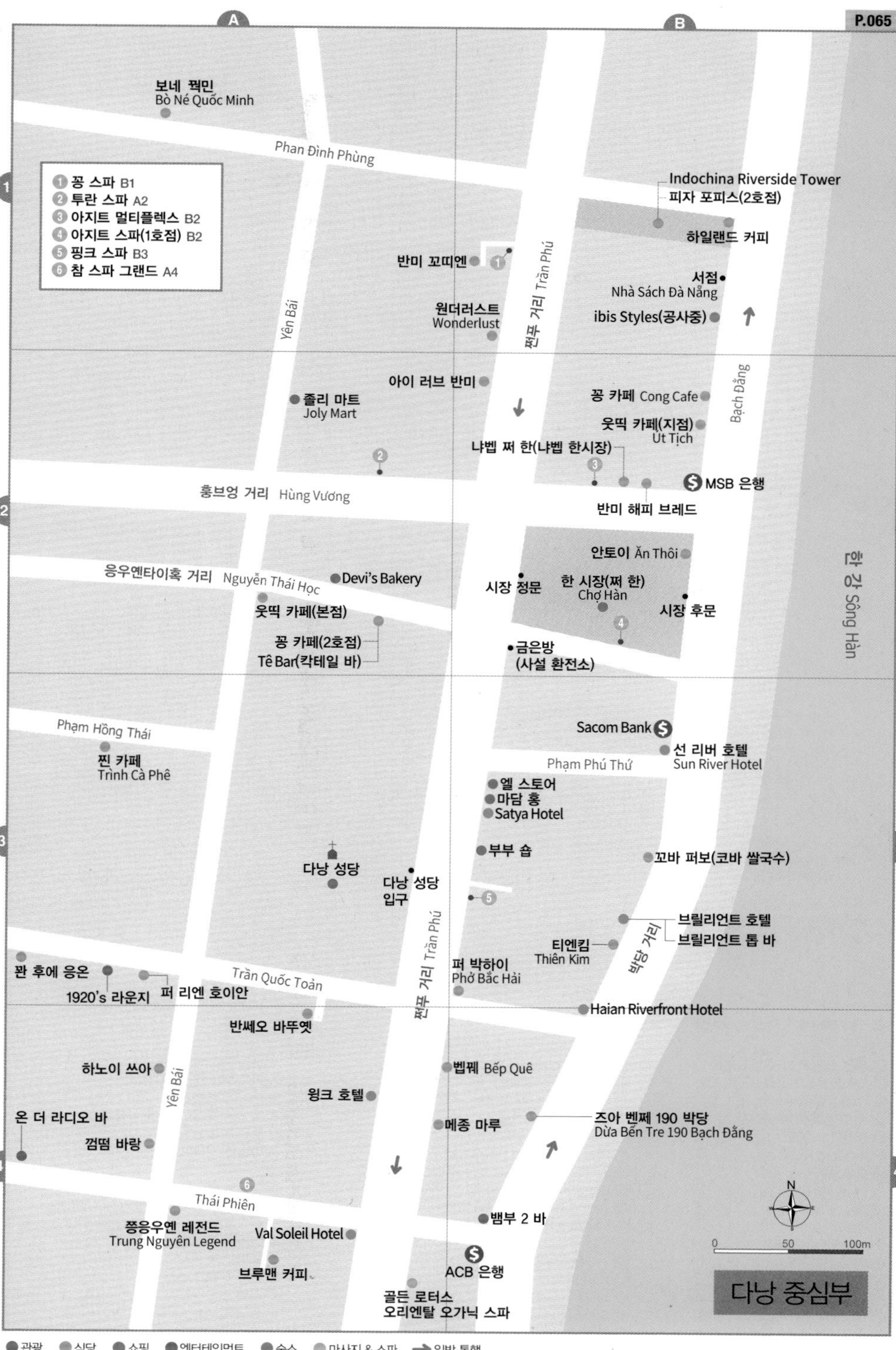

다낭 중심부
1 꽁 스파 B1
2 투란 스파 A2
3 아지트 멀티플렉스 B2
4 아지트 스파(1호점) B2
5 핑크 스파 B3
6 참 스파 그랜드 A4
보네 꿕민
Bò Né Quốc Minh
Phan Đình Phùng
Indochina Riverside Tower
피자 포피스(2호점)
하일랜드 커피
반미 꼬띠엔
서점
Nhà Sách Đà Nẵng
ibis Styles(공사중)
원더러스트
Wonderlust
쩐푸 거리 Trần Phú
Yên Bái
아이 러브 반미
졸리 마트
Joly Mart
꽁 카페 Cong Cafe
웃띡 카페(지점)
Ut Tịch
Bạch Đằng
나벱 쩌 한(나벱 한시장)
MSB 은행
반미 해피 브레드
훙브엉 거리 Hùng Vương
안토이 Ăn Thôi
응우옌타이혹 거리 Nguyễn Thái Học
Devi's Bakery
시장 정문
한 시장(쩌 한)
Chợ Hàn
시장 후문
웃띡 카페(본점)
꽁 카페(2호점)
Tê Bar(칵테일 바)
금은방
(사설 환전소)
한 강 Sông Hàn
Sacom Bank
선 리버 호텔
Sun River Hotel
Phạm Hồng Thái
찐 카페
Trình Cà Phê
Phạm Phú Thứ
엘 스토어
마담 홍
Satya Hotel
부부 숍
꼬바 퍼보(코바 쌀국수)
다낭 성당
다낭 성당 입구
브릴리언트 호텔
브릴리언트 톱 바
티엔킴
Thiên Kim
박당 거리
퍼 박하이
Phở Bắc Hải
꽌 후에 응온
1920's 라운지
퍼 리엔 호이안
Trần Quốc Toản
Haian Riverfront Hotel
반쎄오 바뜨엣
하노이 쓰아
벱꿰 Bếp Quê
윙크 호텔
온 더 라디오 바
껌떰 바랑
메종 마루
즈아 벤쩨 190 박당
Dừa Bến Tre 190 Bạch Đằng
Thái Phiên
쯩응우옌 레전드
Trung Nguyên Legend
Val Soleil Hotel
뱀부 2 바
브루맨 커피
ACB 은행
골든 로터스
오리엔탈 오가닉 스파
N
0 50 100m
관광 식당 쇼핑 엔터테인먼트 숙소 마사지 & 스파 일방 통행

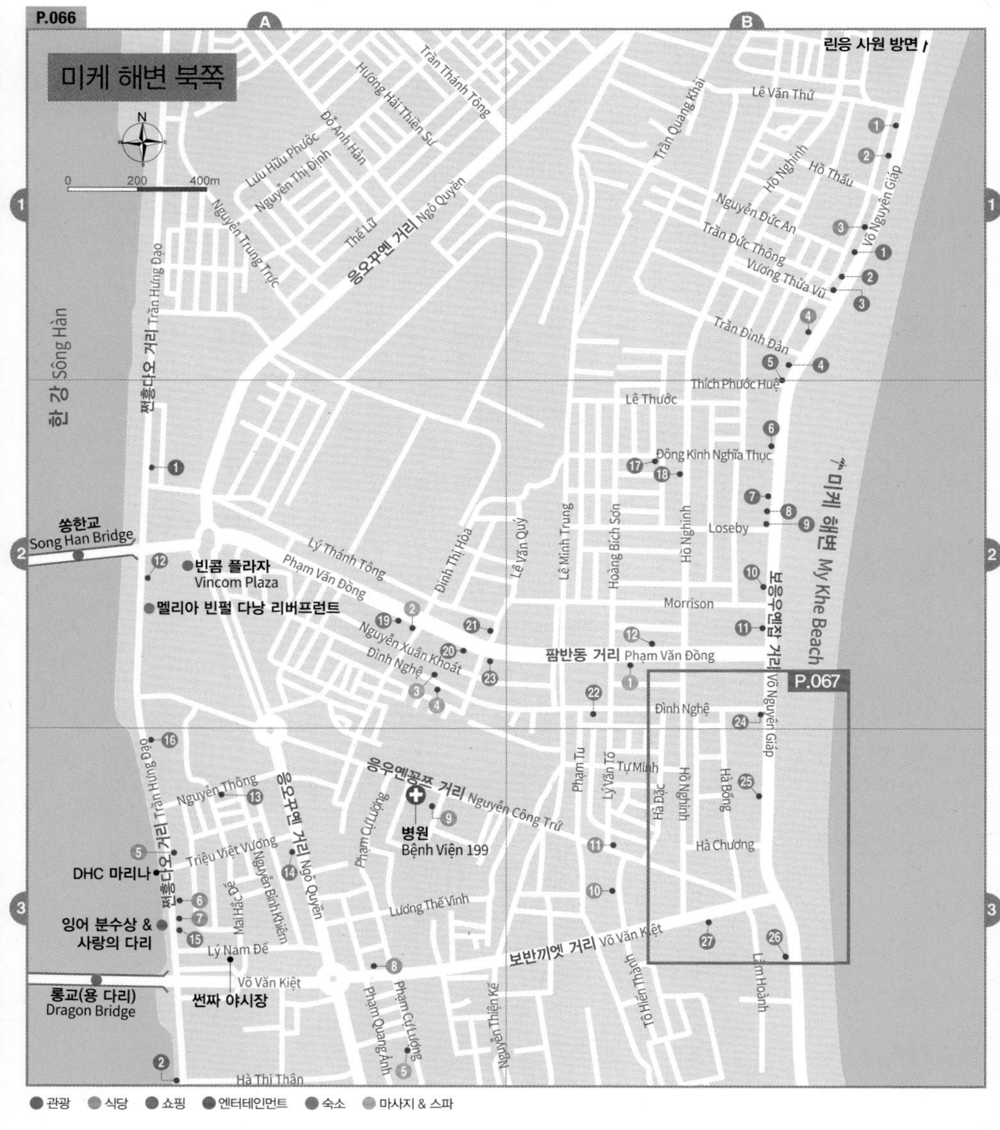

● 관광 ● 식당 ● 쇼핑 ● 엔터테인먼트 ● 숙소 ● 마사지 & 스파

1 퓨전 스위트 다낭 비치 B1
2 Sel de Mer Hotel B1
3 Hilton Garden Inn B1
4 포 포인트 바이 쉐라톤 B1
5 알타라 스위트 B1
6 Awaken Hotel B2
7 Sekong Hotel B2
8 Voco Ma Belle B2
9 래디슨 호텔 B2
10 Nalod Hotel B2
11 Wyndham Soleil B2
12 아주라(아파트) Azura A2
13 D&C Hotel A3
14 므엉탄 호텔 Mường Thanh Hotel A3
15 Danang Riverside Hotel A3
16 윙크 호텔 다낭 리버사이드 A3
17 Danaciti Hotel B2
18 Ponte Boutique B2
19 Luxtery Hotel A2
20 Golden Sea Hotel A2
21 Sea Garden Hotel A2
22 Monaco Hotel B2
23 Nhu Minh Plaza Hotel A2
24 알라카르트 호텔 A La Carte Hotel B2
25 Diamond Sea Hotel B3
26 Grand Tourane Hotel B3
27 Pavilion Hotel B3

1 Trung Gia Seafood B1
2 Hàu Sữa B1
3 Bé Mặn Seafood B1
4 Cua Biển Seafood B1
5 팻 피시 Fat Fish A3
6 Phở 29(지점) A3
7 하일랜드 커피(지점) A3
8 라오다이 해산물식당 A3
9 드리머 카페 A3
10 목 시푸드(목 해산물 식당) B3
11 통킹 분짜 B3
12 바빌론 스테이크 가든 2 B2

1 Golden Pine Pub A1
2 드래프트 비어(유로 빌리지 지점) A3

1 아리 스파 B2
2 노아 스파 A2
3 허벌 부티크 스파 A2
4 허벌 스파 A2
5 퀸 스파 A3

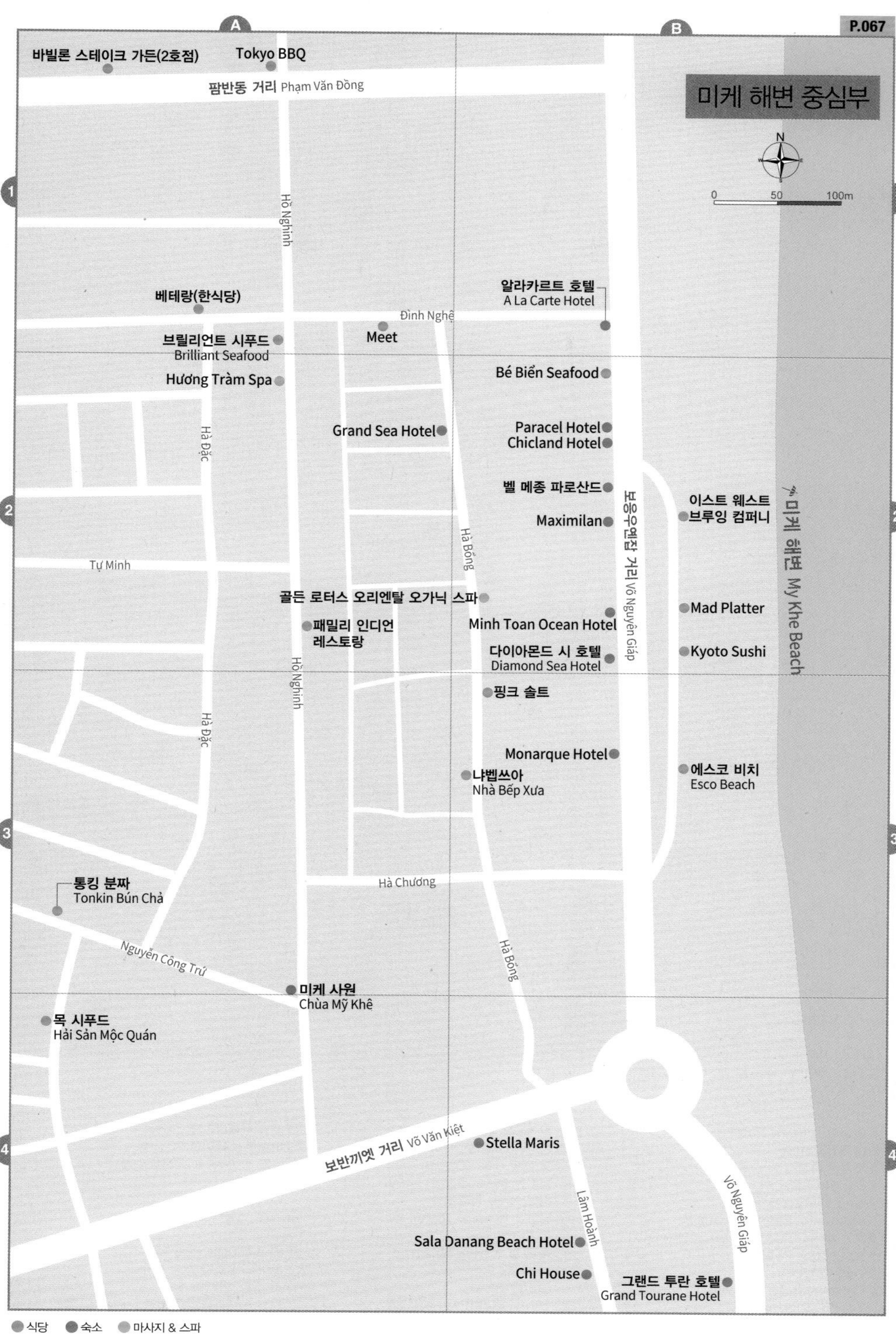
미케 해변 중심부
A
B
1
2
3
4
N
0
50
100m
바빌론 스테이크 가든(2호점)
Tokyo BBQ
팜반동 거리 Phạm Văn Đồng
Hồ Nghinh
알라카르트 호텔
A La Carte Hotel
베테랑(한식당)
Đình Nghệ
Meet
브릴리언트 시푸드
Brilliant Seafood
Hương Tràm Spa
Bé Biển Seafood
Grand Sea Hotel
Paracel Hotel
Chicland Hotel
Hà Đặc
벨 메종 파로산드
이스트 웨스트
브루잉 컴퍼니
미케 해변 My Khe Beach
Maximilan
보응우옌잡 거리 Võ Nguyên Giáp
Hà Bổng
Tự Minh
골든 로터스 오리엔탈 오가닉 스파
Mad Platter
Minh Toan Ocean Hotel
패밀리 인디언
레스토랑
다이아몬드 시 호텔
Diamond Sea Hotel
Kyoto Sushi
핑크 솔트
Monarque Hotel
에스코 비치
Esco Beach
냐벱쓰아
Nhà Bếp Xưa
Hà Chương
통킹 분짜
Tonkin Bún Chả
Nguyễn Công Trứ
미케 사원
Chùa Mỹ Khê
목 시푸드
Hải Sản Mộc Quán
보반끼엣 거리 Võ Văn Kiệt
Stella Maris
Lâm Hoành
Sala Danang Beach Hotel
Chi House
그랜드 투란 호텔
Grand Tourane Hotel
식당
숙소
마사지 & 스파

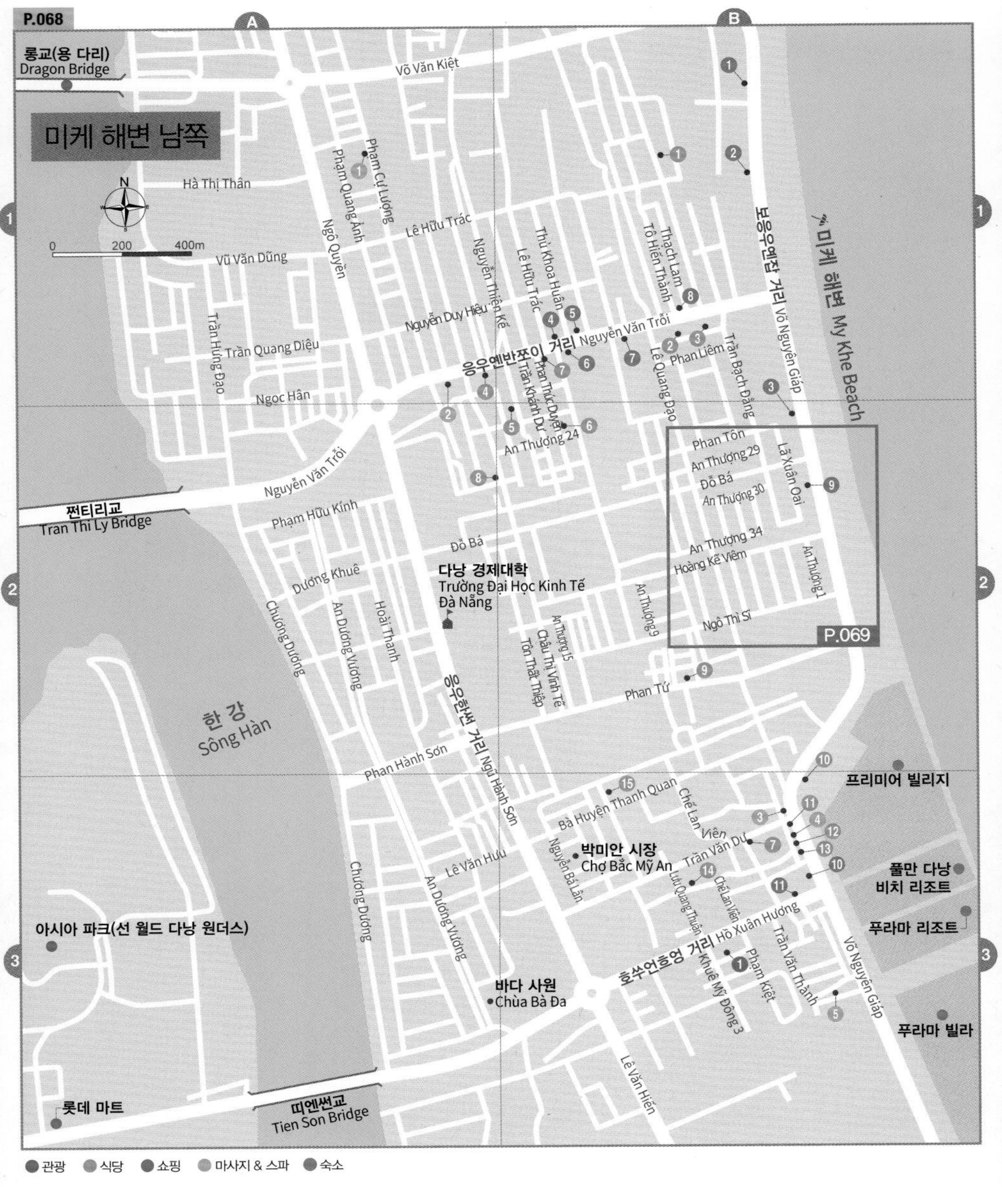

● 관광 ● 식당 ● 쇼핑 ● 마사지 & 스파 ● 숙소

1 Grand Tourane Hotel B1
2 DLG Hotel B1
3 므엉탄 럭셔리 다낭 호텔 B2
4 Estrella Hotel B1
5 King's Finger Hotel B1
6 Risemount Resort Danang B1
7 로열 로터스 호텔 Royal Lotus Hotel B1
8 Song Cong Hotel B1
9 TMS Hotel B2
10 Fansipan Hotel B3
11 Sea Phoenix Hotel B3

1 끄어응오 카페 Cửa Ngõ B1
2 껌냐린 Cơm Nhà Linh B1
3 오 분짜 Ô Bun Cha B1
4 벱꾸온 Bếp Cuốn A1
5 하이드아웃 카페 B2
6 티아고 레스토랑 Thìa Gỗ B2
7 퍼 틴 Phở Thìn B1
8 더 로컬 빈스(2호점) A2
9 Phở Việt Kiều B2
10 Draft Beer B3
11 번마이(반마이) Vận May) B3
12 냐벱 쿠에미(냐벱 미케비치 지점) B3
13 바빌론 스테이크 가든 B3
14 누도 키친 Nu Đồ Kitchen B3
15 Bánh Xèo 76 B3

1 YMA 스튜디오 YMA Studio B3

1 퀸 스파 Queen Spa A1
2 오마모리 스파 A1
3 안 스파 Ans Spa B3
4 다낭 포레스트 스파 B3
5 다한 스파 Dahan Spa B3

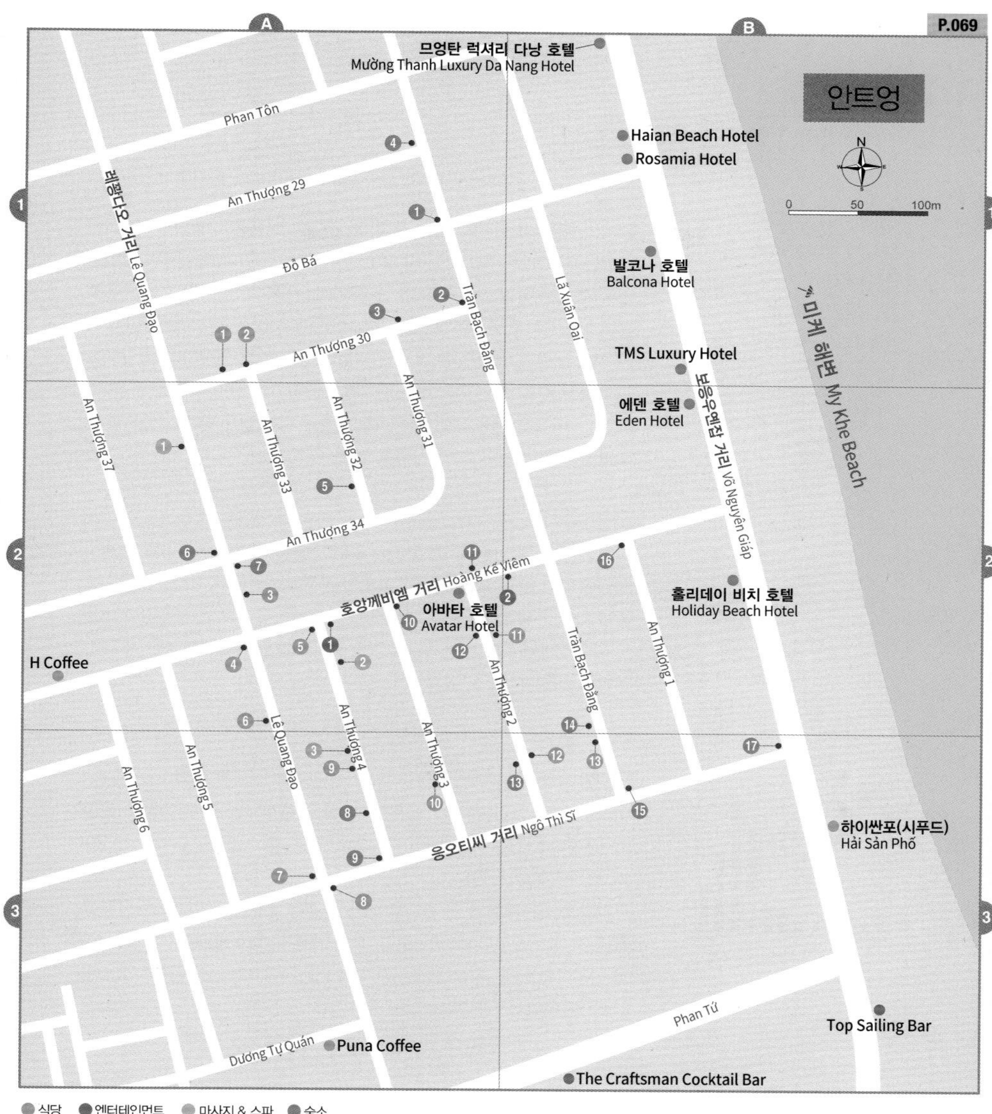

식당 엔터테인먼트 마사지 & 스파 숙소

1 Cicilia Hotel A1
2 Nhật Minh Hotel A1
3 Amunra Ocean Hotel A1
4 Golden Lotus Luxury Hotel A1
5 Homestay Sea Kite A2
6 Golden Lotus Grand Hotel A2
7 LIVIE Da Nang An Thuong A2
8 Rom Casa Hostel A3
9 코스모 호텔 Cosmos Hotel A3
10 에코 그린 부티크 호텔 A2
11 Grand Seaview Hotel A2
12 An Hội Canary Hotel A2
13 Draco Hotel B3
14 Palazzo Boutique Hotel B2
15 Angel Hotels B3
16 추 호텔 Chu Hotel B2
17 Yarra Ocean Suites B3

1 L'Italiano Restaurant A1
2 미쓰 니 Miss Nhi A1
3 움 반미 Ùmm Banh Mi A2
4 가인(한식당) A2
5 서민구이(한식당) A2
6 응온티호아 Ngon Thị Hoa A2
7 43 스페셜티 커피(43 팩토리 커피) A3
8 Thanh Tam Bakery A3
9 버거 브로스 Burger Bro's A3
10 켄타 Ken Ta A3
11 Dng. Coffee A2
12 Bikini Bottom Express B3
13 Roots Plant-based Cafe B3

1 The Shamrock Irish Pub A2
2 Radio Dublin B2

1 센 부티크 스파 A2
2 엘 스파 L Spa A2
3 실크 스파 Silk Spa A3

Information | 여행에 유용한 정보

행정구역 다낭 직할시
Thành Phố Đà Nẵng
면적 1,256㎢
인구 134만 6,876명
시외국번 0236

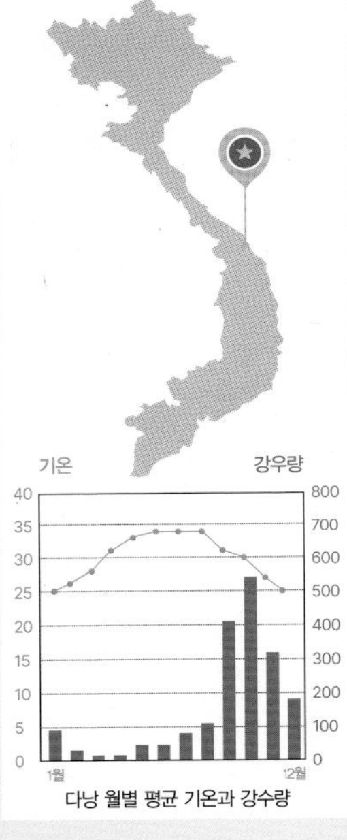

다낭 월별 평균 기온과 강수량

여행사

다낭 도깨비
cafe.naver.com/happyibook
다낭 고스트
cafe.naver.com/warcraftgamemap
다낭 보물창고
cafe.naver.com/grownman
몽키 트래블 vn.monkeytravel.com
T Lounge 다낭티라운지(카카오톡)
신 투어리스트 www.thesinhtourist.vn

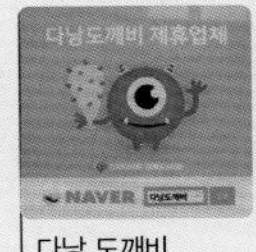
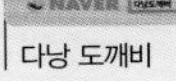
다낭 도깨비

다낭 고스트

날씨

건기(4~8월)와 우기(9~3월)가 있다. 건기가 여행하기 좋다. 가장 더운 시기는 6~8월로, 평균 기온이 34℃나 된다. 낮 최고 40℃에 육박하기도 한다. 이때는 아침 일찍 돌아다니고 오후에는 에어컨 나오는 실내에서 적절히 휴식해야 한다. 우기(몬순 시즌)는 9월에 시작해 10~11월에 비가 가장 많이 내린다. 11~1월은 우기와 겨울이 겹쳐 가장 선선하다. 한낮에도 30℃를 넘지 않고, 밤 평균 18~20℃를 유지하거나 10℃ 밑으로 내려가기도 한다. 비가 올 때는 쌀쌀하다. 고도가 높은 바나 힐은 낮에도 20℃를 밑돌아 선선하다(겨울에는 춥기까지 하다).

여행 시기

여행 가기 가장 좋은 시기는 우기가 끝나고 더워지기 전인 3~5월 사이이다. 청명한 날이 많고, 습도도 낮다. 파도가 잔잔해 해변에서 시간을 보내기도 좋은 시기다. 낮 평균 기온은 28~31℃를 유지한다. 덥기는 하지만 7~8월도 성수기에 해당한다. 베트남의 여름 휴가철과 겹쳐 붐빈다. 해변에서 수영하기 좋은 시기는 5~8월이다.

은행·환전

비엣인 은행 Vietin Bank, 비엣콤 은행 Vietcom Bank, 싸콤 은행 Sacom Bank, 아그리 뱅크(농업 은행) Agri Bank, 수출입 은행 EXIM Bank, 동아 은행 Dong A Bank, HSBC 은행 등이 있다. 영업은 월~금요일 07:30~11:30, 13:00~17:00까지 한다.

트래블로그(트래블월렛) 카드를 이용할 경우 수수료가 면제되는 VP 은행(주소 112 Phan Châu Trinh)과 TP 은행(주소 94 Nguyễn Văn Thoại1)을 이용하면 된다. ATM은 24시간 이용 가능하며, 1회 인출 한도는 200만 VND 또는 500만 VND으로 은행마다 다르다.

병원

한국인 의료진을 갖춘 병원은 없다. 영어로 의사소통이 가능하도록 국제진료를 보는 호안미 병원 Bệnh Viện Hoàn Mỹ(지도 P.060-A3, 주소 161 Nguyễn Văn Linh, 전화 0236-3650-950, 홈페이지 www.hoanmy.com/danang)을 이용하면 된다.

여행사

한국인이 많이 찾는 곳답게 개별 여행자를 위한 여행사도 많다. 공항 픽업과 센딩, 짐 보관 서비스, 주변 지역 1일 투어, 바나 힐과 호이안으로 가는 셔틀 버스까지 예약이 가능하다. 여행사 제휴 업체를 이용하면 할인 혜택도 받을 수 있어 여러모로 편리하다.

Access | 다낭 가는 방법

한국에서 다낭까지 운항하는 직항편이 있다. 베트남 중부에서도 중심에 위치한 다낭은 항공, 기차, 버스가 모두 통과해 교통이 편리한 편이다. 한국에서 출발하는 방법은 P.302 참고.

항공

베트남 항공에서 하노이, 호찌민시(사이공), 하이퐁, 냐짱, 달랏, 껀터를 포함해 주요 도시로 국내선을 운항한다.

저가 항공사인 젯스타 항공과 비엣젯 항공은 베트남 항공에 비해 저렴하다. 프로모션 요금으로 미리 예약한다면 기차 침대칸 요금과 큰 차이가 없다. 국제선 노선은 한국 이외에 태국(방콕), 캄보디아(씨엠리업), 싱가포르, 말레이시아(쿠알라룸푸르), 홍콩, 마카오 노선을 운항하고 있다.

베트남 항공

다낭 국제공항 Da Nang International Airport(Sân Bay Quốc Tế Đà Nẵng)은 시내에서 서쪽으로 2㎞ 떨어져 있다. 다낭 공항에서 시내로 가는 방법은 P.073 참고.

기차

하노이↔호찌민시(사이공)를 오가는 모든 열차가 다낭에 정차한다. 다낭→하노이 구간은 15~18시간 걸린다. 편도 요금은 6인실 침대칸 Nằm Cứng(Hard Sleeper) 76만~94만 VND, 4인실 침대칸 Nằm Mềm (Soft Sleeper) 96만~114만 VND이다. 다낭→호찌민시 구간은 16~19시간 걸린다. 편도 요금은 6인실 침대칸 74만~90만 VND, 4인실 침대칸 95만~106만 VND이다. 다낭→후에 구간은 매일 7회 출발하며, 편도 요금(에어컨 좌석)은 9만~12만 VND이다. 기차 출발 시간에 관한 정보는 P.305 참고. 다낭 기차역은 시내 중심가와 가까운 하이퐁 거리에 있다.

다낭 기차역

다낭 기차역 Ga Đà Nẵng

지도 P.060-A2
주소 202 Hải Phòng
전화 0236-3650-676

다낭 버스 터미널

주소 33 Điện Biên Phủ
전화 0236-3821-625

오픈 투어 버스(셔틀 버스)

여행사에서 운영하는 오픈 투어 버스는 호이안을 출발해 다낭을 거쳐 후에(훼)까지 간다. 다낭→후에 구간은 매일 2회(09:15, 14:00) 운행되며 편도 요금은 20만 VND이다. 다낭↔호이안 구간은 셔틀버스(15인승 미니밴)를 이용하면 된다. 07:00~22:00까지 1일 10회 운행되며, 편도 요금은 15만 VND이다. 호텔이나 여행사에서 예약이 가능한데, 픽업 가능 여부를 미리 확인해두자. 다낭에서 호이안 가는 자세한 방법은 P.164 참고.

Access | 다낭으로 입국하기

4시간 30분의 비행을 마치고 도착한 다낭. 베트남 중부 지방에 있는 다낭 국제공항은 국제공항이지만 규모가 크지 않다. 국내선 청사(T2)와 국제선 청사(T1)로 구분되어 있다. 다낭 공항의 도시 코드는 DAD. 공항 규모도 작고 입국 절차도 간단하다.

- **다낭 국제공항** Da Nang International Airport (Sân Bay Quốc Tế Đà Nẵng)
  홈페이지 www.danangairportonline.com

다낭 국제공항

❶ 비행기 도착

외국인도 입국 카드를 작성할 필요 없다. 도착 Đến, Arrival 안내 표시를 따라 1층에 있는 입국 심사대로 간다.

도착 항공기 안내판

❷ 입국 심사대

외국인 심사대 Foreigner에 줄을 선다. 여권과 타고 온 비행기 탑승권을 함께 제출하면 된다. 별도로 작성할 서류는 없다. 여권에 입국 스탬프를 찍는데, 체류 기간이 정확한지 반드시 확인하자. 베트남은 무비자로 45일 체류가 가능하다.

수화물 찾는 곳

❸ 수하물 수취

안내판에서 타고 온 항공편의 컨베이어 벨트 번호를 확인하고, 수하물을 찾는다. 수하물이 분실됐다면, 배기지 클레임 Baggage Claim 카운터에 수하물 표 Baggage Claim Tag를 보여주고 안내를 따르자.

SIM Card 판매 데스크

❹ 환전·SIM 카드 구입

공항 청사 내부와 외부에 환전소가 분산되어 있다. 공항 청사 바깥쪽에선 비엣콤 은행 Vietcom Bank, BIDV 은행, 수출입 은행 EXIM Bank이 환전소를 운영한다. SIM 카드는 공항 내부의 안내 데스크에서 구입하면 된다. 'SIM-CARD'라고 적힌 부스를 찾으면 된다. 패키지 요금제(데이터+국내 전화)는 18만~26만 VND이다. 무제한 사용할 수 있는 데이터 요금제는 24만 VND(US$10)으로 정해져 있다. 대표적인 통신회사로 비엣텔 Viettel, 비나폰 Vinaphone, 모비폰 Mobifone이 있다.

환전소

❺ 세관 검사

별도로 신고할 물품이 없으면 세관 검사 Custom를 통과해 공항 밖으로 나가면 된다.

Access | 다낭 공항에서 시내로 이동하기

다낭 국제공항은 시내와 가까워 시내로 가는 방법도 간단하다. 공항버스는 존재하지 않고 택시(또는 그랩)를 이용하면 된다. 다낭 시내 웬만한 호텔까지 10만~12만 VND, 미케 해변 리조트까지 17만~22만 VND, 응우한썬(마블 마운틴)까지 26만 VND, 호이안 올드 타운까지 40만 VND 정도 예상하면 된다.

❶ 택시

소형 택시(4인승)와 중형 택시(7인승)로 구분된다. 공항 청사를 나와 차선 하나를 건너면 택시 승강장이 있다. 택시 기사 중에 미터기를 사용하지 않고 요금을 흥정하는 경우도 있으니 주의할 것. 베트남 화폐로 잔돈을 미리 챙겨서 타는 게 좋다. 참고로 공항 주차장은 톨비 명목으로 이용료를 받는다. 원칙적으로 공항으로 들어갈 때 1만 5,000VND을 내고, 공항에서 나올 때는 톨비를 내지 않는다.

공항 택시

웰컴 투 다낭

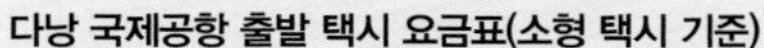
다낭 국제공항 출발 택시 요금표(소형 택시 기준)

목적지	거리	요금(VND)
안트엉 지역 호텔	6km	13만 4,000
풀만 다낭 비치 리조트	8km	15만 1,000
하얏트 리젠시	11.5km	21만 4,000
응우한썬(마블 마운틴)	14km	25만 8,000
린응 사원	15km	25만 8,000
인터콘티넨탈 리조트	21km	38만 3,000
바나 힐	35km	40만
호이안	28km	40만 3,000

❷ 그랩

요금을 미리 알 수 있고, 정해진 차량을 탑승할 수 있어서 편리하다. 다만, 택시 승차장과 별도의 장소를 이용해야 한다. 공항 밖으로 나와서 Ride App Pickup(승차 앱 픽업)이라고 적힌 안내판을 따라가면 Grab Car라고 적힌 초록색 그늘막이 나온다.

❸ 호텔·여행사 픽업

호텔 또는 여행사 픽업 서비스를 이용해도 된다. 입국 전에 미리 예약 및 결제하면 공항 미팅 장소를 알려준다.

❹ 시내버스

저렴하긴 하지만 노선이 제한적이고 국내선 청사 앞에서 출발해서 불편하다. 6번, 10번, 12번 버스가 운행되며, 편도 요금은 8,000VND이다. 시내버스에 관한 내용은 P.074 참고.

알아두세요

【 남의 짐은 절대로 들어주지 마세요! 】

모르는 사람이 다가와 수하물을 함께 부쳐줄 것을 부탁한다면 냉정하게 거절해야 한다. 항공사마다 수하물을 1인당 15~20kg으로 제한하는데, 무게가 초과돼 추가 운임을 내야 한다며 도와달라는 사람 중에는 수입 금지 물품을 반출하려는 목적일 수 있다. 사례를 하겠다면 더더욱 의심해야 합니다.

Transportation | 다낭의 시내 교통

베트남의 주요 교통수단은 오토바이다. 현지인들은 시내버스보다 오토바이를 선호한다. 지하철은 없고, 택시와 쎄옴(오토바이 택시)을 탈 수 있다. 시내버스는 주로 다낭 주변 지역을 연결하기 때문에 외국인 여행자가 이용하기엔 불편하다. 주요 볼거리는 시내에 몰려 있어 도보 여행도 가능하다. 쏭한교에서 한 시장(쩌 한)과 다낭 성당을 거쳐 참 박물관까지 걸어 다닐 만하다.

미케 해변을 따라 이어지는 보응우옌잡 거리

시내버스 Xe Bus

모두 15개의 시내버스 노선이 운행된다. 시내 구간을 운행하는 버스는 정부(다낭시)에서 지원하고, 다낭 외곽 지역의 소도시를 연결하는 버스는 사설 회사(프엉짱 버스 Phương Trang, FUTA Bus Lines)에서 운영한다. 운행 시간은 노선에 따라 조금씩 다르지만 05:45~19:00까지 운행된다. 배차 간격은 15~30분으로 운행 편수는 많지 않다. 편도 요금은 6,000VND으로 저렴하다. 바나 힐까지 가는 장거리 버스는 편도 요금 3만 VND이다. 현금을 준비해 차장에게 돈을 내면 된다. 같은 노선의 버스라 하더라도 시내 구간에서는 타고 내리는 곳이 다르므로 탑승 전에 정확한 정류장을 숙지하고 있어야 한다. 스마트폰 무료 애플리케이션 'DanaBus'를 설치하면 편리하다.

시내버스 정류장

다낭 시에서 운영하는 시내버스

알아두세요

【 다낭 버스 Xe Buýt Đà Nẵng 】

스마트폰 무료 애플리케이션

- DanaBus

홈페이지 www.danangbus.vn

다낭 버스 애플리케이션

택시 | Taxi

싼에스엠 택시

마이린 택시

비나선 택시

다낭에서 택시를 잡는 것은 어렵지 않다. 모든 택시는 미터로 요금을 계산하지만, 외국인에게 바가지 씌우는 일도 비일비재하다. 미터기를 조작하는 택시도 있으므로 주의가 필요하다. 택시 회사마다 로고와 전화번호가 찍혀 있는데, 믿을 만한 회사일수록 전화번호가 크고 선명하다. 전국적인 택시회사인 마이린 Mai Linh과 비나선 Vina Sun이 믿을 만하다. 빈패스트 Vin Fast(베트남 전기차 회사)에서 운영하는 싼에스엠 택시 Xanh SM Taxi는 전용 애플리케이션을 이용해 택시를 부를 수 있어 편리하다. 택시는 4인승과 7인승으로 구분된다. 기본 요금은 7,000~1만 2,000VND으로, 회사나 차종에 따라 조금씩 다르다. 시내에서 가까운 거리를 돌아다닐 때는 5만 VND 내외, 시내에서 기차역까지 6만~7만 VND, 시내에서 공항까지 10만 VND, 시내에서 미케 해변 리조트까지 12만~15만 VND, 다낭에서 호이안까지 32만~40만 VND 정도 예상하면 된다. 택시 이용에 관한 자세한 내용은 P.306 참고.

그랩 Grab

그랩

베트남을 비롯한 주요 동남아시아 국가들에서 이용되는 콜택시 애플리케이션이다. 이용 방법은 카카오택시나 우버와 마찬가지로 무료 애플리케이션을 설치하고, 현재 위치로 택시를 불러 가고자 하는 목적지까지 이동할 수 있다. 이용 가능한 택시 종류는 그랩 택시 Grab Taxi(그랩에서 운영하는 녹색 택시), 그랩 카 Grab Car(그랩에 등록된 자가용 택시), 저스트 그랩 Just Grab(일반 택시와 자가용 택시 중 가까운 곳에 있는 차량을 우선 배정)으로 나뉜다. 그랩 카는 4인승과 7인승 중 인원에 맞게 선택할 수 있다. 그랩 택시 요금은 4인승 기준으로 기본요금(처음 2㎞) 3만 2,000VND이며, 추가 1㎞마다 1만 1,000VND 씩 부과된다. 카드보다는 현금을 사용하면 더 편리하다.

그랩 바이크 Grab Bike

그랩 바이크

쎄옴(오토바이 택시) Xe Ôm의 불편함을 보완한 애플리케이션으로 그랩 Grab에서 운영한다. 그랩 애플리케이션을 실행할 때는 오토바이 로고가 그려진 '그랩 바이크'를 누르면 된다. 목적지까지의 요금이 표시되어 편리하고, 택시보다 빠르게 이동할 수 있다. 가까운 거리를 이용할 때 편리하지만, 한 명만 탑승 가능하다.

오토바이

대여 요금은 기종에 따라 다르며, 하루 10만~15만 VND 정도다. 사고가 발생하면 무조건 외국인 책임이 되므로 반드시 헬멧(안전모)을 착용하고 안전운전 해야 한다. 현지인들은 우기에 우비를 착용하고 오토바이를 운전한다. 비 내릴 때는 더더욱 유의해야 한다.

대여 전에 오토바이 상태를 사진으로 찍어둬야 반납할 때 문제가 생기지 않는다. 오토바이 운전은 초보자들에게 매우 위험하므로 무모하게 도전하지는 말자.

Best Course | 다낭 추천 코스

COURSE 1

알차게 주요 볼거리를 훑어보는

다낭 1일 코스

다낭 시내에는 볼거리가 많지 않다. 반나절 정도로 시내를 둘러보고, 오후에는 린응 사원(썬짜 반도)과 미케 해변을 다녀오는 일정이 무난하다. 상대적으로 덜 더운 저녁엔 강변 레스토랑에서 식사하며 시간을 보내도 괜찮다. 관광이 목적이라면 해변 리조트보다 시내 호텔을 이용하는 게 좋다.

COURSE 2

휴식을 즐기며 여유롭게 둘러보는

다낭 1일 코스

진정한 휴식을 위해 리조트 여행을 택했다면 빡빡하게 시내 관광 일정을 잡지 말고, 리조트 내 부대시설을 더 이용하며 여유 부리는 것도 좋다. 마음껏 리조트를 즐기고, 오후에 느지막이 시내로 나가 핵심 볼거리를 둘러보자. 미케 해변에 위치한 리조트가 시내로 접근하기 좋고 시설도 좋다.

COURSE 3

다채로운 베트남의 매력을 느끼는

다낭 · 응우한썬 · 호이안 1일 코스

오전에는 리조트에서 휴식하고 오후에 반나절 관광하는 일정으로 진행한다. 미케 해변의 리조트에서 다낭 시내를 들를 필요 없이 곧장 호이안으로 이동하며 응우한썬(마블 마운틴)을 둘러본다. 호이안은 야경이 아름답기 때문에 저녁 식사까지 하고 돌아온다. 호이안 여행 일정은 P.166 참고.

COURSE 4

가족과 함께하면 더 즐거운

다낭 · 바나 힐 1일 코스

바나 힐 관광은 이동 시간을 포함해 최소 5시간 정도 필요하다. 투어를 이용하면 대부분 09:00에 출발해 15:00경에 다낭으로 되돌아온다. 오후에는 마사지를 받거나, 쇼핑을 하거나, 야경을 감상하며 하루를 마무리하는 게 좋다. 바나 힐은 일정이 빡빡하거나 날씨가 흐릴 경우 무리하게 다녀올 필요는 없다.

SPECIAL PAGE

\ 한 강에서 다낭의 야경 즐기기 /

한 강은 다낭 사람들에게 특별하다. 아주 오래 전 이곳을 통해 무역이 이뤄지며 도시로 발달할 수 있었고, 다낭을 베트남 5대 도시로 변화시킨 후엔 사람들의 휴식 공간이 되어 주고 있다. 느릿느릿 흘러가는 강물만 봐도 좋은데, 붉게 물들기 시작하는 오후 5시부터 박당 거리(강변도로)는 한 층 더 매력이 돋보인다.

travel plus

【한강유람선】

저녁 시간 한 강에서 타는 유람선은 분위기가 일품이다. 한 강 유람선 타는 곳 Bến Du Thuyền Sông Hàn Đà Nẵng은 노보텔 앞쪽의 강변에 있다. 여러 개의 보트 회사들이 매표소를 마련해 놓고 경쟁하고 있다.

크루즈 투어 요금은 비슷한데, 2층 갑판에 있는 자리가 조금 더 비싸다. 선상에서 1시간 정도 야경을 보게 되는데, 쏭한교와 롱교(용 다리)를 지나 출발했던 곳으로 되돌아온다. 특히 주말 저녁에 출발하는 유람선은 용 다리의 불 쇼 시간과 맞아 배 위에서 구경할 수 있다.

한 강 유람선 선착장 Du Thuyền Sông Hàn
지도 P.063–B2 **주소** 36 Bạch Đằng
출발 20:00(1시간 운항) **요금** 15만 VND

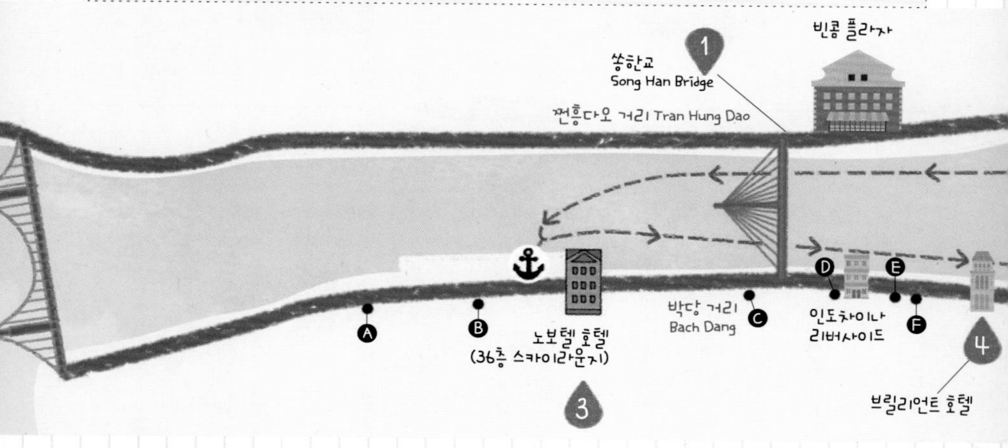

● 전망 좋은 레스토랑 & 바

Ⓐ **마담 런 :** 강변도로에 있는 대형 레스토랑 P. 119

Ⓑ **룩락 :** 유람선 선착장 맞은편에 있는 맛집 P. 118

Ⓒ **스타벅스 :** 한 강을 끼고 있는 스타벅스 다낭 1호점

Ⓓ **피자 포피스 :** 쇼핑몰 2층에 있는 피자 전문점 P. 121

Ⓔ **꽁 카페 :** 2층 창가석에서 코코넛 커피 한 잔 P. 109

Ⓕ **웃띡 카페 :** 베트남 감성 가득한 강변 카페 P. 111

Ⓖ **APEC 공원 :** 에이펙 APEC 개최를 기념해 만든 강변 공원

● 야경을 즐기기 좋은 장소 BEST 6

BEST1 쏭한교

다낭을 상징하는 다리. 도심과 어우러진 한 강 풍경을 감상하기 가장 좋은 장소다. 다리 주변의 박당 거리에서 강 건너 풍경을 바라봐도 되고, 다리 위에서 용 다리 방향으로 야경을 감상하거나 사진을 찍기도 좋다. P. 080

BEST2 사랑의 다리와 잉어 분수상

노을이 지는 무렵 영화 같은 장면을 연출하는 곳. DHC 마리나 선착장에는 사랑의 열매가 열린 데크길과 잉어 분수상이 있다. 천천히 산책하기도 하고, 도란도란 얘기를 나누기도 좋다. P. 081

BEST3 노보텔 호텔 36층 라운지 바

다낭의 밤을 즐길 수 있는 곳. 다낭 시내의 랜드마크 노보텔 호텔에서는 제대로 된 한 강 풍경이 펼쳐진다. 36층 라운지 바에서 바라보는 360° 파노라마 야경은 로맨틱함을 더한다. P. 136

BEST4 브릴리언트 호텔 17층 루프톱

흔히 브릴리언트 톱 바 Brilliant Top Bar로 불린다. 한 강 강변 정중앙에 있기 때문에 주변 풍경을 막힘 없이 볼 수 있다. P. 137

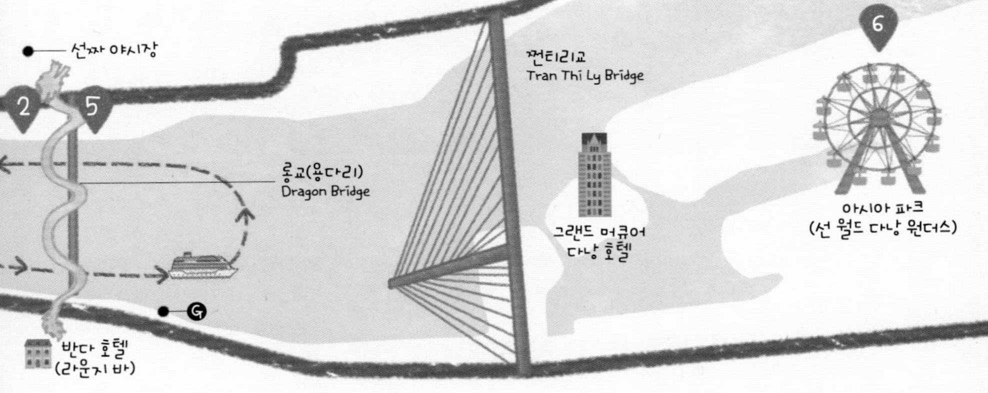

BEST5 롱교의 불쇼와 물쇼

한 강의 마스코트 용 다리. 주말(토·일요일) 밤 9시가 되면 빛나는 조명과 함께 쇼가 진행된다. 용 머리 밑이나 용다리가 보이는 빌딩, 유람선에서 볼 수 있다. 하트 모양의 용의 눈을 보면 사랑에 빠질지도 모른다. P. 081

BEST 6 아시아 파크(선 월드 다낭 원더스)의 선 휠

한 강에서 빼놓을 수 없는 풍경. 세계에서 5번째로 높은 대관람차 선 휠 Sun Wheel에서 보는 다낭은 또 다르다. 동심으로 돌아가듯 천천히 도는 대관람차 안에서 낭만을 즐기자. P. 091

Attraction

다낭의 볼거리

다낭은 교통과 상업의 중심지라 규모가 크지만 볼거리는 많지 않다. 가장 주요한 볼거리는 다낭 성당과 참 박물관. 도심과 가까운 미케 해변은 말끔한 해변도로와 함께 상쾌함을 선사한다. 저녁엔 강변에서 야경을 보며 시간을 보내도 된다. 한강 위의 쏭한교와 롱교가 조명으로 다채롭게 빛난다.

01 다낭의 심장을 흐른다
한 강 Han River / Sông Hàn ★★★

다낭의 중심은 도시를 남북으로 흐르는 한 강이다. 한 강을 기준으로 서쪽이 다낭 도심에 해당한다. 한 강을 건너 동쪽으로 2㎞ 가면 해변이 나온다. 강변도로인 박당 거리를 따라 산책로가 만들어져 있는데, 해 질 무렵부터 시민들의 휴식처로 사랑받는다. 밤에는 강변의 빌딩과 다리까지 조명으로 치장돼 아름다운 야경이 펼쳐진다. 특별한 볼거리는 아니지만 한강에는 독특한 모양의 다리(교량)가 설치되어 있다.

지도 P.060-B1 **주소** Đường Bạch Đằng **가는 방법** 강 서쪽은 박당 거리 Đường Bạch Đằng, 강 동쪽은 쩐 흥 다오 거리 Đường Trần Hưng Đạo가 길게 이어진다.

시내를 흐르는 한 강

한 강을 끼고 도시가 형성되어 있다

02 다낭을 대표하는 다리
쏭한교 Han River Bridge / Cầu Sông Hàn ★★

쏭한교는 다낭을 대표하는 다리(교량)다. 영어로 한 리버 브리지 Han River Bridge, 한국어로 하면 한강교(汗江橋)가 된다. 교통량이 가장 많은 다리로, 다낭 시내 중심가를 관통한다. 2000년에 개통됐으며 총 길이는 487m다. 케이블로 다리를 지탱하는 사장교로, 밤이 되면 색색의 조명이 다리를 비춘다.

지도 P.060-B2 **주소** Lê Duẩn & Bạch Đằng **운영** 24시간 **요금** 무료 **가는 방법** 레주언 Lê Duẩn 거리에서 진입하며, 다리를 건너면 팜반동 Phạm Văn Đồng 거리가 이어진다.

한 강을 건널 때 지나게 되는 쏭한교

쏭한교 야경

03 용 다리로 불리는 드래곤 브리지
롱교(용 다리) Dragon Bridge / Cầu Rồng ★★★★

참 박물관 앞에 있는 롱교는 용 모양의 조형물이 다리에 설치되어 있다. '롱'은 용(龍)을 뜻한다. 용머리부터 시작해 용이 날아가는 모양을 형상화했다. 영어로는 드래곤 브리지 Dragon Bridge다. 한국인 여행자들은 '용 다리'라고 부르기도 한다. 2013년에 완공되었으며, 길이는 666m다. 쏭한교와 마찬가지로 밤에는 조명을 이용해 다양한 빛으로 다리가 변모한다. 토·일요일 21:00에는 용머리에서 불을 뿜어내는 불쇼가 진행된다.

지도 P.061-B3 **주소** Nguyễn Văn Linh & Bạch Đằng **운영** 24시간 **요금** 무료 **가는 방법** 응우옌반린 Nguyễn Văn Linh 거리에서 진입하며 다리를 건너면 보반 끼엣 Võ Văn Kiệt 거리가 이어진다.

용 다리로 알려진 롱교

주말 밤에는 용 머리에서 불을 뿜는다

04 해 지는 시간 기념사진 찍기 좋은 곳
잉어 분수상 Statue of Carp Becoming A Dragon / Cá Chép Hóa Rồng ★★☆

요트 선착장을 위해 건설한 DHC 마리나 DHC Marina에 만든 조형물이다. 하얀색의 대리석을 깎아서 만든 동상은 높이 7.5m, 무게 200t에 달한다. 멀리서 보면 물고기 모양인데, 자세히 보면 몸통은 물고기(잉어), 머리는 용으로 되어 있다. 그래서 현지어로 이름이 까쩹호아롱 Cá Chép Hóa Rồng(용으로 변한 잉어라는 뜻)이다. 저녁 시간에는 잉어 동상에서 물을 뿜어낸다. 싱가포르의 유명한 사자 동상 머라이언 Merlion과 유사하다.

지도 P.061-C3 **주소** Trần Hưng Đạo **운영** 10:00~22:00 **요금** 무료 **가는 방법** 다낭 시내에서 롱교(드래곤 브리지)를 건너서 강변과 접한 쩐흥다오 거리에 있다.

잉어 분수상 옆으로는 사랑의 다리 Bridge of Love(Cầu Tàu Tình Yêu)가 있다. 관광객을 위해 만든 조형물로, 길이는 68m다. 일반적인 교량이 아니라 강을 건너갈 수는 없다. 사랑의 다리답게 하트 모양의 붉은색 조명을 달았다. 젊은 연인들이 찾아와 자물쇠를 걸어 잠그고 사랑을 맹세한다. 낮에는 더워서 사람들이 별로 없고 해 지는 시간부터 관광객이 찾아와 기념사진을 찍는다.

잉어 분수상

사랑의 다리 & DMC 마리나

1 다낭 성당 2 미사가 열리는 성당 내부 3 아베 마리아 4 스테인드글라스 장식

05 다낭에 온 것을 기념하려면 바로 여기
다낭 성당 Danang Cathedral / Nhà Thờ Con Gà ★★★★

프랑스가 베트남을 식민 지배하던 시절에 건설된 가톨릭 성당이다. 프랑스 식민 지배 시절 다낭에 유일하게 건설된 성당이라고 한다. 1923년에 프랑스 사제 루이 발레 Louis Vallet가 디자인하고 감독해 건설했다. 당시에는 투란 교회('투란'은 프랑스 식민 지배 시절 다낭의 명칭이었다) Tourane Church라고 불렸으며, 1924년 3월 10일에 공식적인 첫 예배가 열렸다.

고딕 양식으로 건설한 다낭 성당은 핑크색 사암으로 만든 외관 때문에 핑크 성당이라는 애칭을 갖고 있다. 70m 높이로 만든 스티플(성당 정면을 장식한 첨탑) 꼭대기에 달아놓은 수탉 모양의 풍향계 때문에 베트남 사람들은 수탉 성당이라는 뜻으로 '냐터 꼰가 Nhà Thờ Con Gà'라고 부른다. 성당 정문(출입문) 상단에는 십자가 장식과 함께 JHS(예수를 뜻하는 크리스토그램)라고 선명하게 적혀 있다. 아치형 돔 모양의 성당 내부에는 교회당 제단과 스테인드글라스 유리 장식이 남아있다. 성당 뒤쪽에는 프랑스의 루르드 동굴 Lourdes Grotto(성모 마리아의 발현을 목격한 곳으로 알려져 종교적인 성지)을 재현해 만든 자그마한 동굴이 있다. 다낭 성당에서는 현재도 미사가 열리는데, 많을 때는 4,000명 정도가 참석한다고 한다.

지도 P.065-A3 **주소** 156 Trần Phú **운영** 월~토요일 08:00~11:30, 13:30~16:30 **요금** 무료 **가는 방법** 한 시장(쩌한)에서 쩐푸 거리 방향으로 도보 3분

강변 도로쪽 한 시장 입구

쩐푸 거리에 있는 한 시장 정문

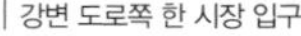

06 시내 중심가에 있는 재래시장
한 시장(쩌 한) Han Market / Chợ Hàn ★★★★

한 강변에 위치해 있어 한 시장(쩌 한)이라는 이름을 붙였다. 프랑스 식민 통치 시절인 1940년대부터 지금까지 같은 자리를 지키고 있다. 1층에는 식료품과 채소, 과일, 커피, 기념품 등을 판매하며 노점 식당과 젓갈 가게도 들어서 있다. 2층은 아오자이, 티셔츠, 원피스, 속옷, 신발 등을 판매한다. 오래된 시장인 만큼 쾌적함은 기대하기 어렵다. 한국 관광객이 많이 찾아오면서 상인들이 간단한 한국어를 하면서 물건을 판다. 가격은 무조건 흥정해서 깎아야 한다. 한 시장 주변에는 라탄 가방 전문 상점들도 있다. 가게마다 비슷한 제품을 판매하기 때문에 몇 군데 가격을 비교해보고 구입하면 된다. 아오자이는 주문 후 몸에 맞게 재봉하는 데 시간이 필요하다.

지도 P.064-B3 **주소** 119 Trần Phú **운영** 06:00~18:00 **요금** 무료 **가는 방법** 정문은 쩐푸 거리에 있다. 강변도로인 박당 거리를 통해서도 출입이 가능하다.

● 한 시장 주요 매장 & 쇼핑 아이템

1 라탄 가방 15만~25만 VND
2 아오자이 30만~45만 VND
3 원피스 7만~14만 VND
4 크록스 17만~25만 VND
5 농 3만~5만 VND
6 망고젤리 2만 5,000VND
7 컵받침(1개) 3만~4만 VND

참 박물관 전경

07 힌두 문명이 만들어낸 수려한 부조를 감상하자
참 박물관(참 조각 박물관) Cham Museum / Bảo Tàng Điêu Khắc Chăm ★★★☆

다낭 시내에서 가장 큰 볼거리로 참파 왕국(P.229)의 유물들을 전시한다. 베트남 중부 지방을 여행하려면 참파 왕국과 힌두교에 대한 이해가 필요한데, 이에 대한 갈증을 해소해 주는 곳이다. 1898년 미썬 유적 Mỹ Sơn(P.226)이 재발견되면서 프랑스 국립 극동 아시아 연구원 L'École Francaise d'Extrême Orient(EFEO)이 참파 유적을 본격적으로 연구했고, 미썬에서 발굴된 유물들을 보관하기 위해 1916년에 박물관이 문을 열었다. 그 후 1936년에 들어 짜끼에우 Trà Kiệu(참파 왕국 최초의 수도 심하푸라 Simhapura가 있던 곳)에서 유물이 대량으로 발굴되면서 박물관은 지금의 규모로 확장되었다. 참파 왕국의 유적에서 발굴된 조각을 전시하고 있어 참 조각 박물관 Museum of Cham Sculpture으로 불리기도 한다.

참 박물관은 콜로니얼 양식으로 지어진 세계 최대 규모의 참파 유적 관련 박물관이다. 총 2,000여 점의 유물을 소장하고 있으며, 500여 점을 박물관에 전시 중이다. 참고로 실내는 에어컨이 없어서 더운 편이다. 일부 참파 유적에서 발굴된 유물들은 하노이 역사 박물관과 호찌민시의 베트남 역사 박물관, 그리고 파리의 귀메 박물관 Musée Guimet에 소장하고 있다. 전시실은 유물이 발굴된 지역의 지명을 따서 미썬 Mỹ Sơn(7~10세기), 짜끼에우 Trà Kiệu(7~12세기), 동즈엉 Đồng Dương(9~10세기), 탑만 Tháp Mẫn(11~14세기), 꽝찌 Quảng Trị(7~8세기), 꽝남 Quảng Nam(8~10세기), 꽝응아이 Quảng Ngãi(10~12세기), 빈딘 Bình Định(12~13세기)으로 구분해 놓았다.

지도 P.063-B3 **주소** 2 Đường 2 Tháng 9 & 1 Trưng Nữ Vương **전화** 0236-3470-114 **홈페이지** www.chammuseum.vn **운영** 07:00~17:00 **요금** 6만 VND **가는 방법** 9월 2일 거리(Đường 2 Tháng 9)와 쯩느브엉 거리가 교차하는 로터리.

참 박물관의 전시실

불교 관련 유물을 볼 수 있는 동즈엉 유물 전시관

● 참 박물관의 관람 포인트, 다양한 모습의 석조 조각

참 박물관은 석조 조각과 부조들을 전시하기 때문에 석대를 만들어 그 위에 힌두 신들의 조각상을 올려놓았다. 참고로 부드러운 질감의 사암을 이용해 양각 기법으로 조각한 부조들은 힌두 사원의 회랑을 장식하던 일반적인 기법이다. 참파 왕국은 시바 Shiva를 모신 신전을 많이 건설했기 때문에 시바 석상이 가장 많다. 미썬에서 발굴된 8세기에 만든 시바 석상은 중국풍의 외모에 콧수염까지 조각돼 이채롭다.

시바의 상징인 링가 Linga 조각도 많다. 시바와 더불어 사랑받는 비슈누 Vishnu, 락슈미 Lakshmi, 난디 Nandi, 가네쉬 Ganesh, 가루다 Garuda, 하누만 Hanuman, 나가 Naga, 압사라 Apsara, 라마야나 Ramayana(힌두 서사시) 이야기를 묘사한 조각도 있다.

동즈엉 Đồng Dương 유물 전시실은 불교적인 색채가 강하다. 875년에 인드라바르만 2세가 인드라푸라 Indrapura(오늘날의 동즈엉)에 새로운 왕조를 건설하며 대승 불교를 받아들였기 때문이다. 불교적인 색채가 가미된 조각들은 10세기 후반까지 제작되었는데, 비슈누 조각은 얼핏 보면 불상처럼 보이기도 한다. 참파 왕국에서 특이한 조각인 청동으로 만든 타라 불상 Bodhisattva Tara(티베트, 네팔, 몽골에서 숭배되는 여성 보살)도 전시되어 있다.

알아두세요

【 조각물의 주요 등장인물 】

미썬에서 발견된 시바 부조(8세기 작품)

짜끼에우에서 발굴된 비슈누 부조

천상의 무희 압사라 부조

시바 : 힌두교 3대 신 중 하나로 파괴와 재창조라는 막강한 힘을 갖고 있다. 시바 조각은 오른손에 삼지창을 들고 있고, 이마에 제3의 눈이 그려진 것이 특징이다.

난디 : 시바가 타고 다니는 흰 소.

비슈누 : 힌두교에서 우주를 유지하는 신.

링가 : 남성 성기 모양의 둥근 돌기둥. 보통 여성 성기 모양의 요니 Yoni 위에 링가를 세워 놓는다.

가루다 : 비슈누가 타고 다니는 독수리.

락슈미 : 비슈누의 부인으로 풍요와 번영, 아름다움과 행운을 상징한다.

가네쉬 : 지혜의 신, 시바의 아들로 코끼리 머리를 하고 있으며 '가네샤'라고도 한다.

하누만 : 비슈누의 아바타인 라마를 돕는 원숭이 장군.

압사라 : 천상의 무희들.

나가 : 힌두교와 불교 신화에 등장하는 뱀 모양의 신.

08 다낭의 역사와 문화를 한곳에 다낭 박물관 Museum of Da Nang / Bảo Tàng Đà Nẵng ★★★

다낭의 역사를 일목요연하게 정리한 박물관이다. 총 3층 규모로, 전시 면적은 3,000㎡에 2,500여 점의 유물, 사진, 문서, 역사 자료를 전시하고 있다. 1층은 다낭의 자연과 지리, 사회·문화 관련 내용으로 꾸몄다. 베트남 중부 지방에 있었던 철기 시대 문명인 싸후인 Sa Huỳnh 유적(BC 1000~AD 20)을 시작으로 쭈더우 도자기 마을 Chu Đậu Pottery Village에서 발굴된 15~16세기 도자기, 해상 무역에 이용했던 범선 모형, 다낭의 역사를 보여주는 흑백 사진이 전시되어 있다. 2층에는 베트남 독립과 베트남 전쟁 관련 전시실이 있다. 응우옌 왕조 시절(19세기) 무기, 프랑스의 다낭 점령과 식민 통치, 독립 투쟁, 호찌민을 포함한 독립 운동가들의 사진, 8월 혁명과 베트남 독립 선언, 미국 해병대의 다낭 상륙, 베트남 전쟁 무기, 북부 베트남 군대의 다낭 점령, 다낭에 주둔했던 한국군 관련 내용, 미군의 인명 살상용 폭탄, 고엽제 피해자 사진 등을 전시하고 있다. 3층은 민속학과 소수 민족 관련 내용을 전시하고 있다.

지도 P.064-B1 **주소** 24 Trần Phú **전화** 0236-3887-635 **홈페이지** www.baotangdanang.vn **운영** 08:00~17:00 **요금** 2만 VND **가는 방법** 쩐푸 24번지에 있다. 다낭시 정부 청사를 바라보고 왼쪽에 있다.

다낭 박물관

전쟁 관련 내용으로 채워진 2층 전시실

09 다낭의 랜드마크 다낭시 정부 청사(다낭 시청)

Da Nang Administrative Centre / Trung Tâm Hành Chính Thành Phố Đà Nẵng ★

변화하는 다낭을 상징하기 위해 새로이 건설한 정부 청사 건물. 2014년 8월 9일에 개청식을 열어 공식적인 운영을 시작했다. 건물 외관은 연꽃 봉우리를 형상화 했는데 얼핏 보면 옥수수처럼 생겼다. 지하 2층, 지상 34층으로 이루어진 167m 높이의 다낭 최고층 건물이다. 사회주의 국가답게 공산당이 관할하는 다낭시 인민위원회에서 소유하고 있다. 특별한 볼거리가 있는 것은 아니지만 다낭 시내 지리를 파악하기 위한 이정표 역할은 한다.

지도 P.063-B1 **주소** 24 Trần Phú **전화** 0236-3838-686 **홈페이지** www.trungtamhanhchinhdanang.vn **가는 방법** 쩐푸 거리 24번지에 있다. 강변에 있는 노보텔에서 한 블록 떨어져 있다.

연꽃 봉우리를 형상화한 다낭시 정부 청사

10 베트남 회화를 감상할 수 있는 미술관
미술 박물관 Da Nang Fine Arts Museum / Bảo Tàng Mỹ Thuật Đà Nẵng ★★★

2016년 12월 19일에 개관한 다낭의 미술관이다. 다낭을 포함한 베트남 중부 지방 출신 작가들의 작품을 만나볼 수 있다. 총 3층 건물의 미술관 내에 약 400여 점의 작품을 소장하고 있다. 주 전시관인 2층에는 회화, 판화, 불상 등이 전시 중이며, 3층은 중부 고원에서 생활하는 산악 민족의 전통 의상, 민속품, 목조 조각 등이 있어 그들의 생활상을 엿볼 수 있다. 하노이와 호찌민시에 있는 규모 큰 미술 박물관에 비해 전시 내용은 상대적으로 빈약하다. 미술관 입구에 카페를 함께 운영한다.

지도 P.064-A2 **주소** 78 Lê Duẩn **전화** 0236-3865-356 **홈페이지** www.dnfam.vn **운영** 08:00~17:00 **요금** 2만 VND **가는 방법** 레주언 거리 78번지에 있다. 롯데리아(레주언 지점)에서 100m 떨어져 있다.

미술 박물관

베트남 현대 미술을 관람할 수 있는 미술 박물관

11 베트남의 전쟁 역사를 어렴풋이 보여준다
5군구 박물관(전쟁 박물관) Fifth Military Division Museum of Da Nang / Bảo Tàng Khu 5 Đà Nẵng ★★

1977년에 건설된 전쟁 박물관이다. 호찌민 박물관 Ho Chi Minh Museum(Bảo Tàng Hồ Chí Minh)에 전쟁 관련 내용을 추가로 전시하며 5군구 박물관으로 이름을 변경했다. 박물관은 4개 전시 구역, 12개 전시실로 나뉜다. 베트남 전쟁뿐만 아니라 프랑스의 식민 지배에 저항했던 인도차이나 전쟁까지 베트남의 오랜 독립 전쟁에 관해 소개하고 있다. 특별히 베트남 전 지역이 아닌 다낭 중심의 5군구 지역 전쟁 내용을 전시하고 있다. 대부분 흑백 사진들로, 군사 작전 지도가 함께 전시해 놓았다. 안내판을 따라 3층부터 거꾸로 내려오면서 관람하도록 되어 있다. 박물관 앞 야외에는 베트남 전쟁 때 사용했던 탱크와 비행기, 전차, 무기가 전시되어 있고, 박물관 뒤쪽에는 호찌민 주석이 생을 마감할 때까지 생활하던 하노이의 호찌민 생가를 재현해 놓았다.

지도 P.063-B4 **주소** 3 Duy Tân **전화** 0236-6251-268, 0511-3615-982 **운영** 07:00~11:00, 13:30~16:30 **요금** 6만 VND **가는 방법** 다낭 중심가에서 남쪽에 있는 주이떤 거리 3번지에 있다. 참 박물관에서 남쪽으로 2㎞, 쩐티리교 Tran Thi Ly Bridge(Cầu Trần Thị Lý)에서 서쪽으로 600m 떨어져 있다.

군사 박물관과 비슷한 5군구 박물관

베트남 중부 지역을 중심으로 베트남 전쟁을 설명한다

12 다낭에서 가장 큰 불교 사원 **팝럼 사원(法林寺)** Phap Lam Pagoda / Chùa Pháp Lâm ★★

다낭에서 가장 큰 불교 사원이다. 1934년에 건설된 오래된 사원으로 한자로 쓰면 법림사 法林寺가 된다. 건설 당시에는 띤호이 사원 Chùa Tỉnh Hội이라고 불렸으며, 베트남 중부 지방을 총괄하던 안남 불교 An Nam Buddhist Association 총본산 역할을 했다. 경내에는 보리수 아래 명상 중인 불상과 대형 관세음보살이 세워져 있다. 황금색 기와지붕을 얹은 대웅전은 2009년에 재건축했다. 고풍스러운 멋은 없지만 경내가 넓고 방문자가 적어서 한적하다.

지도 P.063-B3 **주소** 574 Ông Ích Khiêm **운영** 05:00~11:30, 13:00~21:00 **요금** 무료 **가는 방법** 옹익키엠 거리 574번지에 있다. 다낭 성당에서 1.5㎞ 떨어져 있다.

팝럼 사원(법림사)

사원 입구

13 베트남 토착 종교가 궁금하다면 **까오다이교* 사원** Cao Dai Temple / Hội Thánh Truyền Giáo Cao Đài ★★

베트남 남부에서 1926년에 태동한 까오다이교는 베트남의 토착 종교다. 총본산은 호찌민시(사이공)에서 96㎞ 떨어진 떠이닌 Tây Ninh 지역에 있다. 공산당에 대한 거부감을 보였던 까오다이교는 베트남 통일(공산화) 이후 종교 활동이 금지되기도 했다. 현재는 베트남 전국적으로 약 400만 명의 신자가 있다고 여겨진다. 다낭에 있는 까오다이교 사원은 1956년에 건설됐으며 3층 누각의 첨탑과 2층 건물로 이루어져 있다. 까오다이 사원의 중앙에는 '천안(天眼) Divine Eye'이 새겨진 둥근 원(푸른색의 지구본처럼 생겼다)이 있다. 천안은 까오다이교에서 신의 존재를 상징하는 것으로, 인류 구원의 날에 천안이 나타난다고 믿는다. 모든 까오다이 사원에선 남자는 오른쪽 문을, 여자는 왼쪽 문을 이용해야 한다. 사원 내부의 중앙 제단은 신성시되므로 올라가서는 안 된다.

지도 P.063-B2 **주소** 63 Hải Phòng **운영** 05:30~23:30 **요금** 무료 **가는 방법** 하이퐁 거리 63번지에 있다. 다낭 기차역에서 서쪽(시내 방향)으로 800m 떨어져 있다.

까오다이교 사원

까오다이교 예배

알아두세요

【 까오다이교 Đạo Cao Đài 】

'까오다이(高台) Cao Đài'는 높은 곳이란 뜻. 신이 통치하는 정신적으로 높은 곳, 즉 천국을 의미한다. 까이다이교는 불교, 도교, 유교, 기독교, 이슬람교가 융합된 독특한 형태다. 기본적으로 불교의 윤회 사상을 바탕에 두고 있어 금욕, 살생금지, 선행과 자비로운 삶을 실천하도록 한다.

14 다낭 최대의 재래시장
꼰 시장(쩌 꼰) Con Market / Chợ Cồn ★★★

1940년대에 형성되어, 1984년에 3층 규모의 현재 모습으로 단장을 마쳤다. 다낭 최대 규모의 시장으로 하루 1만 명 이상이 방문해 활기 넘치는 곳이다. 2,000여 개의 상점이 입점해 있는데, 각종 생활 용품과 의류, 신발, 가방, 식료품, 과일을 살 수 있다. 저렴한 식사가 가능한 노점 식당도 많다.

한 시장(쩌 한)에 비해 규모도 크고 상점이 붙어 있어서 시장 내부는 덥고 복잡하다. 한 시장에 비해 관광객의 발길이 적은 편이다. 재래시장이니 가격 흥정은 기본이다. 기념품보다 현지인들의 생활 물품들이 도매로 거래된다.

지도 P.063-A3 **주소** 318 Ông Ích Khiêm **운영** 08:00~20:00 **요금** 무료 **가는 방법** 옹익키엠 Ông Ích Khiêm & 훙브엉 Hùng Vương 사거리 코너에 있다. 고 다낭(대형마트)과 대각선으로 마주보고 있다. 한 시장(쩌 한)에서 동쪽(버스 터미널 방향)으로 1.2㎞ 떨어져 있다.

다낭 최대의 재래 시장 꼰 시장

덥고 복잡한 시장 내부

15 강 건너에 있는 현지인을 위한 재래시장
박미안 시장 Bac My An Market / Chợ Bắc Mỹ An ★★☆

한 강 건너편 박미안 지역에 있는 재래시장이다. 다낭에서 오래된 시장 중의 하나로 저렴한 잡화, 의류, 신발, 가방, 원단, 각종 생활용품을 판매한다. 현지인을 위한 곳이다 보니 각종 식재료(육류, 생선, 향신료, 채소)와 과일 가게도 많다. 시장 자체가 좁고 더운 데다가, 바깥쪽 도로까지 좌판을 펼치고 장사하는 상인까지 합세해서 어수선하다. 시장 내부에는 쌀국수, 미꽝, 분보후에, 분쪼, 분팃느엉, 반쎄오를 포함해 노점 식당도 많다. 그중에서도 아보카도 아이스크림(껨버) Kem Bơ 노점이 유명하다. 저렴한 대신 목욕탕 의자에 쪼그리고 앉아서 식사해야 하는 불편함이 따른다.

지도 P.061-C4 **주소** 25 Nguyễn Bá Lân **운영** 06:00~19:00 **요금** 무료 **가는 방법** 응우옌바란 거리 25번지에 있다. 다낭 성당에서 5㎞ 떨어져 있다.

박미안 시장

아보카도 아이스크림 노점

16 기념품과 노점 식당이 들어선 야시장
썬짜 야시장 Son Tra Night Market / Chợ Đêm Sơn Trà ★★★☆

아무래도 더운 나라이다 보니 밤이 되면 야시장이 생기고 사람들이 모여든다. 롱교(용 다리) 건너편에 형성되는 썬짜 야시장은 시내 중심가와 가깝기 때문에 접근성이 좋다. 동남아시아에서 흔히 볼 수 있는 평범한 야시장으로 150여 개의 노점이 들어서 있다. 각종 옷과 신발, 가방, 모자, 선글라스, 인형, 잡화, 수공예품을 판매한다. 대부분 현지인의 실생활에 필요한 저렴한 물건을 팔지만, 관광객을 위한 기념품 상점도 있어서 구경삼아 둘러보면 된다. 야시장의 또 다른 재미인 길거리 음식점도 가득하다. 쌀국수, 꼬치, 해산물까지 다양한 먹거리를 즉석에서 요리해 준다. 노점 식당들은 호객 행위가 심한 편이다. 음식도 주문하기 전에 가격을 반드시 확인해야 한다. 사람이 많이 몰리는 곳이므로 소매치기에 주의할 것.

지도 P.061-C3 **주소** Mai Hắc Đế & Lý Nam Đế **운영** 18:00~24:00 **요금** 무료 **가는 방법** 롱교(용 다리) 건너편의 마이학데 거리와 리남데 거리에 야시장이 형성된다.

썬짜 야시장

야시장 한쪽 구역은 기념품을 판다

17 노점 식당이 잘 갖추어진 야시장
헬리오 야시장 Helio Night Market / Chợ Đêm Helio ★★★

헬리오 센터 옆의 넓은 부지에서 야시장이 열린다. 현지인들을 위한 저렴한 옷과 신발, 가방, 잡화, 액세서리를 주로 판매한다. 국수와 꼬치, 프라이드치킨, 샌드위치, 디저트 등 다양하고 저렴한 먹거리도 빼놓을 수 없다. 중앙 무대에서 라이브 밴드의 연주가 이어질 때면, 그 주변으로 시원한 맥주를 즐기는 현지인들이 삼삼오오 모여든다. 썬짜 야시장에 비해 규모는 작지만 정리가 잘 되어 있고, 호객도 없는 편이다. 시내 중심가에서 떨어져 있어 접근성은 떨어진다. 평일보다 주말 저녁에 사람이 많이 찾아온다.

지도 P.061-B4 **주소** Khu Công Viên Đông Nam Đài Tưởng Niệm, Đường 2/9(Đường 2 Tháng 9) **홈페이지** www.facebook.com/heliocenter **운영** 17:00~22:30 **요금** 무료 **가는 방법** 선 월드 다낭 원더스(아시아 파크) 옆 헬리오 센터 Helio Center에 있다. 롱교(용 다리)에서 9월 2일 거리를 따라 남쪽으로 2.5㎞ 떨어져 있다.

헬리오 야시장 입구

노점이 즐비한 헬리오 야시장

18 세계 10대 대관람차 선 휠을 타보자
아시아 파크(선 월드 다낭 원더스) Asia Park(Sun World Danang Wonders) ★★★

2014년에 건설된 88헥타르(약 26만 평) 규모의 놀이 공원이다. 바나 힐과 럭셔리 호텔을 운영하는 선 그룹 Sun Group에서 운영한다. 선 월드 다낭 원더스로 명칭이 바뀌었는데, 예전 이름인 아시아 파크로 더 많이 알려져 있다. 아시아 파크라는 거창한 이름과 달리 현재로서는 '선 휠 Sun Wheel' 대관람차가 가장 유명하다. 높이로는 세계 10대 대관람차로 선정되어 있다. 115m 높이까지 회전하며 올라간다. 대관람차를 타면 360°로 회전하며 다낭 야경을 감상할 수 있다. 한 바퀴 도는 데 15분 정도 소요된다.

회전목마, 회전그네, 바이킹, 롤러코스터 같은 10종류의 놀이기구가 있다. 시속 18㎞로 이동하는 모노레일은 아시아 파크의 전체적인 느낌을 감상하기 좋다. 아시아 9개국(한국, 베트남, 일본, 중국, 태국, 캄보디아, 인도, 네팔, 인도네시아)을 주제로 한 문화 공원도 만들었다. 낮에는 무덥기 때문에 오후 늦게 문을 연다. 입장권은 놀이기구 탑승료가 포함되며, 저녁 뷔페가 포함된 콤보 티켓도 판매한다.

지도 P.061-B4 **주소** Đường 2 Tháng 9(Đường 2/9) **전화** 0236-3681-666 **홈페이지** www.danangwonders.sunworld.vn **운영** 월~목요일 15:00~21:00, 금~일요일 15:00~22:00 **요금** 올 인 원 티켓 25만 VND, 선 휠 대관람차 15만 VND(어린이 50% 할인) **가는 방법** 다낭 시내에서 남쪽에 있는 9월 2일 거리 Đường 2 Tháng 9(Đường 2/9)에 위치한다. 헬리오 센터 HelioCenter 옆에 있는데, 선 휠 Sun Wheel 이라고 적힌 대형 관람차를 보고 방향을 잡으면 찾기 쉽다. 다낭 성당에서 남쪽으로 4㎞, 롯데마트에서 북쪽으로 500m.

아시아 파크(선 월드 다낭 원더스) 입구

아시아 파크(선 월드 다낭 원더스)를 상징하는 선 휠

19 이런 해변을 가진 건 축복이다
미케 해변 My Khe Beach / Bãi Biển Mỹ Khê ★★★★☆

다낭 시내와 가까운 해변이다. 9㎞에 이르는 곱고 부드러운 모래 해변과 시원하게 뻗은 해변도로가 길게 이어진다. 미국 경제지 〈포브스 Forbes〉에서 세계 6대 해변으로 선정하기도 했다. 시내와 가깝고 한적해 현지인들에게 인기 높은 휴식처다. 무더운 낮 시간보다 이른 아침과 해 지는 시간에 운동과 물놀이를 즐기는 편이다.

파도가 잔잔한 5~7월이 수영하기 적합하다. 파도가 높아지는 9월 중반부터 12월까지는 서핑도 즐길 수 있다. 파도가 높을 때는 수영 금지 구역을 나타내는 안내판이 설치되고, 안전요원들도 상주해 있다.

미케 해변은 미국에서 베트남 전쟁을 소재로 한 TV 시리즈에 등장하며 '차이나 비치 China Beach'로 알려지기도 했다. 1965년 다낭 북쪽에 있는 남오 해변 Nam O Beach(Bãi Biển Nam Ô)을 통해 미국 해병대가 다낭 상륙작전을 감행했으며, 다낭에 주둔한 미군의 휴양시설을 미케 해변에 만들며 세상에 알려졌다. 참고로 북부 베트남군에서는 군사 작전 코드를 사용해 이곳을 'T–20'으로 불렀다고 한다. 현재는 전쟁 관련 시설을 찾아볼 수 없다. 해변도로는 보응우옌잡 거리 Đường Võ Nguyên Giáp라고 부른다. 보응우옌잡은 호찌민과 더불어 베트남의 영웅으로 칭송받는 인물로, 2013년 103세의 나이로 사망하면서 그의 업적을 기리기 위해 거리 이름을 바꾸었다고 한다.

미케 해변 남쪽은 박미안 해변 Bac My An Beach(Bãi Biển Bắc Mỹ An)이라고 구분해 부르기도 하는데, 이곳에는 럭셔리 리조트들이 몰려 있다. 미케 해변 북쪽으로는 썬짜 반도 Son Tra Peninsula(Bán Đảo Sơn Trà)가 산악지형을 이루고 있다.

지도 P.060-D2 **주소** Đường Võ Nguyên Giáp **요금** 무료 **가는 방법** 다낭 시내에서 동쪽으로 3㎞, 호이안에서는 북쪽으로 24㎞ 떨어져 있다.

1 다낭 시민의 휴식처 미케 해변 **2** 파도가 높아지는 겨울에는 서핑도 가능하다 **3** 세계 6대 해변으로 선정된 미케 해변
4 미케 해변과 썬짜 반도 **5** 미케 해변을 따라 기다란 해안선이 이어진다

다낭 주변 볼거리

산과 바다가 어우러진 린응 사원

린응 사원(靈應寺) Linh Ung Pagoda / Chùa Linh Ứng ★★★★

다낭 북동쪽 해안선을 이루는 썬짜 반도 Sơn Trà Peninsula(베트남어로 반다오 썬짜 Bán Đảo Sơn Trà, 영어로 멍키 마운틴 Monkey Mountain)에 있는 사원이다. 베트남 전쟁 때 폐허가 된 사원을 6년 동안 재건축해 2010년에 완공했다. 린응(한자로 영응 靈應)은 '신령이 영묘해서 사물에 응한다' 또는 '부처와 보살의 감응(感應)'을 뜻한다. 전설에 따르면 사원 앞 해변에서 불상을 발견한 어부가 지극한 정성을 표하자 관세음보살이 나타나 파도를 잔잔하게 해 안전과 평화를 유지했다고 한다(바다를 연한 베트남에서는 바다의 안전을 관장하는 신을 많이 모신다). 사원 아래쪽에는 바이 붓 Bãi Bụt(부처 해변 Buddha Beach)이라는 해변이 있다.

지도 P.062-A1 **주소** Đường Hoàng Sa, Sơn Trà **운영** 08:00~18:00 **요금** 무료 **가는 방법** 미케 해변 북쪽의 썬짜 반도에 있다. 다낭 시내에서 10㎞ 떨어져 있다. 택시로 16만~20만 VND(편도) 정도 예상하면 된다.

린응 사원은 개발이 제한된 산 중턱에 있어 주변 경관이 좋다. 날이 좋으면 다낭 시내와 해안선이 시원스럽게 내려다보인다. 사원의 전체 면적은 12헥타르(약 3만 6,000평)에 이른다. 다섯 칸짜리 겹 지붕으로 이루어진 대웅전 앞으로 18나한상을 세웠다.

린응 사원의 가장 큰 볼거리는 대웅전 아래쪽의 해수관음상 Phật Quan Thế Âm Bồ Tát(영어로 Goddess of Mercy 또는 Lady Buddha)이다. 연꽃 기단 위에 세워진 67m 높이의 관세음보살이 바다를 바라보고 있다. 30층 높이의 건물과 맞먹는 규모의 해수관음상 내부에는 각기 다른 모양의 불상 21개를 모시고 있다. 해수관음상은 현지에서 안전한 항해를 위한 수호신으로 여겨진다. 참고로 응우한썬(마블 마운틴 P.096)과 바나 힐(P.098)에도 동일한 이름의 사원이 있다.

1 해수관음상 **2** 린응 사원 일주문 **3** 린응 사원 대웅전 **4** 린응 사원에서 내려다보이는 바다

1 산과 바다가 어우러진 선짜 반도 2 다낭과 해안선이 시원스럽게 펼쳐진다 3 산꼭대기에 장기판이 놓인 딘반꺼
4 중간에 있는 작은 전망대 냐봉깐 5 인터콘티넨탈 리조트에서부터 이어지는 급경사 도로

썬짜 반도를 감상할 수 있는 매력적인 전망대

딘반꺼(딩반꺼) Ban Co Peak / Đỉnh Bàn Cờ ★★★☆

썬짜 반도 정상 부근에 만든 대형 장기판 모양의 석상으로, 한자로 표기하면 정반기 頂盤棋가 된다. 현지어로 '딘반꺼'라 부르는데 꼭대기라는 뜻의 '딘'과 장기판이란 뜻의 '반꺼'가 합쳐진 말이다. 영어로는 반꼬 피크 Ban Co Peak라 부른다. 신선들이 내려와 장기를 두던 곳이라는 전설에서 유래했다. 해발 580m의 산꼭대기에 올라서면 파노라마 풍경이 막힘없이 펼쳐진다(참고로 썬짜 반도에서 가장 높은 곳은 해발 693m다). 다낭 시내와 다낭을 감싼 해안선도 시원스럽게 내려다보인다. 전혀 개발이 안 된 자연 보호 구역이라 주변 풍경이 좋다.

딘반꺼까지 도로가 포장되어 있긴 하지만 가파른 산길이라 대형 버스는 올라갈 수 없다. 현지인들은 오토바이를 몰고 오는데, 굽이굽이 산길이 이어지기 때문에 초보자는 오토바이 이용을 삼가는 게 좋다. 반딘꺼로 가는 길에 작은 전망대인 냐봉깐(냐봉까잉) Nhà Vọng Cảnh을 지난다. 바다를 구경할 수 있는 집이란 뜻으로 해발 560m에 정자를 만들어 잠시 쉬어갈 수 있도록 했다.

지도 P.062-A1 **주소** Đỉnh Bàn Cờ, Bán Đảo Sơn Trà **운영** 07:30~17:30 **요금** 무료(주차비 오토바이 4,000VND 별도) **가는 방법** ❶ 다낭 시내에서 10㎞ 떨어져 있다. 오토바이를 이용하면 40분 정도 걸린다. 원칙적으로 수동 오토바이만 타고 올라갈 수 있다. 중간 검문소가 있는데, 자동 변속 오토바이는 이곳부터 올라갈 수 없도록 통제하고 있다. ❷ 딘반꺼로 가는 가장 빠른 길은 썬짜 반도 서쪽 도로를 이용하는 것이다. 상대적으로 경사가 완만해 택시를 타고 올라갈 수 있다. 한 강 북쪽에 있는 투언프억교를 지나 옛끼에우 거리 Yết Kiêu에서 연결된 산길로 올라가면 된다. 중간에 냐봉깐 Nhà Vọng Cảnh을 지나며, 냐봉깐에서 4.5㎞ 더 올라가면 딘반꺼에 닿는다. ❸ 썬짜 반도 동쪽 도로는 인터콘티넨탈 리조트를 지나서 급경사 오르막 구간이 이어진다. 시멘트 포장 구간으로 일반 차량(택시 포함)으로는 올라갈 수 없다.

굽이굽이 산길을 오르면 드라마틱한 풍경이 반긴다

하이번 고개 Hải Vân Pass / Đèo Hải Vân ★★★

'하이 Hải'는 바다(海), '번 Vân'은 구름(雲)을 뜻하는 말로, 운해에 싸여 있다는 의미로 '하이번'이라 불린다. 하이번 고개 주변은 산악지형으로 가장 높은 산은 해발 1,172m에 이른다. 베트남 남북을 연결하는 1번 국도와 통일열차가 해발 496m 높이의 하이번 고개를 지나는데, 바다를 끼고 구불구불 이어진 산길을 오르다보면 자연스레 신비스런 기운을 느낄 수 있다. 하이번 고개의 매력은 무엇보다도 웅장한 전망이다. 남쪽으로는 다낭 일대의 해안선이 시원스럽게 이어지고, 북쪽으로는 랑꼬 Lăng Cô 해변(P.257)을 두고 있어 아름다운 풍경이 거침없이 펼쳐진다. 하지만 운해가 밀려오는 날이 많아 아름다운 해안선을 보려면 적당한 운도 필요하다. 고개 정상에는 프랑스 식민 지배 시절에 건설한 요새가 남아 있다. 베트남 전쟁 기간 중에 남부 베트남군이 방어 기지로 사용했다고 한다. 2005년 6월에 하이번 터널 Hai Van Tunnel(Hầm Hải Vân)이 개통되면서 대부분의 차량이 터널을 통과하기 때문에 아름다운 경치를 보기는 힘들어졌다.

지도 P.058 **주소** Quốc Lộ 1A **운영** 24시간 **요금** 무료 **가는 방법** 다낭 북쪽으로 30㎞ 떨어져 있다. 다낭↔후에를 오가는 기차가 하이번 고개를 지난다.

하이번 고개에서 보이는 전망

하이번 고개 정상에 만든 프랑스 군대 요새

다낭에서 즐기는 짜릿한 래프팅

호아푸탄 Hòa Phú Thành ★★★

호아푸탄은 급류 래프팅을 즐길 수 있는 최적의 장소다. 노를 저어야 하는 일반적인 래프팅과 달리, 둑에 물을 저장해 두었다가 수문을 열면서 생기는 급류를 타기 때문에 고무보트의 손잡이만 잘 잡으면 빠르게 물살을 가로지를 수 있다. 고무보트는 헬멧과 구명조끼를 착용한 후 2인 1조로 탑승한다. 래프팅은 루옹동강 Luông Đông River을 따라 50분 정도 이어진다. 운영은 하루 2번(10:30, 14:00)으로 정해져 있다. 건기에 해당하는 3월~10월까지가 보트를 타기 좋은 시기고, 11월~2월은 비 내리는 날이 많고 날씨도 쌀쌀해서 래프팅이 취소되는 경우도 있다.

지도 P.058 **주소** Quốc Lộ 14G, Xã Hòa Phú, Huyện Hòa Vang **전화** 0236-3501-112, 0932-564-777, 0968-688-638 **홈페이지** www.hoaphuthanh.com.vn **운영** 래프팅 출발 10:30, 14:30 **요금** 입장료 10만 VND, 짚 라인 6만 VND, 래프팅 30만 VND **가는 방법** 다낭에서 서쪽(바나 힐 방향)으로 14G번 국도 QL 14G를 따라 35㎞ 떨어져 있다. 같은 방향에 있는 누이 턴 따이 온천 Núi Thần Tài Hot Springs을 지나 서쪽으로 4㎞를 더 간다. 다낭 시내에서 택시로 약 1시간, 요금은 왕복 60만~70만 VND 정도에 흥정하면 된다.

© Hoa Phu Thanh

보트와 급류에 몸을 맡긴다

산은 그 자체로 종교가 되었다

응우한썬(마블 마운틴) Marble Mountains / Ngũ Hành Sơn ★★★☆

다낭과 호이안 중간에 있는 석회암으로 이루어진 다섯 개의 산이다. 해안과 접한 평지에 산들이 불쑥불쑥 솟아 있어 풍경이 독특하다. 대리석이 많아 영어로 마블 마운틴 Marble Mountain이라고 불린다. 베트남을 통일하고 응우옌 왕조를 창시한 자롱 황제가 이곳을 지나면서 응우한썬(오행산 五行山)이라고 칭했다고 한다. 우주를 구성하는 다섯 요소에서 착안해 각각의 산들을 호아썬(화산 火山) Hỏa Sơn, 투이썬(수산 水山) Thuỷ Sơn, 목썬(목산 木山) Mộc Sơn, 낌썬(금산 金山) Kim Sơn, 터썬(토산 土山) Thổ Sơn이라고 이름 지었다. 다낭에서는 남쪽으로 12㎞, 호이안에서는 북쪽으로 20㎞ 떨어져 있다. 대부분 투어나 택시를 이용하고, 다낭에서 호이안 가는 길에 들른다. 시내버스를 타고 가는 방법도 있지만 배차 간격이 길어서 이용하는 데 불편함이 따른다.

지도 P.062-A3 **운영** 07:00~17:00 **요금** 4만 VND(엘리베이터 이용 1만 5,000VND 추가) **가는 방법** ❶ 논느억 해변에 있는 빈펄 다낭 리조트 & 빌라에서 쯔엉싸 Trường Sa 거리를 사이에 두고 600m 떨어져 있다. 매표소는 가장 높은 산인 투이썬 앞 후옌쩐꽁쭈아 Huyền Trân Công Chúa 거리에 있다. ❷ 다낭 시내에서 레반히엔 Lê Văn Hiến 거리, 미케 해변에서는 쯔엉싸 Trường Sa 거리를 따라 남쪽(호이안 방향)으로 차를 타고 가면 된다. 다낭 시내에서 택시를 탈 경우 20만VND 정도. ❸ 불편하지만 시내버스를 타고 갈 수도 있다. 다낭 공항 Sân Bay Đà Nẵng↔논느억 Trạm Xe Buýt Non Nước을 오가는 6번 시내버스를 타면 된다. 05:45부터 18:00까지 45분 간격으로 운행된다. 편도 요금은 8,000VND으로 저렴하지만 배차 간격이 길어서 불편하다. 자세한 버스 노선은 다나 버스 Dana Bus 홈페이지 www.danangbus.vn/lo-trinh-tuyen.html 참고.

1 후옌콩 동굴 입구의 사천왕상 **2** 후옌콩 동굴의 석가모니 불상 위로 빛줄기가 내린다 **3** 후옌콩 동굴 내 사원 **4** 린응 사원

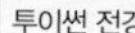
투이썬 전경

투이썬 정상에서 논느억 해변이 보인다

● 투이썬과 신비한 동굴 후옌콩

다섯 개 산 중에서 가장 높은 산은 투이썬(해발 108m)이다. 세 개의 봉우리로 이루어졌으며 불교 사원과 동굴, 탑들이 곳곳에 있다. 투이썬 산자락의 오른쪽에는 린응 사원(靈應寺) Lin Ung Pagoda(Chùa Linh Ứng)이 있다. 엘리베이터가 있는 매표소 방향에서 계단을 이용해 산을 올라가면 가장 먼저 만나게 되는 곳이다. 자롱 황제(응우옌 왕조의 초대 황제) 때 최초로 만들어졌으나 여러 차례 재건축을 하면서 현재의 모습으로 변모했다. 일주문과 대웅전, 탑까지 갖춘 전형적인 불교 사원이다. 참고로 린응 사원은 썬짜 반도와 바나 힐에도 같은 이름의 사원이 있다. 투이썬 산자락 왼쪽에는 땀타이 사원 Tam Thai Pagoda(Chùa Tam Thai)이 있다. 1825년 민망 황제(응우옌 왕조의 2대 황제)가 건설했다. 사원 앞의 전망대에 서면 논느억 해변을 포함한 주변 풍경이 시원스레 내려다보인다.

땀타이 사원 북서쪽에는 투이썬에서 가장 큰 동굴인 후옌콩 동굴 Huyen Khong Cave(Động Huyền Không)이 있다. 동굴 내부에 사원을 만들었기 때문에, 동굴로 들어가는 길목에 돌로 만든 일주문이 세워져 있다. 동굴을 호위하는 4천왕상이 입구를 지키며 서 있고, 석가모니 불상을 동굴 내부에 모셔져 있다. 동굴 내부로 빛이 들어오는데, 베트남 전쟁 때 미군의 폭격을 맞아 생긴 구멍이다. 이 구멍으로 내려오는 빛줄기가 신비한 분위기를 연출한다. 참고로 다낭 일대를 조망할 수 있는 지형적인 이점 때문에 베트남 전쟁 때는 비엣꽁(베트콩)들이 이곳을 거점으로 게릴라 작전을 펼쳤다고 한다.

투이썬 입구 주차장 일대에는 대리석으로 만든 조각과 불상을 판매하는 상점이 몰려 있다. 응우한썬은 대리석 산지로, 오래전부터 무덤에 쓰는 석비를 제작하는 마을로 유명하다.

열대 해변과 럭셔리 리조트의 만남

논느억 해변 Non Nuoc Beach / Bãi Biển Non Nước ★★★

응우한썬 앞에 있는 해변이다. 다낭에서 이어지는 30㎞의 기다란 해변 중 하나로 미군이 부르던 '차이나 비치'의 일부분이기도 하다. 논느억 해변은 5㎞ 정도 길게 이어지며, 다른 해변에 비해 파도가 잔잔한 편이다. 최근 건설 붐을 타고 대형 리조트가 경쟁적으로 문을 열면서 고급 해변 휴양지로 변모하고 있다. 객실 수 200개 이상을 갖춘 메가톤급 럭셔리 리조트를 어렵지 않게 볼 수 있다. 다낭 메리어트 리조트, 쉐라톤 그랜드 다낭 리조트, 신라 모노그램, 하얏트 리젠시 다낭 리조트, 멜리아 다낭 비치 리조트가 대표적이다.

지도 P.062-A3 **운영** 24시간 **요금** 무료 **가는 방법** 다낭에서 남쪽으로 12㎞, 호이안에서 북쪽으로 20㎞로 떨어진 응우한썬 동쪽에 있다.

한적한 논느억 해변

프랑스가 건설한 산 위의 힐 스테이션

바나 힐 Ba Na Hills / Núi Bà Nà ★★★★

1919년 프랑스 식민 정부에서 해발 1,400m에 건설한 힐 스테이션 Hill Station*이다. 달랏 Đà Lạt(해발 1,500m에 있는 베트남 중부의 고원 도시)과 마찬가지로 프랑스 관료들이 혹독한 더위를 피하고자 산 위에 건설한 휴양지다. 낮에도 20℃를 밑도는 날이 많아 선선하고 겨울에는 춥기까지 하다. 산 위에 있기 때문에 주변 경관이 파노라마로 펼쳐진다(안개가 자주 껴서 어느 정도 운이 따라야 한다). 3~9월이 날씨가 가장 좋고, 겨울에 해당하는 11~12월은 비가 자주 내린다. 흐린 날은 아무 것도 안 보이므로 날씨를 고려해 갈지 말지 결정하는 게 좋다.

바나 힐은 1954년 베트남의 독립선언 이후 폐허가 된 채로 방치됐다가 1998년부터 베트남 정부의 승인 하에 자연친화적인 휴양지로 개발되었다. 산길을 포장하고 케이블카도 만들어 편의를 도모하고 있다. 현재는 유럽의 고성과 프랑스 마을을 연상시키는 대형 리조트, 판타지 파크(놀이 공원) Fantasy Park, 레스토랑을 갖춘 관광지로 변모했다.

지도 P.058 **주소** Thôn An Sơn, Xã Hoà Ninh, Huyện Hoà Vang, TP.Đà Nẵng **홈페이지** www.banahills.sunworld.vn **운영** 08:00~22:00 **요금** 성인 90만 VND, 어린이 75만 VND(왕복 케이블카, 놀이동산 이용권 포함) **가는 방법** 다낭에서 서쪽으로 45㎞ 떨어져 있다. 바나 힐 초입에서 케이블카를 타고 올라가야 한다. 투어를 이용하거나 택시를 대절해서 다녀와야 한다. 택시 요금은 기본 4시간에 46만 VND이며, 1시간 초과하면 6만 VND씩 추가된다. 사설 택시(자가용)는 4인승 기준 왕복 요금은 60만~65만 VND이다. 여행사나 호텔에서 운영하는 셔틀버스(왕복 16만 VND)를 이용하는 방법도 있다.

알아두세요

【 힐 스테이션 Hill Station 】

바나 힐을 이해하려면 먼저 힐 스테이션을 알아야 한다. 아시아에 식민지를 건설한 유럽 제국들은 혹독한 더위를 견뎌내기 힘들었다. 그래서 더위를 피할 수 있고 공기도 깨끗한 고원을 찾아 피서지 개념의 도시를 건설하게 된다. 휴양을 목적으로 하긴 했지만 프랑스 사람들이 거주하면서 호텔 이외에 성당 같은 종교 시설도 필요로 했다. 일부 도시들은 여름 동안 수도 역할을 할 수 있도록 정치·행정 도시 기능을 함께 갖춘 곳도 있다. 이런 도시들을 힐 스테이션이라고 부른다. 프랑스는 달랏과 바나 힐에 힐 스테이션을 건설했고, 달랏의 경우 많은 인구(프랑스인)를 빨리 이동시키기 위해 해발 1,550m를 지나는 산악 철도까지 건설했다.

프랑스가 산 위에 건설한 힐 스테이션 바나 힐

1 산 위에 건설한 바나 힐 2 골든 브리지 3 르 자뎅 다무르 4 유럽풍 건물이 가득한 바나 힐

● 바나 힐의 주요 볼거리와 즐길 거리

골든 브리지 Golden Bridge(Cầu Vàng)

해발 1,414m에 만든 인공 다리로 2018년 7월에 건설했다. 손 모양의 조형물(거대한 신의 손을 형상화했다고 한다)이 금색 다리를 받치고 있는 형상으로 총 길이는 150m다. 케이블카 정류장(마르세유 역)과 르 자뎅 다무르(유럽식 정원)를 연결하기 위해 만들어져 산책로 역할을 한다.

디베이 와인 셀러 Debay Wine Cellar(Hầm Rượu Debay)

프랑스 식민정부에서 건설한 와인 저장고. 산을 파서 동굴처럼 만들었는데, 지금도 옛 모습 그대로 남아 있다. 현재도 와인을 숙성시키는 오크통을 보관하고 있으며 내부 견학도 가능하다. 입장료는 무료다(관광열차 Funicular를 타고 갈 수도 있다).

르 자뎅 다무르 Le Jardin D'amour

약 2,000평 규모의 유럽식 정원으로 사진 찍기 좋다.

린쭈아린뜨 사당(嶺主靈祠) Đền Lĩnh Chúa Linh Từ

해발 1,489m의 정상에 바나 힐을 지키는 수호신을 모신 사당이다. 사원처럼 커다란 대웅전에서 바나 힐 전경을 내려다볼 수 있다.

린응 사원(靈應寺) Linh Ung Pagoda(Chùa Linh Ứng)

르 자뎅 다무르 정원 옆쪽에는 린응 사원이 있다. 2004년에 신축한 사원으로 27m 높이의 석가모니 불상이 볼 만하다.

알파인 코스터(레일 바이크) Alpine Coaster

야외에 설치된 레일을 따라 이동하며 스피드를 즐기는 액티비티다. 기본적이 작동법을 익히고 수동으로 직접 운전해 내려간다. 키 120㎝ 이하 어린이는 혼자 탑승할 수 없다. 관광객들에게 인기가 많아 장시간 기다려야 하는 경유가 흔하다.

travel plus

【 바나 힐 여행팁! 】

❶ 고도가 높고 날씨 변화가 심하므로 쌀쌀한 기온을 대비해 여름에도 긴 옷을 챙겨가자.

❷ 다낭에서 차로 왕복 2시간 정도 걸리는 곳이다. 케이블카 타는 시간까지 고려하면 바나 힐에 오가는 시간은 최소한 5시간을 예상해야 한다.

❸ 바나 힐에서 숙박하고 싶다면, 머큐어 바나 힐 프렌치 빌리지에서 묵을 수 있다.

● 바나 힐의 매력 포인트 케이블카

바나 힐을 가려면 케이블카(베트남어로 깝쩨오 Cáp Treo)를 타야 한다. 총 길이 5,801m로 건설 당시(2009년) 세계에서 가장 긴 케이블카로 기네스북에 등재됐다고 한다. 현재는 세계에서 두 번째로 길다. 케이블카는 6개 노선이 있다. 시간 별로 다르게 운영되는데, 2개 노선은 정상까지 직행하고 다른 노선은 중간에 케이블카를 갈아타야 한다. ①쑤오머이 역 Suối Mơ Station→바나 역 Bà Nà Station에서 케이블카를 갈아타고, 디베이 역 Debay Station→모린 역 Morin Station으로 간다. ②호이안 역 Hội An Station→마르세유 역 Marseille Station에서 케이블카를 갈아타고, 보르도 역 Bordeaux Station→루브르 역 Louvre Station으로 간다. ③독띠엔 역 Tóc Tiên Station↔랭도쉰드(인도차이나) 역 L'Indochine Station까지 직행 케이블카를 탄다. 해발 1,368m를 17분 만에 주파한다. ④참파 역 Champa Station↔타이가 역 Taiga Station을 오가는 케이블카를 신설했다. 중간에 정차하지 않고 정상까지 직행한다.

바나 힐을 연결하는 케이블카

바나 힐 개념도

1. 쑤오이머 역 Suối Mơ Station
2. 바나 역 Bà Nà Station
3. 디베이 역 Debay Station
4. 관광 열차 타는 곳 Funicular
5. 린응 사원 Chùa Linh Ứng
6. 석가모니 불상
7. 르 자뎅 아무르 Le Jardin d'Armor
8. 디베이 와인 셀러 Debay Wine Cellar
9. 모린 역 Morin Station
10. 중앙 광장 Du Dome Square
11. 판타지 파크(놀이 공원) Fantasy Park
12. 머큐어 바나 힐 프렌치 빌리지(호텔)
13. 프렌치 빌리지 French Village
14. 타이가 역 Taiga Station
15. 참파 역 Champa Station
16. 린쭈아린뜨 사당 Đền Lĩnh Chúa Linh Từ
17. 바나 기념비
18. 린퐁티엔뜨(사원) Linh Phong Thiền Tự
19. 랭도쉰느 역 L'Indochine Station
20. 똑띠엔 역 Tóc Tiên Station
21. 호이안 역 Hội An Station
22. 마르세유 역 Marseille Station
23. 보르도 역 Bordeaux Station
24. 루브르 역 Louvre Station
25. 골든 브리지

● 바나 힐 입구(매표소)

Restaurant

다낭의 레스토랑

베트남 5대 도시답게 레스토랑이 흔하다. 대도시가 주는 풍요로움을 다양한 레스토랑에서 느낄 수 있다. 현지인들을 위한 서민 식당과 쌀국수 식당이 많아 식사 걱정은 할 필요가 없다. 강변도로인 박당 거리에 고급 레스토랑들이 많다. 미케 해변에는 시푸드 레스토랑들이 경쟁적으로 영업 중이다.

▶ 로컬 레스토랑

현지인들이 즐겨 찾는 로컬 레스토랑은 겉모습이 허름해도 한 가지 음식을 오랫동안 요리하는 맛집이다. 언어에 대한 두려움, 낯선 음식에 대한 부담감을 떨쳐낸다면 저렴하게 진짜 현지 음식을 맛볼 수 있다.

01 반쎄오 바즈엉

추천

Bánh Xèo Bà Dưỡng ★★★☆

현지인에게 엄청난 인기를 누리는 맛집이다. 골목 안쪽에 숨겨져 있는 허름한 서민 식당이지만 다낭을 대표하는 반쎄오 Bánh Xèo를 제대로 하는 음식점이다. 대표 메뉴인 반쎄오(강황을 넣은 쌀 반죽에 새우, 숙주, 채소를 넣고 만든 부침개)를 기본으로, 넴루이 Nem Lụi(다진 돼지고기를 길쭉한 모양으로 만든 꼬치구이)가 인기 있다. 반쎄오와 넴루이를 같이 맛볼 수 있는 세트 메뉴도 있다. 함께 제공되는 각종 채소와 넴루이를 라이스페이퍼에 싸먹으면 된다. 넴루이는 10개의 꼬치가 나오고, 숯불구이 같은 맛이라 한국인의 입맛에도 잘 맞는다. 취향에 따라 옥수수 우유나 맥주를 곁들이기도 한다. 단품 메뉴로는 고기구이를 면과 함께 먹는 분팃느엉 Bún Thịt Nướng이 있다. 같은 골목에 비슷한 레스토랑이 여러 곳 있는데, 원조 집을 찾으려면 골목 끝까지 들어가면 된다.

지도 P.064-A4 **주소** K280/23 Hoàng Diệu **전화** 0236-3873-168 **영업** 09:30~21:00 **예산** 8만~10만 VND **메뉴** 영어, 베트남어 **가는 방법** 호앙지에우(황지에우) 거리 280번지 골목 Kiệt 280 Hoàng Diệu 안쪽으로 들어가면, 골목 끝에 있다. 큰 길(호앙지에우)에서는 식당이 안 보이며, 골목 안쪽까지 택시가 들어갈 수 없다. 응우옌반린 Nguyễn Văn Linh & 호앙지에우 Hoàng Diệu 사거리에 있는 므엉탄 럭셔리 쏭한 호텔 Mường Thanh Luxury Sông Hàn Hotel 을 바라보고 호앙지에우 거리 방향으로 300m.

1 대표 메뉴인 반쎄오 **2** 반쎄오 바즈엉 가는 골목 **3** 식당 내부

02 분짜까 109
Bún Chả Cá 109 ★★★

분짜까 109번지라는 뜻의 서민 식당이다. 50년 이상의 역사를 자랑하는 국숫집이면서 현지인들에게 잘 알려진 맛집이다. 미꽝과 더불어 다낭의 명물 쌀국수인 '분짜까'를 전문으로 한다. 분짜까는 분(가는 면발의 쌀국수 생면)에 짜까(생선 어묵 튀김)를 넣은 쌀국수다. 이곳에서는 분짜까 단 한 가지만 요리한다. 매콤한 육수와 어묵의 질감이 잘 어울린다. 한국인의 입맛에도 잘 맞는다. 채소와 라임, 고추, 칠리소스를 입맛에 맞게 가미해 먹으면 된다. 현지인들이 즐겨 찾는 곳으로 최근에는 한국인을 비롯해 관광객들 사이에서도 알려지기 시작했다. 추가하는 고명에 따라 가격이 달라지는데, 사진 메뉴판을 보고 주문하면 된다.

지도 P.064-B2 **주소** 109 Nguyễn Chí Thanh **전화** 0945-713-171 **영업** 07:00~22:00 **예산** 4만~6만 VND **메뉴** 베트남어 **가는 방법** 응우옌찌탄 거리 109번지에 있다. 쏭한교에서 도보로 15분 걸린다.

분짜까 109

어묵과 국수가 어우러진 분짜까

03 반쎄오 바뜨옛
Bánh Xèo Bà Tuyết ★★★☆

시내 중심가에 있지만 골목 안쪽에 숨겨져 있다. 에어컨 없는 전형적인 로컬 식당이다. 가정집 주방에서 요리하고 서빙해 준다. 테이블이 몇 개 없어서 가족적인 분위기다. 외국 여행자에게도 친절하며, 밥값 갖고 장난치지 않는다. 반쎄오(바잉쎄오) Bánh Xèo는 즉석에서 바삭하게 만들어 준다. 1인분(한 접시)에 자그마한 반쎄오가 네 개씩 나온다. 라이스페이퍼에 채소, 오이, 파파야를 곁들여 싸 먹으면 된다. 고기를 좋아한다면 넴루이 Nem Lụi, 비빔국수를 좋아한다면 분팃느엉 Bún Thịt Nướng을 추가로 주문해도 된다.

지도 P.065-A4 **주소** K25/16 Trần Quốc Toản **영업** 11:00~20:00 **메뉴** 영어, 한국어, 베트남어 **예산** 6만 5,000~8만 VND **가는 방법** 쩐꿕또안 거리 25번지 골목 안쪽 끝에 있다.

반쎄오 바뜨옛

반쎄오 1인분

04 하노이 쓰아
Hà Nội Xưa ★★★☆

다낭에서 현지인들에게 인기 있는 분짜 전문 식당. 2010년부터 영업을 시작한 곳으로 간판에는 분짜 짜오 바-하노이 쓰아 Bún Chả Chào Bà-Hà Nội Xưa라고 적혀 있다. 분짜는 베트남 북부, 특히 하노이 지방 대표 음식으로 분 Bún(얇은 면발의 국수)과 짜 Chả(돼지고기 구이)를 함께 먹는 간편 요리다. 파파야를 잘게 썰어 넣은 느억맘 소스에는 석쇠에 구운 돼지고기와 동그랑땡 모양의 고기 완자가 들어 있다. 함께 나온 국수와 채소를 느억맘 소스에 적당히 넣어서 먹으면 된다. 사이드 메뉴로 넴 Nem(스프링 롤)을 추가해도 된다. 식당 입구에서는 쉼 없이 고기를 굽고 있는데, 현지 식당치고는 깔끔하다. 영어 메뉴판도 갖추고 있고 외국 관광객에게도 친절하다.

지도 P.065-A4 **주소** 98 Yên Bái **전화** 0981-693-951 **홈페이지** www.facebook.com/bunchachaoba **영업** 08:00~14:00, 17:00~22:00 **메뉴** 베트남어 **예산** 5만 VND **가는 방법** 옌바이 거리 98번지에 있다.

하노이 쓰아

분짜 1인분

05 껌떰 바랑
Cơm Tấm Bà Lang ★★★☆

베트남식 덮밥으로 알려진 껌떰 Cơm Tấm은 과거 상품성이 없는 부서진 쌀로 밥을 만들어 반찬과 함께 먹던 것에서 유래했다. 영어로 브로큰 라이스 Broken Rice라고 쓰는 것도 이런 이유다. 베트남 남부 지방에 즐겨 먹는 음식인데, 양념 돼지갈비를 올린 껌 쓰언 Cơm Sườn이 가장 유명하다. 다낭 시내에서 껌떰을 맛보고 싶다면 '껌떰 바랑'을 찾아가면 된다. 메뉴는 간단한데, 돼지고기 구이에 달걀 프라이 추가 여부에 따라 가격이 달라진다. 사진이 첨부된 한국어 메뉴판을 보고 주문하면 된다. 베트남 음식이지만 한국인 입맛에도 익숙한 맛이다. 저렴하고, 간단하게 식사하기 좋다. 허름한 노포 분위기지만 2층에는 에어컨이 설치되어 있다.

지도 P.065-A4 **주소** 120 Yên Bái 영업 09:00~21:00 **메뉴** 영어, 한국어, 베트남어 **예산** 4만~8만 VND **가는 방법** 옌바이 거리 120번지에 있다.

껌떰 바랑

돼지고기구이 덮밥 껌쓰언

06 퍼 박하이
Phở Bắc Hải ★★★☆

한 시장(쩌 한)과 가까운 쌀국숫집이다. 평범하다 못해 허름하기까지 한 길 모퉁이 식당으로, 도로까지 테이블이 놓여 있다. 퍼 따이 Phở Tái(다진 생고기를 올린 소고기 쌀국수)와 퍼 남 Phở Nạm(푹 삶은 양지고기 쌀국수)을 기본으로 한다. 퍼 가 Phở Gà(닭고기 쌀국수)도 함께 만들기 때문에 육수가 기름진 편이다. 커다란 웍에서 볶음밥 Cơm Rang과 볶음 국수 Phở Xào를 즉석에서 만들어 주기도 한다. 시내 중심가에서 쌀국수 한 그릇 먹기엔 나쁘지 않은 선택이다. 청결함은 기대하지 말 것. 본점과 가까운 쩐꿕또안 거리에 2호점(주소 30 Trần Quốc Toản)을 열었다. 2호점은 테이블을 갖춘 식당 형태로 운영된다.

지도 P.065-B3 **주소** 185 Trần Phú **영업** 06:00~16:00 **예산** 6만~8만 VND **메뉴** 영어, 한국어, 베트남어 **가는 방법** 쩐푸 거리 185번지에 있다. 한 시장(쩌 한)에서 남쪽으로 두 블록 떨어진 쩐푸 Trần Phú & 쩐꿕또안 Trần Quốc Toản 사거리 코너에 있다.

길거리 노점인 퍼 박하이

육수가 쌀국수 맛을 말해 준다

07 퍼 29(리뜨쫑 지점)
Phở 29 ★★★☆

다낭에서 인기 있는 쌀국수 식당 중 한 곳이다. 조그마한 로컬 식당으로 시작해 세 개 지점을 운영하는 식당으로 성장했다. 쌀국수는 소고기 쌀국수(퍼 보) Phở Bò가 유명하다. 북부 지방(하노이) 스타일의 쌀국수를 요리하는데, 면발이 부드럽고 육수가 자극적이지 않다. 고명으로 들어가는 소고기 종류를 선택할 수 있다. 와인 숙성 소고기 쌀국수 Phở Bò Sốt Vang, 스페셜 쌀국수(모둠 쌀국수) Phở Đặc Biệt도 가능하다. 쌀국수 면과 소고기 고명을 듬뿍 넣어주기 때문에 가성비가 좋다. 분짜, 넴잔, 반쎄오, 볶음밥, 볶음국수까지 간단한 식사 메뉴도 갖추고 있다. 로컬 식당이지만 깨끗하며, 한글 메뉴판도 갖추고 있다. 강 건너 쩐흥다오 거리(주소 503 Trần Hưng Đạo)에 지점을 운영한다.

지도 P.064-B1 **주소** 2 Lý Tự Trọng **영업** 06:00~24:00 **메뉴** 영어, 한국어, 베트남어 **예산** 5만~8만 VND **가는 방법** 리뜨쫑 거리 2번지에 있다. 노보텔에서 150m 떨어져 있다.

퍼 29 리뜨쫑 지점

소고기 쌀국수 퍼 보

08 퍼 응옥
Phở Ngọc ★★★☆

쌀국수 식당이 다 거기서 거기지만 저렴하고 친절해서 인기 있는 곳이다. 베트남 부부가 운영하는 로컬 식당으로 길거리 노점이 아니라 에어컨 시설로 식당 형태를 갖추고 있다. 메인 요리는 소고기 쌀국수(퍼 보 Phở Bò)다. 직접 만든 두 종류의 소스와 편 마늘 절임을 함께 내어준다. 쌀국수에 들어간 소고기는 소스에 따로 찍어 먹어도 된다. 닭고기 쌀국수(퍼 가 Phở Gà)도 만들기 때문에, 닭고기를 이용한 음식도 함께 요리한다. 대표 메뉴는 닭고기 구이 덮밥 Cơm Gà Quay이다. 이 외에도 볶음밥, 모닝글로리 볶음, 스프링 롤 같은 기본적인 식사 메뉴도 있다. 서비스로 주는 차(茶)는 주인장 어머니가 고향에서 직접 만든 것이라고 한다.

지도 P.064-B2 **주소** 25 Pasteur **전화** 0905-741-309 **영업** 07:00~22:00 **메뉴** 영어, 베트남어 **예산** 쌀국수 6만~8만 VND **가는 방법** 파스퇴르(빠스떠) 거리 25번지에 있다. 한 시장(쩌 한)에서 700m 떨어져 있다.

퍼 응옥

로컬 식당이지만 깨끗하다

09 퍼 리엔 호이안
Phở Liến Hội An ★★★☆

호이안에서 70년 넘게 장사 중인 쌀국수 식당이 다낭에 지점을 냈다. 단칸짜리 아담한 로컬 레스토랑으로 식사시간이면 현지인들로 붐빈다. 테이블이 몇 개 없어서 합석해야 하는 경우도 있다. 메뉴는 소고기 쌀국수(퍼 보 Phở Bò) 한 가지. 햇볕에 건조한 면을 사용하기 때문에 식감이 좋고, 기름진 육수에 땅콩 가루를 넣어 고소한 맛을 낸다. 고명으로 들어가는 소고기 종류를 한두 가지 골라서 주문해야 한다. 따이 Tái(생고기), 남 Nạm(익힌 고기), 따이남 Tái Nạm(생고기+익힌 고기), 닥비엣 Đặc Biệt(스페셜) 정도 알아두면 주문할 때 도움이 된다. 얇게 썬 파파야를 같이 주는데, 양념장을 비벼서 김치처럼 먹으면 된다. 외국 관광객에게는 아직 많이 알려지지 않아, 현지 분위기가 잘 느껴진다.

지도 P.065-A3 **주소** 49A Trần Quốc Toản **영업** 06:00~13:00, 16:00~21:00 **메뉴** 베트남어, 영어 **예산** 4만~5만 VND **가는 방법** 쩐꿕또안 거리 49번지에 있다.

퍼 리엔 호이안

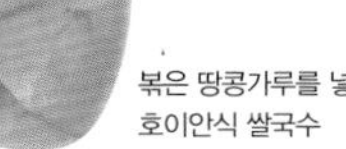
볶은 땅콩가루를 넣은 호이안식 쌀국수

10 퍼 틴
Phở Thìn ★★★☆

하노이에서 유명한 쌀국수 식당 체인점이다. 간판에는 퍼 틴 13 로둑 Phở Thìn 13 Lò Đúc이라고 적혀 있는데, 다름 아닌 하노이 본점 주소를 함께 적은 것이다. 소고기 쌀국수가 전문인 곳으로, 쌀국수에 들어가는 고명을 선택해 주문하면 된다. 전통 쌀국수 Phở Tái Lăn Truyền Thống와 스페셜 쌀국수 Phở Tái Lăn Đặc Biệt가 인기 메뉴다. 한국 관광객은 매콤한 곱창 쌀국수 Phở Lòng Bò도 즐겨 먹는다. 사이드 메뉴로 꿰이 농(꽈배기 모양의 밀가루 튀김) Quẩy Nóng을 곁들이면 된다. 메뉴판에 한국어가 적혀 있어 주문하기 어렵지 않다. 에어컨 시설로 외국인에게도 친절하다. 한 강 건너편 응우옌반토아이 거리에 지점(주소 102 Nguyễn Văn Thoại)을 운영한다.

지도 P.064-A2 **주소** 60 Pasteur **영업** 06:00~14:00, 17:00~21:00 **메뉴** 영어, 한국어, 베트남어 **예산** 6만~15만 VND **가는 방법** 파스퇴르(빠스뜨) 거리 60번지에 있다. 한 시장(쩌 한)에서 900m 떨어져 있다.

퍼 틴 파스퇴르 지점

퍼 틴 응우옌반토아이 지점

11 보네 꿕민
Bò Né Quốc Minh ★★★☆

돌판 위에 소고기 스테이크와 달걀 프라이를 올려주는 '보네 Bò Né' 전문 음식점이다. 다낭에서 유명한 보네 전문점으로, 저렴한 가격에 베트남식 스테이크를 맛볼 수 있다. 현지에서는 아침 식사로 즐겨 먹는 음식이며 바게트가 곁들여 나온다. 메뉴랄 것도 없이 이곳에서는 보네를 주문하면 된다.

보네를 먹는 방법은 잘 구워진 바게트를 뜯어서 돌판에서 익어가는 스테이크와 달걀, 야채를 빵 위에 올려 먹거나 국물을 찍어 먹는다. 영어 메뉴판은 없고, 영어도 잘 통하지 않는다. 오전에만 영업하는 곳이니 시간을 염두에 두자.

지도 P.065-A1 **주소** 28 Phan Đình Phùng **전화** 0236-3812-962 **영업** 06:00~11:00 **예산** 7만 VND **메뉴** 베트남어 **가는 방법** 한 시장(쩌 한) 북쪽으로 한 블록 떨어진 판딘풍 거리 28번지에 있다. 인도차이나 리버사이드 타워에서 판딘풍 거리 방향으로 350m 떨어져 있다.

바게트를 곁들인 보네

영어는 통하지 않지만 친절한 보네 꿕민

12 반미 바란

Bánh Mì Bà Lan ★★★☆

다낭 사람들에게 인기 있는 반미(바게트 샌드위치) 노점이다. 1990년부터 같은 자리를 지키고 있다. 길거리에 내놓은 쇼케이스 옆에서 즉석으로 샌드위치를 만들어준다. 햄과 고기를 두툼하게 썰고, 향신료와 칠리소스를 첨가해 베트남 현지 식으로 만든다. 테이블이 없어 테이크아웃만 가능하다. 특히 오토바이를 타고 찾아오는 손님들로 붐빈다. 본점은 오후부터 장사하는데, 일부러 찾아가기에는 위치가 어정쩡한 편이다. 최근 체인점 몇 곳을 오픈했는데, 3호점에 해당하는 레탄똔 지점(주소 12 Lê Thánh Tôn)은 카페처럼 꾸몄고 아침에도 문을 연다.

지도 P.064-B4 **주소** 62 Trưng Nữ Vương **홈페이지** www.facebook.com/banhmibalandn **영업** 15:00~22:30 **메뉴** 베트남어 **예산** 바게트 샌드위치(반미) 3만 5,000VND **가는 방법** 쭝느브엉 거리 62번지에 있다. 참 박물관 뒷길에 해당하는 쭝느브엉 거리 안쪽으로 300m.

반미 바란

바게트 샌드위치

13 반미 꼬띠엔

Bánh Mì Cô Tiênn ★★★☆

인기

다낭 시내에 있는 반미(바게트 샌드위치) 식당이다. 길거리 노점으로 시작했는데, 장사가 잘 돼서 식당을 차렸다. 골목 안쪽에 있어서 눈에 띄는 곳은 아니지만 입소문을 타고 일부러 찾아오는 사람이 많다. 특히 한국 관광객에게 인기가 많다. 달걀 프라이, 치즈, 햄, 돼지고기, 닭고기 위주의 기본적인 고명을 넣어서 만든다. 달걀 프라이 반미 Bánh Mì Trứng, 프라이드치킨 반미 Gà Áp Chảo, 치즈 소고기 반미 Bánh Mì Thịt Bò Phô Mai가 인기 메뉴인데, 메뉴판에 베스트셀러라고 적혀있다. 고수를 넣을지 말지 주문할 때 물어본다. 한국어 메뉴판이 있어 주문하기 편리하다. 반미+스무디가 포함된 콤보 메뉴를 주문하면 할인된다.

지도 P.065-B1 **주소** 80/10 Trần Phú **전화** 0983-884-347 **영업** 08:30~21:00 **메뉴** 영어, 한국어, 베트남어 **예산** 4만~6만 VND **가는 방법** 쩐푸 거리 80번지 골목 안쪽에 있다. 꽁 스파 Cộng Spa를 바라보고 오른쪽 골목 안쪽으로 50m 들어간다. 골목 안쪽에서 좌회전하면 골목 끝에 있다.

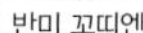
반미 꼬띠엔

뜨거울때 먹으면 더 맛있어요라고 써 있다

14 꽌 후에 응온
Quán Huế Ngon ★★★☆

다낭 시내에 있는 로컬 바비큐 식당이다. 보 느엉 Bò Nướng(베트남식 양념 소고기 숯불구이) 식당으로 개인 화덕에서 고기를 직접 구워 먹는다. 소고기 이외에 돼지고기, 삼겹살, 곱창, 돼지 귀, 새우, 오징어, 낙지, 문어 등 바비큐 메뉴가 다양하게 준비되어 있다. 현지인들은 전골 요리 러우 Lẩu(Hot Pot)를 함께 즐긴다. 에어컨 없는 전형적인 로컬 레스토랑으로 숯불 때문에 더 덥게 느껴진다. 저녁 시간엔 도로까지 테이블이 놓여 분위기가 흥겹고 사람이 많다. 한국 관광객도 많이 찾는 곳으로 메뉴판에 사진과 한글이 적혀 있다. 소주와 맥주도 판매한다.

지도 P.065-A3 **주소** 65 Trần Quốc Toản **홈페이지** www.facebook.com/QuanHueNgonDaNang1 **영업** 11:00~23:00 **예산** 6만~12만 VND **메뉴** 영어, 한국어, 베트남어 **가는 방법** 쩐꿕또안 거리 65번지에 있다. 다낭 성당 정문에서 400m 떨어져 있다.

꽌 후에 응온

베트남식 로컬 바비큐

15 흐엉박
Hương Bắc ★★★★

하노이 음식을 전문으로 하는 로컬 레스토랑이다. 에어컨은 없지만 대나무를 이용해 매장을 시원스럽게 연출했다. 테이블과 의자 등 대나무로 만든 소품들이 시골스러운 분위기를 물씬 풍긴다. 의자가 낮기 때문에 자세가 다소 불편할 수 있으나, 맛있고 푸짐한 식사를 저렴하게 누릴 수 있는 합리적인 선택지다. 대표 메뉴는 분짜 Bún Chả와 분넴 Bún Nem이다. 테이블에 놓인 다진 마늘, 고추, 라임을 입맛에 맞게 소스에 첨가해도 된다. 면과 두부 튀김, 채소를 새우젓에 찍어 먹는 분더우 Bún Đậu도 인기 있는데 색다른 요리를 맛보고 싶다면 도전해보자. 메뉴판에 사진이 첨부되어 있어 주문이 수월하다. 참고로 상호명은 '북쪽의 향기'를 뜻한다. 구글 지도 검색은 Hương Bắc Quán으로 하면 된다.

지도 P.063-B1 **주소** 59 Đống Đa **전화** 0842-499-999, 0812-466-666 **영업** 10:00~22:00 **메뉴** 영어, 베트남어 **예산** 3만 5,000~5만 VND **가는 방법** 동자거리 59번지에 있다.

베트남 북부 분위기로 꾸민 흐엉박

흐엉박 식당 내부

▶ 카페 & 베이커리

베트남 어디건 카페는 흔하다. '목욕탕 의자'가 놓인 노점 카페까지, 베트남에서 커피는 일상과 같다. 베트남 전역에 체인점을 둔 유명 카페도 다낭에서 흔히 볼 수 있다. 모닝커피로 하루를 시작하거나, 더위에 지친 오후에는 에어컨 나오는 카페에서 잠시 휴식하며 달콤한 시간을 보내자.

01 꽁 카페

인기

Cong Cafe / Cộng Cà Phê ★★★★

다낭뿐 아니라 베트남 전역에서 핫한 카페로 손꼽힌다. 하노이에서 시작해 호찌민시(사이공)를 거쳐 다낭까지 영업을 확장했다. 사회주의 모티브를 현대적으로 재해석해 빈티지하게 꾸몄다. 공산당 모자에 군복을 개량한 유니폼을 착용한 직원들과 멜라닌 컵에 담아주는 커피까지, 이국적이면서 옛 향수를 자극한다. 강변도로(박당 거리)에 있어 찾기도 쉽고 분위기도 좋다. 2층 창가 자리에서는 한 강이 보인다. 달달하고 고소한 맛의 코코넛 커피가 대표 메뉴다. 한국 관광객이 즐겨 찾는 곳으로 한국어 메뉴판도 구비하고 있다. 인기가 높아지면서 2호점(주소 39 Nguyễn Thái Học)과 3호점(주소 23 Lý Tự Trọng)을 추가로 오픈했다.

지도 P.065-B2 **주소** 96~98 Bạch Đằng **홈페이지** www.congcaphe.com **영업** 08:00~23:00 **예산** 4만~6만 5,000 VND **메뉴** 영어, 한국어, 베트남어 **가는 방법** 강변도로에 해당하는 박당 거리 98번지에 있다. 한 시장에서 100m 떨어져 있다.

코코넛 커피

꽁 카페 한국어 메뉴판

꽁 카페

02 하일랜드 커피
Highlands Coffee ★★★☆

인기

하일랜드 커피는 전국에 체인점을 둔 베트남 대표 커피 회사다. 대형 매장을 고급스럽게 꾸미고 부담스럽지 않은 가격에 커피를 제공해 현지인들의 절대적인 지지를 받는다. 스테인리스 필터를 이용한 베트남식 커피를 만든다. 현지인들이 좋아하는 연유가 들어간 달달한 베트남 커피(까페 쓰어 다)가 특히 유명하다. 자체 브랜드로 만든 원두커피와 커피 믹스를 판매한다. 여러 개 지점을 운영하므로, 숙소와 가까운 곳을 이용하면 된다. 쩐푸 지점(주소 216 Trần Phú), 쩐흥다오 지점(주소 517 Trần Hưng Đạo), 빈콤 플라자 지점(주소 910A Ngô Quyền), VTV8 지점(주소 258 Bạch Đằng)이 접근성이 좋다.

지도 P.065-B1 **주소** 1F Indochina Riverside Towers, 74 Bạch Đằng **홈페이지** www.highlandscoffee.com.vn **영업** 06:30~23:00 **예산** 4만~8만 VND **메뉴** 영어, 베트남어 **가는 방법** 박당 거리 74번지에 있다. 강변도로에 있는 인도차이나 리버사이드 타워(쇼핑몰) 1층.

하일랜드 커피 쩐흥다오 지점

하일랜드 커피 인도차이나 몰 지점

03 쭝응우옌 레전드
Trung Nguyên Legend ★★★★

추천

하일랜드 커피와 더불어 베트남을 대표하는 커피 브랜드 쭝응우옌 커피 Trung Nguyên Coffee에서 운영한다. 여행자들에게 인기 있는 G7 커피믹스를 만드는 회사가 바로 쭝응우옌이다. 시내 중심가의 사거리 모퉁이에 자리한 카페는 거리 풍경을 바라보며 시간 보내기 좋다. 관광객이 적어서 소란스럽지 않다. 커피 전문점답게 다양한 원두를 다양한 방식으로 즐길 수 있다. 필터 드립 커피, 에그 커피, 코코넛 커피, 티라미수 라테, 콜드 브루까지 다양하다. 원두 등급에 따라 커피 값을 다르게 책정했는데, 레전드 원두가 가장 고급 품종에 해당한다. 원두와 커피 관련 제품도 판매한다.

지도 P.065-A4 **주소** 35 Thái Phiên **홈페이지** www.trungnguyenlegend.com **영업** 07:00~22:00 **메뉴** 영어, 베트남어 **예산** 7만~16만 VND **가는 방법** 타이피엔 거리 35번지에 있다. 다낭 성당에서 400m 떨어져 있다.

쭝응우옌 레전드

다양한 원두를 맛 볼 수 있다

04 웃띡 카페
Út Tịch Cafe ★★★☆

인기

시내 중심가의 대형 커피숍이다. 콜로니얼 양식의 복층 건물에 베트남 감성을 더해 현대식 카페로 꾸몄다. 베트남 커피부터 코코넛 커피까지 커피 메뉴가 다양하며, 가격도 저렴하다. 도로에도 테이블이 있어 노천카페 분위기를 연출한다. 실내가 넓어서 쾌적하며 2층은 발코니와 에어컨 룸까지 겸비했다. 조명이 밝혀지는 저녁때 더욱 분위기 있다. 강변도로(박당 거리)에 2호점(주소 102 Bạch Đằng)을 운영한다. 본점보다 접근성이 좋아 외국 관광객들이 많이 찾는다. 3층 건물로 강변 풍경도 감상할 수 있다. 직원들이 친절하다.

지도 P.065-A2 **주소** 73 Nguyễn Thái Học **전화** 0903-588-879 **홈페이지** www.facebook.com/uttichcafe **영업** 06:00~22:00 **메뉴** 영어, 베트남어 **예산** 4만~6만 VND **가는 방법** ①1호점은 응우옌타이혹 거리 73번지에 있다. ②2호점은 박당 거리 102번지에 있다. 강변도로에 있는 꽁 카페 옆.

근사한 콜로니얼 건물의 웃띡

베트남 감성이 묻어나는 실내

05 브루맨 커피
Brewman Coffee ★★★★

추천

골목 안쪽에 있어 찾기 어렵지만 커피 맛으로는 다낭에 있는 카페 중에서도 추천할 만한 곳이다. 베트남 젊은이들이 모여 카페와 편집 숍을 함께 운영하기 위해 처음 매장을 열었다고 한다. 카페 2층에 의류를 전시·판매하고 있는데, 현재는 커피가 더 유명하다. 매장은 벽돌과 철체 프레임, 통유리를 이용해 온실처럼 꾸몄다. 자연 채광이 화사하게 비추지만 햇볕이 드는 시간에는 덥게 느껴지기도 한다. 커피 메뉴는 베트남 커피와 이탈리아 커피, 콜드브루로 나뉘는데 모두 핸드 드립으로 정성스레 내려준다. 한국 여행자들이 즐겨 마시는 코코넛 커피도 맛이 좋다.

지도 P.065-A4 **주소** 27A/21 Thái Phiên **전화** 0967-359-292 **홈페이지** www.facebook.com/BrewmanCoffeeConcept **영업** 07:00~18:00 **메뉴** 영어, 베트남어 **예산** 4만~6만 VND **가는 방법** 타피엔 거리 27번지 골목 안쪽으로 들어간다. 골목 끝자락에서 바로 왼쪽에 있다.

브루맨 커피

코코넛 커피

06 메종 마루
Maison Marou ★★★★

추천

베트남의 수제 초콜릿 브랜드로 유명한 마루 초콜릿 Marou Faiseurs de Chocolat(홈페이지 www.marouchocolate.com)에서 운영한다. 초콜릿 숍과 프렌치 카페를 접목했는데, 매장에서 직접 초콜릿을 만들기 때문에 진하고 달콤한 향이 침샘을 자극한다. 커피 또는 핫초코를 곁들여 에클레어, 마카롱, 타르트, 초콜릿 무스 같은 디저트를 즐기기 좋다. 1층에는 선물용 초콜릿 세트를 진열해 놓고 판매한다. 100% 베트남에서 생산된 카카오를 이용해 초콜릿을 만든다. 한 종류의 카카오를 넣어 만든 싱글 오리진 초콜릿은 카카오 생산지의 지명에 따라 6종류로 나뉜다. 초콜릿 1개 가격은 11만 VND부터. 호이안에도 매장 Maison Marou Hoi An(지도 P.158-C3, 주소 42 Lê Lợi, Hội An)이 있으니 일정에 따라 한 곳을 이용하면 된다.

지도 P.065-A4 **주소** 197 Trần Phú **전화** 0236-3528-569 **홈페이지** www.maisonmarou.com **영업** 08:00~22:00 **메뉴** 영어 **예산** 커피 · 디저트 7만~16만 VND **가는 방법** 쩐푸 거리 197번지에 있다. 다낭 성당에서 150m 떨어져 있다.

1 메종 마루 다낭 지점 **2** 메종 마루 호이안 지점 **3** 메종 마루 초콜릿 **4** 다낭 지점 1층 카운터 **5** 색감 가득한 호이안 지점 2층

07 더 로컬 빈스
The Local Beans ★★★☆

베트남 로컬 커피를 현대적인 시설의 카페로 끌어들여 인기를 얻는 곳이다. 다낭의 로컬 커피 브랜드로 성장해 현재는 3개 지점을 운영하고 있다. 관광객보다 베트남 현지 젊은이들에게 인기가 있다. 4층 건물로 에어컨은 없지만 공간이 넓고 깨끗하며 개방형 테라스를 통해 거리 풍경도 감상할 수 있다(로컬 카페답게 흡연도 가능하다). 스테인리스 필터를 이용한 베트남 커피와 에스프레소 머신을 이용한 인터내셔널 커피까지 다양하다. 코코넛 커피, 에그 커피, 솔트 커피, 콜드 브루도 맛볼 수 있다. 관광객이라면 프리미엄 시설로 단장한 3호점(주소 186 Phan Châu Trinh)에 가보는 걸 권장한다.

지도 P.064-B3 **주소** 56A Lê Hồng Phong **전화** 0236-9999-972 **홈페이지** www.thelocalbeans.com **영업** 06:30~22:30 **메뉴** 영어, 한국어, 베트남어 **예산** 커피 3만~5만 VND **가는 방법** 레홍퐁 거리 56번지에 있다. 다낭 성당에서 700m 떨어져 있다.

더 로컬 빈스

프리미엄 브랜드를 추구하는 3호점

08 찐(찡) 카페
Trình Cà Phê ★★★☆

다낭에서 유명한 로컬 커피 숍 중 한 곳이다. 다낭 시내에도 지점을 내면서 접근성이 좋아졌다. 넓은 야외 정원과 목조 건물이 어우러져 여유롭다. 에어컨 룸은 통유리로 만들어 정원을 조망할 수 있도록 했다. 베트남 커피, 아메리카노, 솔트 커피, 코코넛 커피까지 커피 종류가 다양하고 저렴하다. 스페셜 메뉴인 아보카도 커피(까페 버 Cà Phê Bơ)가 특히 유명하다.

반다 호텔 맞은편 골목 안쪽에 있는 레딘즈엉 지점(주소 22/4 Lê Đình Dương)은 티크나무 목조 가옥을 활용해 만들어 고풍스러운 느낌이 전해진다. 두 곳 모두 영어는 서툴지만 직원들이 친절하다. 로컬 커피숍답게 흡연이 자유롭다.

지도 P.065-A3 **주소** 25 Phạm Hồng Thái **홈페이지** www.facebook.com/trinhcaphedn **영업** 06:30~24:00 **메뉴** 영어, 한국어, 베트남어 **예산** 3만~5만 VND **가는 방법** 팜홍타이 거리 25번지에 있다. 다낭 성당 후문에서 200m.

찐 카페 레딘즈엉 지점

찐 카페 팜홍타이 지점

09 슬로 브리즈 커피
Slow Breeze Coffee ★★★★

추천

골목 안쪽에 숨겨져 있는 커피 숍. 간판도 작아서 작정하고 찾아가지 않으면 그냥 지나치기 십상이다. 가정집 한편의 자그마한 공간을 카페로 사용한다. 입구는 남의 집 마당으로 들어가는 느낌이 드는데, 녹색 식물이 어우러진 야외 공간을 발견하는 순간 마음이 포근해진다. 협소한 실내 공간을 다락방처럼 만들었다. 카페 내부와 외부는 창문을 열고 소통할 수 있는데, 주인장이 커피 만드는 모습도 관찰할 수 있다. 느림을 실천하는 곳답게 수동 에스프레소 추출기를 이용해 커피를 뽑아준다. 그만큼 커피 만드는 데 시간이 걸리지만 정성을 기울인다. 베트남 커피, 솔트 커피, 아메리카노, 라테, 콜드 브루, 핸드 드립까지 커피 애호가라면 좋아할 만한 곳이다. 외국 관광객이 떼로 몰려갈 곳은 아니지만, 영어 가능한 주인장이 친절하게 대해준다.

지도 P.064-B1 **주소** 8/16 Phan Bội Châu **영업** 07:00~22:00 **메뉴** 영어, 베트남어 **예산** 4만~6만 VND **가는 방법** 스시월드(일식당) Sushi World를 바라보고 오른쪽에 있는 판보이쩌우 61번지 골목 안쪽으로 들어가면 된다.

카페 입구에 세워둔 안내판

주인장과 손님이 가깝게 소통할 수 있다

10 남 하우스 카페
Nam House Cafe ★★★☆

다낭에서 베트남 젊은이들에게 인기 있는 레트로 감성의 로컬 카페. 다낭 시내에 있지만 골목 안쪽에 있어서 번잡한 느낌은 들지 않는다. 실내는 아담하지만 복층으로 되어 있으며, 각종 골동품이 진열되어 빈티지한 느낌을 준다. 더위에 대비하기 위해서인지 해가 잘 들지 않고 어둑한 편이다. 로컬 카페답게 에어컨은 없고 실내에서 흡연도 가능하다. 베트남 커피는 한 잔에 2만 5,000VND으로 저렴하다. 에그 커피는 까페 쯩 Cà Phê Trứng, 코코넛 커피는 까페 즈아 Cà Phê Dừa, 솔트 커피는 까페 므오이 Cà Phê Muối를 주문하면 된다.

지도 P.064-B4 **주소** 15/1 Lê Hồng Phong **홈페이지** www.facebook.com/NAMhouseCoffee **영업** 06:00~23:00 **메뉴** 영어, 베트남어 **예산** 커피 3만~4만 VND **가는 방법** 레홍퐁 거리 15번지 골목 Kiệt 15 Lê Hồng Phong 안쪽으로 30m 들어가면 된다. 다낭 성당에서 남쪽으로 500m 떨어져 있다.

남 하우스 카페

어둑하고 빈티지한 느낌의 카페 내부

11 아라 카페
Àla Cafe ★★★★

추천

다낭 시내에 있지만 골목 안쪽에 있어 차분한 분위기를 유지한다. 작은 마당이 딸린 고옥을 리모델링해 카페로 사용한다. 2층에는 아담한 옥상까지 딸려 있다. 직접 로스팅한 원두를 사용하기 때문에 커피 맛은 좋다. 기본적인 베트남 커피는 꽝찌 지역에서 생산한 원두 Arabica Natural Quảng Trị를 사용한다. 에티오피아·케냐·콜롬비아 원두까지 생산지와 로스팅 방식에 따라 다양하게 선택할 수 있다. 핀 필터(스테인리스 필터를 이용한 드립 커피)부터 콜드 브루까지 커피 종류도 다양하다. 다크 나이트 The Dark Knight(에스프레소+초콜릿+크림), 슈퍼 오엠 Super O.M.(에스프레소+초콜릿+오트 밀크), 요코 Yoko(에스프레소+요거트 크림), 코코라다 Cocolada(에스프레소+코코넛 밀크+초콜릿), 아메캄 AmeCam(에스프레소+오렌지 주스)을 포함한 창의적인 커피도 만든다.

지도 P.064-B2 **주소** K113/27 Nguyễn Chí Thanh **전화** 0917-168-530 **홈페이지** www.facebook.com/alacafe.official **영업** 07:30~18:00 **메뉴** 영어, 베트남어 **예산** 5만~7만 5,000VND **가는 방법** 응우옌찌탄 거리 113번지 골목 안쪽에 있다. 노이 카페 Nối Cafe 지나서 골목 끝에 있다.

바리스타가 다양한 방식으로 커피를 만든다

아라 카페

12 원더러스트
Wonderlust ★★★☆

다낭 시내 중심가에 있는 모던한 감성의 카페. 베트남다운 느낌은 없지만, 화이트 톤의 3층짜리 건물은 실내 공간이 여유롭다. 자연 채광이 좋고 초록 식물도 가득하며 에어컨 시설이라 쾌적하다. 발코니와 옥상까지 층마다 조금씩 다른 분위기로 꾸몄다. 커피, 콜브 브루, 커피 목테일, 차(茶), 스무디, 과일 주스는 물론 샌드위치, 팬케이크, 디저트 메뉴도 잘 구비되어 있다. 스페셜한 커피를 만드는 건 아니지만 오다가다 더위 식히며 시원한 음료 한 잔 마시기 좋다. 한국에서 보던 익숙한 카페 정도로 생각하면 된다. 로컬 디자이너들이 만든 기념품과 액세서리를 판매하는 편집 숍을 함께 운영한다.

지도 P.065-B1 **주소** 96 Trần Phú **전화** 0236-3744-678 **홈페이지** www.wonderlust.vn **영업** 07:30~22:30 **메뉴** 영어, 베트남어 **예산** 음료 5만~7만 5,000VND **가는 방법** 쩐푸 거리 96번지에 있다. 한 시장에서 100m 떨어져 있다.

원더러스트 Wonderlust

한 시장과 가까운 쾌적한 카페

▶ 일반 레스토랑

도시가 개방되고 외국인과 관광객이 대거 유입되면서 레스토랑도 다양해졌다. 특히 강변에 분위기 좋은 레스토랑이 등장하면서 고급화를 주도하고 있다. 저녁에 강바람을 맞으며 식사하는 것도 다낭 여행의 매력이다. 해변에는 대형 시푸드 레스토랑이 자리하고 있다.

01 안토이

Ăn Thôi ★★★★

인기

강변도로(박당 거리)에 있는 베트남 레스토랑이다. 유독 한국 관광객이 많이 찾는 곳으로 부담 없는 베트남 음식을 맛볼 수 있다. 아무래도 외국인을 상대하는 곳이다 보니 향신료를 적게 사용한다. 파스텔 톤의 복층 건물로 실내는 라탄 전등을 이용해 아늑하게 꾸몄다. 시원한 에어컨 시설로 테이블 세팅도 깔끔하다. 소고기 쌀국수, 닭고기 쌀국수, 짜조(스프링 롤), 고이꾸온(월남쌈), 미꽝, 반쎄오, 분짜 콤보(분짜+스프링 롤), 넴루이, 해산물 볶음면, 파인애플 볶음밥, 모닝글로리 볶음, 갈릭소스 새우, 새우볶음 등 실패할 확률이 작은 음식들로 채워져 있다. 한국어 메뉴판도 구비하고 있어 주문하기 어렵지 않다. 시원한 생맥주나 과일 주스를 곁들여 식사하기 좋다. 한 시장 옆의 강변도로라는 엄청난 입지 조건 덕분에 식사시간이 되면 붐비는 편이다.

지도 P.065-B2 **주소** 114 Bạch Đằng **영업** 10:30~21:30 **메뉴** 영어, 한국어, 베트남어 **예산** 9만~25만 VND **가는 방법** 박당 거리 114번지에 있다.

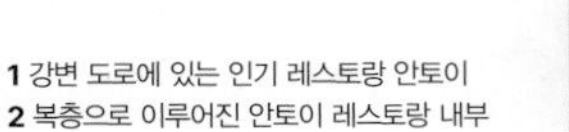

1 강변 도로에 있는 인기 레스토랑 안토이
2 복층으로 이루어진 안토이 레스토랑 내부
3 분짜 스프링 롤 세트

02 반미 해피 브레드

Bánh Mì Happy Bread AA ★★★☆

다낭에서 한국인 여행자들에게 인기 있는 반미 Bánh Mì(바게트 샌드위치) 맛집이다. 아담한 카페 분위기로 복층으로 되어 있다. 깨끗하고 청결하며 에어컨까지 나와서 노점과는 확실한 차이를 보인다. 바삭한 반미에 들어가는 식재료를 매일 매일 준비한다. 각종 향신료가 첨가된 베트남식 반미가 아닌 한국인 입맛에도 잘 맞도록 만들어준다. 시그니처는 반미 제이제이 Bánh Mì JJ로 베이컨, 햄, 달걀, 치즈를 넣는다. 베트남 커피나 망고 스무디를 곁들이며 간단하게 식사하기 좋다. 한 시장과 가까워 관광하다 들르기 좋은 위치다. 배달로도 가능하다.

지도 P.065-B2 **주소** 10 Hùng Vương **전화** 0935-100-661 **영업** 08:30~21:30 **메뉴** 영어, 한국어, 일본어, 베트남어 **예산** 6만~8만 VND **가는 방법** 한 시장 옆에 있는 훙브엉 거리 10번지에 있다.

반미 해피 브레드

바삭한 바게트 샌드위치

03 아이 러브 반미

I Love Banh Mi ★★★☆

한 시장 주변에 있어서 관광이나 쇼핑하다 들르기 좋은 반미(바게트 샌드위치) 식당. 한국적인 맛을 추구하기 때문에 한국 관광객에게 인기가 높다. 한국어가 써진 메뉴판에서 알 수 있듯이 불고기, 양념치킨, 베트남 숯불구이, 참치 마요, 햄 베이컨 같은 익숙한 맛의 바게트 샌드위치를 즐길 수 있다. 불고기와 양념 치킨을 반반씩 넣은 스페셜 반미도 있다. 오픈 키친이라서 조리과정도 깔끔하다. 매장에서 식사할 경우 바게트 샌드위치를 자를 수 있는 칼과 비닐장갑을 함께 내어준다. 커피, 상큼한 소다, 과일 주스를 곁들이면 된다. 복층 건물로 에어컨 시설이라 쾌적하다. 2층 발코니에서는 거리 풍경도 내려다보인다.

지도 P.065-B2 **주소** 100 Trần Phú **전화** 0905-778-492 **영업** 08:30~20:30 **메뉴** 영어, 한국어, 일본어, 베트남어 **예산** 7만~9만 5,000VND **가는 방법** 쩐푸 거리 100번지에 있다.

아이 러브 반미

아이 러브 반미 내부

04 룩락
Luk Lak ★★★★

추천

소피텔 레전드 메트로폴(호텔)에서 25년간 근무했던 마담 빈 Madame Bình 셰프가 독립해 만든 레스토랑이다. 하노이 본점에 이어 다낭에 지점을 열었는데, 강변도로(박당 거리)에 있는 클래식한 건물로 현대 미술 작품을 인테리어로 장식해 분위기를 더했다. 층고 높은 복층 건물은 시원스럽고, 정원처럼 꾸민 중정(안마당)까지 딸려 있어 여유롭다. 하노이의 대표적인 럭셔리 호텔에서 근무했던 경력을 살려 고급스러운 베트남 음식을 요리한다. 신선한 식재료에 다양한 향신료, 허브 소스를 사용하는 것이 특징이다. 쌀국수, 분짜, 넴(스프링 롤) 같은 대중적인 음식도 있지만 셰프만의 독특한 조리 기법으로 요리한 시그니처 메뉴도 많다. 메뉴판에 셰프 레코멘데이션 Chef's Recommendation이라고 적힌 음식을 주문하면 된다. 전통 요리로 구성된 세트 메뉴도 잘 갖추고 있다. 아침시간에는 쌀국수 위주의 간편식을 제공한다.

지도 P.064-B1 **주소** 28 Bạch Đằng **전화** 0818-122-828 **홈페이지** www.danang.luklak.vn **영업** 07:00~20:30 **메뉴** 영어, 베트남어 **예산** 15만~38만 VND **가는 방법** 박당 거리 28번지에 있다. 노보텔에서 200m 떨어져 있다.

1 룩락 레스토랑 외관
2 모던하게 꾸민 레스토랑 내부
3 안마당의 야외 테이블
4 미술 작품으로 분위기를 더했다

1

3

4

05 마담 런(마담 란)

Nhà Hàng Madame Lân ★★★☆

인기

다낭에서 유명한 베트남 음식 전문 레스토랑이다. 은은한 노란색의 콜로니얼 건물과 강변의 한적한 분위기가 어우러진다. 750석 규모의 대형 레스토랑으로 마당에도 테이블이 놓여 있다. 베트남 전국 각지의 주요 음식을 골고루 요리한다. 미꽝 Mì Quảng(다낭의 대표적인 국수)을 포함한 다양한 쌀국수, 각종 볶음 요리, 고이 Gỏi(베트남식 샐러드), 러우 Lẩu(핫팟 Hot Pot과 비슷한 전골 요리)와 해산물까지 다양하다. 해산물 요리는 100g 단위로 무게를 재서 요금을 책정한다. 관광객과 현지인 모두에게 인기 있다.

지도 P.063-B1 **주소** 4 Bạch Đằng **전화** 0236-3616-226 **홈페이지** www.madamelan.vn **영업** 08:00~22:00 **예산** 8만~46만 VND **메뉴** 영어, 한국어, 베트남어 **가는 방법** 강변도로 초입(북쪽 끝)에 해당하는 박당 거리 4번지에 있다.

베트남 정취를 느낄 수 있는 맛집 마담 런

레스토랑 외관

06 벱헨

Bến Hên ★★★★

인기

베트남 가정식 요리를 맛볼 수 있는 곳이다. 오래된 콘크리트 벽과 패턴 모양의 타일 바닥이 복고적인 느낌을 준다. 베트남을 상징하는 그림과 흑백 사진들이 걸려 있어 옛 향수를 자극한다. 에어컨은 없지만 발코니에 싱그러운 녹색 식물들이 가득하다. 사진도 없이 빼곡히 적힌 메뉴판을 해독하려면 조금은 수고스러울 수 있으나, 영어 메뉴판에는 추천메뉴가 표시되어 있으니 참고할 것. 주로 가지, 두부, 생선, 새우, 닭고기를 이용한 메뉴와 모닝글로리, 찌개 등이 있는데, 밥과 곁들여 식사하기 좋다. 집밥처럼 따뜻한 밥과 반찬을 듬뿍 내어 준다.

지도 P.064-B3 **주소** 147 Lê Hồng Phong **전화** 0935-337-705 **홈페이지** www.bephenrestaurant.com **영업** 09:00~15:00, 17:00~21:00 **메뉴** 영어, 베트남어 **예산** 메인 요리 8만~12만 VND **가는방법** 레홍퐁 거리 47번지에 있다.

빈티지한 느낌의 벱헨 레스토랑 내부

가정식 요리 전문점 벱헨

07 꼬바 퍼보(코바 쌀국수)

Cô Ba Phở Bò ★★★☆

강변도로(박당 거리)에 있는 쌀국수 식당이다. 한 시장 주변에서 한국 관광객이 많이 찾는 식당 중 한 곳이다. 간판에는 쌀국수 식당이라고 되어 있지만 관광객을 위한 베트남 음식을 요리하는 투어리스트 레스토랑에 가깝다. 쌀국수는 소고기 쌀국수 Phở Bò, 닭고기 쌀국수 Phở Gà, 해산물 쌀국수 Phở Hải Sản 세 종류가 있다. 베트남 음식으로 반쎄오 Bánh Xèo, 분짜 Bún Chả, 짜조 Chả Giò, 넴루이 Nem Lụi(다진 돼지고기를 레몬그라스에 끼워 숯불에 구운 음식), 짜오똠 Chạo Tôm(넴루이와 비슷한데 다진 새우를 이용해 만든다)이 있다.

지도 P.065-B3 **주소** 164 Bạch Đằng **영업** 10:00~22:00 **메뉴** 영어, 한국어, 베트남어 **예산** 8만~13만 VND **가는 방법** 박당 거리 164번지에 있다. 브릴리언트 호텔을 바라보고 오른쪽에 있다.

코바 쌀국수로 알려진 꼬바 퍼보

에어컨 시설의 레스토랑 내부

08 쩨비엣

Tre Việt ★★★☆

강변도로(박당 거리)에 있는 베트남 레스토랑 중 한 곳이다. 한 시장(쩌 한)을 기준으로 한국 관광객이 즐겨 찾는 곳 중에 조금 멀리 떨어져 있는 편. 그래 봐야 걸어서 8분 거리다. 장소를 이전하면서 2층 건물로 규모가 커졌고, 길 건너 한 강 풍경도 보인다. 베트남 유명 호텔에서 근무했던 셰프가 운영하는데, 다분히 외국 관광객을 위한 메뉴로 구성되어 있다. 반쎄오, 분짜, 넴루이, 쌀국수, 스프링 롤, 모닝글로리 볶음, 달걀 볶음밥, 해산물 볶음밥이 한국인에게 유독 인기 있다. 세트 메뉴(스프링 롤+분짜+반쎄오+모닝글로리 볶음+해산물 볶음밥)를 주문해도 괜찮다. 베트남 전통적인 느낌을 살려 플레이팅까지 신경을 썼다. 대나무 그릇에 담아주는 음식이 많은 편. 쩨비엣은 영어로 비엣 뱀부(베트남 대나무) Viet Bamboo라는 뜻이다.

지도 P.064-B3 **주소** 234 Bạch Đằng **전화** 0342-214-242 **영업** 10:00~22:00 **메뉴** 영어, 한국어, 베트남어 **요금** 10만~48만 VND **가는 방법** 박당 거리 234번지에 있다. 한 시장에서 550m 떨어져 있다.

쩨비엣 Viet Bamboo

베트남 요리 세트 메뉴

1 화덕 피자로 유명한 피자 포피스 **2** 피자 포피스 1호점 **3** 피자 포피스 2호점

두 가지 피자를 동시에 맛 볼 수 있다

09 피자 포피스

Pizza 4P's ★★★★

인기

일본인이 운영하는 피자 전문 레스토랑이다. 호찌민시(사이공)에 본점이 있는데, 인기에 힘입어 하노이와 다낭까지 체인점을 오픈했다. 실내는 널찍하고 오픈 키친을 통해 피자를 굽는 커다란 화덕이 보인다. 직접 만든 치즈와 현지에서 재배한 신선한 식재료를 사용해 동양인 입맛에 맞춘 피자를 선보여 호평을 받고 있다. 데리야키 치킨 피자 같은 일본식 피자 메뉴도 있다. 두 종류의 피자를 '반반(하프 & 하프 Half & Half)'으로 주문하면 한 번에 두 가지 피자를 맛볼 수 있다. 파스타를 포함한 기본적인 이탈리아 메뉴도 있다. 강변도로(박당 거리)에 있는 인도차이나 리버사이드 타워에 2호점 Pizza 4P's Indochina(주소 74 Bạch Đằng)을 열었다. 수제 맥주를 판매하는 비어 포피스 Beer 4Ps를 함께 운영한다.

지도 P.064-B4 **주소** 8 Hoàng Văn Thụ **전화** 0283-6220-500 **홈페이지** www.pizza4ps.com **영업** 11:00~23:00 **메뉴** 영어, 한국어, 베트남어 **예산** 22만~42만 VND(+10% Tax) **가는 방법** ①본점은 호앙반투 거리 8번지에 있다. ②2호점은 인도차이나 리버사이드 타워 2층에 있다.

10 쏨머이 가든(쏨모이 가든)

Xóm Mới Garden ★★★★

추천

냐짱(나트랑)에서 유명한 베트남 음식점으로 다낭에 지점을 열었다. 이름처럼 가든(정원)을 간직한 레스토랑으로 복층 건물의 실내는 넓고 쾌적하다. 베트남 감성이 충만한 인테리어도 매력적이다. 다섯 개의 음식점이 하나의 커뮤니티를 이루기 때문에 다양한 음식을 한자리에서 즐길 수 있다. 띠엑냐 Tiệc Nhà(베트남 음식점), 비비큐 인어이 BBQ Ỉn Ơi(바비큐 식당), 퍼 믕 Phở Mừng(쌀국수 식당), 오 반미 Ồ! Bánh Mì(바게트 샌드위치), 라핀 카페 Laphin로 이루어져 있다. 베트남 음식은 넴느엉, 분짜, 반쎄오를 메인으로 요리한다. 코코넛 볶음밥, 돼지갈비 조림, 새우·해산물 요리, 바비큐 포크립 등 관광객에 입맛에 맞는 음식이 많다. 한국 관광객이 많이 찾는 곳으로 한국어 메뉴판을 기본으로 구비하고 있다. 심지어 QR 코드를 스캔해 한국어로 편하게 예약 주문도 가능하다.

지도 P.064-B4 **주소** 222 Trần Phú **전화** 0931-1951-004 **홈페이지** www.xommoigarden.com **영업** 10:30~22:00 **메뉴** 영어, 한국어, 베트남어 **예산** 메인 요리 16만~25만 VND, 바비큐 콤보 70만 VND **가는 방법** 쩐푸 거리 222번지에 있다. 다낭 성당에서 400m 떨어져 있다.

넴느엉 세트

1 쏨머이 가든 입구 **2** 콜로니얼 건물에는 화려한 색감이 가득하다 **3** 베트남 감성의 인테리어

11 냐벱 쩌 한(냐벱 한시장)

Nhà Bếp Chợ Hàn ★★★★

인기

한국 관광객들 사이에서 인기 있는 베트남 레스토랑이다. 냐벱 레스토랑 2호점으로 한 시장(쩌 한) 옆에 있어 '냐벱 한 시장'으로 불린다. 다낭 시내 중심가에 있어 접근성이 좋고, 널찍한 실내와 야외 공간으로 구성된 레스토랑도 깨끗하다. 베트남 음식 초보자에게 부담 없는 깔끔한 베트남 음식을 제공한다. 베트남식 샐러드, 소고기 쌀국수, 반쎄오, 분짜, 미꽝, 넴루이, 스테이크 덮밥, 해산물 덮밥을 포함해 시푸드까지 메뉴가 다양하다. 특히 반쎄오+넴루이 1인용 세트가 유명하다. 베트남 가정식 요리도 맛볼 수 있다. 여러 명이 식사할 경우 밥과 찌개를 포함해 8가지 음식으로 구성된 세트 메뉴를 주문하면 된다. 한국어 메뉴판을 구비하고 있다.

지도 P.065-B2 **주소** 22 Hùng Vương **전화** 0236-3966-268 **영업** 09:00~21:00 **메뉴** 영어, 한국어, 베트남어 **예산** 메인 요리 11만~19만 VND, 세트 **메뉴** 16만~21만 VND **가는 방법** 한 시장(쩌 한) 오른쪽의 훙브엉 거리 22번지에 있다. 아지트 멀티플렉스 Azit Multiplex 건물 1층에 있다.

냐벱 쩌 한(냐벱 한시장)

한국인 선호하는 에어컨 시설의 레스토랑 내부

12 벱꿰

Bếp Quê ★★★★

인기

다낭 성당 주변에 있는 베트남 음식점이다. '벱'은 부엌(키친), '꿰'는 고향을 뜻한다. 상호에서 알 수 있듯 베트남 가정식 요리를 맛볼 수 있는 곳이다. 외국 관광객이 무난하게 즐길 수 있는 베트남 집밥을 제공한다고 생각하면 된다. 토마토소스 완자 두부 Đậu Khuôn Nhồi Thịt Sốt Cà, 달걀 오믈렛 Trứng Chiên, 가지 볶음 Cà Tím Sốt Mỡ Hành, 모닝글로리 볶음 Rau Muống Xào Tỏi, 청경채 새우볶음 Cải Thìa Xào Tôm, 코코넛 소스 새우 Tôm Rim Nước Dừa, 새우 볶음밥 Cơm Chiên Tôm, 돼지갈비 조림 Sườn Rim Me, 삼겹살 달걀 찜 Thịt Ba Chỉ Kho Tàu, 돼지갈비 달걀 찜 Sườn Kho Trứng 등 익숙한 음식들을 접할 수 있다. 물론 타마린드 소스나 코코넛 소스 등을 이용한 조리법은 한국 음식과 다르다. 간단하게 식사하고 싶다면 뚝배기 도가니 쌀국수 Phở Bát Đá를 추천한다.

지도 P.065-A4 **주소** 187 Trần Phú **영업** 10:00~21:00 **메뉴** 영어, 한국어, 베트남어 **예산** 단품 9만~22만 VND, 콤보 세트(1인) 15만~20만 VND **가는 방법** 쩐푸 거리 187번지에 있다. 다낭 성당에서 100m 떨어져 있다.

벱꿰

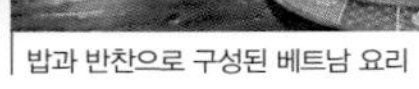
밥과 반찬으로 구성된 베트남 요리

13 루나 펍
Luna Pub ★★★★

인기

술집(펍)이라고 간판을 달았지만 이탈리아 음식을 함께 요리하는 레스토랑이다. 하노이에 본점을 둔 루나 다우뚠노 Luna d'Autunno의 다낭 지점이다. 유럽인이 운영하는 곳으로, 다양한 종류의 피자와 파스타를 메인으로 요리한다. 무엇보다 피자가 유명하다. 수입 맥주와 칵테일, 와인도 다양하게 구비되어 있다. 시원한 생맥주 Draft Beer는 기본이다. 330cc와 500cc 잔술로 마시거나, 3ℓ(타워 Tower라고 부른다)짜리를 주문해 여러 명이 함께 마시면 된다. 창고를 개조해 만들었는데, 천장이 높아 시원스럽고 붉은 벽돌로 실내를 꾸며 아늑하다. 주방과 바텐이 개방되어 시원스럽다. 저녁에만 운영한다.

지도 P.063-B1 **주소** 9 Trần Phú **전화** 0236-3898-939 **홈페이지** www.facebook.com/LunaPubDanang **영업** 15:00~24:00 **예산** 맥주 5만~15만 VND, 메인 요리 17만~58만 VND **메뉴** 영어, 한국어 **가는 방법** 쩐푸 거리 초입(북쪽 끝)에 해당하는 쩐푸 거리 9번지에 있다.

펍과 레스토랑을 겸한 루나 펍

루나 펍

14 팻 피시
Fat Fish ★★★☆

이탈리아·영국·베트남 국적의 사람들이 합작해 운영하는 퓨전 레스토랑. 피자와 지중해 음식을 메인으로 요리한다. 점심시간(11:00~14:00)에 세트 메뉴를 할인된 가격으로 제공한다. 1층은 바 bar와 마당에 놓인 야외 테이블 좌석, 2층은 오픈 키친과 테라스 좌석으로 구분된다. 외국인(특히 서양인) 관광객이 즐겨 찾는 곳으로 편안하고 쾌적하게 식사하기 좋다. 수제 맥주와 칵테일, 와인까지 구비하고 있어 낭만적인 저녁 시간을 보낼 수 있다. 직원들이 친절하다.

지도 P.066-A3 **주소** 439 Trần Hưng Đạo **전화** 0236-3945-707 **홈페이지** www.fatfishdanang.com **영업** 10:30~14:00, 16:30~22:00 **메뉴** 영어, 한국어, 베트남어 **예산** 메인 요리 20만~49만 VND **가는 방법** 롱교(용 다리) 건너 쩐흥다오 거리 439번지에 있다. DHC 마리나에서 100m 떨어져 있다.

팻 피시

친절하고 분위기 좋은 퓨전 레스토랑

▶ **미케 해변 & 안트엉 거리 레스토랑**

미케 해변에도 다양한 레스토랑들을 발견할 수 있다. 해변도로에는 대형 시푸드 레스토랑이 많은 편이다. 장기 체류하는 외국인이 많은 안트엉 거리에는 이국적인 레스토랑이 많다.

01 드리머 카페
Dreamer Cafe ★★★☆

푸릇푸릇한 야외 정원이 매력적인 곳으로 달랏 Đà Lạt(베트남 중부 고원 도시)에 있을 법한 카페를 연상시킨다. 넓은 정원과 식물원, 목조 테라스, 파라솔이 여유로운 자연 풍광과 어우러진다. 자연적인 정취를 한껏 살린 곳으로 이곳에 있으면 다낭이라는 생각을 잊게 할 정도. 카라반 모양의 앙증맞은 카운터에서 주문하면 된다.

지도 P.066-A3 **주소** 230/2 Nguyễn Công Trứ **전화** 0905-288-851 **홈페이지** www.facebook.com/Dreamer caphe **영업** 07:00~22:00 **메뉴** 영어, 베트남어 **예산** 커피 3만~6만 VND **가는 방법** 응우옌꽁쯔 거리 230번지에 있는 민트 커피 & 티 Mint Coffee & Tea 안쪽에 있다. 다낭 시내에서 해변 방향으로 3㎞ 떨어져 있다.

야외 정원이 매력적인 드리머 카페

드리머 카페

02 끄어응오 카페(쩐박당 지점)
Cửa Ngõ Cafe ★★★☆

위치와 상관없이 이국적인 느낌 때문에 찾는 이가 많은 감성 카페. 모로코 풍으로 꾸민 카페로 기념사진 찍기 좋다. 푸름이 가득한 카페 입구부터 빈티지한 느낌의 카페 내부까지 곳곳에 포토 스폿이 가득하다. 베트남 관련 흑백 사진으로 인테리어를 꾸민 것도 포인트. 메뉴는 간단하다. 베트남 커피와 상큼한 티 위주로 구성된다.

지도 P.068-B1 **주소** 4 Trần Bạch Đằng **홈페이지** www.facebook.com/cuangocafe **영업** 06:30~22:30 **메뉴** 영어, 베트남어 **예산** 3만~4만 VND **가는 방법** 쩐박당 거리 4번지에 있다. 다낭 시내에서 4㎞ 떨어져 있다.

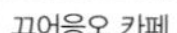
끄어응오 카페

사진 찍기 좋은 감성 카페

03 43 스페셜티 커피(43 팩토리 커피)

XLIII Specialty Coffee ★★★★

추천

안트엉 지역에서 가장 유명한 커피 전문점이다. 간판을 바꿨지만 43 팩토리 커피로 알고 있는 사람들이 많다. 통유리로 멋을 낸 벽돌 건물에 인더스트리얼 인테리어가 커피 공장을 연상시킨다. 천장이 높은 복층 구조와 사방으로 트인 통유리 덕분에 시원하고 여유로운 분위기다. 야외에는 독특한 구조의 테이블이 있다. 로스터리를 표방하고 있어 매장에서 원두를 직접 로스팅한다. 페루 · 케냐 · 에티오피아 · 콜롬비아 · 과테말라 원두를 사용하나, 로스팅한 날짜에 따라 시음 가능한 커피가 매일 달라진다. 샷 Shot, 필터 Filter, 밀크베이스 Milkbase 세 가지 형태로 시음할 수 있다. 품질 좋은 원두를 사용하기 때문에 커피 값은 비싸다. 호이안에도 지점(주소 326 Lý Thường Kiệt, Hội An)을 운영하는데 알마티니 호이안 리조트 1층에 있다.

지도 P.069-A3 **주소** 422 Ngô Thì Sĩ **전화** 0799-343-943 **홈페이지** www.xliiicoffee.com **영업** 07:00~22:30 **메뉴** 영어 **예산** 11만~37만 VND **가는 방법** 응오티씨 거리 422번지에 있다.

43 스페셜티 커피

커피 공장을 표방한 대형 카페

04 하이드아웃 카페

The Hideout Cafe ★★★★

추천

골목 안쪽에 숨어 있어 관광객들에게는 많이 알려지지 않았다. 콘크리트와 벽돌을 노출한 아담한 실내 공간과 정겨운 마당이 골목 풍경과 잘 어울린다. 로컬 카페지만 햇볕이 잘 들어 밝고 냉방을 가동해 쾌적하게 이용하기 좋다. 시내의 여느 카페들에 비해 가격도 합리적이다. 에스프레소는 아라비카 원두를, 베트남 커피는 로부스타 원두를 이용한다. 시그니처 메뉴로는 코코넛 커피 Coconut Coffee와 에그프레소(에그 커피) Eggpresso, 레몬프레소(레몬 커피) Lemonpresso가 있다. 아침 시간에는 아보카도 토스트, 바나나 팬케이크, 파스타 같은 브런치 메뉴도 제공된다.

지도 P.068-B2 **주소** K72/24 Nguyễn Văn Thoại **전화** 0935-654-093 **홈페이지** www.facebook.com/thehideoutcafedanang **영업** 08:00~20:00 **예산** 커피 3만~6만 VND, 브런치 7만~14만 VND **가는 방법** 응우옌반토아이 거리 72번지 Kiệt 72 Nguyễn Văn Thoại 골목 안쪽으로 150m. 골목 안쪽까지 택시가 들어가지 못한다.

하이드 아웃 카페

채광이 좋은 마당의 야외 좌석

05 움 반미

Ùmm Banh Mi & Cafe ★★★★

추천

안트엉 지역에서 가장 유명한 반미(바게트 샌드위치) 식당이다. 노천 카페 분위기로 에어컨 시설의 실내와 야외 테이블로 구분된다. 워낙 많은 반미가 판매되기 때문에 바게트 빵과 샌드위치 재료들이 신선하다. 그릴드 포크 Grilled Pork, 데리야키 치킨 Teriyaki Chicken, 에그 베이컨 바게트 Egg Bacon Baguette, 비프 앤 치즈 바게트 Beef N Cheese Baguette 같은 외국인의 입맛에 맞는 메뉴가 많다. 파테, 베트남 햄, 돼지고기를 넣은 베트남식 바게트가 궁금하다면 트래디셔널 바게트 Traditional Baguette를 주문할 것. 주문할 때 고수를 포함한 향신료를 넣을지 말지를 미리 확인한다. 직원들이 친절하고 영어 소통도 가능하다.

지도 P.069-A2 **주소** 179 Lê Quang Đạo **전화** 0772-221-282 **홈페이지** www.facebook.com/banhmiumm **영업** 07:00~22:00 **메뉴** 영어, 베트남어 **예산** 4만~7만 5,000VND
가는 방법 안트엉 지역의 레꽝다오 거리 179번지에 있다.

움 반미

반미와 망고 셰이크

06 버거 브로스

Burger Bro's ★★★★

인기

다낭에서 유명한 수제 버거 전문점이다. 2015년 길거리 식당에서 시작해 현재는 신축한 건물에 들어선 대형 레스토랑으로 변모했다. 층고 높은 통창 건물에 에어컨 시설이라 쾌적하다. 육즙 가득한 패티가 들어간 버거로 유명세를 떨친다. 패티는 매일 만들어 사용하기 때문에 신선함을 유지한다. 패티 두 장이 들어간 미케 버거 Mykhe Burger와 패티+베이컨을 넣은 엔엔 버거 The NN Burger가 대표 메뉴다. 일본 사람이 운영하는 곳으로 데리야키 버거 같은 일본식 버거도 만든다. 영업시간이 한정되어 있으니, 정해진 시간에 찾아가야 한다. 해변에 머물지 않는다면, 다낭 시내에 있는 2호점 Burger Bros NCT(주소 4 Nguyễn Chí Thanh)을 방문하면 된다.

지도 P.069-A3 **주소** 30 An Thượng 4 **전화** 0945-576-240 **홈페이지** www.facebook.com/burgerbros.nct.danang **영업** 11:00~14:00, 17:00~21:00 **메뉴** 영어 **예산** 9만~15만 VND
가는 방법 ①본점은 안트엉 4거리 30번지에 있다. ②지점은 응우옌찌탄 거리 4번지에 있다.

수제 버거 전문점 버거 브로스

안트엉 지역에 있는 1호점 내부

07 통킹 분짜
Tonkin Bún Chả ★★★☆

미케 해변과 가까운 곳에 있는 분짜 식당이다. 에어컨은 없지만 대나무를 이용해 인테리어를 꾸며 현지 분위기가 느껴진다. 메뉴는 분짜 한 가지로 스프링 롤 추가 여부를 선택할 수 있다. 분짜만 먹을 경우 분짜 하노이 Bún Chả Hà Nội를 주문하면 되는데, 따듯하게 데운 느억맘 소스에 돼지고기 구이가 들어가 있다. 스프링 롤까지 들어간 세트 메뉴는 통킹 분짜 Tonkin Bún Chả를 주문할 것. 넴꾸아베 Nem Cua Bể(게살을 넣어 만든 스프링 롤)를 사이드 메뉴로 추가해도 된다. 참고로 통킹은 하노이의 옛 지명이다.

지도 P.066-B3 **주소** 259 Nguyễn Công Trứ **전화** 0905-770-766 **영업** 08:00~22:00 **메뉴** 영어, 베트남어 **예산** 4만 5,000~7만 VND **가는 방법** 응우옌꽁쯔 거리 259번지에 있다. 다낭 시내에서 해변 방향으로 3㎞ 떨어져 있다.

통킹 분짜

분짜 1인분 4만 5,000동

08 냐벱쓰아(냐벱스아 쌀국수 전문점)
Nhà Bếp Xưa ★★★☆

미케 해변 지역에서 인기 있는 베트남 음식점이다. 식당은 넓진 않지만 에어컨 시설과 청결함 덕분에 관광객에게 인기 있다. 레스토랑 입구 간판에 한글로 '쌀국수 전문점, 현지 밥&반찬'이라고 적혀 있는 것에서 알 수 있듯 쌀국수 식당과 밥집을 겸한다. 소고기 쌀국수, 매운 해산물 쌀국수, 미꽝, 반쎄오, 스프링 롤, 분짜를 전문으로 요리한다. 파인애플 볶음밥을 추가하거나 돼지고기 조림, 새우 마늘 볶음, 모닝글로리 볶음을 곁들여도 된다. 외국인 입맛에 맞추긴 했지만 부담 없는 가격에 간단하게 식사하기 좋다. 음식 양도 많은 편이다. 친절한 주인장이 한국어까지 구사한다.

지도 P.067-B3 **주소** 64B Hà Bổng **전화** 0906-123-858 **영업** 10:00~21:30 **메뉴** 영어, 한국어, 베트남어 **예산** 5만~9만 VND **가는 방법** 알라카르트 호텔 뒤편의 하봉 거리 64번지에 있다.

냐벱쓰아

아담하지만 깨끗한 식당 내부

09 티아고 레스토랑
Thìa Gỗ Restaurant ★★★☆

인기

한 강 건너편의 조용한 주택가 골목에 있는 베트남 레스토랑이다. 고이꾸온 Gỏi Cuốn, 짜조 Chả Giò, 반쎄오 Bánh Xèo, 퍼남 Phở Nam(남부식 소고기 쌀국수), 분보남보 Bún Bò Nam Bộ(소고기 볶음 비빔국수)를 메인으로 요리한다. 모닝 글로리 볶음 Rau Muống Xào과 볶음밥 Cơm Chiên은 기본. 외국인도 부담 없이 먹을 수 있는 맛에 가격대도 합리적이다. 위생 상태가 좋고 직원들 역시 친절한 편이다. 최근에는 현지인보다 관광객이 많이 찾아오면서 투어리스트 레스토랑처럼 변모했다. 메뉴판에는 한국어를 포함해 6개 국어가 적혀있다.

지도 P.068-B2 **주소** 53 Phan Thúc Duyện **전화** 0236-3689-005 **홈페이지** www.thiagorestaurantdanang.com **영업** 10:00~22:00 **메뉴** 영어, 한국어, 베트남어 **예산** 9만~14만 VND **가는 방법** 한 강 건너편 판툭주옌 거리 53번지에 있다. 다낭 성당에서 3.5㎞ 떨어져 있다.

티아고 레스토랑

관광객이 좋아하는 베트남 음식을 요리한다

10 벱꾸온
Bếp Cuốn ★★★★

인기

전통과 현대적인 베트남 감성이 모두 묻어나는 베트남 레스토랑이다. '벱'은 키친, '꾸온'은 둥글게 말아서 만드는 월남쌈 종류를 통칭하는 음식 이름이다. 파스텔톤 건물에 라탄 전등을 달아 동남아시아스러운 느낌을 배가시켰다. 복층 건물로 깔끔한 인테리어와 안마당의 야외 공간까지 여유롭다. 반쎄오 Bánh Xèo, 짜조 Chả Giò, 고이꾸온 Gỏi Cuốn을 전문으로 요리한다. 돼지고기 꼬치와 곁들인 반호이(그물 모양으로 만든 사각형 라이스페이퍼) Xiên Que Nướng Ăn Kèm Bánh Hỏi도 인기 있다. 밥과 달걀 프라이, 두부 튀김, 돼지고기 조림 등으로 이루어진 콤보(세트) 메뉴는 2인용으로 제공된다. 관광객에게 인기 있는 레스토랑으로 저녁 시간에는 붐비는 편이다.

지도 P.068-A1 **주소** 54 Nguyễn Văn Thoại **전화** 0702-689-989 **홈페이지** www.facebook.com/DINNER.LUNCH.BEPCUON **영업** 10:30~21:00 **메뉴** 영어, 한국어, 베트남어 **예산** 단품 9만~17만, 콤보(2인용) 26만 VND **가는 방법** 응우옌반토아이 거리 54번지에 있다. 다낭 성당에서 3㎞ 떨어져 있다.

벱꾸엔 레스토랑

안마당 야외 테이블

11 누도 키친
Nu Đồ Kitchen ★★★☆

다낭의 대표적인 현지 음식인 미꽝 Mì Quảng을 요리한다. 마스터 셰프 누들 Master Chef Noodle이라고 강조하고 있는데, 2015년도 베트남 마스터 셰프 경연 대회 준우승자가 운영하기 때문이다. 레스토랑을 사업처럼 여기지 않고 자신의 집에서 식사를 대접하겠다는 의도로 만들었다고 한다(오후까지만 장사하고, 일요일도 문을 닫는다). 실제로 주인장의 가족들이 사는 주택의 마당을 개방해 레스토랑처럼 꾸몄다. 야외 공간이라 에어컨이 없는 것은 단점이지만 푸릇한 정원이 열대 지방의 정취와 어우러진다. 미꽝은 세 종류로 소고기 Beef Noodle, 닭고기 Chicken Noodle, 생선(가물치) Snakehead Fish Noodle이 있다.

지도 P.068-B3 **주소** 11/1 Lưu Quang Thuận **전화** 0932-594-771 **홈페이지** www.facebook.com/NuDoKitchenVN **영업** 월~토 09:00~16:30(휴무 일요일) **메뉴** 영어, 한국어, 베트남어 **예산** 8만~10만 VND **가는 방법** 르우꽝투언 거리 11번지 골목 안쪽에 있다. 다낭 시내에서 5㎞ 떨어져 있다.

누도 키친 입구

Snakehead Fish Noodle

12 껌냐린(껌냐링)
Cơm Nhà Linh ★★★☆

안트엉 지역에 있는 베트남 가정식 전문점이다. 기와지붕을 얹은 아담한 목조 건물과 마당으로 이루어진 전통적인 분위기의 레스토랑이다. 메뉴는 스프링 롤부터 강황과 딜을 넣은 가물치 튀김인 짜까라봉 Chả Cá Lã Vọng, 분짜 Bún Chả 등의 하노이 정통 요리도 맛볼 수 있다. 주문이 고민된다면 콤보 메뉴가 제격이다. 밥과 메인 요리, 채소 볶음, 찌개로 구성되는데 1인용, 2인용, 4인용, 6인용으로 인원에 맞게 나온다. 콤보 메뉴는 1인 기준 약 13만 VND 정도로 가격대도 합리적이다.

요일별로 메인 요리가 조금씩 달라지고, 아침 시간에는 쌀국수만 제공한다. 야외라서 냉방이 안 되고 모기가 있을 수 있으니 주의하자.

지도 P.068-B1 **주소** 35 An Thượng 26 **전화** 0962-068-987 **홈페이지** www.comnhalinh.com **영업** 10:00~22:00 **메뉴** 영어, 한국어, 베트남어 **예산** 8만~24만 VND **가는 방법** 미케 해변과 가까운 안트엉 26번 거리에 있다.

소박한 멋이 느껴지는 껌냐린

인기가 좋은 콤보 메뉴

13 냐벱 쿠에미(냐벱 미케비치 지점)

Nhà Bếp Khuê Mỹ ★★★☆

인기

다낭 시내에서 벗어나 해변과 가까운 쌀국수 식당이다. 파스텔 톤의 노란색으로 칠해진 아담한 건물이다. 주변에 유명 리조트들이 몰려 있어 관광객들이 즐겨 찾는다. 로컬 레스토랑에 비해 가격대는 조금 비싸지만 에어컨 시설을 갖춰 쾌적하고 청결하다. 퍼 보 Phở Bò와 분짜 하노이 Bún Chả Hà Nội를 메인으로 요리한다. 해산물 쌀국수인 퍼 하이싼 Phở Hải Sản은 국물이 칼칼해 해장에도 그만이다. 해산물 볶음밥 Cơm Chiên Hải Sản, 반쎄오 Bánh Xèo, 모닝글로리볶음 Rau Muống Xào Tỏi, 새우튀김 Tôm Hỏa Tiễn 등을 곁들이면 훌륭한 한 끼 식사가 된다. 저녁시간에는 맥주를 한 잔 곁들여도 좋다. 음식이 한국인의 입맛에 잘 맞는 편이라 유독 한국 관광객들이 많다.

지도 P.068-B3 **주소** 416 Võ Nguyên Giáp **전화** 0236-627-8080 **영업** 10:00~22:00 **메뉴** 영어, 베트남어 **예산** 8만~14만 VND **가는 방법** 보응우옌잡 거리 416번지에 있다. 프리미어 빌리지(리조트) 입구에서 북쪽으로 150m.

냐벱 미케비치 지점

아담하지만 쾌적한 내부

14 번마이(반마이)

Vận May ★★★★

인기

미케 해변과 가까운 곳에 있는 베트남 레스토랑이다. 주변에 고급 리조트가 많고, 한국 관광객이 많이 찾는 스파 업소도 있어서 자연스럽게 식사하러 들르게 되는 곳이다. 베트남 분위기가 느껴지는 노란색 3층 건물로 쾌적하다. 조도를 낮춘 은은한 조명 덕분에 차분하게 식사하기 좋다. 관광객이 좋아하는 분짜, 반쎄오, 넴루이, 모닝 글로리 볶음, 게살 볶음밥을 기본으로 요리한다. 메인 요리는 칠리 새우, 마늘 새우, 럽스터 위주의 해산물이다. 간단하게 식사하고 싶다면 쌀국수를 주문하면 된다. 소고기 쌀국수, 갈비 쌀국수와 한국인이 좋아하는 곱창 쌀국수 세 종류가 있다.

지도 P.068-B3 **주소** 394 Võ Nguyên Giáp **전화** 0392-937-751 **영업** 11:00~21:30 **메뉴** 영어, 한국어, 베트남어 **예산** 쌀국수 8만~15만 VND, 메인 요리 25만~38만 VND **가는 방법** 미케 해변 남쪽의 보응우옌잡 거리 394번지에 있다. 다낭 포레스트 스파를 바라보고 오른쪽에 있다.

번마이(반마이)

현지 분위기를 잘 반영한 고급스런 인테리어

15 목 시푸드(목 해산물 식당)

Moc Seafood / Hải Sản Mộc Quán ★★★★

추천

현지인과 관광객 모두에게 인기 있는 해산물 레스토랑이다. 바다를 끼고 있지는 않지만 야외 정원 덕분에 베트남 지방 풍경을 느낄 수 있다. 널찍한 에어컨 시설의 실내 공간도 있어 단체 손님도 많이 찾아온다. 생선, 새우, 오징어, 게, 가리비, 럽스터까지 다양한 해산물을 직접 눈으로 확인하고 무게를 달아서 요리를 부탁하면 된다. 워낙 많은 사람들이 다녀가기 때문에 신선한 해산물이 매일 조달되는 것이 장점. 모닝글로리 볶음, 맛조개 볶음, 볶음면, 볶음밥, 소고기 팽이버섯 구이 같은 기본적인 요리도 다양하다. 자리가 없어서 기다리는 경우도 있으니 저녁때는 예약하고 가는 게 좋다. 한국어 가능한 직원도 있고 친절하다. 해산물 식당치고 가격도 적당하고, 해산물 무게를 잴 때 장난치지 않아서 믿을 만하다.

지도 P.066-B3 **주소** 26 Tô Hiến Thành **전화** 0905-665-058 **홈페이지** www.facebook.com/mocseafood **영업** 10:30~23:00 **메뉴** 영어, 한국어, 일본어, 베트남어 **예산** 9만~34만 VND **가는 방법** 또히엔탄 거리 26번지에 있다.

목 시푸드

목 해산물 식당

16 브릴리언트 시푸드

Brilliant Seafood ★★★☆

엘리베이터를 갖춘 5층짜리 건물로 600명이 동시에 식사 가능한 초대형 시푸드 레스토랑이다. 입구에는 다양한 해산물을 진열해 놓고 있다. 원하는 해산물을 고르고, 무게를 재고, 조리 방법을 선택해 주문하면 된다. 조리 방법은 찜(맥주 이용), 마늘 볶음, 마늘 칠리 볶음, 타마린드 소스 볶음, 소금구이, 치즈 오븐 구이로 구분된다. 칠리 크랩, 칠리 새우, 버터 갈릭 새우가 인기 메뉴. 볶음밥과 모닝글로리 볶음 등을 곁들이면 든든한 식사가 된다. 다양한 단체석을 보유하고 있는데, 구역마다 담당 직원들이 친절하게 관리해 준다. 음식 가격은 분위기에 걸맞게 비싸다.

지도 P.067-A1 **주소** 178 Hồ Nghinh **전화**(핫라인) 1900-599978 **홈페이지** www.brilliantseafood.vn **영업** 10:00~14:00, 16:00~22:00 **메뉴** 영어, 한국어, 중국어, 베트남어 **예산** 46만~220만 VND **가는 방법** 미케 해변에서 한 블록 떨어진 호응인 거리 178번지에 있다.

브릴리언트 시푸드

단체 손님에 최적화된 레스토랑

17 에스코 비치
Esco Beach ★★★★

미케 해변을 끼고 있는 라운지 바를 겸한 레스토랑. 야외 수영장을 포함해 라운지 형태로 꾸몄기 때문에 열대 휴양지 느낌이 물씬 풍긴다. 맛집이라기보다는 바다를 바라보며 편하게 시간 보내기 좋은 곳이다. 피자, 파스타, 샌드위치, 버거, 스테이크를 메인으로 요리한다. 아침 일찍부터 밤늦게까지 문을 열기 때문에 방문하는 시간대에 따라 분위기가 다르다. 주말 저녁에는 (약식이긴 하지만) 불 쇼도 공연한다. 안방 해변에 비슷한 형태로 꾸민 호이안 지점 Esco Beach Hoi An(주소 26 Nguyễn Phan Vinh, An Bàng Beach)을 운영한다.

지도 P.067-B3 **주소** Lô 12 Võ Nguyên Giáp **전화** 0236-3955-668 **홈페이지** www.facebook.com/escobeachdanang **영업** 08:00~24:00 **메뉴** 영어, 베트남어 **예산** 맥주·칵테일 8만~17만 VND, 베트남 요리 15만~25만 VND, 메인 요리 24만~69만 VND **가는 방법** 미케 해변 도로에 해당하는 보응우옌잡 거리 12번지에 있다.

에스코 비치

미케 해변의 라운지 바

18 바빌론 스테이크 가든
Babylon Steak Garden ★★★☆

인기

한국인 관광객에게 더없이 유명한 스테이크 레스토랑이다. 에어컨이 나오는 1층과 정원처럼 꾸민 2층으로 구분된다. 스테이크 전문점답게 두툼한 소고기를 제공한다. 미국산 소고기를 취급하는데 필레 미뇽(안심) Fillet Mignon과 립아이(등심) Ribeye가 인기 메뉴다. 크기는 미디엄(200g)과 라지(400g) 두 종류가 있다. 철판 위에 올린 스테이크를 직원이 직접 구워주고 먹기 좋게 잘라준다. 통마늘을 함께 올려서 굽는다. 볶음 국수와 볶음밥 또는 채소 볶음을 곁들여 먹으면 된다. 베트남 물가를 고려하면 비싼 편이다. 알라카르트 호텔과 가까운 팜반동 거리에 2호점(주소 18 Phạm Văn Đồng, 지도 067-A1)을 운영한다.

지도 P.068-B3 **주소** 422 Võ Nguyên Giáp **전화** 0903-828-804 **홈페이지** www.facebook.com/babylonsteakgarden **영업** 10:00~22:00 **메뉴** 영어, 베트남어 **예산** 36만~79만 VND **가는 방법** 미케 해변 남쪽의 보응우옌잡 거리 422번지에 있다.

바빌론 스테이크 가든 1호점

바빌론 스테이크 가든 2호점

19 썬짜 리트리트
Son Tra Retreat ★★★★

다낭 시내에서 멀리 떨어져 있고, 해변 북쪽 끝자락에 있어 위치는 불편하다. 하지만 도심에서 느낄 수 없는 여유로운 공간이 펼쳐진다. 썬짜 반도 초입에 있는데 자연적인 정취가 주변 환경과 어우러진다. 고급 레스토랑을 표방하는 곳으로 가든 라운지, 레스토랑, 칵테일 바를 한 곳에서 즐길 수 있다. 층고 높은 건물과 야외 정원까지 어우러져 분위기가 좋다. 외국 관광객을 겨냥한 곳인 만큼 베트남 음식부터 피자, 파스타, 연어 스테이크, 오리 가슴살 요리, 포크립, 립아이 스테이크까지 메뉴가 다양하다. 여러 명이 함께 즐길 수 있는 시푸드 플래터 Seafood Platter, 바비큐 미트 플래터 BBQ Meat Platter도 요리해 준다. 저녁에는 칵테일을 한 잔 곁들여 식사하기 좋다. 손님이 적게 오는 아침에는 카페처럼 운영되며, 브런치 메뉴가 제공된다. 다낭 시내에서 오가기 불편한 건 단점이다. 린응 사원 다녀올 때 방문하는 것도 괜찮다.

지도 P.060-D1 **주소** 11 Lê Văn Lương, Sơn Trà **전화** 0236-3919-188 **홈페이지** www.sontraretreat.vn **영업** 08:00~22:30 **메뉴** 영어, 베트남어 **예산** 칵테일 14만~19만 VND, 메인 요리 18만~65만 VND(+5% Tax) **가는 방법** 다낭 시내(한 시장)에서 8㎞, 미케 해변에서 북쪽으로 5㎞, 린응 사원에서 3㎞ 떨어져 있다.

썬짜 리트리트 Son Tra Retreat

바, 레스토랑, 가든을 결합해 만들었다

20 오 분짜
Ô Bun Cha ★★★☆

분짜는 하노이 음식이다. '오 분짜'는 하노이에서 인기 있는 분짜 식당이다. 분짜를 저렴하게 쾌적한 식당에서 제공하는 로컬 레스토랑으로 다낭에 지점을 열었다. 본점에 비해 규모는 작지만 에어컨 시설이라 식사하는 데 불편하지 않다. 메뉴는 분짜 한 가지로 짜조(스프링 롤)와 음료를 추가한 콤보 메뉴도 있다. 대나무에 돼지고기를 끼워서 꼬치구이처럼 구워 주는 것이 특징이다. 1인용, 2인용, 3인용으로 선택해 주문하면 된다.

지도 P.068-B1 **주소** 49 An Thượng 26 **전화** 0965-143-484 **홈페이지** www.obuncha.vn **영업** 09:00~21:00 **메뉴** 영어, 한국어, 베트남어 **예산** 분짜 1인분 4만 5,000~9만 VND **가는 방법** 안트엉 26 거리 49번지에 있다.

오 분짜 식당 내부

분짜 1인용 세트

21 이스트 웨스트 브루잉 컴퍼니
East West Brewing Co. ★★★★

추천

호찌민시(사이공)에 있는 대형 수제 맥주 레스토랑의 다낭 지점이다. 미케 해변에 자리한 대형 양조장으로 레스토랑을 겸한다. 층고 높은 건물은 여느 고급 레스토랑을 연상시킨다. 폴딩 도어를 개방하면 바닷바람이 불어오고, 야외 테라스에서는 바다를 바라보며 맥주 마시기 더 없이 좋다. 수제 맥주 전문점답게 탭에서 신선한 맥주를 즉석에서 뽑아준다. 이스트 웨스트 페일 에일 East West Pale Ale(IBU 32, 알코올 6%), 파 이스트 아이피에이 Far East IPA(IBU 54, 알코올 6.7%), 사이공 로제 Saigon Rosé(IBU 12, 알코올 3%)를 포함해 18종류의 수제 맥주를 상시 제조한다. 여러 종류의 맥주를 시음해보고 싶다면 4종류의 맥주를 맛 볼 수 있는 테이스팅 플라이트 Tasting Flight와 10종류의 맥주를 맛 볼 수 있는 킹스 플라이트 King's Flight를 주문하면 된다. 수제 버거, 피자, 파스타, 타코, 샐러드, 치즈 플래터, 칼라마리(오징어 튀김) 같은 식사 메뉴도 잘 갖추고 있다. 아침 일찍부터 문을 여는데, 해피 아워(월~금요일 15:00~18:00)에는 맥주를 할인해 준다.

지도 P.067-B2 **주소** 1A Võ Nguyên Giáp **전화** 0846-926-799 **홈페이지** www.eastwestbrewing.vn **영업** 09:00~22:00 **예산** 맥주(500㎖) 12만~15만 VND, 메인 요리 22만~69만 VND(+10% Tax) **가는 방법** 미케 해변 도로에 해당하는 보응우옌잡 거리 1번지에 있다.

1 이스트 웨스트 브루잉 컴퍼니 **2** 미케 해변을 감상하기 좋은 야외 테이블 **3** 탭에서 수제 맥주를 뽑아준다

Nightlife

다낭의 나이트라이프

다낭의 나이트라이프는 화려하지 않다. 럭셔리한 클럽보다는 강변에서 야경을 보면서 맥주와 칵테일을 마시며 시간을 보내는 경우가 많다.

01 스카이 바
36 Sky Bar 36 ★★★☆

노보텔 36층에 있는 루프톱 바(스카이라운지)를 겸한 클럽이다. 35층은 에어컨 시설의 스카이라운지, 36층은 야외 옥상에 만든 루프톱 바로 구분된다. 이 곳의 장점은 전망. 한 강을 사이에 두고 펼쳐지는 다낭 시가지가 한눈에 들어온다. 높이 166m의 야외 공간에서 칵테일 마시며 야경을 감상하기 좋다. 밤에는 DJ가 하우스 뮤직을 믹싱하거나 전속 댄서들이 폴 댄스(봉 춤)를 추면서 분위기를 띄운다. 18세 이상 출입이 가능하며 기본적인 드레스 코드가 있다.

지도 P.064-B1 **주소** 36 Bạch Đằng, Novotel Danang Premier Han River 36F **홈페이지** www.sky36.vn **영업** 18:00~24:00 **예산** 칵테일 39만~45만 VND(+15% Tax) **메뉴** 영어 **가는 방법** 박당 거리 36번지에 있는 노보텔(노보텔 다낭 프리미어 한 리버) 36층에 있다.

36층 루프톱 바

밤이 되면 클럽으로 변신한다

02 떼 바
Tê Bar ★★★★

다낭의 대표적인 칵테일 바. '떼'는 데킬라의 베트남식 표기인 떼끼라 Tê-Ki-La에서 따온 것. 어둑한 실내는 비밀스러운 술집을 연상시킨다. 평상시에는 칵테일 마시며 담소 나누기 좋지만, 주말 저녁에는 디제잉 클럽으로 변모하기도 한다. 퍼 칵테일 Pho Cocktail, 하노이 어텀 Hanoi Autumn, 넴쭈아 Nem Chua 같은 독특한 칵테일도 만든다. 위스키, 보드카, 코냑이 가득 전시된 바를 배경으로 칵테일 제조에 열심인 바텐더를 관찰하는 것도 색다른 재미를 준다.

지도 P.065-A2 **주소** 3F, 39-41 Nguyễn Thái Học **전화** 0788-334-343 **홈페이지** www.facebook.com/tecocktails **영업** 19:00~01:00 **메뉴** 영어, 베트남어 **예산** 16만~20만 VND **가는 방법** 응우옌타이혹 거리 39번지에 있는 꽁 카페(2호점) 3층에 있다.

꽁 카페(2호점) 3층에 있는 떼 바

어둑하고 비밀스런 칵테일 바

03 브릴리언트 톱 바

Brilliant Top Bar ★★★☆

호텔에서 운영하는 브릴리언트 루프톱 바

브릴리언트 호텔 17층에 있는 루프톱 바. 다낭 시내 중심을 가로지르는 한 강의 강변도로 정중앙에 위치하기 때문에, 주변 풍경을 막힘없이 볼 수 있다. 루프톱은 에어컨 시설의 레스토랑과 야외에 테이블이 놓인 바 bar로 구분된다. 식사 메뉴는 파스타와 스테이크를 메인으로 요리한다. 한국 여행자들에게 인기 있는 곳으로 식사를 원할 경우 예약하고 가는 게 좋다. 만일 북적이는 걸 싫어한다면 칵테일 한 잔 하며 해지는 풍경을 감상한 뒤 서둘러 내려오자.

지도 P.065-B3 **주소** 17F, Brilliant Hotel, 162 Bạch Đằng **전화** 0236-3222-999 **홈페이지** www.brillianthotel.vn **영업** 16:00~23:00 **메뉴** 영어, 베트남어 **예산** 칵테일 17만~22만 VND, 메인 요리 23만~49만 VND **가는 방법** 박당 거리 162번지에 있는 브릴리언트 호텔 17층에 있다.

04 마카라 바

Makara Bar ★★★★

힌두 사원을 모티브로 만든 마카라 바

붉은색으로 장식한 독특한 실내가 신비스런 느낌을 주는 칵테일 바. 아치형의 인테리어 장식은 힌두교 사원 양식(참파 왕국)을 가미했다. 베트남 · 미국 부부가 운영하는데 티키 바 Tiki Bar를 표방한다. 럼주에 열대 과일을 첨가한 칵테일이 많은데, 독특한 술잔에 담아주는 것이 특징이다. 목테일(논-알코올 음료)도 즐길 수 있다. 바텐더들이 친절하며 영어 소통이 가능하다. 참고로 마카라는 사원 입구를 지키는 힌두 신의 이름에서 따왔다.

지도 P.064-B3 **주소** 162 Nguyễn Chí Thanh **전화** 0901-991-255 **홈페이지** www.makarabar.com **영업** 19:00~01:00 **메뉴** 영어 **예산** 칵테일 17만~19만 VND **가는 방법** 응우옌찌탄 거리 162번지에 있다. 다낭 성당에서 400m 떨어져 있다.

05 1920's 라운지

The 1920's Lounge ★★★☆

1920's 라운지

다낭 시내에 있는 라이브 바. 여행지에서의 밤을 흥겨운 음악과 함께 술 한 잔 기울이기에는 더없이 좋은 곳이다. 실내는 소극장처럼 아담하고 무대를 향해 테이블이 놓여있다. 라운지처럼 소파를 배치해 편하게 앉아 음악을 감상할 수 있도록 했다. 단, 호텔 라운지처럼 럭셔리하진 않다. 상호에서도 느껴지듯이 어둑한 실내는 1920년 미국 금주령 시대에 몰래 술을 팔던 불법 술집인 '스피크이지'를 떠올리게 한다. 공연은 매일 저녁 9시부터 시작된다. 어쿠스틱, 팝, 재즈 밴드가 번갈아 무대에 선다.

지도 P.065-A3 **주소** 53 Trần Quốc Toản **전화** 0899-991-920 **홈페이지** www.facebook.com/the1920slounge **영업** 18:00~01:00 **메뉴** 영어 **예산** 맥주 15만 VND, 칵테일 19만~23만 VND, 시샤(물담배) 48만 VND **가는 방법** 쩐꿕또안 거리 53번지에 있다.

06 OQ 라운지 펍
OQ Lounge Pub ★★★

시내 중심가와 가까운 강변도로인 박당 거리에 있다. 여느 펍처럼 테이블에 자리 잡고 맥주를 마셔도 좋지만, 디제잉과 라이브 공연, 다양한 이벤트를 열어 클럽처럼 운영하는 중앙 바 공간을 마음껏 누려볼 만하다. 스테이지는 따로 없지만, 화려한 조명과 흥겨운 음악이 있으니 테이블 옆에서 춤을 춰도 어색하지 않은 분위기다. 외국 관광객보다는 다낭 젊은이들이 즐겨 찾는다. 평일은 밤 11시, 주말은 밤 10시경부터 북적댄다. 별도의 입장료는 없다.

베트남 젊은이들에게 인기 있는 OQ 라운지

지도 P.064-B1 **주소** 18 Bạch Đằng **전화** 0902-205-245 **홈페이지** www.facebook.com/OQ.Lounge.Pub.DnD **영업** 20:00~02:00 **메뉴** 영어 **예산** 맥주(1병) 10만~14만 VND, 맥주 타워 59만~79만 VND **가는 방법** 강변도로에 해당하는 박당 거리 18번지에 있다.

07 온 더 라디오 바
On The Radio Bar ★★★☆

라이브 밴드가 음악을 연주하는 로컬 클럽으로 관광객보다 베트남 젊은이들이 즐겨 찾는다. 베트남 MZ들이 선호하는 베트남 노래가 주를 이루지만, 록&롤과 K-Pop도 불러준다. 21:00부터 라이브 밴드가 무대에 올라오고, 23:00가 넘으면 DJ가 음악을 믹싱하면서 클럽처럼 변모한다. 주말에는 예약하고 가는 게 좋다.

온 더 라디오 바

지도 P.065-A4 **주소** 76 Thái Phiên **전화** 0901-977-755 **홈페이지** www.facebook.com/RadioDaNang **영업** 19:00~02:00 **메뉴** 영어, 베트남어 **예산** 맥주 · 칵테일 10만~15만 VND **가는 방법** 타이피엔 거리 76번지에 있다.

08 뱀부 2 바
Bamboo 2 Bar ★★★

강변도로에서 인기 있는 술집이다. 다낭에 거주하는 외국인들과 여행자들에게 잘 알려져 있다. 편안한 분위기로 모퉁이 야외 의자에 앉아서 거리 풍경을 바라보며 맥주 한 잔 하기 좋다. 실내에는 포켓볼 당구대가 놓여 있고, TV에서는 각종 스포츠 중계를 틀어 준다. 볶음밥, 볶음 국수, 바게트 샌드위치, 버거, 피자 같은 여행자를 위한 음식도 요리한다. 2007년부터 같은 자리를 지키고 있다.

뱀부 2 바

지도 P.065-B4 **주소** 230 Bạch Đằng **전화** 0905-544-769 **홈페이지** www.bamboo2bar.com **영업** 10:00~24:00 **예산** 맥주 · 칵테일 4만~12만 VND, 식사 13만~23만 VND **메뉴** 영어, 베트남어 **가는 방법** 강변도로인 박당 거리와 타이피엔 거리 삼거리 코너에 있다.

Shopping 다낭의 쇼핑

관광에 특화된 도시라기보다 상업도시에 가깝기 때문에 외국인 관광객을 위한 상점들은 적은 편이다. 그래도 대도시답게 대형 쇼핑몰이 여러 곳 있어 편하게 쇼핑할 수 있다. 한국인 여행자들은 롯데마트를 가장 많이 찾는다. 다낭의 대표적인 재래시장인 한 시장(P.083)과 꼰 시장(P.089)은 '다낭의 볼거리'에서 소개한다.

01 롯데마트

추천

Lotte Mart / Siêu Thị Lotte Mart ★★★★

롯데에서 베트남에 건설한 대형 마트. 롯데마트의 베트남 네 번째 지점으로, 5층 규모이며, 다낭에서 가장 큰 할인 매장이다. 입구에 들어서면 롯데리아가 먼저 보인다. 1·2층은 화장품, 의류, 신발, 액세서리 매장, 3·4층은 가정용품과 식료품 매장, 5층은 키즈 클럽과 푸드코트가 있다. 4층에 식료품과 과자, 커피, 베트남 특산품이 대량으로 진열되어 있다. 다양한 한국 식품도 수입 판매한다. 라면과 소주, 즉석밥, 오뚜기 카레, 한국 과자, 심지어 멸치 액젓까지 구입할 수 있다. 미케 해변에 있는 주요 리조트(풀만 다낭 비치 리조트, 푸라마 리조트)에서 다낭 시내로 쇼핑하러 갈 때 거리상으로 가장 가까운 곳이라 한국인 관광객이 많이 찾는다. 인기 상품에는 한국어가 친절하게 적혀 있다.

지도 P.061-B4 **주소** 6 Nại Nam **전화** 0236-3551-333 **홈페이지** www.lottemart.com.vn **영업** 09:00~22:00 **가는 방법** 다낭 남쪽에 있는 띠엔썬교 Tien Son Bridge(Cầu Tiên Sơn)와 인접해 있다. 아시아 파크 Asia Park(선 월드 다낭 원더스)에서 남쪽으로 500m, 다낭 성당에서 남쪽으로 4㎞ 떨어져 있다.

1 롯데 마트 **2** 기념품으로 좋은 베트남 커피 **3** 생활용품 매장 **4** 가정용품 매장 **5** 롯데 제품도 판매한다

02 빈콤 플라자
Vincom Plaza / Trung Tâm Thương Mại Vincom ★★★☆

한 강 건너편에 있는 대형 쇼핑몰이다. 베트남의 대표적인 쇼핑몰인 '빈콤'에서 운영한다. 현대적인 시설로 일반 백화점을 연상하면 된다. 총 면적 4만㎡ 크기의 4층 건물이다. 패션, 의류, 신발, 화장품, H&M, 인테리어 용품, 문구, 서점, 레스토랑, 카페, 키즈 클럽, CGV 영화관까지 입점해 있다. 베트남 커피, 과자, 말린 과일, 식료품 구입은 2층에 있는 윈 마트 Win Mart를 이용하면 된다. 쇼핑몰 전체를 보면 규모가 크지만, 윈 마트만 놓고 보면 롯데 마트에 비해 진열된 물건이 적다.

지도 P.066-A2 **주소** 910 Ngô Quyền **전화** 0236-3996-688 **홈페이지** www.vincom.com.vn **영업** 09:30~22:00 **가는 방법** 한 강 건너편의 응오꾸옌 거리에 있다. 쏭한교를 건너자마자 나오는 첫 번째 로터리에 있다.

빈콤 플라자

윈 마트

03 고 다낭(빅 시)
GO! Đà Nẵng(Big C) ★★★☆

다낭 시내에 있는 대형 할인 마트. 빅 시 Big C에서 간판을 바꿔 달았는데, 저가로 시장을 공략해 베트남에서 큰 인기를 얻고 있다. 대형 유통업체로 전국 주요 도시에 쇼핑몰을 운영한다. 다낭 지점은 콜로니얼 양식으로 만든 빈쭝 플라자 Vĩnh Trung Plaza 내부에 있다. 총 4층 규모로 2·3층에 할인마트가 들어서 있다. 다양한 식료품과 식자재, 생활용품, 과일, 맥주를 정찰제로 판매한다. 라면과 과자를 포함해 기본적인 한국 식품도 있다. 중저가의 의류, 신발, 장난감, 화장품, 주방용품, 가전제품 매장도 볼 수 있다. 대형 유통 업체라서 자체 브랜드로 만든 상품을 함께 판매한다.

지도 P.063-A3 **주소** Vĩnh Trung Plaza, 255~257 Hùng Vương **전화** 0236-3666-000, 0236-3666-085 **홈페이지** www.go-vietnam.vn **영업** 08:00~22:00 **가는 방법** 훙브엉 Hùng Vương & 옹익키엠 Ông Ích Khiêm 사거리 코너에 있다. 꼰 시장(쩌 꼰) Con Market(Chợ Cồn) 대각선 맞은편에 있다.

고 다낭(빅 시)

대형 할인 마트 고 다낭

04 졸리 마트
Joly Mart ★★★

시내 중심가에 위치한 편의점으로 매장이 깔끔하다. 일반 편의점에 비해 규모가 크고 다양한 식재료를 판매한다. 대형 할인 마트의 미니 버전 정도로 생각하면 된다. 라면, 치즈, 베트남 커피, 과일, 과자, 맥주, 음료, 각종 소스, 식료품, 가공식품을 골고루 갖추고 있다. 한국 식품과 일본 식품도 함께 판매하기 때문에, 다낭 시내에서 머물면서 식재료를 구입하기 적합한 장소다. 주방 용품과 세탁 용품 등 생활용품 구입도 가능하다. 강 건너편의 쩐흥다오 거리에 지점 Joly Mart Trần Hưng Đạo(주소 467 Trần Hưng Đạo)을 운영한다.

지도 P.065-A2 **주소** 31 Yên Bái **전화** 0236-6268-968 **영업** 07:30~21:30 **가는 방법** 옌바이 거리 31번지에 있다. 옌바이 Yên Bái & 훙브엉 Hùng Vương 사거리에서 북쪽으로 50m 더 간다.

졸리 마트

식료품이 가지런히 진열되어 있다.

05 부부 숍 & 마담 홍
Bubu Shop & Madame Hong ★★★☆

다낭 성당 앞쪽에 있는 한국인이 운영하는 기념품 가게. 말린 과일, 캐슈넛, 마카다미아, 수제 비누, 코코넛 오일, 노니 엑기스, 커피, 디톡스 티 등을 판매한다. 라탄 가방, 귀걸이, 팔찌, 지비츠, 키링, 가방 태그, 마그넷 같은 액세서리와 소품, 기념품도 다양하다. 말린 과일은 인위적인 첨가제 없이 자연 건조해서 만든다. 라탄 가방은 베트남 천연 소재로 만든 100% 핸드메이드 제품으로 직접 디자인해 만든다고 한다. 같은 거리에 있는 마담 홍(주소 147 Trần Phú)은 라탄 가방 전문 매장으로 운영된다.

지도 P.065-B3 **주소** 169 Trần Phú **홈페이지** www.tdmvn.com/ko/home-2 **영업** 09:00~20:00 **가는 방법** ①부부 숍은 쩐푸 거리 169번지에 있다. ②마담 홍은 쩐푸 거리 147번지에 있다.

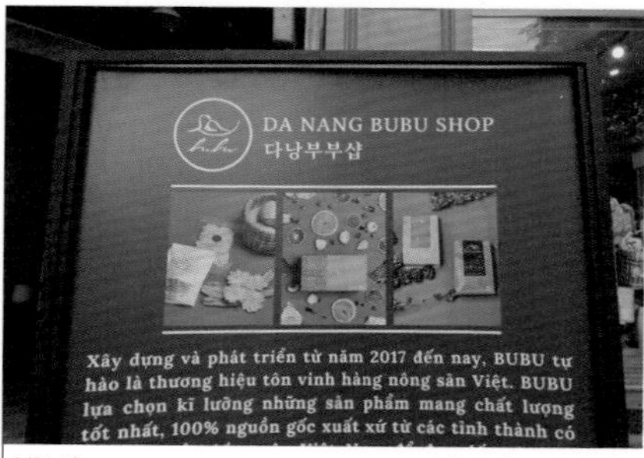

부부 샵

마담 홍

06 페바 초콜릿
Pheva Chocolate ★★★

프랑스 출신의 파티시에가 만든 수제 초콜릿을 판매한다. 초콜릿은 베트남에서 재배한 코코아를 원료로 만든다. 다크 초콜릿, 밀크 초콜릿, 화이트 초콜릿이 모두 18종류가 있다. 계피, 후추, 참깨, 생강, 땅콩, 오렌지 껍질 등을 첨가해 재미난 맛을 낸다. 6개(5만 4,000VND), 12개(8만 6,000VND), 24개(17만 3,000VND) 세트구성이 있어 선물하기에도 좋다. 원하는 초콜릿을 선택하면 자체 제작한 색이 고운 용기에 담아준다. 일본인 관광객에게 특히 알려진 곳으로 한국인 관광객도 많이 찾는다. 호이안과 하노이, 호찌민시에서 매장을 운영한다.

지도 P.064-B4 **주소** 239 Trần Phú **전화** 0236-3566-030 **홈페이지** www.phevaworld.com **영업** 08:00~19:00 **가는 방법** 쩐푸 거리 239번지에 있다.

07 데비스 베이커리
Devi's Bakery ★★★☆

빵집은 아니고 잼과 샌드를 판매하는 곳이다. 한 시장과 가까워 한국 관광객이 많이 찾는다. 일명 악마의 잼 Devi's Jam으로 불리는데 코코넛 80%, 당류 20%를 배합해 건강한 코코넛 잼을 만든다. '입에 달다고 몸에 단 건 아니야'가 이곳의 포인트. 7종의 잼(17만~19만 VND)이 있는데, 매장에서 시식해 보고 구입이 가능하다. 코코넛 잼을 넣어 만든 악마의 샌드 Devi's Sands는 개별 포장해서 판매한다.

지도 P.065-A2 **주소** 60 Nguyễn Thái Học **영업** 08:00~20:00 **가는 방법** 응우옌타이혹 거리 60번지에 있다.

08 엘 스토어
L STORE ★★★☆

다낭 성당 앞쪽에 있는 기념품 상점. 유기농 제품을 판매하는 곳으로 한 시장에 비해 가격은 비싸지만 양질의 제품을 구입할 수 있다. 말린 과일, 위즐 커피, 코코넛 커피, 꽃차, 잼, 천연 비누, 에센스 오일을 판매한다. 매장은 아담하지만 정갈하게 제품을 진열하고 있다. 시식과 시음이 가능하다. 말린 과일 7만 VND, 노니 비누 4만 VND, 꽃차 15만~18만 VND, 라벤더 오일 25만 VND, 위즐 커피(200g) 28만 VND 정도. 직원이 친절하며 기본적인 한국어도 구사한다.

지도 P.065-B3 **주소** 141 Trần Phú **영업** 08:30~20:00 **가는 방법** 쩐푸 거리 141번지에 있다.

Spa & Massage

다낭의 스파 & 마사지

무더운 여름날 지친 몸의 피로를 풀기 좋은 마사지. 베트남 마사지는 오일을 이용한 아로마 마사지 Aroma Massage를 기본으로 한다. 각종 허브를 거즈에 싸서 둥글게 만든 '허벌 볼 Herbal Ball'을 이용한 허브 마사지 Herb Massage, 돌을 뜨거운 물에 데워 등과 허리, 어깨 부분을 마사지 하는 핫스톤 마사지 Hat Stone Massage, 대나무 막대를 이용한 뱀부 마사지 Bamboo Massage도 있다. 한국인이 운영하는 업소도 많고, 대형 스파 업소들은 전용 차량을 이용해 픽업 서비스도 해준다.

01 오마모리 스파
Omamori Spa ★★★★

추천

하노이에서 유명한 마사지 숍인 오마모리 스파의 다낭 지점이다. 시각 장애인에게 취업 기회를 제공하기 위해 만든 블라인드 링크 Blind Link에서 운영한다. 마사지는 세게 받아야 한다고 생각하는 사람들이 좋아할 만한 곳이다. 오일 없이 진행하는 아마모리 논-오일 Omamori Non-Oil 마사지는 지압으로 뭉친 근육을 풀어준다. 시그니처 마사지는 '마음속의 젠 트리트먼트 Zen In The Heart Treatment'로 다양한 마사지 기술을 결합해 몸의 피로를 풀어준다. 모든 트리트먼트 메뉴는 60분, 75분, 90분, 120분 단위로 주문할 수 있다. 마사지 요금에 팁이 포함되어 있고, 팁을 주지 말라는 강력한 권고에 따라 서비스가 철저히 관리된다. 시설은 전반적으로 깔끔한 편이지만, 일반 마사지 룸은 여러 명이 함께 마사지를 받게 되어 있으니 유의할 것. 마사지 베드마다 암막 커튼이 설치되어 불편하지 않다. 발 마사지 받는 곳은 입구에 별도로 마련되어 있다. 간단한 영어 능력을 겸비한 전문 안마사들이 상주하므로 기본적인 의사소통이 가능하며, 마사지 강도가 적당한지도 틈틈이 확인해 준다.

지도 P.068-A1 **주소** 26 Nguyễn Văn Thoại **전화** 0236-6556-919 **홈페이지** www.omamorispa.com **영업** 09:00~22:30 **예산** 오마모리(60분) 30만 VND, 오마모리 논-오일(60분) 35만 VND, 발 마사지(60분) 30만 VND **가는 방법** 한 강 건너편의 응우옌반토아이 거리 26번지에 있다. 다낭 시내(한 시장)에서 3㎞ 떨어져 있다.

1 시각 장애인을 고용한 오마모리 스파 **2** 오마모리 스파 다낭 지점 **3** 발 마사지 전용 의자

1 아지트 멀티플렉스 2 아지트 네일 3 아지트 이발관 4 아지트 스파 5 별도의 건물에 위치한 아지트 스파 1호점

02 아지트 멀티플렉스
Azit Multiplex ★★★★

인기

다낭의 대표적인 스파 & 마사지 업체인 아지트에서 운영하는 멀티플렉스. 건물 전체를 사용하는 대형 업소로 한 시장 옆에 있어 위치도 좋다. 엘리베이터도 갖추었다. 단순한 스파 업소를 넘어서 네일, 이발소, 쇼핑까지 한 곳에서 해결할 수 있다. 이발소에서는 귀 청소와 면도, 샴푸, 두피 마사지를 받을 수 있다. 3층부터는 스파 시설로 모두 11개 전용 룸에서 편하게 마사지를 받을 수 있다. 아로마 오일 마사지와 아로마 스톤 마사지로 구분되는데, 오일은 직접 시향해 보고 선택하면 된다. 팁은 마사지 시간에 따라 정해져 있으므로 팁을 얼마 줘야 할지 고민할 필요는 없다. 아지트 스파(1호점) Azit Spa(주소 16 Nguyễn Thái Học)도 운영하는데, 같은 업체지만 아지트 멀티플렉스와 위치가 다르다. 멀티플렉스보다 규모가 작은 만큼 스파와 마사지만 집중한다. 깔끔하고 시설 좋은 업소로 차분하게 마사지 받을 수 있다. 두 곳 모두 무료 짐 보관 서비스와 전용 차량을 이용한 픽업 서비스까지 다양한 편의를 제공한다. 직원들도 한국어를 구사해 의사소통에 어려움이 없다. 카카오톡으로 문의 및 예약이 가능하다.

지도 P.065-B2 **주소** 22 Hùng Vương **전화** 0931-109-501 **홈페이지** www.dazit.dothome.co.kr **영업** 10:00~23:30 **요금** 아로마 오일 마사지(60분) 43만 VND, 아로마 스톤 마사지(90분) 62만 VND, 건식 마사지(60분) 46만 VND, 발 마사지(60분) 41만 VND, 귀 청소 콤보(60분) 30만 VND, 네일 케어 22만 VND **가는 방법** 한 시장 옆쪽의 훙브엉 거리 22번지에 있다.

03 핑크 스파
Pink Spa ★★★★

인기

다낭 성당과 가까워 일정 중 언제든 이용하기 편리하다. 한국인이 운영하는 곳이라 소통이 편리한 것도 장점이다. 성당과 같은 핑크색 외관의 건물이라 찾기도 쉽다. 실내 역시 화사한 핑크 톤으로 꾸미고, 마사지 받기 전에 입는 가운도 핑크색을 제공해 여성 고객의 마음을 사로잡았다. 고급스러운 스파 시설을 갖추고 있으며 아로마 오일을 이용한 전신 마사지를 받을 수 있다. 아로마 오일은 5가지 중에 하나를 직접 선택하면 된다. 참고로 마사지 가격에 팁이 포함되어 있다. 무료 짐 보관과 픽업 서비스도 가능하다. 9층에 있는 카페는 더 이상 운영하지 않는다. 카카오톡(핑크 스파)으로 문의 및 예약이 가능하다.

지도 P.065-B3 **주소** 171 Trần Phú **홈페이지** www.instagram.com/pinkstudio.dn **영업** 10:30~22:30 **요금** 아로마 마사지(60분) 48만 VND, 핫 스톤 마사지(60분) 51만 VND, 건식 마사지(60분) 58만 VND **가는 방법** 다낭 성당 맞은편 쩐푸 거리 171번지에 있다.

핑크 스파 입구

핑크색 스파 룸

9층에서 바라 본 다낭 성당

04 참 스파 그랜드
Charm Spa Grand ★★★★

로컬 업체 중에 유명한 스파 업소. 참 스파 Charm Spa의 업그레이드 버전이다. 본점보다 규모도 크고 시설도 좋다. 건물 전체를 스파 & 마사지 숍으로 사용한다. 독립된 스파 룸에서 프라이빗하게 마사지 받을 수 있다. 자연친화적으로 인테리어를 꾸몄는데, 창문 밖으로 푸릇한 나무들도 보인다. 핫 스톤+허벌 마사지가 가장 유명하고, 뱀부 마사지와 베트남 전통 로션 마사지도 인기가 좋은 편이다. 아로마 테라피(오일 마사지)와 타이 마사지(태국 스타일 마사지)도 있다. 한국인이 운영하는 스파 업소에 비해 덜 북적대고 조용하게 마사지 받을 수 있다. 가격은 비싼 편인데, 오전 시간에 가면 할인 요금이 적용된다.

지도 P.065-A4 **주소** 36 Thái Phiên **전화** 0939-682-244 **홈페이지** www.charmspagrand.com **영업** 09:00~23:00 **요금** 아로마 테라피(60분) 58만 VND, 타이 마사지(60분) 56만 VND, 베트남 전통 마사지(60분) 62만 VND, 핫 스톤+허벌 마사지(70분) 67만 VND, 뱀부 마사지(90분) 85만 VND **가는 방법** 타이피엔 거리 36번지에 있다. 다낭 성당에서 300m 떨어져 있다.

참 그랜드 스파 리셉션

채광이 좋은 스파 룸

05 퀸 스파
Queen Spa ★★★★

규모도 작고 위치도 찾기 어렵지만 마사지 실력과 친절함 때문에 외국인 여행자들에게 무척 인기 있는 곳이다. 한국인 여행자들에게도 잘 알려져 있다. 2인실, 4인실, 6인실로 구분되어 있는데, 천연 오일 바디 마사지, 핫 스톤 바디 마사지, 허브 바디 마사지, 뱀부 바디 마사지가 유명하다. 한국어 안내서도 있으니 마사지 받기 전에 숙지해 두면 도움이 된다. 수신호(손가락)로 마사지 강도를 조절할 수 있다.
소규모 업소(최대 12명)라 예약은 필수며, 예약 시간보다 15분 정도 일찍 도착하는 게 좋다. 강 건너편 조용한 주택가에 있어 조용하고 차분하게 마사지를 받을 수 있다. 웰컴 드링크를 제공해 주며, 마사지가 끝나고 생수도 챙겨줄 정도로 세심한 서비스를 제공한다.

지도 P.066-A3 지도 P.068-A1 **주소** 144 Phạm Cự Lượng
전화 0236-2473-994 **홈페이지** www.queenspadanang.vn
영업 10:00~21:30 **요금** 오일 마사지(60분) 45만 VND, 오일 마사지(90분) 67만 VND, 핫 스톤 마사지(90분) 67만 VND, 허브 마사지(90분) 70만 VND, 뱀부 마사지(90분) 75만 VND, 발 마사지(60분) 45만 VND **가는 방법** 한 강 건너편 동쪽의 팜끄르엉 거리 144번지. 롱교(용 다리)를 건너 보반끼엣 Võ Văn Kiệt 거리를 따라 가다가 팜끄르엉 거리 방향으로 250m 들어간다.

서비스가 좋은 퀸 스파

차분한 분위기의 스파 룸

06 엘 스파
L Spa ★★★★

안트엉 지역에서 가장 평이 좋은 마사지 업소로 꼽힌다. 매장 규모는 크지 않은데 2·3층은 스파 룸이고 1인실, 2인실, 3인실로 구분된다. 엘 스파 시그니처 마사지는 오렌지 에센스 오일을, 아로마 테라피 마사지는 코코넛 오일을 각각 사용한다. 지압을 이용한 타이 마시지도 있다. 친절한 직원 서비스와 만족도 높은 마사지 퀄리티로 인기가 높아 한국인 관광객들도 많이 찾는다. 오후와 저녁 시간에는 예약하고 가는 게 좋다. 요금은 팁이 포함된 가격이다.

지도 P.069-A2 **전화** 0905-017-047 **주소** Lô5 An Thượng 4
홈페이지 www.lspadanang.com **카카오톡** lspadanang **영업** 11:00~21:00 **요금** 클래식 마사지(60분) 49만 VND, 엘 스파 시그니처 마사지(75분) 65만 VND, 타이 마사지(60분) 66만 VND, 핫 스톤 마사지(90분) 94만 VND **가는 방법** 미케 해변과 인접한 안트엉 4 거리 5번지에 있다.

엘 스파

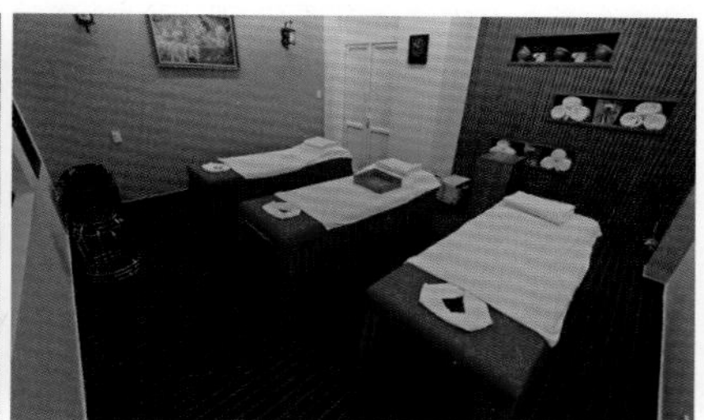
엘 스파 스파 룸

07 골든 로터스 오리엔탈 오가닉 스파
Golden Lotus Oriental Organic Spa ★★★★

추천

호찌민시에서 유명한 골든 로터스 스파 Golden Lotus Spa의 다낭 지점이다. 이곳 역시 좋은 시설과 수준 높은 마사지를 제공하며 호평을 얻고 있다. 개인 마사지 룸은 스파 베드가 아닌 매트리스가 놓여 있는데, 강하게 힘을 주어야하는 지압에는 오히려 적합하다. 마음을 가라앉히는 어두운 조명에 명상 음악을 들으며 관리를 받을 수 있다. 마사지와 아로마테라피, 허벌 볼, 핫 스톤을 적절히 사용해 몸의 피로를 풀어준다. 지압을 이용한 마사지를 받고 싶다면 골든 로터스 마사지를, 오일을 이용한 마사지를 받고 싶다면 아로마테라피를 선택하면 된다. 1층에 탈의실을 겸한 샤워시설과 전용 사물함이 마련되어 있고 무료로 짐도 보관해 준다. 마사지가 끝나면 따로 마련된 휴식 공간에서 간단히 다과를 즐길 수 있다. 미케 해변 쪽에 머물 경우 하봉 거리(주소 63 Hà Bổng)에 있는 지점을 이용하면 된다.

지도 P.067-B2 **주소** 209 Trần Phú **전화** 0236-3878-889 **카카오톡** GoldenLotusDN **홈페이지** www.gloospa.com **영업** 09:00~22:00 **요금** 골든 로터스 마사지(60분) 40만 VND, 아로마테라피(90분) 49만 VND, 핫 스톤 릴리프 테라피(90분) 53만 VND, 타이 마사지(90분) 55만 VND **가는 방법** 발쏠레이 호텔 Val Soleil Hotel 맞은편 쩐푸 거리 209번지에 있다.

골든 로터스 오리엔탈 오가닉 스파

차분한 분위기로 꾸민 내부

08 센 부티크 스파
SEN Boutique Spa ★★★★

안트엉 지역에서는 전문적인 테라피를 제공하는 스파 업소로 이름이 높다. 규모가 작은 편이나 단체 관광객이 찾지 않기 때문에 차분하게 관리를 받을 수 있어 매력적이다. 리셉션에 수영장을 마련해 휴양지 분위기가 물씬하고, 녹색 식물이 가득해 싱그러운 느낌을 준다. 미니멀한 스파 룸이 깔끔하고 샤워 시설을 갖추고 있어 마사지 전후에 몸을 씻을 수 있다. 기본 마사지, 페이셜 트리트먼트, 보디 스크럽 같은 기본적인 테라피를 받을 수 있는데, 타이 마사지와 오일 마사지를 결합한 센 부티크 시그니처 Sen Boutique Signature가 가장 인기 있는 메뉴다. 계산서에 팁이 포함되기 때문에 마사지사에게 팁을 직접 줄 필요는 없다.

지도 P.069-A2 **주소** 70 Lê Quang Đạo **전화** 0236-3967-868 **카카오톡** senboutiquespa **홈페이지** www.senboutiquespa.com **영업** 09:00~22:00 **요금** 센 부티크 시그니처(60분) 49만 VND, 센 부티크 시그니처(90분) 67만 VND, 타이 마사지(90분) 79만 VND, 핫 스폰 마사지(60분) 53만 VND **가는 방법** 레꽝다오 거리 70번지에 있다.

센 부티크 스파 리셉션

스파 룸

09 허벌 스파(럭셔리 허벌 스파)

Herbal Spa ★★★★

추천

고객 만족도가 높고 가성비 좋기로 소문난 스파 업소. 마사지를 받기 전 체크리스트를 통해 신체 부위마다 원하는 마사지 강도를 꼼꼼하게 확인하고, 등 위에 올라서서 무릎과 팔꿈치를 이용해 마사지해도 괜찮은지 등을 꼼꼼하게 확인한다. 허벌 스파 스타일 전신 마사지는 오일을 이용한 아로마테라피로, 부위마다 오일 마사지가 끝나면 핫 스톤을 이용해 몸을 이완시켜준다. 마사지 강도를 세게 받고 싶다면 태국 스타일 전신 마사지를 선택해도 좋다. 틈틈이 온열 팩을 이용해 체온을 유지시켜주고 혈액 순환에도 도움이 되도록 관리해준다.

소지품을 보관할 수 있는 개인 사물함과 마사지 후에 몸을 씻을 수 있도록 샤워 시설도 갖췄다. 마사지 전에는 웰컴 드링크, 마사지 후에는 다과를 제공한다. 본점과 가까운 곳에 허벌 부티크 스파 Luxury Boutique Spa(주소 90 Đình Nghệ)와 허벌 헤리티지 스파 Herbal Heritage Spa(주소 101 Tạ Mỹ Duật)를 함께 운영한다. 예약 없이 가면 빈자리가 있는 곳으로 안내해준다.

지도 P.066-A2 **주소** 201 Đình Nghệ **전화** 0901-825-789 **홈페이지** www.herbalspa.vn **영업** 09:00~22:30(예약 마감 21:00) **요금** 시그니처 마사지(60분) 55만 VND, 시그니처 마사지(90분) 75만 VND, 뱀부 마사지(70분) 65만 VND, 베트남 전통 마사지(90분) 85만 VND, 타이 마사지(60분) 60만 VND **가는 방법** 딘응에 거리 201번지에 있다.

1 허벌 헤리티지 스파 2 럭셔리 허벌 스파 2인실
3 허벌 스파 리셉션

10 꽁 스파

Cộng Spa ★★★☆

다낭 시내 중심가에 있고 저렴한 가격을 자랑해 한국 관광객이 즐겨 찾는 곳이다. 오래된 콘크리트 건물을 리모델링해 스파 시설로 꾸몄는데, 대부분 2인 전용 룸이라 프라이빗하게 관리를 받을 수 있고 룸마다 샤워 시설이 딸려 있어 편리하다. 마사지 종류는 오일을 사용하지 않는 드라이 마사지 Dry Massage와 오일을 사용하는 아로마 마사지 Aroma Massage의 두 선택지가 있다. 마사지가 끝나면 무료로 제공해주는 음료를 마시며 쉴 수 있다. 참고로 1층 리셉션과 2층 휴식 공간은 호이안 올드타운의 분위기로 꾸몄다. 가격 대비 만족도가 높은 곳으로 네일 숍을 함께 운영한다.

지도 P.065-B1 **전화** 80 Trần Phú **전화** 0935-171-088 **카카오톡** congspa **홈페이지** www.facebook.com/congspadanang **영업** 10:00~22:30 **요금** 마사지(60분) 31만 5,000 VND, 마사지(90분) 38만 5,000 VND, 마사지(120분) 48만 VND **가는 방법** 시내 중심가 쩐푸 거리 80번지에 있다.

꽁 스파

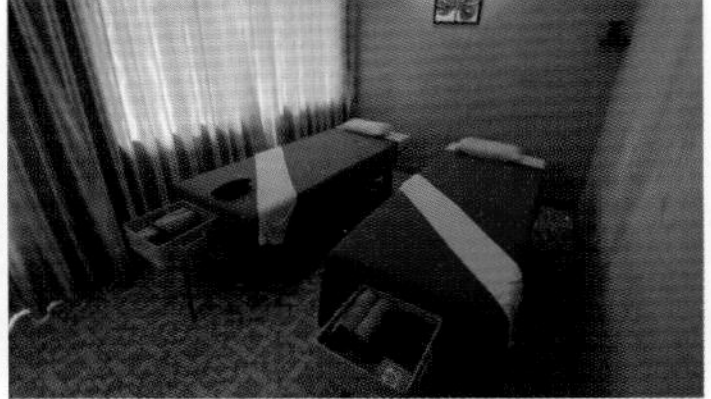

꽁 스파 커플 스파 룸

11 다낭 포레스트 스파

Danang Forest Spa ★★★★

미케 해변 남쪽 끝자락에 있는 스파 업소로 네일 숍을 함께 운영한다. 7년째 운영 중인 곳이지만 새롭게 리모델링해 시설이 좋아졌다. 아로마 오일 마사지에 해당하는 포레스트 아로마 Forest Aroma를 기본으로 한다. 아로마 오일은 4가지 중에 시향해 보고 마음에 드는 오일은 선택하면 된다. 아로마 마사지와 핫 스톤 마사지를 결합한 아로마 스톤 Aroma Stone도 있다. 오일을 사용하지 않는 드라이 마사지 Dry Massage는 만족도가 떨어져 추천하지 않는다고 한다. 한국 관광객이 많이 찾는 곳으로 직원들도 기본적인 한국어를 구사한다. 2인 이상 예약할 경우 픽업과 공항 센딩 서비스도 해준다. 무료 짐 보관 서비스와 샤워 시설도 갖추고 있다. 첫 방문 20% 할인, 재방문 30% 같은 프로모션 요금을 잘 챙기면 할인된 요금에 마사지를 받을 수 있다.

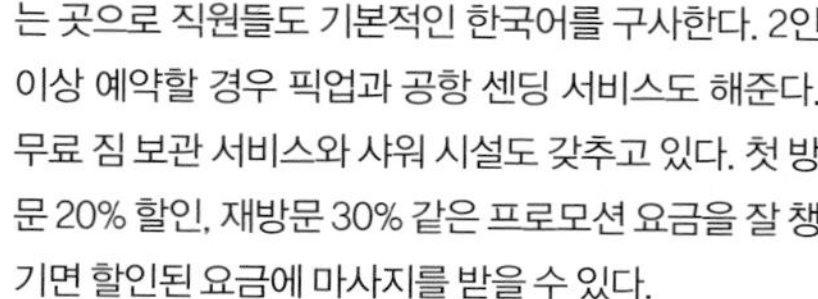

지도 P.068-B3 **주소** 396 Võ Nguyên Giáp **전화** 0389-541-689 **홈페이지** www.danangforest.modoo.at **영업** 10:30~21:00 **요금** 아로마 마사지(60분) 52만 VND+팁 5만 VND, 아로마 마사지(90분) 68만 VND+팁 7만 VND, 아로마 스톤(90분) 70만 VND+팁 7만 VND **가는 방법** 미케 해변 남쪽의 보응우옌잡 거리 396번지에 있다.

다낭 포레스트 스파

스파 룸

12 다한 스파

Dahan Spa ★★★★

인기

다낭과 호이안 두 곳에 지점을 운영하는 스파 업소. 한국인이 운영하는 곳으로 '진심을 다한 스파'라는 홍보 문구가 눈에 띈다. 마사지 종류는 많지 않고 건식(드라이) 마사지, 아로마 마사지, 핫 스톤 마사지, 대나무 마사지를 집중적으로 시술한다. 오일을 싫어하는 일부의 경우를 제외하고 대부분 아로마 마사지를 받는다. 아로마 마사지는 6종류의 아로마 오일 중 하나를 선택하면 된다. 모든 설명서가 한국어로 되어 있으니 안내에 따르면 된다. 다낭 시내에서 픽업 서비스는 기본. 웰컴 드링크, 과일, 선물까지 챙겨준다. 자체 차량을 이용해 두 도시(다낭↔호이안)를 오가는 차량 서비스도 해준다. 참고로 호이안 지점은 올드 타운과 안방 해변 두 곳에 있다.

지도 P.068-B3 **주소** 498/6 Võ Nguyên Giáp **전화** 0941-185-762 **홈페이지** www.dahanspa.com **영업** 10:00~22:00 **요금** 아로마 마사지(60분) 69만 VND, 아로마 마사지(90분) 89만 VND, 핫 스톤 마사지(90분) 69만 VND **가는 방법** 미케 해변 남쪽의 보응우옌잡 거리 498번지 골목 안쪽에 있다.

다한 스파

스파 리셉션

호이안

호이안은 투본 강을 끼고 있는 작은 마을이지만, 15세기 국제무역항으로 번성했던 곳이다. 바다의 실크로드를 따라 아시아와 유럽 상인들이 이곳을 드나들며 상업과 문화의 교류가 이뤄졌다. 특히 중국과 일본 상인들이 정착하면서 동양적인 색채가 짙게 배었다. 목조 가옥, 이끼 낀 기와지붕, 한자 간판도 흔하다. 19세기 다낭으로 무역항이 이전되고 200년의 시간을 지나온 호이안은 낭만적인 마을로 변모했다.

거리엔 차와 오토바이 대신 천천히 거니는 사람들로 가득하고, 옛 가옥들과 가정집은 상점과 레스토랑으로 개조했다. 해가 지면 거리마다 홍등이 밝혀지며 앤티크하면서도 낭만적인 느낌이 최고조에 달한다. 시간이 멈춘 듯 전통문화와 건축물, 전통음식이 잘 보존되어 있는 호이안. 이 작고 조용한 마을 호이안은 유네스코 세계문화유산으로 지정되며 훌륭한 관광지로서 여행자를 매혹시킨다.

Best of Best | 호이안 베스트 10

BEST 1
베트남 특유의 멋이 느껴지는 거리 호이안 올드 타운

BEST 2
해 질 무렵 강변의 여유 호이안 리버사이드 (투본 강변)

BEST 3
차분하고 평화로운 나만의 시간 호이안의 아침

BEST 4
홍등 밝혀진 거리가 매력적인 호이안의 야경

BEST 5
올드 타운을 내려다 볼 수 있는 루프 톱 카페
BEST 6
투본 강에서의 뱃놀이
소원배 타기
BEST 7
중국 색채가 가득한 푸젠 회관 & 중화 회관
BEST 8
탁 트인 바다를 한 눈에 담는 안방 해변
BEST 9
시끌벅적 바구니 배 타기 껌탄 코코넛 빌리지
BEST 10
다양한 수공예품을 보는 재미 호이안 쇼핑

Look Inside | 호이안 들여다보기

호이안은 투본 강변에 형성된 작은 마을이다. 올드 타운은 투본 강변도로인 박당 거리 Bạch Đằng 안쪽에 있고, 쩐푸 거리 Trần Phú 끝에 내원교가 있다. 유명 레스토랑은 응우옌타이혹 거리 Nguyễn Thái Học에 몰려 있다. 저렴한 숙소는 하이바쯩 거리와 바찌에우 거리에 있다. 강변을 따라 레스토랑이 즐비하며, 야시장도 들어선다. 하이바쯩 거리 북동쪽 도로를 따라 안방 해변이, 올드 타운 동쪽 끄어다이 거리를 따라 끄어다이 해변이 나온다.

호이안 올드 타운 Hội An Old Town

옛 모습을 고스란히 간직한 올드 타운은 유네스코 세계문화유산이다. 차분한 거리를 가득 메운 건물들이 200여 년 전으로 여행하게 한다. 동·서양의 색채가 어우러진 낭만적인 건물이 가득하다.

하이바쯩 거리 Hai Bà Trưng

올드 타운에서 안방 해변까지 연결하는 기다란 도로. 올드 타운과 가까운 하이바쯩 거리와 바찌에우 거리에 저렴한 숙소가 몰려 있다. 배낭 여행자들이 가장 선호하는 지역이다.

응우옌주 & 다오주이뜨 거리 Nguyễn Du & Đào Duy Từ

올드 타운을 살짝 벗어난 강변 지역. 내원교를 건너 서쪽으로 1㎞ 떨어져 있다. 올드 타운에 대형 호텔 개발이 제한적이므로 응우옌주 & 다오주이뜨 거리가 호텔 밀집 지역으로 부상하고 있다.

안방 해변
짜께(농촌 체험)
하이바쯩 거리
Hai Ba Trung
하이바쯩 &
바찌에우 거리
응우옌주 &
다오주이뜨 거리
끄어다이 거리
Cua Dai
호이안 올드 타운
투본
안호이
껌 남
투본 강
껌 낌

안호이 An Hội

투본 강을 사이에 두고 올드 타운과 마주보고 있다. 내원교 아래쪽의 안호이 다리를 통해 두 지역을 오갈 수 있다. 강변에 레스토랑이 즐비하고, 저녁에는 응우옌호앙 거리에 야시장이 형성된다.

끄어다이 거리 Cửa Đại

호이안에서 끄어다이 해변을 연결하는 도로. 올드 타운과 가깝고 해변으로의 접근성도 용이하다. 홈스테이와 부티크 호텔들이 한적한 전원 풍경을 배경으로 곳곳에 숨겨져 있다.

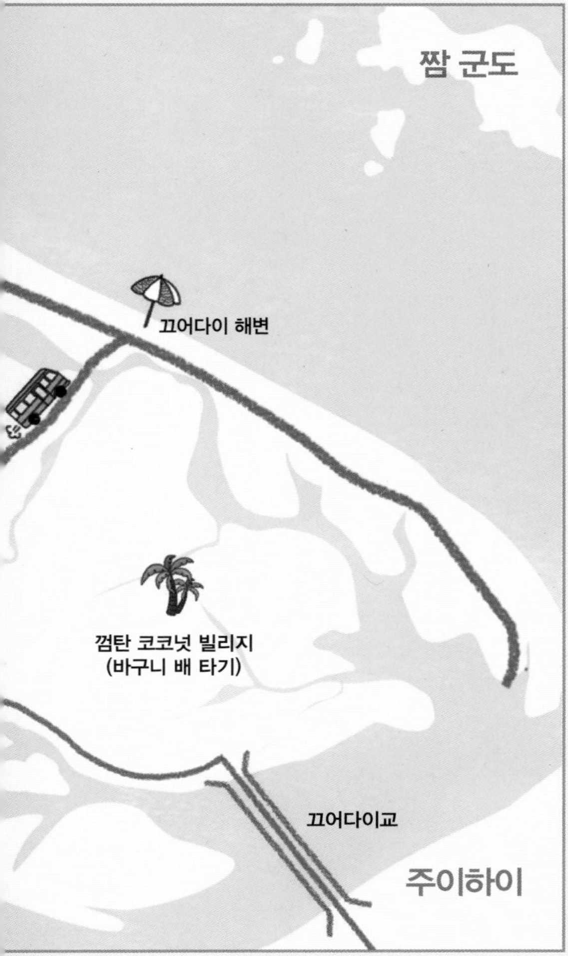

짬 군도

끄어다이 해변

껌탄 코코넛 빌리지
(바구니 배 타기)

끄어다이교

주이하이

안방 해변 An Bàng Beach

끄어다이 해변을 대신해 급부상하는 해변이다. 호이안에서 북동쪽으로 7㎞ 떨어져 있다. 한적한 해변에서 여유롭게 휴식하며 바다를 즐길 수 있다. 해변에 레스토랑과 바가 즐비하다.

끄어다이 해변 Cửa Đại Beach

호이안과 가장 가까운 해변. 3㎞에 이르는 기다란 모래사장이 파란 바다와 어우러진다. 호이안 인근의 럭셔리 리조트가 대부분 이곳에 있다. 침식 작용으로 모래가 쓸려내려가 해변이 예전만 못하다.

미썬 Mỹ Sơn

힌두교 문명을 꽃 피운 참파 왕국의 종교 성지였던 곳. 사암으로 만든 20여 개의 힌두 사원이 남아 있다. 정글 속 폐허로 남은 사원이 묘한 매력을 선사한다. 유네스코 세계문화유산으로 보호되고 있다.

호이안 주변

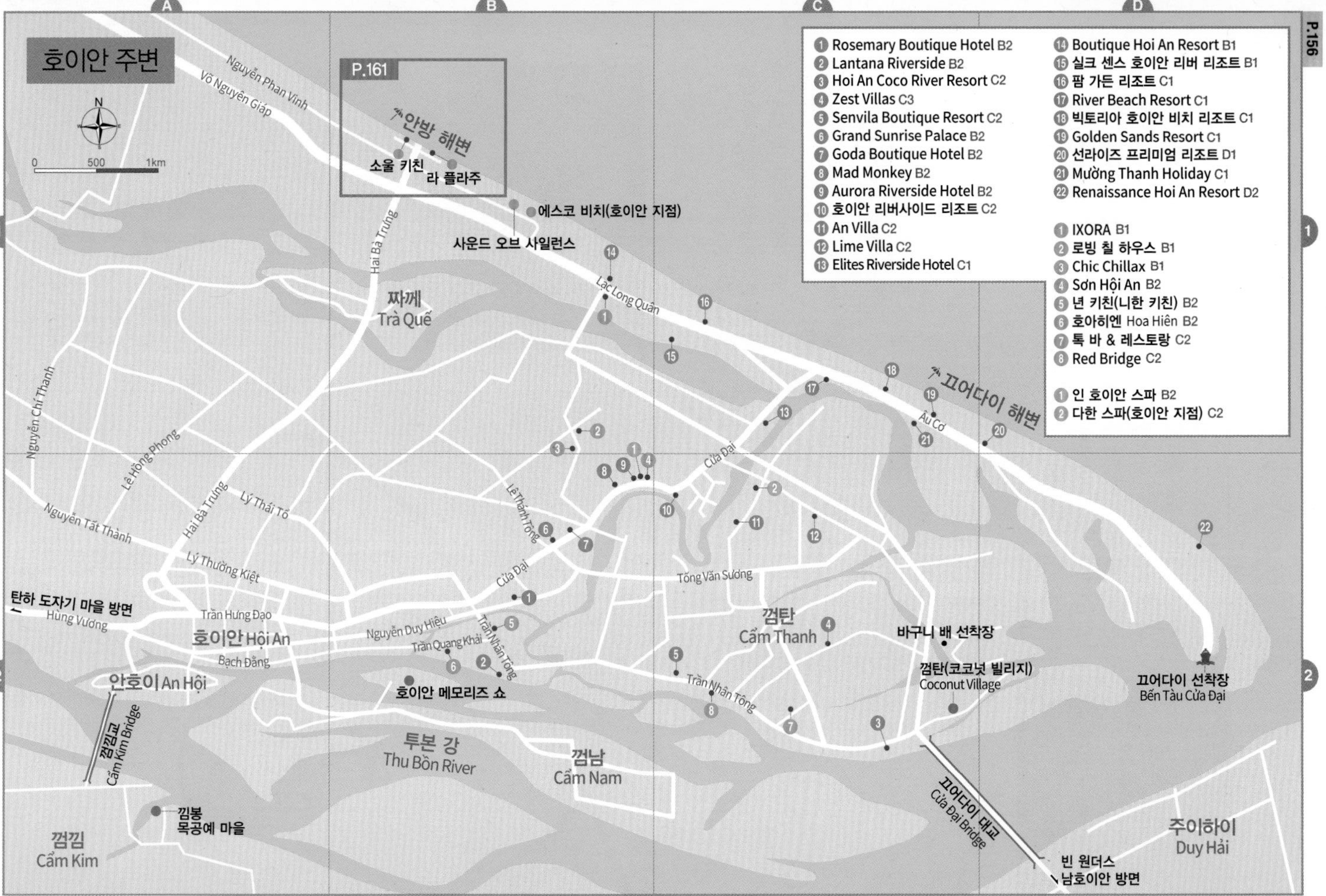

1 Rosemary Boutique Hotel B2
2 Lantana Riverside B2
3 Hoi An Coco River Resort C2
4 Zest Villas C3
5 Senvila Boutique Resort C2
6 Grand Sunrise Palace B2
7 Goda Boutique Hotel B2
8 Mad Monkey B2
9 Aurora Riverside Hotel B2
10 호이안 리버사이드 리조트 C2
11 An Villa C2
12 Lime Villa C2
13 Elites Riverside Hotel C1
14 Boutique Hoi An Resort B1
15 실크 센스 호이안 리버 리조트 B1
16 팜 가든 리조트 C1
17 River Beach Resort C1
18 빅토리아 호이안 비치 리조트 C1
19 Golden Sands Resort C1
20 선라이즈 프리미엄 리조트 D1
21 Mường Thanh Holiday C1
22 Renaissance Hoi An Resort D2

1 IXORA B1
2 로빙 칠 하우스 B1
3 Chic Chillax B1
4 Sơn Hội An B2
5 년 키친(니한 키친) B2
6 호아히엔 Hoa Hiên B2
7 톡 바 & 레스토랑 C2
8 Red Bridge C2

1 인 호이안 스파 B2
2 다한 스파(호이안 지점) C2

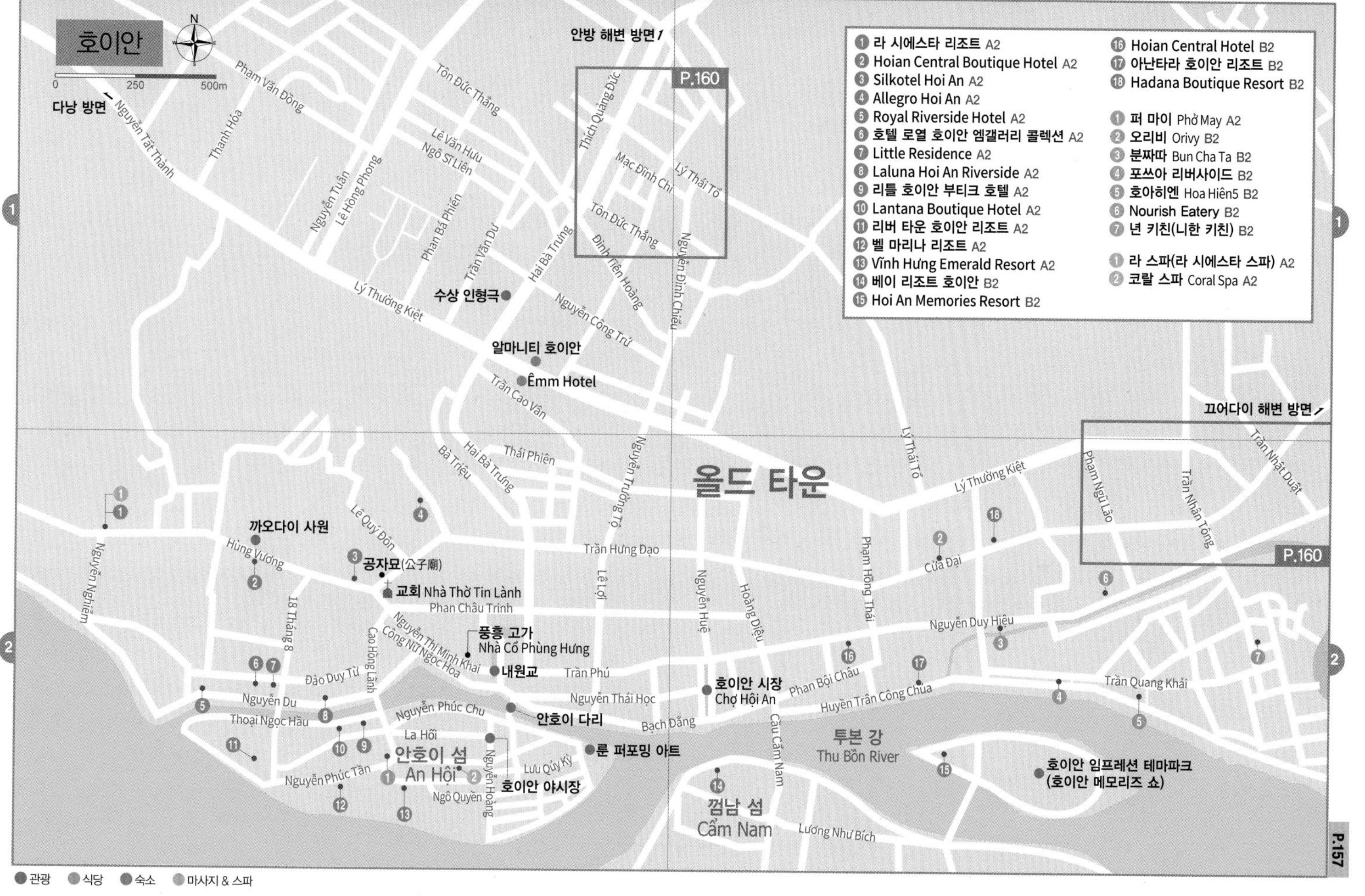

호이안
0 250 500m
다낭 방면
안방 해변 방면
끄어다이 해변 방면
P.160
P.160
1 라 시에스타 리조트 A2
2 Hoian Central Boutique Hotel A2
3 Silkotel Hoi An A2
4 Allegro Hoi An A2
5 Royal Riverside Hotel A2
6 호텔 로열 호이안 엠갤러리 콜렉션 A2
7 Little Residence A2
8 Laluna Hoi An Riverside A2
9 리틀 호이안 부티크 호텔 A2
10 Lantana Boutique Hotel A2
11 리버 타운 호이안 리조트 A2
12 벨 마리나 리조트 A2
13 Vĩnh Hưng Emerald Resort A2
14 베이 리조트 호이안 B2
15 Hoi An Memories Resort B2
16 Hoian Central Hotel B2
17 아난타라 호이안 리조트 B2
18 Hadana Boutique Resort B2
1 퍼 마이 Phở May A2
2 오리비 Orivy B2
3 분짜따 Bun Cha Ta B2
4 포쓰아 리버사이드 B2
5 호아히엔 Hoa Hiên5 B2
6 Nourish Eatery B2
7 년 키친(니한 키친) B2
1 라 스파(라 시에스타 스파) A2
2 코랄 스파 Coral Spa A2
올드 타운
수상 인형극
알마니티 호이안
Êmm Hotel
까오다이 사원
공자묘(公子廟)
교회 Nhà Thờ Tin Lành
풍흥 고가
Nhà Cổ Phùng Hưng
내원교
안호이 다리
룬 퍼포밍 아트
호이안 야시장
안호이 섬
An Hội
호이안 시장
Chợ Hội An
투본 강
Thu Bồn River
껌남 섬
Cẩm Nam
호이안 임프레션 테마파크
(호이안 메모리즈 쇼)
Phạm Văn Đồng
Nguyễn Tất Thành
Thanh Hóa
Tôn Đức Thắng
Lê Văn Hưu
Ngô Sĩ Liên
Nguyễn Tuân
Lê Hồng Phong
Phan Bá Phiến
Trần Văn Dư
Hai Bà Trưng
Lý Thường Kiệt
Thích Quảng Đức
Mạc Đĩnh Chi
Lý Thái Tổ
Tôn Đức Thắng
Đinh Tiên Hoàng
Nguyễn Công Trứ
Nguyễn Đình Chiểu
Trần Cao Vân
Thái Phiên
Bà Triệu
Hai Bà Trưng
Nguyễn Trường Tộ
Lý Thái Tổ
Lý Thường Kiệt
Phạm Ngũ Lão
Trần Nhân Tông
Trần Nhật Duật
Lê Quý Đôn
Hùng Vương
Trần Hưng Đạo
Lê Lợi
Nguyễn Huệ
Hoàng Diệu
Phạm Hồng Thái
Cửa Đại
Nguyễn Nghiễm
18 Tháng 8
Phan Châu Trinh
Cao Hồng Lãnh
Nguyễn Thị Minh Khai
Công Nữ Ngọc Hoa
Trần Phú
Nguyễn Duy Hiệu
Đào Duy Từ
Nguyễn Du
Thoại Ngọc Hầu
Nguyễn Phúc Chu
Nguyễn Thái Học
Phan Bội Châu
Huyền Trân Công Chúa
Trần Quang Khải
Bạch Đằng
Cầu Cẩm Nam
La Hối
Lưu Quý Kỳ
Nguyễn Hoàng
Nguyễn Phúc Tần
Ngô Quyền
Lương Như Bích
관광
식당
숙소
마사지 & 스파

A
B
C
1
2
3
4
Nguyễn Tất Thành
알마니티 호이안
Almanity Hoi An
엠 호텔
Emm Hotel
하이바쯩거리
리트엉끼엣 거리
호로꽌
쩐까오반 거리
VP 은행
탄남꽌
호이안 스타
Hội An Stad
신 투어리스트
The Sinh Tourist
Thái Phiên
Fuse
호이안 로스터리
(3호점)
Trần Cao Vân
Nguyễn Trường Tộ
바찌에우 거리 Bà Triệu
반미 마담 칸
Vĩnh Hưng Library Hotel
Vĩnh Hưng 2 Hotel
에스프레소 스테이션
호이안 히스토릭 호텔
Hoi An Historic Hotel
스타벅스
호이안 박물관
Bảo Tàng Hội An
Trần Hưng Đạo
쩐흥다오 거리
퍼보 포꼬(쌀국수)
Bánh Mì Sum
하이바쯩 거리
Hai Bà Trưng
굿모닝 베트남
가오 호이안
레러이 거리 Lê Lợi
쩐 사당
Nhà Thờ Cổ Tộc Trần
껌린
Cơm Linh
팟핫 사원
Chùa Phat Hat
하일랜드 커피
Phan Châu Trinh(Phan Chu Trinh)
포쓰아
Phố Xưa
찹스 호이안
메종 마루
매표소
중화 회관
매표소
핀 커피
Phin Coffee
도자기
무역 박물관
푸젠 회관
매표소
지엡동응우옌
득안 고가
풍흥 고가
Nhà Cổ Phùng Hưng
광둥 회관
Trần Phú
응우옌티민카이 거리
Nguyễn Thị Minh Khai
쩐푸 거리
판탕 고가
Nhà Cổ Quân Thắng
내원교
Công Nữ Ngọc Hoa
싸후인
문화 박물관
전통의학 박물관
Nguyễn Thái Học
Hoàng Văn Thụ
응우옌타이혹 거리
안호이 다리
전통 예술
공연장
박당 거리
매표소
떤끼 고가
Nhà Cổ Tấn Ký
민속 박물관
Bảo Tàng Văn Hóa
Dân Gian
Nguyễn Phúc Chu
호이안 야시장
Hoi An Night Market
투어리스트
레스토랑
밀집 지역
La Hối
관광 식당 쇼핑 엔터테인먼트 숙소 마사지 & 스파

D E F

1 2 3 4

1 윤 식당(한식당) A4
2 꽁 카페 A4
3 마이 피시 Mai Fish A4
4 호이안 하트 레스토랑 A4
5 느 이터리 Nữ Eatery A4
6 HOME Hoi An Restaurant A4
7 비스 마켓 레스토랑 B4
8 쩌우 키친 Châu Kitchen B4
9 호이안 로스터리(1호점) B4
10 리칭 아웃 티 하우스 B4
11 못 호이안(못 카페) B4
12 파이포 커피 Faifo Coffee B4
13 카고 클럽 Cargo Club B4
14 Tam Tam Cafe B4
15 모닝 글로리 오리지널 B4
16 하이 카페 Hai Cafe B4
17 림 다이닝 룸 B4
18 코코 박스 C4
19 Moments Hoi An C4
20 92 스테이션 C4
21 우베베 호이안 C4
22 리틀 파이포 Little Faifo C4
23 반미 362 Bánh Mì 362 C4
24 세븐 브리지(호이안 지점) D3
25 Madame Hiên D4

1 선데이 인 호이안 A4
2 마티세코 Matiseko B4
3 징코 티셔츠 B4
4 마스터 탄 Master Tan B4
5 Couleurs by Réhahn D3

1 화이트 로즈 스파 A1
2 La Luna Spa B2
3 논 스파 Nón Spa C3

Thường Kiệt
Thái Phiên
Nhô Gia Tư'
우체국
호이안 병원
ng Đạo
쩐흥다오 거리
Trần Hưng Đạo
팜홍타이 거리 Phạm Hồng Thái
Cửa Đai
끄어다이 해변 방면
응우옌후에 거리
Nguyễn Huệ
반미 프엉
Banh Mi Phuong
미스 리 Miss Ly
5
짠꽁 사당
Quan Công
하이난 회관
차오저우 회관
더 힐 스테이션
The Hill Station
Nguyễn Duy Hieu
Trương Minh Lượng
Precious Heritage Art Gallery Museum
리틀 하노이 에그 커피
더 이너 호이안
Hoàng Diệu
판보이쩌우 거리 Phan Bội Châu
아난타라 호이안 리조트
Anantara Hoi An Resort
25
호이안 시장
Chợ Hội An
망고 룸스
Mango Rooms
박당 거리 Bach Đàng
보트 선착장
껌난교
Cầu Cẩm Nam
투본 강
Sông Thu Bôn
N
0 50 100m
Bay Resort Hoi An

호이안 올드 타운

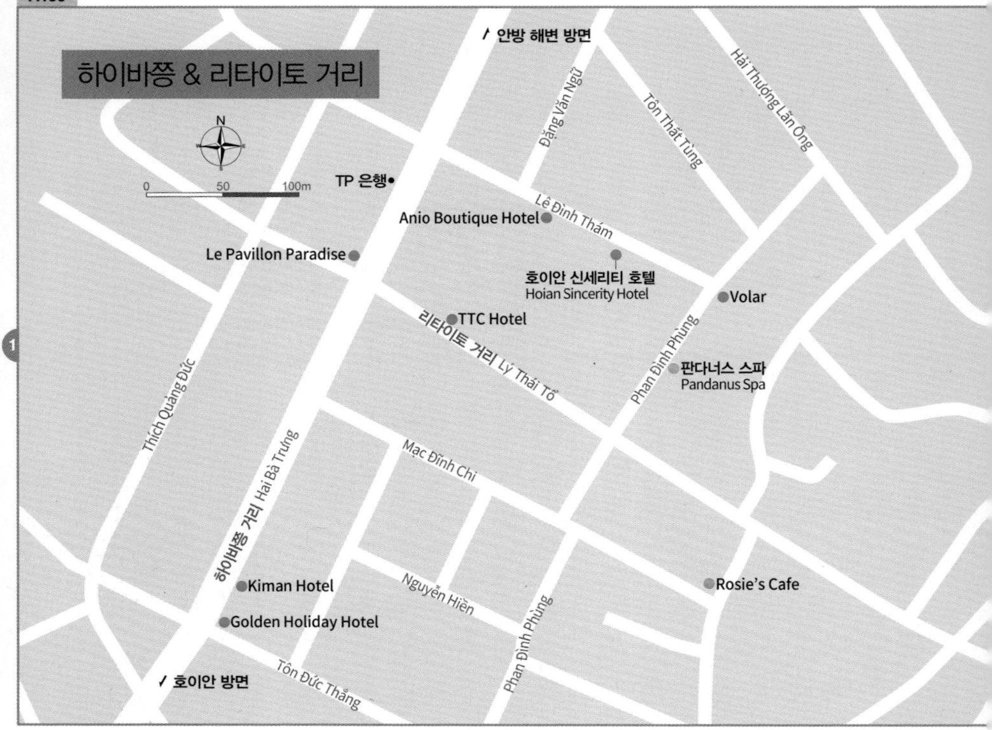

1
하이바쯩 & 리타이토 거리
N
0 50 100m
안방 해변 방면
TP 은행
Anio Boutique Hotel
Le Pavillon Paradise
호이안 신세리티 호텔
Hoian Sincerity Hotel
Volar
TTC Hotel
판다너스 스파
Pandanus Spa
Rosie's Cafe
Kiman Hotel
Golden Holiday Hotel
호이안 방면
Đặng Văn Ngữ
Tôn Thất Tùng
Hải Thượng Lãn Ông
Lê Đình Thám
리타이토 거리 Lý Thái Tổ
Phan Đình Phùng
Thích Quảng Đức
하이바쯩 거리 Hai Bà Trưng
Mạc Đĩnh Chi
Nguyễn Hiền
Tôn Đức Thắng

식당 숙소 마사지 & 스파

2
끄어다이 거리
N
0 50 100m
끄어다이 해변 방면
Grand Sunrise Palace
바레 시장
Chợ Bà Lê
Lê Thánh Tông
끄어다이 거리 Cửa Đại
Trần Bình Trọng
Đỗ Đăng Tuyển
The Earth Villa
Hoi An Garden Palace Hotel
Charming Homestay
Blue Sky Boutique Hotel
Trần Quốc Toản
Lý Thường Kiệt
La Senta Boutique
Hoi An Holiday Villa
Trần Nhật Duật
Rosemary Boutique Hotel
Phạm Ngũ Lão
Nguyễn Duy Hiệu
Trần Nhân Tông
Cửa Đại
호이안 방면
Ancient House Resort
Good Eats

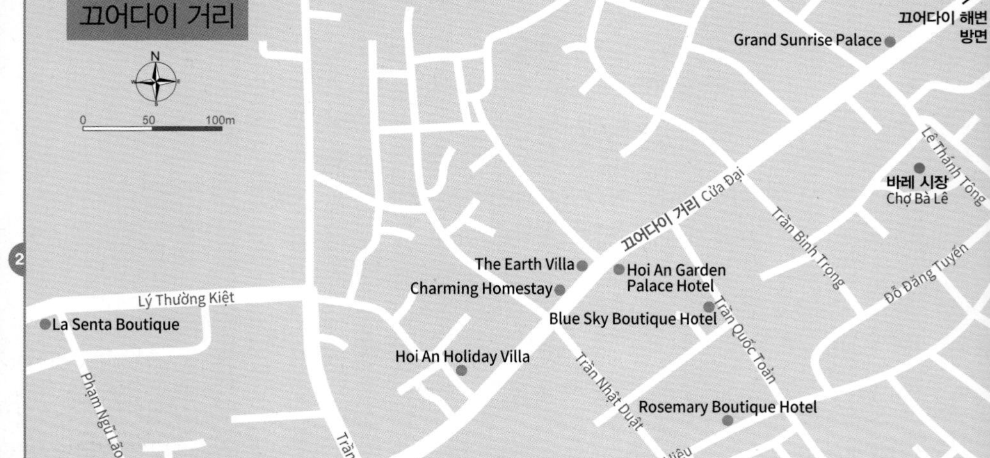

안방 해변

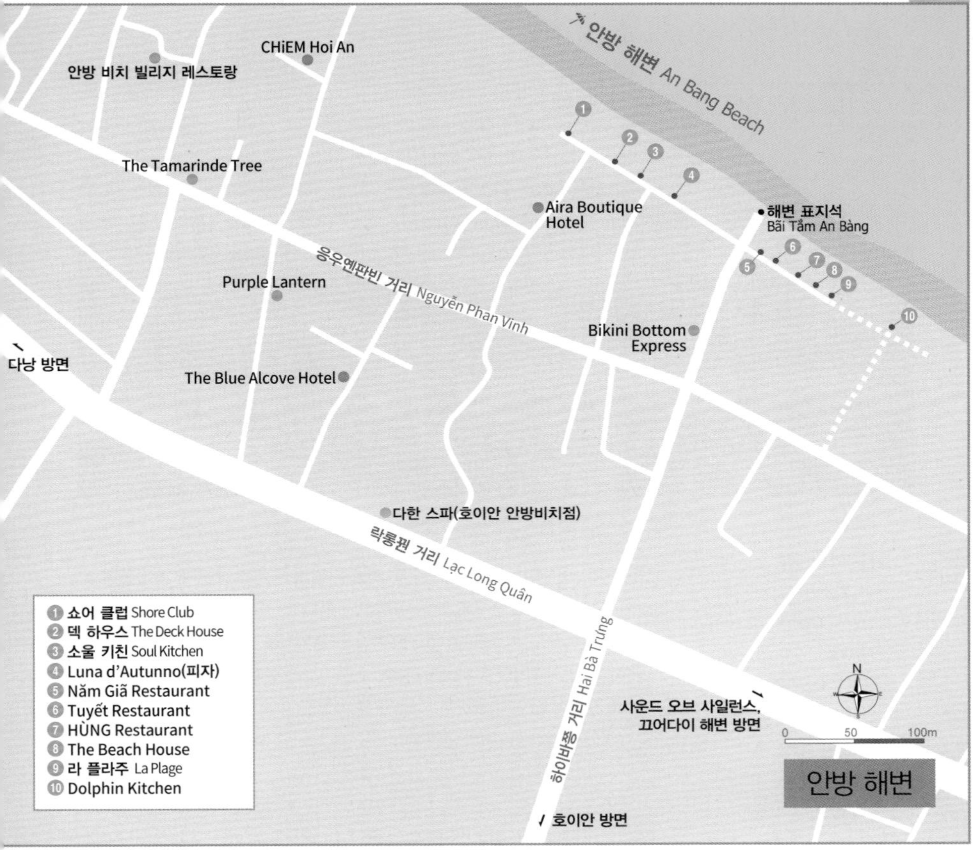

안방 해변 An Bang Beach

안방 비치 빌리지 레스토랑

CHiEM Hoi An

The Tamarinde Tree

Aira Boutique Hotel

해변 표지석 Bãi Tắm An Bàng

응우옌판빈 거리 Nguyễn Phan Vinh

Purple Lantern

Bikini Bottom Express

다낭 방면

The Blue Alcove Hotel

다한 스파(호이안 안방비치점)

락롱퀀 거리 Lạc Long Quân

하이바쯩 거리 Hai Bà Trưng

사운드 오브 사일런스, 끄어다이 해변 방면

호이안 방면

0 50 100m

1. 쇼어 클럽 Shore Club
2. 덱 하우스 The Deck House
3. 소울 키친 Soul Kitchen
4. Luna d'Autunno(피자)
5. Năm Giã Restaurant
6. Tuyết Restaurant
7. HÙNG Restaurant
8. The Beach House
9. 라 플라주 La Plage
10. Dolphin Kitchen

식당 ● 숙소

Information | 여행에 유용한 정보

행정구역 꽝남성
Tỉnh Quảng Nam
호이안시 Thành Phố Hội An
면적 61㎢
인구 15만 2,160명
시외국번 0235

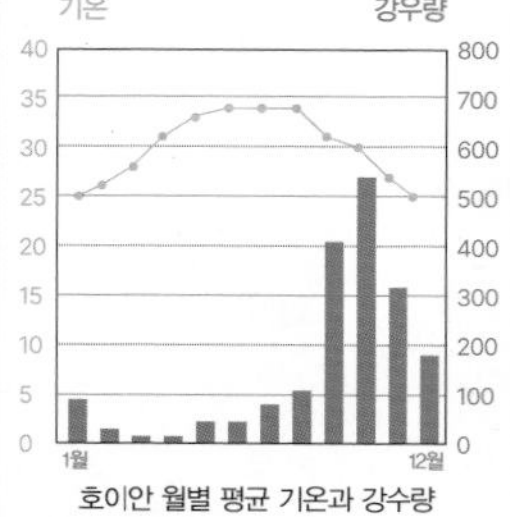

호이안 월별 평균 기온과 강수량

날씨

호이안의 날씨는 2~8월의 건기와 9~1월의 우기로 나뉜다. 2~4월은 비교적 덥지 않고 습도도 낮아 여행하기 좋다. 6~8월은 가장 더운 시기로, 낮 기온이 38°를 훌쩍 넘기도 한다. 9~1월까지는 몬순의 영향으로 흐리고 비가 자주 내린다. 강수량이 늘어나는 10월 말~11월에는 투본 강이 범람해 가옥이 침수되는 경우도 있다. 11~1월은 북쪽에서 찬바람까지 내려와 밤에는 쌀쌀한 날씨가 이어진다.

여행 시기

맑고 건조한 3~5월이 여행하기 좋다. 6~8월은 날씨는 덥고 습해도 베트남 휴가철과 겹쳐 붐비며, 해변에서 해양 스포츠를 즐기기 좋다. 날씨와 상관없이 매달 보름날 Full Moon엔 다양한 문화행사가 열린다. 특히 음력 7월과 8월 보름날이 화려하다.

알아두세요

【 호이안 풀문 페스티벌 Hoi An Full Moon Festival **】**

해변의 풀문 파티처럼 술 마시고 춤추는 파티를 생각했다면 오산이다. 호이안 풀문 페스티벌은 보름날(매달 음력 14일)에 열리는 랜턴 축제다. 둥근 달이 뜨면 올드 타운의 조명을 최소화하고, 촛불과 홍등의 은은한 빛으로 마을이 채워진다. 사람들은 촛불을 밝힌 연꽃 모양의 작은 배를 강물에 띄워 보내며 소원을 빌고, 집안 사당에 간단한 제사상을 차리고 향을 피우며 조상의 공덕을 기린다. 축제는 해 지는 시간부터 시작하며 내원교와 강변도로가 가장 붐빈다. 이때는 관광객이 2배 이상 증가한다.

은행·환전

도시 규모는 작지만 베트남 주요 은행을 어렵지 않게 볼 수 있다. VP 은행, TP 은행, 비엣인 은행 Vietin Bank, 싸콤 은행 Sacom Bank, 테크콤 은행 Techcom Bank, 아그리 은행(농업 은행) Agri Bank, BIDV 은행이 지점을 운영한다. 영업 시간은 07:30~11:30, 13:00~16:30까지다.

ATM

은행이 있는 곳에 ATM 기기가 있으며 24시간 이용 가능하다. VP 은행과 TP 은행은 수수료 없이 트래블로그(트래블월렛) 카드를 사용할 수 있다. 1회 현금 인출 한도는 500만 VND이다.

우체국

우체국은 쩐흥다오 거리에 있다. 호이안 올드 타운의 분위기와 어울리도록 건물 내부는 목재를 이용해 꾸몄다. 우체국 내부에 있는 공중전화 부스도 나무로 만들어 고풍스러운 느낌을 준다.

병원

호이안의 병원 시설과 환경은 떨어지지만 영어를 구사할 수 있는 의사가 있다.

와이파이

호텔뿐만 아니라 호스텔 도미토리에서도 와이파이를 사용할 수 있다. 레스토랑과 카페에서도 와이파이를 지원해 준다. 무료로 사용할 수 있으나 비밀번호(패스워드)를 걸어두고 있으니, 사용하기 전에 확인할 것.

여행사

여행사와 호텔에서 투어와 오픈 투어 버스를 예약할 수 있다. 믿을 만한 여행사는 전국에 체인점을 두고 있는 신 투어리스트가 유명하다. 호이안↔다낭을 왕복하는 셔틀버스와 투어는 다낭 소재 한인 여행사(P.070 참고)에서도 예약이 가능하다.

알아두세요

【 호이안의 옛 이름 】

호이안은 참파 왕국 시대의 주요 무역항이었고, 참파의 도시라는 뜻으로 럼업포 Lâm Ấp Phố라고 불렸다. 국제교역이 번성한 16세기경에는 파이포 Faifo라는 이름으로 유럽에 알려졌다. 파이포는 하이포(바닷마을 海埔) Hải Phố가 잘못 전해진 것. '하이'의 성조를 달리하면 '둘'이라는 뜻이 되는데, 중국 상인 거주 지역과 일본 상인 거주 구역으로 구분됐던 17세기 호이안의 풍경을 의미하는 것이기도 하다. 또 다른 학설로, 하이포라는 지명은 없었고, '호이안포(會安埔) Hội An Phố'라는 지명을 줄여 호이안이 되었다는 설도 있다. 어찌됐건 호이안(會安)은 예나 지금이나 변함없이 '편안하게 모여 사는 마을'이다.

VP 은행

호이안 우체국

VP 은행

지도 P.158-A1 **주소** 523 Hai Bà Trưng

TP 은행

지도 P.160 **주소** 500 Hai Bà Trưng

우체국 Bưu Điện Hội An

지도 P.159-D2
주소 6 Trần Hưng Đạo
전화 0235-3862-888
홈페이지 www.hoianpost.com

호이안 병원
Bệnh Viện Đa Khoa Hội An

지도 P.159-D2
주소 4 Trần Hưng Đạo
전화 0235-3914-660

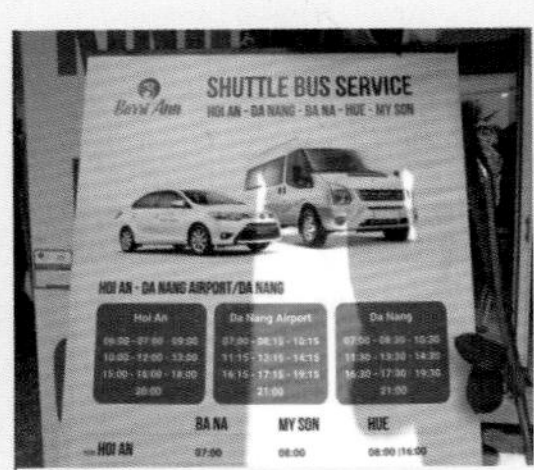

호이안 다낭 셔틀 버스

신 투어리스트 The Sinh Tourist

지도 P.158-A2
주소 646 Hai Bà Trưng
전화 0235-3863-948
홈페이지 www.thesinhtourist.vn

Access | 호이안 가는 방법

소도시라서 공항과 기차역은 없다. 대신 다낭과 인접해 택시 또는 셔틀버스를 타고 이동이 가능하다. 호이안에서 다낭까지는 35km 떨어져 있다.

항공

호이안에는 공항이 없고, 다낭 공항을 이용해야 한다. 다낭 국제공항에서 호이안 올드 타운까지 택시로 40~50분 정도 걸린다. 요금은 4인승 택시 기준 편도 40만 VND이다. 호이안에서 다낭 국제공항으로 갈 때는 올 때보다 싸게 흥정하면 된다.

호이안에서는 다낭 국제공항까지 셔틀버스(미니밴)도 운행된다. 끄어다이 해변→호이안 올드 타운→다낭 국제공항을 오간다. 하루 10회 운영되며 편도 요금은 15만 VND이다. 여행사에서 예약하면 된다.

싼에스엠 택시

택시

여러 명이 이동할 경우 택시를 이용하면 편리하다. 다낭에서 호이안까지 약 40분, 편도 요금은 30만~40만 VND, 왕복 요금은 65만~80만 VDN 정도 예상하면 된다. 택시를 대절하면 응우한썬(마블 마운틴)을 들렀다 호이안 올드 타운까지 가도 된다.

마이린 택시

그랩

베트남 현지에서 유용하게 쓰이는 콜택시 애플리케이션 '그랩 Grab'을 이용한다. 현재 있는 위치에서 그랩 택시를 불러서 목적지까지 편하게 갈 수 있다. 다낭까지 30만~35만 VND 정도 예상하면 된다.

택시를 부를 때는 그랩

셔틀버스

두 도시는 거리가 가깝기 때문에 셔틀버스(또는 15인승 리무진 버스)가 운행된다. 하루 10회(06:00~21:00) 운행되는데, 여행사 또는 호텔에서 픽업해주기 때문에 편리하다. 편도 요금은 15만 VND이다. 리조트에서 자체적으로 운영하는 셔틀버스를 이용하는 방법도 있다. 왕복으로 운행되는데, 출발 시간이 정해져 있으므로 운행 시간표를 미리 알아두어야 한다. 다낭 시내 호텔의 경우 왕복 15만 VND, 논느억 해변 리조트의 경우 왕복 10만 VND 정도. 럭셔리 호텔은 투숙객을 위해 무료 셔틀을 운영하기도 한다. 호텔마다 출발 시간과 요금이 다르다. 참고로 호이안↔다낭을 오가는 시내버스는 더 이상 운행하지 않는다.

스파 업소에서 운영하는 셔틀버스

관광용 전기차 호이안 셔틀버스

스파 업소 픽업 차량

스파 업소에서 운영하는 차량을 이용하는 방법도 있다. 다낭에서 출발할 때 픽업해주는 경우도 있고, 호이안에서 마사지를 받고 다낭으로 돌아갈 때 데려다 주는 경우도 있다. 픽업 서비스는 무료인데 해당 업소에서 2명 이상, 90분짜리 마사지를 받아야 한다. 로컬 업소들도 픽업 차량을 운영하는 곳이 있으므로 예약하기 전에 확인할 것.

씨클로

오픈 투어 버스

호이안에서 다낭과 후에(훼)로 이동할 때 가장 편리한 방법이다. 여행사에서 운영하는 오픈 투어 버스는 일반 버스에 비해 시설도 좋다. 여행사마다 버스 출발하는 곳이 다르지만, 숙소에서 픽업해 주기 때문에 큰 문제가 안 된다. 호이안→다낭→후에(훼) 방향의 오픈 투어 버스는 1일 2회 운행된다. 여행사마다 오전(08:30)에 한 번, 오후(13:30)에 한 번 출발한다. 다낭, 후에를 거쳐 하노이까지 버스가 운행되기 때문에 좌석 버스 Seating Bus보다는 침대 버스 Sleeping Bus가 많다. 다낭까지 편도 요금은 13만 VND, 후에(훼)까지 편도 요금은 20만 VND이다.

올드 타운은 차량 출입이 금지된다

Transportation | 호이안의 시내 교통

도시가 작아서 이렇다 할 시내 교통도 없다. 올드 타운은 걸어 다니거나 자전거를 빌려 둘러보면 된다. 숙소 주변에 자전거 대여소가 많아 자전거를 빌리기는 어렵지 않다. 대여료는 하루 3만 VND. 올드 타운에서 떨어져 있는 호텔에서는 무료로 자전거를 대여해 주기도 한다. 택시(그랩)도 어렵지 않게 탈 수 있으나, 올드 타운은 차량 통행이 금지되고 있어 올드 타운 밖으로 나와서 이용이 가능하다. 요금은 호이안에서 안방 해변과 끄어다이 해변까지 8만~10만 VND 정도 예상하면 된다.

호이안 근교 지역의 호텔을 오갈 때는 호이안 셔틀버스(관광용 전기 차) Hoi An Shuttle Bus를 이용해도 된다. 전용 애플리케이션(www.hoiango.com)을 이용해 픽업 장소를 선택할 수 있다. 기본요금은 2만 VND이며, 11명까지 탑승할 수 있다.

Best Course | 호이안 추천 코스

유네스코 세계문화유산으로 지정된 호이안을 여행하는 코스는 크게 두 가지. 올드 타운의 분위기를 충분히 여유롭게 즐기는 코스와 주변의 볼거리와 해변까지 알차게 둘러보는 코스다. 개인의 여행 스타일에 맞춰 호이안을 맘껏 즐겨 보자.

COURSE 1

탁 트인 해변과 낭만적인 홍등의 밤

호이안 + 안방 해변 1일 코스

안방 해변에서 한적한 오전 시간을 보내고, 호이안 올드 타운에서 낭만적인 저녁 시간을 보낸다. 부지런히 돌아다니는 여행 스타일이라면, 호이안 올드 타운을 출발해 하이바쯩 거리 → 짜께(베지터블 빌리지) → 안방 해변 → 보응우옌잡 거리 → 끄어다이 해변 → 끄어다이 거리 → 호이안 올드 타운 방향(반대 방향으로도 가능)으로 일주하면 된다.

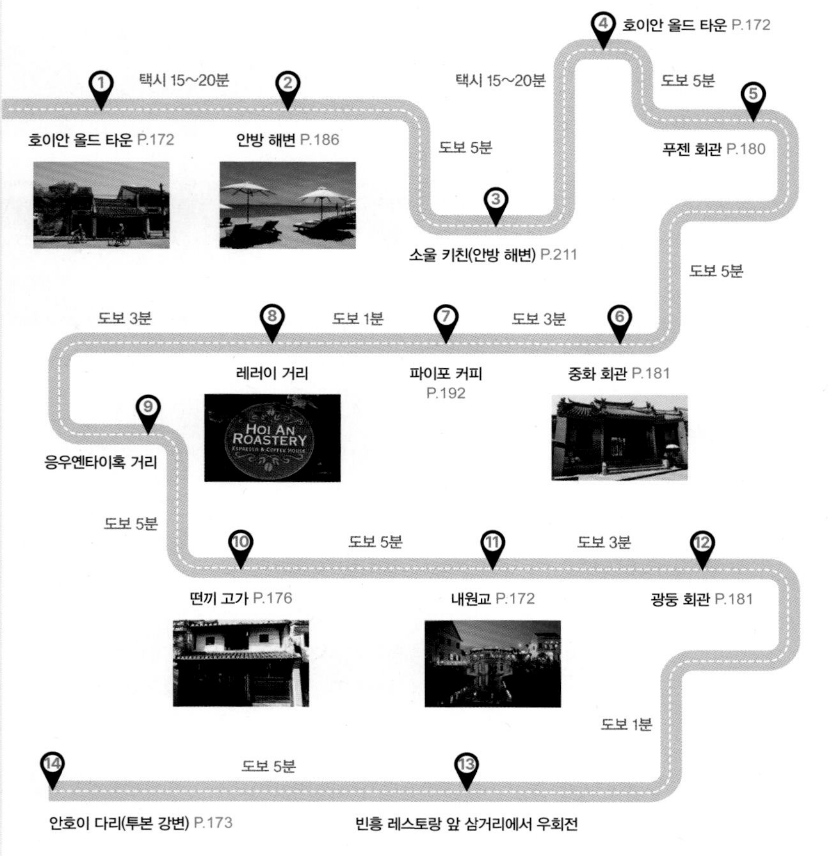

COURSE 2

유유자적 빈티지한 옛 멋을 즐기는
올드 타운 1일 코스

옛 모습 그대로 보존된 거리를 거닐며 고가옥이나 박물관, 향우회관을 방문하면 된다. 대략 2~3시간이면 다 돌아볼 수 있지만, 천천히 다니면 좋다. 옛 가옥 2층 발코니에서 커피 한 잔 하며 거리를 구경하는 것도 또 다른 재미. 홍등이 은은하게 불 밝힌 낭만적인 밤거리까지 보며 하루 꼬박 머물러도 시간이 아깝지 않다. 올드 타운 자전거 여행 루트는 P.168 참고.

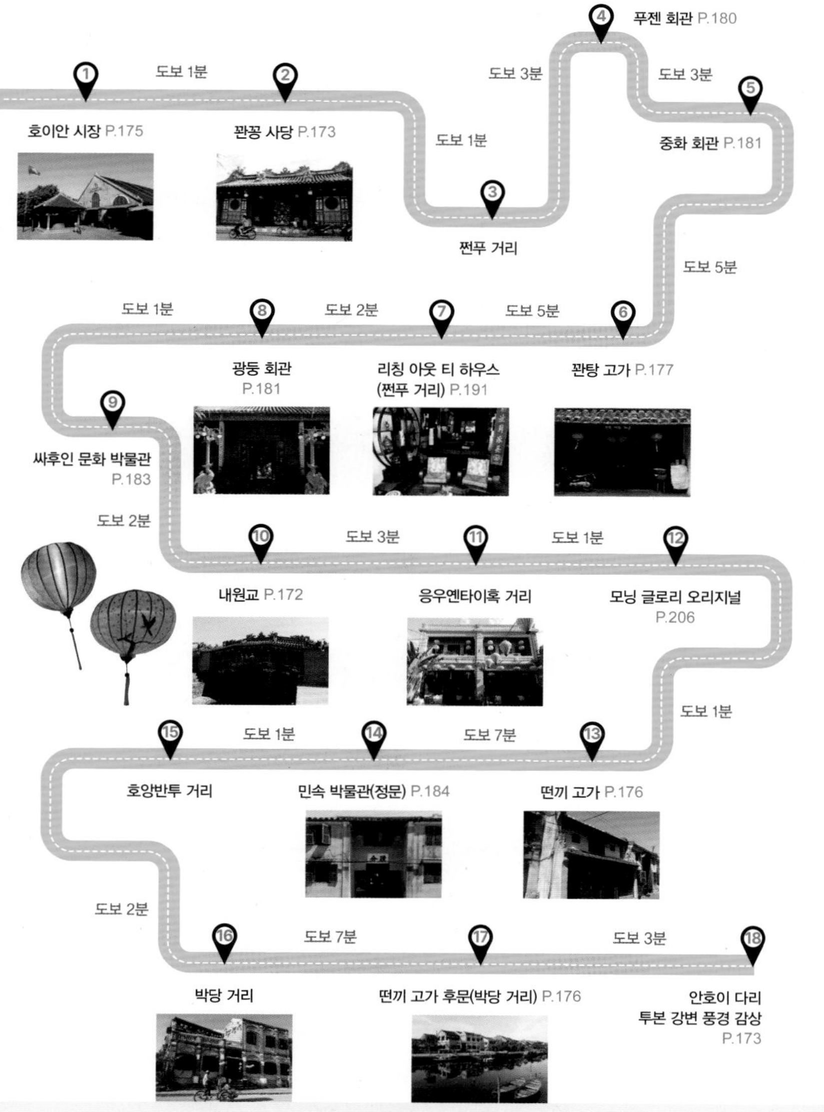

SPECIAL PAGE

\ 올드 타운에서의 자전거 산책 /

올드 타운은 규모가 작고, 쭉 뻗은 평평한 길 덕분에 헤맬 염려가 없다. 그래서 올드 타운에는 자전거 여행자가 많다. 천천히 다니다가 맘에 드는 곳에 서서 사진도 찍고, 쇼핑도 하고, 발코니가 있는 카페에서 유유자적 시간을 보내면 된다. 관광객이 몰려들기 전인 고요한 아침, 어느 것도 방해 받지 않고 옛 거리를 산책해보자.

❶ 내원교 (P.172)

올드 타운의 이정표가 되는 다리. 내부를 살펴보고 다리를 건넌다. 풍흥 고가(P.177, 입장할 필요는 없다)를 들렀다가 다시 내원교를 지나 싸후인 문화 박물관(P.183, 입장할 필요는 없다)을 지난다.

POINT! 호이안을 상징하는 내원교와 투본 강을 배경으로 멋지게 사진 찍기.

❷ 광둥 회관 (P.181)

전형적인 중국식 향우 회관. 쭉 이어지는 쩐푸 거리가 중국인이 거주했던 지역이다. 오른쪽으로 리칭 아웃 티 하우스, 득안 고가(P.179, 입장할 필요는 없다)를 천천히 구경하며 지난다.

POINT! 베트남 전통 의상 아오자이를 입고 묘한 분위기의 옛 거리 걷기.

❸ 파이포 커피 (P.192)

호이안 올드 타운에서 루프톱을 개방한 몇 안 되는 커피숍이다. 주변 경관을 감상하고 기념사진 찍기 더 없이 좋다. 역사적인 건물들이 모여 있는 쩐푸 거리를 지나면 꽌탕 고가(P.177), 도자기 박물관(P.183)을 지나 중화 회관(P.181)에 닿는다. 중화 회관은 무료로 관람할 수 있다.

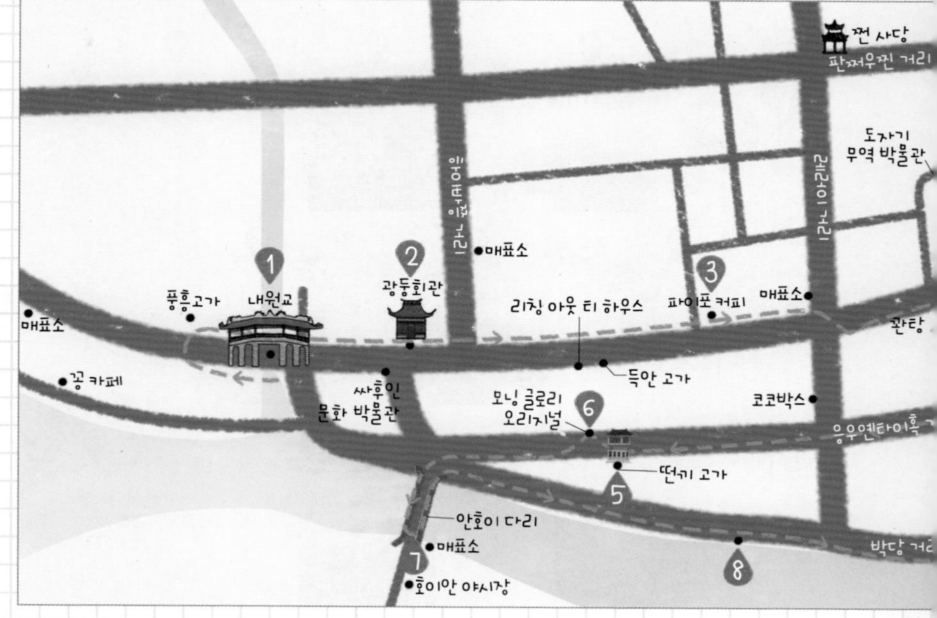

❹ 푸젠 회관 (P.180)

올드 타운에서 가장 중요한 향우회관. 회관 중에서는 이곳 하나만 가도 충분하다. 푸젠 회관에서 나오면 다시 길을 되돌려 중화 회관 앞을 지나 응우옌타이혹 Nguyễn Thái Học 거리로 진입한다. 콜로니얼 양식의 유럽풍 건물이 많다.

❺ 떤끼 고가 (P.176)

옛 중국식 가옥 중 대표적인 곳. 고가옥이 어떠한 형태인지 들어가서 살펴본다. 떤끼 고가가 위치한 골목은 올드 타운의 맛집이 몰려 있는 곳이다. 브런치로 식사를 해결하고 싶거나 점심을 제대로 먹기 전에 허기를 달래기 좋다.

❻ 올드 타운의 유명 레스토랑

떤끼 고가 주변의 응우옌타이혹 거리에는 올드 타운을 대표하는 레스토랑이 몰려 있다. 노란색의 콜로니얼 양식 건물들로 발코니가 딸려 있어 주변의 목조 가옥과 대비를 이룬다. 모닝 글로리 오리지널, 땀땀 카페, 카고 클럽이 대표적이다.

❼ 안호이 다리 (P.173)

내원교 못지않은 분위기를 자아내는 다리. 다리에서 박당 거리(강변도로)를 바라보면 한쪽은 빛바랜 노란색의 오래된 건물들이, 한쪽은 배들이 정박해 있는 강 풍경이 눈에 들어온다.

POINT! 다리 위에서 강물에 비친 빈티지한 호이안을 사진에 담기.

❽ 박당 거리 (P.173)

박당 거리는 투본 강과 연해 있어 강변 풍경을 감상하기 좋다. 강변 거리를 거닐다보면 동·서양을 아우르는 오래된 건축물도 볼 수 있다. 전통 문화를 체험하고 싶다면 전통 예술 공연장(P.174), 민속 박물관(P.184)을 들러도 좋다.

❾ 호이안 시장 (P.175)

현지인의 삶을 엿보기 좋은 시장. 호이안 시장에선 부르는 게 값이기 때문에 기념품 살 때 심장이 떨릴 정도로 가격을 깎아야 한다. 쇼핑에 흥미가 없다면 맛집으로 이동한다.

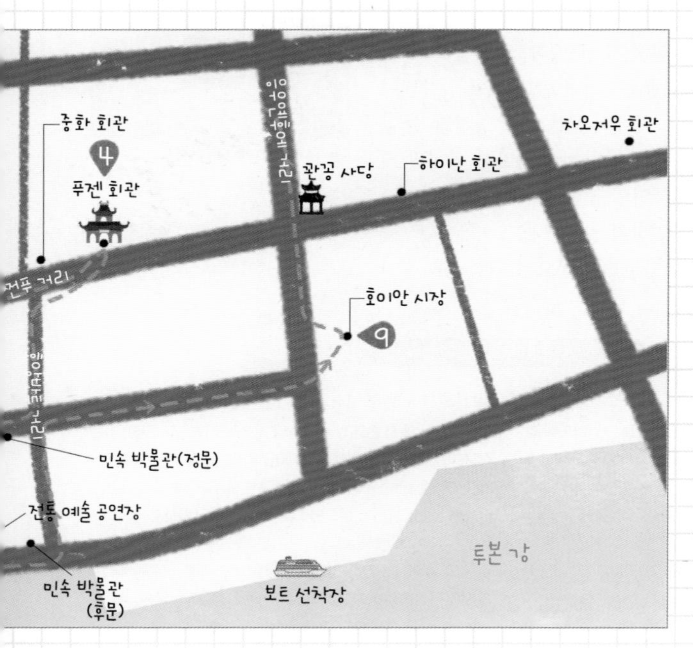

알아두세요

▸ 대부분의 호이안 숙소에서는 자전거를 무료로 대여해준다. 자전거 대여 서비스가 따로 없다면, 호이안 곳곳에 있는 렌탈 숍에서 자전거를 빌릴 수 있다. 보통 1일 3만 VND이다.

▸ 통합 입장권으로 갈 수 있는 곳은 5곳. 내원교, 푸젠 회관, 떤끼 고가는 꼭 방문해보자.

▸ 점심 식사하기 좋은 곳: 껌린(P.200), 미스 리(P.199), 쩌우 키친(P.206), 호이안 하트 레스토랑(P.207)

▸ 올드 타운에서 야경을 즐기고 싶다면 오후 3시경부터 아래 코스 반대 방향으로 투어를 시작하자. 대부분의 볼거리 명소는 오후 5시쯤에 문을 닫는다.

SPECIAL PAGE

\ 호이안 올드 타운 통합 입장권 /

호이안의 올드 타운 전체가 유네스코 세계문화유산으로 지정, 보호되고 있기 때문에 건물 하나하나 별도로 입장료를 부과하지 않고, 일괄적으로 통합해 입장권을 판매하고 있다. 고가옥, 향우 회관, 내원교, 박물관을 방문하려면 반드시 이 입장권이 필요하다. 하나만 보고 싶다고 앞에서 돈을 내고 입장할 수 없다. 통합 입장권은 올드 타운으로 향하는 길목마다 설치된 매표소에서 구입할 수 있고, 외국인의 통합 입장권 요금은 12만 VND이다. 통합 입장권을 구입하지 않아도 올드 타운으로 들어갈 수 있는데, 단속이 심할 경우 의무적으로 입장권을 구입하라고 강요하는 경우도 있다.

올드 타운 입구마다 설치된 매표소

알아두세요

【 거리만 거닐고 싶어도 입장권을 사야 할까? 】

올드 타운을 방문하는 관광객에게 입장권을 구입하도록 강요한다. 입장료 수입을 올리려고 식사만하러 저녁에 방문하는 여행자에게도 입장권을 구입하라는 것. 때문에 실랑이가 종종 발생하기도 한다. 관광객이 적은 이른 아침에는 '강매'가 느슨한 편이다. 오전에 올드 타운을 거닐거나 자전거를 타고 다니면, 호이안에 오래 머무는 관광객이라 여기기 때문이다(입장권을 구입했을 것으로 판단함). 오후엔 다낭에서 관광객이 몰려와 매표소 직원들이 깐깐해진다. 이 때는 매표소 앞을 얼쩡대며 사야 하는지 물어보지 말고, 이미 입장권을 구입한 사람처럼 자연스럽게 걸어가면 된다. 괜히 얼굴 붉히기 싫으면 그냥 입장권을 구입하자. 입장료는 유적 보호에 쓰인다고 하니 기부하는 셈 치면 나쁠 것도 없다. 조금 이른 오후에 입장권을 구입해 먼저 둘러본 뒤, 해가 지면 야경을 감상하고 저녁 식사하는 일정을 더 추천한다.

통합 입장권으로 방문 가능한 곳 리스트

고가옥	
떤끼 고가 ★	P. 176
풍흥 고가	P. 177
꽌탕 고가	P. 177
득안 고가	P. 179
쩐 사당	P. 178
응우옌뜨엉 사당	
향우 회관	
푸젠 회관 ★	P. 180
광둥 회관 ★	P. 181
하이난 회관	P. 182
차오저우 회관	P. 182
박물관	
호이안 박물관	P. 184
도자기 무역 박물관	P. 183
싸후인 문화 박물관	P. 183
민속 박물관	P. 184
전통의학 박물관	P. 184
개별 문화유산	
내원교 ★	P. 172
꽌꽁 사당	P. 173
전통 예술 공연장	P. 174

통합 입장권의 특징 알아보기

❶ 호이안 올드 타운 명소 24곳 중 마음에 드는 곳 5곳을 방문할 수 있다. 명소에 입장할 때마다 입장권을 하나씩 가위로 잘라낸다.

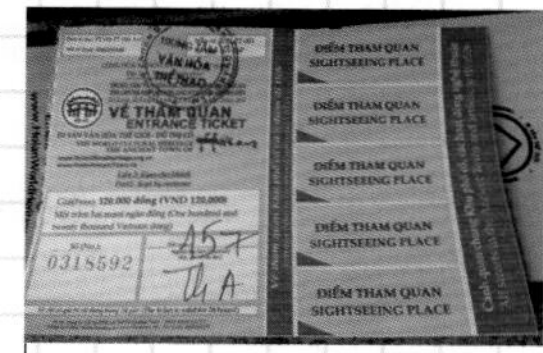

호이안 올드 타운 통합 입장권

❷ 통합 입장권의 유효 기간은 원칙적으로 24시간이다. 하지만 하루 안에 5곳을 모두 가지 않아도 되고, 사용하고 남은 입장권은 언제든지 자유롭게 다시 사용할 수 있다.

❸ 별도의 본인 확인을 하지 않기 때문에 다른 사람에게 양도할 수 있다.

통합 입장권 알차게 사용하기

통합 입장권으로는 5곳만 방문할 수 있다. 볼거리들이 카테고리별로 비슷비슷하기 때문에 각각의 카테고리에서 하나씩 선택해서 방문하는 게 좋다. 입장권으로 갈 만한 5곳에 대한 팁을 소개한다.

❶ 호이안의 대표 볼거리인 내원교는 꼭 넣는다.

❷ 향우 회관 중에 선택한다면, 푸젠 회관을 방문하자. 중국 상인이 건설한 향우 회관 중 가장 규모가 크고 볼거리도 많다.

❸ 고가옥 중에선 떤끼 고가를 가장 많이 간다.

❹ 광둥 회관은 내원교와 가까워 관광객이 많이 찾는다.

❺ 통합 입장권으로 전통 공연도 관람할 수 있다.
공연 시간은 매일 10:15, 15:15에 시작한다.

❻ 내원교는 현재 복원 공사 중이다. 가림막을 쳐 놓고 있으며, 임시 통행로를 만들어 다리 옆을 지나갈 수 있도록 만들었다.

알아두세요

【 호이안에서 소원 등 띄우기 】

해지는 시간이 되면 투본 강에서 뱃놀이를 즐기는 사람들이 많다. 이들 대부분이 연꽃 모양의 종이 배 위에 불을 밝혀 소원과 함께 강물에 띄워 보낸다. 사공이 배를 저어주는 나무 쪽배를 타야하는데, 뱃삯은 인원에 따라 정해져 있다. 요금은 1~3명의 경우 15만 VND, 4~5명의 경우 20만 VND 정도가 적당하다. 여기에 보트 타는 시간은 20분 정도에 소원 등의 가격까지 포함한 요금으로 합의해야 한다. 투본 강변을 걷다보면 배를 타라며 호객하는 사람들을 어렵지 않게 만날 수 있다.

Attraction

호이안의 볼거리

올드 타운 자체가 볼거리다. 투본 강을 끼고 형성된 호이안의 옛 거리로, 포꼬 호이안 Phố Cổ Hội An으로 불린다. 내원교에서 시작해 호이안 시장까지 쩐푸 거리, 응우옌타이혹 거리, 박당 거리에 볼거리가 가득하다. 건물 하나하나가 모두 유네스코 세계문화유산으로 보호되고 있다.

01 호이안을 상징하는 다리
내원교 Japanese Covered Bridge / Lai Viễn Kiều(Chùa Cầu) ★★★☆

호이안을 상징하는 랜드마크. 호이안에 정착한 일본 상인들이 1593년에 건설한 것으로, 돌다리 위에 나무 기둥과 기와지붕을 얹어 일본풍으로 만들었다. 전체 길이는 18m. 상징성에 비하면 규모는 매우 작다. 이 다리는 당시 호이안에 정착한 중국인 마을과 일본인 마을을 연결했다고 한다. 다리 오른쪽에 중국 상인들이 거주했고, 다리 왼쪽에 일본 상인들이 거주했다고 한다.

1719년 다리 중간에 작은 사원이 건설되며 내원교(来遠橋)로 이름이 바뀌었다. '멀리서 온 통행인을 위한 다리'라는 뜻. 다리 중간의 작은 사원은 쭈아 꺼우 Chùa Cầu로 불린다. 박데(北帝) Bắc Đế를 모시는 도교 사원이다. 박데는 해상 교역을 하는 중국 남방 사람들이 모시는 날씨를 관장하는 신이다.

참고로 베트남 화폐 2만 VND 뒷면 도안엔 내원교가 그려져 있다. 베트남 사람들은 다리 이름보다 '쭈아 꺼우'라고 사원 이름을 부른다. 영어로는 흔히들 재패니스 브리지라고 말한다.

지도 P.158-A4 **주소** Đường Trần Phú & Đường Nguyễn Thị Minh Khai **운영** 24시간 **요금** 통합 입장권 **가는 방법** 쩐푸 거리 서쪽 끝에 있다. 내원교를 건너면 응우옌티민카이 거리가 나온다.

알아두세요

내원교는 현재 복원 공사 중이다. 400년이나 된 오래된 건축물을 해체한 상태인데, 철제 가림막을 쳐 놓고 있어 내원교를 배경으로 기념사진 찍기는 어렵다. 임시 통행로를 만들어 다리 옆을 지날 수 있으며, 복원 중인 내원교 상태도 들여다볼 수 있다. 2층으로 올라가서 볼 수도 있는데, 이때는 통합 입장권을 내야 한다.

내원교의 멋진 야경

공사 중인 내원교

내원교에 있는 작은 사원 쭈아 꺼우

02 그림 속 풍경을 닮은 투본 강
리버사이드(강변도로) Riverside ★★★★

유네스코 세계문화유산으로 지정된 호이안의 올드 타운은 투본 강과 어우러져 그 멋을 더한다. 강변도로(박당 거리)에 위치한 옛 건물들은 낮에는 빛을 받아 노랗게 빛나고, 늦은 오후가 되면 석양을 투영해 붉게 물든다. 해 지는 시간에는 조명과 홍등을 하나둘 밝히는데, 강변에 투영된 호이안의 풍경은 그 어떤 것보다 매력적이다. 강을 사이에 두고 두 개의 거리가 마주보고 있기 때문에, 올드 타운 건너편에서 호이안의 전체적인 느낌을 감상하기 좋다. 골목길을 거닐면서 봐왔던 단편적인 호이안의 이미지가 일렬로 길게 펼쳐진다. 콜로니얼 양식의 건축물에 기와지붕을 얹은 호이안 건축물을 특징을 한 눈에 파악할 수 있다. 안호이 다리 Cầu An Hội를 통해 투본 강을 건널 수 있는데, 저녁때가 되면 소원 배를 타려는 관광객까지 합세해 혼잡스럽다.

지도 P.158-B4 **주소** Đường Bạch Đằng **운영** 24시간 **요금** 무료 **가는 방법** 올드 타운 남쪽 경계를 이루는 박당 거리 Đường Bạch Đằng가 투본 강과 접해 있다. 강 건너에 있는 안호이 섬 북쪽의 응우옌푹쭈 거리 Đường Nguyễn Phúc Chu도 투본 강과 연해 있다.

안호이 다리에서 바라본 호이안 풍경

투본 강에서 소원 배 타기

03 관우를 모신 중국식 사당
꽌꽁(關公廟) 사당 Quan Cong Temple / Quan Công Miếu(Chùa Ông) ★★

1653년에 중국인들이 건설한 관우를 모신 사당이다. 중국 고대 도시를 건축할 때 문묘(文廟)와 무묘(武廟)를 세우는 전통에서 기인한 것이다. 문묘는 '문(文)'의 최고봉 공자를 모신 사당이고, 무묘는 '무(武)'의 최고봉 관우를 모신 사당이다. 꽌꽁 사당은 입구부터 청용과 백마로 장식해 중국 느낌이 고스란히 전해진다. 사당의 전체적인 구조는 '국(國)' 자를 형상화했으며, 내부 중앙 제단에 관우를 모시고 있다. 관평(關平, 관우의 장남)과 주창(周倉, 관우를 돕는 무장) 동상이 관우를 호위하고 있으며, 관우가 탔다는 적토마 동상도 만들어 놓았다. 중국 상인들은 관우 장군의 용맹함과 충성심, 덕망에 경의를 표하며 안전한 항해를 기원했다고 한다. 참고로 관우는 중국 남방에서 재력의 신으로 여겨지기도 한다. 베트남어로 관우(關羽)는 꽌부 Quan Vũ, 관우를 높여 부른 관공(關公)은 꽌꽁 Quan Công이다. 관우 사당은 꽌꽁미에우(關公廟) Quan Công Miếu다.

지도 P.159-D3 **주소** 24 Trần Phú **전화** 0235-3862-945 **운영** 매일 08:00~17:00 **요금** 통합 입장권 **가는 방법** 쩐푸 거리와 응우옌후에 거리가 만나는 사거리 코너에 있다. 호이안 시장에서 도보 1분.

꽌공 사당 입구

꽌공 사당 내부에 있는 관우의 적토마

04 전통 예술 공연을 관람할 수 있는 소극장
전통 예술 공연장 Hoi An Traditional Art Performance House / Nhà Biểu Diễn Nghệ Thuật Cổ Truyền Hội An ★★★☆

호이안의 전통 공연과 무형 문화재를 감상할 수 있는 곳이다. 본래 유료로 운영되던 곳이었는데, 2018년 6월 1일부터 호이안 올드 타운 유적으로 통합관리되고 있다. 공연장 자체가 오래된 역사 유적이기 때문에 공간이 주는 매력도 크다. 전통 악기 연주, 민속 무용, 압사라 댄스, 베트남 경극, 민속 놀이 등을 공연하는데 소박한 규모로 펼치는 공연이니 잠시 머물며 가볍게 감상하기 좋다. 극장은 아담하지만 에어컨을 가동해 쾌적하다. 러닝타임은 약 30분이며 하루 2회(10:15, 15:15) 무대가 오른다. 통합 입장권으로도 관람이 가능하다.

지도 P.158-C4 **주소** 66 Bạch Đằng **전화** 0235-3861-159 **요금** 통합 입장권 **가는 방법** 강변도로에 해당하는 박당 거리 66번지에 있다.

압사라 댄스

전통 예술 공연장

05 역동적인 창작 무용극을 볼 수 있는
룬 퍼포밍 아트 Lune Performing Art ★★★★

베트남의 대표적인 행위 예술 극단, 룬 프로덕션 Lune Productions의 공연을 볼 수 있는 곳이다. 주로 베트남의 문화와 전통, 토착신앙, 생활상을 주제로 한 창작극을 선보인다. 공연은 배우들의 노래와 춤, 강렬한 몸짓으로 표현된다. 대나무 곡예와 아크로바트, 서커스, 현대 무용이 생동감 넘치게 어우러지고, 전통 타악기를 이용해 극의 긴장감을 고조시킨다. 산악지역에서 생활하는 소수민족의 생활상을 주제로 한 테다 Teh Dar, 베트남 마을을 주제로 한 랑또이(마이 빌리지) Làng Tôi(My Village), 베트남의 과거와 현재를 대비시킨 아오 쇼 A O Show, 베트남 남부 지방의 농경문화를 주제로 한 더 미스트 The Myst, 참족의 문화와 신앙을 주제로 한 팔라오 Palao까지 총 5개 공연이 있다.

지도 P.157-A2 **주소** Dong Hiep Park(Công Viên Đồng Hiệp), Nguyễn Phúc Chu **전화** 0124-518-1188 **홈페이지** www.luneproduction.com **공연 시간** 화·수·금·토·일요일 18:00(예매 창구 09:30~18:00) **휴무** 월·목요일 **요금** 일반석 70만 VND, VIP석 160만 VND **가는 방법** 안호이 다리 건너편, 강변도로 끝자락의 동히엡 공원에 있다.

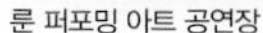
룬 퍼포밍 아트 공연장

© A O Show
아오 쇼 A O Show

06 호이안 사람들의 생활이 보이는 호이안 시장 Hoi An Market / Chợ Hội An ★★★☆

베트남 사람들의 삶이 여과 없이 투영되는 재래시장. 주로 식료품과 생활 용품을 판매하는데, 베트남 주식인 다양한 쌀국수 면발을 판매하는 노점이 많다. 아침에는 도로까지 채소를 내놓고 판매해 활기 넘치고, 강변 쪽 상점에선 생선을 판다. 저렴한 노점에서 간단하게 식사할 수도 있다. 까오러우 Cao Lầu, 미꽝 Mì Quảng, 분보후에 Bún Bò Huế 같은 쌀국수와 과일 셰이크인 신또 Sinh Tố를 파는 노점이 대부분이다. 올드 타운에 위치해 관광객이 많고, 기념품 상점도 많다. 나무젓가락, 그릇, 베트남 커피 등 매장마다 물건은 비슷하다. 외국인에겐 비싸게 부르기 때문에 첫 번째 집에서 물건을 사지 말고 몇 군데 둘러보고 흥정하면 된다.

지도 P.159-D4 **주소** Đường Trần Phú & Đường Nguyễn Huệ & Đườ-ng Bạch Đằng **운영** 05:00~20:00 **요금** 무료 **가는 방법** 꽌꽁 사당 맞은 편에 위치. 투본 강을 끼고 있다.

호이안 시장

호이안 시장 주변으로 노점이 생긴다

07 쇼핑보다 사진 찍기 좋은 시장 호이안 야시장 Hoi An Night Market ★★★☆

투본 강 건너편 안호이 섬 지역에 형성되는 야시장이다. 매일 17:00부터 응우옌호앙 거리에 50여 개의 노점이 들어선다. 홍등(랜턴), 베트남 국기가 장식된 소품, 마그넷, 목각 인형, 야자나무로 만든 젓가락, 자개로 장식한 칠기 제품, 그릇을 판매한다. 재래시장의 기념품 가게에서 흔히 볼 수 있는 물건들이 대부분이다. 가격을 비싸게 부르기 때문에 흥정해야 한다. 야시장 입구에 홍등을 판매하는 상점이 몰려 있다. 화려한 색감이 눈길을 끄는데, 기념사진만 찍고 갈 경우 1인당 1만 VND을 받는다.

지도 P.158-B4 **주소** Nguyễn Hoàng **운영** 17:00~23:00 **가는 방법** 올드타운에서 투본 강 건너편에 있는 안호이 섬 응우옌호앙 거리에 있다. 내원교 아래쪽의 안호이 다리를 건너 오른쪽으로 40m 더 가야 한다.

야시장에 가면 홍등이 눈길을 끈다

터무니없이 비싸게 부르니 흥정은 기본

▶ **고가(古家)** Old House

중국 상인들과 일본 상인들이 정착하면서 만든 고가옥은 베트남 · 중국 · 일본 건축 양식이 혼재해 있다. 이끼 낀 기와지붕과 대들보, 서까래, 한자 현판까지 동양적인 정서가 물씬 풍긴다. 대부분 상점으로 개조됐지만, 일부 부유한 중국 상인들의 집은 원형을 보존해 공개하고 있다. 통합 입장권으로 방문할 수 있지만, 가족들이 생활하는 곳이므로 집주인의 안내에 따라야 한다. 집안의 후손이 가옥 안내를 진행한다. 영어와 베트남어만 가능하므로, 한국인은 개별적으로 둘러봐야 하는 경우도 있다.

01 호이안 건축을 엿볼 수 있는 고가옥
떤끼 고가(進記古家) Tan Ky House / Nhà Cổ Tấn Ký ★★★★

좁고 기다란 구조의 2층 건물로, 중국 상인이 18세기에 건설했다. 건설 당시에는 실크, 차, 목재, 계피, 한약재 등을 판매하는 상점으로 쓰였다. 출입문이 두 개인 것이 특징이다. 정문은 도로 쪽(응우옌타이혹 거리)을 향하고 있고, 후문은 투본 강 쪽(박당 거리)을 향하고 있다. 정문은 호이안에 거주하는 상인들이 들락거렸고, 후문은 정박한 배에 물건을 싣기 편리하도록 해 외국인 상인들이 즐겨 이용했다고 한다.

떤끼 고가는 베트남 · 중국 · 일본 가옥 양식이 절묘하게 조화를 이루는 건물로 평가받는다. 격자 모양으로 지붕을 받친 전형적인 베트남 건물이지만, 육각형 천장과 대들보, 세 겹의 서까래는 일본 건축 양식을 잘 보여준다. 나전 기법을 이용해 치장한 기둥이나 한자 간판, 자개 장식 등은 중국 영향을 강하게 받았다. 안마당 벽면에는 중국적인 풍경산수 문양을 장식했고, 사당도 집안에 모셨다. 가구와 도자기, 병풍 등 장식들이 옛 모습 그대로 보존되어 있다. 떤끼 고가에는 현재 7대 후손들이 생활하고 있다. 후손들은 직접 가옥 내부를 안내한다. 방문자가 오면 먼저 차 한 잔을 내 주고, 영어와 베트남어로 안내해 준다. 2층은 집안사람들이 생활하므로 입장을 삼가야 한다.

지도 P.158-B4 **주소** 101 Nguyễn Thái Học **전화** 0235-3861-474 **운영** 08:00~12:00, 13:30~17:30 **요금** 통합 입장권 **가는 방법** 응우옌타이혹 거리 101번지에 있다. 카고 클럽 Cargo Club을 바라보고 왼쪽, 모닝 글로리 오리지널(레스토랑) 맞은편에 있다. 내원교에서 도보 4분.

응우옌타이혹 거리에 있는 떤끼 고가 정문

박당 거리에 있는 떤끼 고가 후문

떤끼 고가 내부의 현판

02 동양적인 느낌의 인테리어가 잘 보존된 꽌탕 고가(均勝古家) Old House of Quan Thang / Nhà Cổ Quân Thắng ★★☆

중국 푸젠성 출신의 선장 꽌탕이 호이안에 거주하기 위해 만든 가정집이다. 18세기에 건설된 고가옥으로 단층 건물이다. 좁고 기다란 베트남 가옥 형태를 취하면서도 중국 건축 양식을 따랐다. 호이안의 다른 고가옥에 비해 규모는 작지만 내부에 정성들여 만든 치장들이 눈길을 끈다. 안마당 벽에 청자 도자기 파편을 이용해 조각을 만들었고, 들보, 서까래, 덧문, 난간동자까지 동양적인 감각을 살려 치장했다. 대대로 내려오는 고가구도 건물 내부에 남아 있다. 현재는 꽌탕의 7대손이 생활하고 있다.

지도 P.158-C4 **주소** 77 Trần Phú **운영** 09:30~18:00 **요금** 통합 입장권 **가는 방법** 쩐푸 거리 77번지에 있다. 같은 거리에 있는 중화 회관을 바라보고 왼쪽으로 50m.

꽌탕 고가

'꽌탕의 집'이라는 뜻의 현관

03 근사한 목조 가옥과 가로수길 풍흥 고가(馮興古家) Old House of Phun Hung / Nhà Cổ Phùng Hưng ★★★☆

1780년에 중국 상인이 건설한 발코니를 갖춘 2층 목조 가옥이다. 3칸짜리 중국식 건물로 좁고 길게 생긴 베트남식 가옥과는 차이가 난다. 80개의 목조 기둥이 건물을 받치고 있다. 향과 향신료, 종이, 소금, 실크, 계피, 도자기, 유리를 판매한 상점이었다고 한다. 계단 말고도 1층과 2층 사이에 물건을 옮길 수 있도록 사각형 구멍을 추가로 만든 것이 특징이다. 투본 강이 범람해 홍수 피해가 빈번하자 이에 대한 대비책을 마련한 것이라고 한다. 건설 당시에는 1층은 상점, 2층은 주거 공간으로 쓰였다. 현재는 8대 후손들이 생활하고 있으며, 2층은 조상들의 위패를 모신 사당으로 사용된다. 후손들이 관광객에게 집안을 안내해 준다. 자수 공예품도 만들어 판매하고, 2층 발코니에서 거리 풍경을 내려다볼 수 있다.

지도 P.158-A4 **주소** 4 Nguyễn Thị Minh Khai **전화** 0235-3862-235 **운영** 08:00~11:30, 13:30~17:00 **요금** 통합 입장권 **가는 방법** 응우옌티민카이 거리 4번지에 있다. 내원교를 건너서 길(응우옌티민카이 거리)을 따라 20m 직진한다.

풍흥 고가 내부

2층 목조 가옥 풍흥 고가

04 집안의 자부심을 느낄 수 있는 쩐 사당
쩐 사당(陳祠堂) Tran Family Chapel / Nhà Thờ Cổ Tộc Trần ★★☆

응우옌 왕조(P.250)의 1대 황제 자롱 황제 시절 관리였던 쩐뜨냑 Trần Tứ Nhạc(1700년대 베트남으로 이주한 중국인의 후손)이 건설했다. 1802년 사신단의 일원으로 중국에 가게 되면서, 조상들을 위해 집과 사당을 만들었다고 한다. 호이안의 다른 고가옥들과 달리 담벼락에 둘러싸여 있어 고위 관리의 집임을 알 수 있다.

베트남 · 중국 · 일본 양식이 조화를 이루는 목조 건물로, 200여 년의 모습 그대로 보존되어 있다. 중앙에 정원을 만들고 조상들께 제사를 지내는 사당과 가족이 생활하는 주거 공간을 건설했다. 나무 기둥과 조각, 나전칠기 장식, 한자 간판, 걸개그림 등 인테리어는 중국적인 색채가 강하다. 중국에서 하사받은 골동품, 도자기, 그림, 검, 도장 등 다양한 유품과 족보, 생활 용품들이 진열되어 있다. 사당 안에는 선조들의 위패나 초상화를 모시고 있다. 쩐 씨 가문을 의미하는 '陳'이 적힌 홍등도 걸려 있다. 1년에 한 번씩 집안 사람들이 모여 조상의 공덕을 기린다고 한다.

다른 고가옥과 마찬가지로 집안의 후손이 안내 도우미 역할을 해 준다. 집안 내부로 들어가면 오래된 화폐(중국과 베트남의 엽전)와 골동품을 진열해 놓고 설명해 주며 구입을 권유한다. 진품인지 알 수는 없으나 청나라 강희제 때 사용했던 강희통보(康熙通寶)도 전시되어 있다.

지도 P.158-C3 **주소** 21 Lê Lợi **전화** 0235-3861-723 **운영** 08:00~18:00 **요금** 통합 입장권 **가는 방법** 레러이 거리와 판쩌우찐 거리가 만나는 사거리 코너에 위치해 있다.

쩐 사당 입구

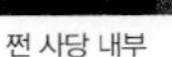
쩐 사당 내부

골동품을 전시해놓은 별실

05 베트남 현대사에 등장하는 고가옥
득안 고가(德安古家) Duc An House / Nhà Cổ Đức An ★★☆

400년 이상 한 곳에서 대를 이어오며 생활했던 중국 상인이 건설한 가옥으로, 현재의 건물은 1850년에 만든 것이다. 상점을 겸했던 고가옥은 호이안뿐 아니라 베트남 중부 지방에서 꽤 유명했다고 한다. 베트남·중국 서적부터 외국 정치 사상가들의 책까지 다양하게 보유하고 있어 당시 지식인들이 즐겨 찾던 곳이었다. 프랑스가 베트남을 통치할 때는 호이안의 반(反)프랑스 운동가들의 회동 장소로 쓰였다고 한다. 베트남 공산당 창당을 주도했던 인물 가운데 한 사람인 까오홍란 Cao Hồng Lãnh(본명 판템 Phan Thêm)이 살았던 집이기도 해서, 베트남 유명 인사들도 많이 방문했다. 까오홍란의 공산 혁명과 관련한 흑백 사진과 보응우옌잡 장군이 방문한 사진 등이 안마당의 휴식 공간을 따라 걸려 있다. 현재 집안을 이끄는 판응옥짬 Phan Ngọc Trâm 씨가 집안을 안내해 준다.

지도 P.158-B4 **주소** 129 Trần Phú **운영** 08:00~20:00 **요금** 통합 입장권 **가는 방법** 쩐푸 거리 129번지에 있다. 빈흥 1 호텔을 바라보고 왼쪽으로 50m. 리칭 아웃 티 하우스 옆에 있다. 내원교에서 도보 3분.

득안 고가 현판

득안 고가 내부

06 한약방과 도자기가 남아 있는 가정집
지엡동응우옌(業同源) Diep Dong Nguyen / Nhà Cổ Diệp Đồng Nguyên ★★

광둥에서 이주한 부유한 중국 상인이 19세기에 건설한 가옥이다. 원래 한약과 약재를 팔기 위해 문을 열었으나 사업이 잘되자 보석, 도자기, 책 등의 고급 물건들을 거래했다고 한다. 1층은 한약을 판매하는 상점 그대로 보존되어 있고, 다양한 도자기가 가득 진열되어 있다. 집안에서 사용하는 의자 중에는 응우옌 왕조의 마지막 황제인 바오 다이 황제에게 임대해줬던 것도 있다고 한다. 안마당 뒤쪽 1층에 부엌이 있고, 2층에는 조상들의 제사를 지내는 작은 사당을 모셨다. 통합 입장권 없이 무료로 방문할 수 있다.

지도 P.158-B4 **주소** 80 Nguyễn Thái Học **운영** 08:00~12:00, 14:00~16:30 **요금** 무료 **가는 방법** 응우옌타이혹 거리 80번지에 있다. 내원교에서 300m 떨어져 있다.

지엡동응우옌 입구

19세기 가옥 지엡동응우옌

▶ **향우회관(鄕友會館)** Assembly Hall

호이안이 중국의 영향을 얼마나 많이 받았는지 단적으로 보여주는 곳이다. 당시 호이안에 정착한 중국 상인들은 지방색이 강하고 언어도 지역마다 달랐다. 친목 도모를 위해 각 지역 출신끼리 향우회관을 건설했다. 향우회관에 모여 안전한 항해를 기원하고 조상의 공덕을 기리며 제사를 지냈다고 한다. 향우회관은 건물뿐만 아니라 조경까지 중국 전통에 따라 건축했다. 기본적으로 패방과 출입문, 안마당, 정원, 본당, 사당을 갖춘 구조다. 통합 입장권이 있어야 방문이 가능하며, 중화 회관과 하이난 회관은 자유롭게 드나들 수 있다.

01 외국인이 가장 많이 방문하는 향우 회관
푸젠 회관(福建會館) Fujian Assembly Hall / Hội Quán Phúc Kiến ★★★★

호이안에 있는 향우회관 중 규모가 가장 크고 외국인이 가장 많이 방문하는 곳이다. 명나라가 망해가던 시기에 베트남으로 이주한 푸젠성 화교들이 친목 도모를 위해 1600년에 건설했다. 그리고 1975년 새로운 건물들을 신축하며 증축했다. 향우회관의 출입문은 패방에 기와지붕을 얹은 형태이며, 현판에 '복건회관 福建會館'이라고 쓰여 있다. 패방 안쪽에는 3개의 아치형 문으로 이루어진 또 다른 출입문이 있다. 2층 규모로 상단 현판에는 '금산사 金山寺', 하단 현판에는 '복건회관 福建會館'이라고 적혀 있다. 회관의 안뜰은 화분과 화석으로 정원을 가꾸었고, 여러 색의 도자기 파편으로 용, 봉황, 물고기, 거북이 조각을 장식했다.

본관에는 안전한 항해를 관할하는 바다의 여신 티엔허우 Thiên Hậu, 배가 이동하는 소리를 듣는 투언퐁니 Thuận Phong Nhĩ, 먼 거리에 있는 배들을 관찰하는 신 티엔리냔 Thiên Lý Nhãn을 모셨다. 벽면에는 티엔허우 여신이 침몰하는 배를 구해주는 벽화가 그려져 있다. 천장에는 축문이 적힌 노란색 종이를 붙인 스프링 모양의 향이 가득 걸려 있다. 호이안에 처음 도착했던 6명의 선조들의 위패를 모신 사당도 별도로 만들었고, 실물을 20분의 1로 축소한 중국 선박도 볼 수 있다. 모형 선박의 돛에는 순풍을 기원하는 의미로 일범순풍 一帆順風이라고 적혀 있다. 매년 음력 2월에는 이곳에 모여 조상들에게 제사를 지낸다고 한다.

지도 P.158-C3 **주소** 46 Trần Phú **전화** 0235-3861-252 **운영** 08:00~17:00 **요금** 통합 입장권 **가는 방법** 쩐푸 거리 46번지에 있다. 중화 회관을 바라보고 오른쪽으로 50m 떨어져 있다. 내원교에서 도보로 7분.

1 금산사라고 적힌 푸젠 회관 출입문 **2** 중앙 사당 **3** 티엔허우를 모신 중앙 제단

02 중국식 건축 양식의 본보기
광둥 회관(廣東會館) Guangdong(Cantonese) Assembly Hall / Hội Quán Quang Trieu(Hội Quán Quảng Đông) ★★★★

광둥 출신의 상인들이 1885년에 건설했다. 건물의 각 부분을 중국에서 만든 다음에 호이안으로 옮겨와 완성시켰다고 한다. 패방에 기와지붕을 얹은 출입문은 붉은색과 핑크색의 화려한 치장이 눈길을 끈다. 출입문에는 '광진회관 廣肇會館'이라고 현판에 적혀 있다. 출입문에 들어서면 자운경해 慈雲鏡海와 호의가가 好義可嘉라고 적힌 두 개 현판이 보인다. 자운경해(자애로운 구름과 거울 같은 바다)는 평안한 바닷길을 소망하는 상인들의 마음을 담았고, 호의가가(의로움을 기리는 것을 칭찬할 만하다)는 화교들이 지향하는 삶을 의미한다. 안으로 들어가면 관우·유비·장비가 도원결의하는 벽화와 광둥 상인들의 사진이 걸려 있다. 안뜰에는 커다란 용 조각이 눈길을 끌고, 스프링 모양의 향이 매달려 있는 중앙 제단에는 백마와 적토마가 호위하고 있는 관우 동상이 모셔져 있다. 관우 동상 뒤에 적힌 '관성대제 關聖大帝'는 관우를 높여 부른 말이다. 관우 동상 왼쪽에는 티엔허우(天后) Thiên Hậu 동상도 함께 모셨다. 티엔허우 동상 옆에는 중국 선박 모형이 있는데, 안전 항해를 기원하는 의미로 일범순풍 一帆順風이라고 적혀 있다.

지도 P.158-B4 **주소** 176 Trần Phú **전화** 0235-3861-736 **운영** 07:30~17:30 **요금** 통합 입장권 **가는 방법** 쩐푸 거리 176번지. 내원교에서 쩐푸거리를 따라 50m 떨어져 있다.

광둥 회관 입구에 서 있는 패방

광둥 회관

03 호이안 최초로 건설된 향우회관
중화 회관(中華會館) Chinese All-Community Assembly Hall / Hội Quán Trung Hoa(Hội Quán Ngũ Bang) ★★☆

1741년에 건설된 호이안 최초의 향우회관이다. 출신 지역을 구분하지 않고, 중국 상인 전체의 친목을 도모하기 위해 만들었다. 당시 긴 항해로 인해 몸이 쇠약해진 중국 상인들에게 도움을 주고, 호이안에 친인척이 없던 중국 상인들에게 잠자리도 제공해주었다고 한다. 본당에는 바다에서의 안전한 항해와 풍요를 책임지는 여신인 티엔허우(天后聖母) Thiên Hậu를 모시고 있다. 때문에 중화 회관의 본당은 천후궁 天后宮이라 불린다. 베트남어로는 여신을 모신 사원이라 하여 '쭈아바 Chùa Bà'라고 부른다. 호이안에 정착한 화교 자녀들을 위한 학교를 건설하면서 1928년부터 중화 회관으로 이름을 바꿨다.

지도 P.158-C3 **주소** 64 Trần Phú **운영** 08:00~18:00 **요금** 무료 **가는 방법** 쩐푸 거리 64번지에 있다. 쩐푸 & 호앙반투 Hoàng Văn Thụ 거리가 만나는 삼거리에 있다.

중화 회관

04 항해 도중 사망한 사람들을 추모하는
하이난 회관(海南會館) Hainan Assembly Hall / Hội Quán Hải Nam ★★☆

하이난(중국 남서부에 있는 섬. 현재 섬 전체가 중국 하이난 성에 속함) 사람들이 1875년에 건설했다. 다른 향우회관과 마찬가지로 하이난 출신 화교들의 친목을 도모하고 선조들에게 제사를 지내기 위해 만들었다. 출입문의 현판에는 '하이난 회관'이 아니라 '경부회관(瓊府會館)'이라고 적혀 있다.

본당인 소응전(昭應殿)에는 항해 도중 사망한 108명의 하이난 상인을 추모하는 제단이 있다. 1851년 뜨득 황제 시절에 하이난 상인들이 탄 세 척의 배가 베트남 해군(순시선)의 공격을 받아 침몰했다. 당시 해군 함장은 짐을 가득 실은 선박이 해적선처럼 보여 공격했다고 한다. 애도의 표시로 뜨득 황제가 사망한 상인들을 성인으로 추대했다고 한다. 당시의 사건 기록이 향우회관 내부에 한자로 적혀 있다.

지도 P.159-D3 **주소** 10 Trần Phú **운영** 08:00~17:00 **요금** 무료 **가는 방법** 쩐푸 거리 10번지에 있다. 호이안시장 앞에 있는 꽌꽁 사원을 바라보고 오른쪽으로 70m 떨어져 있다.

하이난 회관 입구

소응전

05 방문객이 적어 한산한 차오저우 회관
차오저우 회관(潮州會館) Chaozhou Assembly Hall / Hội Quán Triều Châu ★★

1752년에 건설한 향우회관이다. 해상 교통의 요지로 상업에 종사하며 자연스럽게 호이안까지 진출한 차오저우(潮州) 사람들이 건설했다. 기둥, 가래, 제단 등을 장식한 나무 조각이 눈길을 끈다. 하지만 푸젠 회관이나 광둥 회관에 비하면 규모는 작다. 차오저우는 성(省)이 아닌 도시이기 때문에 호이안에 정착한 인구는 많지 않다. 과거에는 광둥과 차오저우를 구분했지만, 현재는 차오저우 시(市)가 광둥 성에 속해 있다. 관광객이 별로 없어 차분하게 둘러볼 수 있다.

지도 P.159-E3 **주소** 362 Nguyễn Duy Hiệu **운영** 08:00~17:00 **요금** 통합 입장권 **가는 방법** 응우옌주이히에우 거리 362번지에 있다. 호이안 시장 앞에 있는 꽌꽁 사원을 바라보고 오른쪽으로 250m 떨어져 있다. 하이난회관을 지나서 더 직진해야 한다. 내원교에서 도보 12분.

차오저우 회관

차오저우 회관의 벽화

▶ **박물관** Museum

박물관에서는 호이안의 역사와 문화를 소개하고 있다. 박물관들은 규모가 작고, 전시 내용도 비슷하다. 통합 입장권을 사용하기 때문에 개인적인 취향에 따라 선택해 관람하면 된다.

01 호이안의 고대 역사를 눈으로 보다
싸후인 문화 박물관 Museum of Sa Huynh Culture / Bảo Tàng Văn Hóa Sa Huỳnh ★★

베트남 중부 지방에 발생한 철기 시대 문명 싸후인 문화(BC1000~AD200)를 소개하는 박물관이다. 싸후인은 참파 왕국보다 훨씬 앞선 문명으로, 호이안이 무역항으로 성장하기 이전의 고대 역사라고 보면 된다. 싸후인은 호이안 남쪽으로 160㎞ 떨어진 항구 도시였으며, 현재까지 53개의 싸후인 유적이 발굴되었다. 이곳에서 출토된 토기, 항아리, 접시, 철기 도구, 청동 검 등 216점의 유물을 박물관에서 전시하고 있다. 2층은 베트남의 공산 혁명과 독립을 이루기까지의 전쟁 내용으로 꾸몄다.

지도 P.158-B4 **주소** 149 Trần Phú **전화** 0235-3861-535 **운영** 08:00~17:00 **요금** 통합 입장권 **가는 방법** 쩐푸 거리 149번지에 있다. 내원교 앞쪽으로 40m 떨어져 있다.

싸후인 문화 박물관

싸후인 문화 유물

02 바다의 실크로드를 오가던 진귀한 도자기
도자기 무역 박물관 Museum of Trade Ceramics / Bảo Tàng Gốm Sứ Mậu Dịch ★★

바다의 실크로드를 연결하는 무역항으로 번영했던 옛 호이안의 모습을 고스란히 보여주는 박물관이다. 호이안 주변에서 발굴된 도자기와 1973년에 발견된 침몰선에서 인양해온 도자기를 전시하고 있다. 특히 13~17세기에 생산된 중국 · 일본 · 베트남 · 태국 · 아라비아를 오가던 고급스런 도자기들이 많다. 전통 목조 가옥을 개조한 박물관도 호이안의 풍경과 잘 어울린다.

지도 P.158-C3 **주소** 80 Trần Phú **전화** 0235-3862-944 **운영** 08:00~17:00 **요금** 통합 입장권 **가는 방법** 쩐푸 거리 80번지에 있다. 같은 거리에 있는 중화 회관을 바라보고 왼쪽으로 50m 떨어져 있다.

도자기 무역 박물관

다양한 형태의 도자기가 전시돼 있다

03 전시물보다 건물이 더 유명한 박물관
민속 박물관 Museum of Folklore / Bảo Tàng Văn Hóa Dân Gian ★★

목조 건물과 콜로니얼 양식이 혼재한 건물로, 150년이나 된 옛 건물이다. 폭 9m, 높이 57m의 복층 건물로 민속 문화와 관련한 500여 점의 전시물을 전시하고 있다. 농기구, 항아리, 바구니, 주전자, 조리 기구, 저울, 물레, 그물, 투망, 통발 등 농업과 어업 관련 물건이 대부분이다. 민속놀이와 도자기·목공예 전통 마을에 관한 전시실도 있다. 당시 사람들의 의복도 전시하고 있다. 다른 박물관에 비해 관광객이 상대적으로 덜 찾는 편이다.

목조 건물이 매력적인 민속 박물관

지도 P.158-C4 **주소** 33 Nguyễn Thái Học & 62 Bạch Đằng **전화** 0235-3910-948 **운영** 07:00~21:00 **요금** 통합 입장권 **가는 방법** 응우옌타이혹 Nguyễn Thái Học & 박당 Bạch Đằng 사거리 코너. 응우옌타이혹 거리 33번지(정문)와 박당 거리 62번지(후문)에 2개의 출입구가 있다.

04 한약방과 한약재를 전시한 박물관
전통의학 박물관 Museum of Traditional Medicine / Bảo Tàng Nghề Y Truyền Thống ★★★

2019년에 개관한 박물관으로 오래된 목조 건물이 전통 의학 박물관과 잘 어울린다. 1층에는 모형을 통해 진맥하는 모습과 시침하는 장면, 한약방을 재현했다. 2층에는 약재를 다루던 칼, 작두, 그라인더, 저울, 약탕기, 약재를 담던 항아리 등을 전시하고 있다. 한의학과 비슷해 한국 관광객은 별다른 설명 없이도 이해할 수 있는 전시물이 많다.

지도 P.158-C4 **주소** 34 Nguyễn Thái Học **운영** 08:00~17:00 **요금** 통합 입장권 **가는 방법** 응우옌타이혹 거리 34번지에 있다.

전통의학 박물관

05 박물관 4층에서 바라보는 호이안의 전경
호이안 박물관 Hoi An Museum / Bảo Tàng Hội An ★★☆

역사 문화 박물관을 이전해 호이안 박물관으로 재단장했다. 3층 규모로 커지면서 기존의 역사 문화 박물관에 있던 전시물과 독립 투쟁(공산 혁명) 자료들을 추가로 전시하고 있다. 2층을 주 전시 공간으로 사용하는데, 참파 왕국부터 응우옌 왕조에 걸쳐 번영했던 호이안 관련 사진과 지도, 도자기, 저울, 돛 등이 전시되어 있다. 각종 재래식 무기와 전쟁 관련(독립 투쟁) 내용도 볼 수 있다. 방대한 역사를 너무 간략하게 소개해 호이안의 역사와 문화를 제대로 이해하기는 어렵다.

호이안 박물관

지도 P.158-C2 **주소** 10B Trần Hưng Đạo **운영** 08:00~17:00 **요금** 통합 입장권 **가는 방법** 쩐흥다오 거리 10번지에 있다. 내원교에서 북쪽으로 600m 떨어져 있다.

호이안의 야외 공연장과 테마파크

옛 모습을 잘 보존한 호이안에는 베트남 문화를 소개하는 공연장도 여럿 있다. 룬 퍼포밍 아트(P.174)와 호이안 메모리즈 쇼에서 창작 무용극을 볼 수 있다.

호이안 메모리즈 쇼를 볼 수 있는 야외 테마파크

호이안 임프레션 테마파크(호이안 메모리즈 쇼)

Hoi An Impression Theme Park(Hoi An Memories Show) ★★★☆

투본 강에 둘러싸인 작은 섬 전체를 리조트와 공연장으로 꾸민 문화·예술 테마 파크. 10헥타르(약 3만 평)에 이르는 면적에 탄찌엠 궁전(응우옌 왕조에서 건설한 궁전), 내원교, 베트남 사원, 중국 마을, 일본 마을 등을 재현해 놨다. 테마파크 곳곳에서 미니 쇼도 펼쳐지니 공연 시간과 장소를 미리 확인해두자.

본 공연에 해당하는 호이안 메모리즈 쇼 Hoi An Memories Show는 2만 5,000㎡(약 7,500평) 크기의 야외 공연장에서 매일 1회(20:00) 공연한다. 호이안의 400년 역사를 주제로 꾸민 대형 공연으로 무대에 올라오는 인원만 500명에 달한다. 호이안과 과거 무역선을 재현한 세트장 자체가 빛과 소리와 어울러져 신비함을 선사한다. 공연은 모두 5막으로 구성된다. 1막은 시골 마을이던 호이안에 어부가 집을 지어 정착하고, 베틀을 돌려 옷감을 만드는 여성이 삶의 시작을 알린다. 2막은 다이비엣(베트남)의 후옌쩐 공주 Princess Huyền Trân와 참파 왕국(당시 번영했던 힌두 왕국, P.229 참조) 쩨먼 왕 Champa King Chế Mân의 결혼을 재현하는데 참파 왕국과 힌두 문화에 대한 소개가 곁들여진다. 3막과 4막은 호이안이 해상 교역을 시작해 국제 무역항으로 번성하던 파이포 Faifo(당시의 호이안 지명)의 모습을 보여준다. 5막은 세월이 흐른 호이안을 배경으로 아오자이 공연이 펼쳐진다. 메모리즈 쇼는 3,300명이 동시에 관람할 수 있는데, 관람석의 위치에 따라 에코, 하이, VIP로 구분된다. 야외 공연장이라 비 오는 날을 피해서 방문하는 게 좋다.

지도 P.157-B2 **주소** Đảo Ký Ức Hội An, Hoi An Memories Land **전화** 0909-621-295 **홈페이지** www.hoianmemoriesland.com **운영** 테마파크 16:00~22:00, 메모리즈 쇼 공연 시간 20:00 **요금** 테마파크 입장료 5만 VND(+미니 공연 3만 VND 별도), 메모리즈 쇼 60만~75만 VND, 메모리즈 쇼(VIP석) 120만 VND **가는 방법** 올드 타운(내원교) 남쪽으로 2㎞ 떨어진 호이안 메모리즈 랜드에 있다.

© Hoi An Memories Show

1 탄찌엠 궁전을 재현한 테마파크 입구 **2** 메모리즈 쇼 **3** 메모리즈 쇼 공연단

호이안 주변 볼거리

투본 강을 따라 근교로 나가면 강과 바다가 어우러져 농촌과 어촌 풍경이 적절한 조화를 이룬다. 시골 공예 마을을 방문하는 에코 투어 Eco Tour 상품도 있다. 덥긴 하지만 자전거를 타고 돌아봐도 되고, 여행사 투어를 이용해 보트를 타고 주변 마을을 둘러봐도 된다. 열대 해변 정취가 있는 한적한 해변과 참파왕국의 흔적을 간직한 미썬 유적지(P.226)까지 주변 볼거리도 풍성하다.

열대의 정취가 가득한 매력적인 해변

안방 해변 An Bang Beach / Bãi Biển An Bàng ★★★★

끄어다이 해변을 대신해 새롭게 급부상하는 해변이다. 4㎞에 이르는 근사한 모래해변이 이어진다. 건기인 3~8월이 해변을 즐기기 가장 좋은 시기로, 태양이 작열하는 열대 지방의 푸른 바다가 펼쳐진다. 낮에는 해변에 놓인 선베드를 점령한 외국인들로, 아침과 저녁에는 더위를 피해 나온 현지인들을 볼 수 있다. 우기에는 파도가 높아지는데, 9~2월까지는 서핑을 배울 수 있다. 해안선 북쪽으로는 다낭을 감싸고 있는 썬짜 반도가 보이고, 해안선 앞으로는 8개의 작은 섬이 군도를 이루는 짬 군도 Cham Islands(Cù Lao Chàm)가 보인다. 아직까진 개발이 덜돼서 한적한 해변을 즐길 수 있다. 자연적인 정취를 살려 레스토랑과 바 Bar를 겸하는데, 한가롭게 시간을 보내기 좋다. 소울 키친 Soul Kitchen(P.211), 덱 하우스 The Deck House(P.212), 라 플라주 La Plage(P.212), 사운드 오브 사일런스 Sound of Silence(P.213) 네 곳이 유명하다.

지도 P.156-B1 **주소** An Bang Beach, Phường Cẩm An, Thành Phố Hội An
요금 무료 **가는 방법** 호이안 올드 타운에서 하이바쯩 거리를 따라 북동쪽으로 7㎞, 끄어다이 해변에서 해변도로를 따라 북쪽으로 3㎞ 떨어져 있다. 해변 입구에 바이땀 안방 Bãi Tắm An Bàng이라고 적힌 표지석이 있다.

한적하게 해변을 즐길 수 있는 안방 해변

바구니 배를 타고 둘러보는 야자수 숲

껌탄(코코넛 빌리지) Cẩm Thanh(Coconut Village) ★★★☆

올드 타운과 끄어다이 해변 사이에 있는 시골 마을. 강과 바다가 만나는 하구에 있으며, 전체 면적은 9.46㎢, 인구는 6,500명에 불과하다. 여러 개의 지류로 갈라지는 강 하구와 울창한 야자수 숲이 어우러져 독특한 풍경을 이룬다. 7헥타르에 이르는 야자수 숲 때문에 껌탄 코코넛 빌리지 Cam Thanh Coconut Village(Rừng Dừa Cẩm Thanh)라고 불린다. 투본 강 건너편에는 어촌 마을로 주이하이 마을 Duy Hải Village이 있다. 껌탄 코코넛 빌리지 앞쪽에 생긴 끄어다이 대교 Cua Dai Bridge(Cầu Cửa Đại)를 건너면 된다. 1,481m 길이의 끄어다이 대교에서 강과 바다 풍경이 시원스럽게 펼쳐진다.

껌탄(코코넛 빌리지)은 생태 관광지(에코 투어)로 알려져 있다. 여행사 투어에 참여하면 바구니 배(대나무 쪽배) Bamboo Basket Boat(Thuyền Thúng)를 타고 야자수 숲을 여행할 수 있다. 대부분 바이머우 코코넛 숲 Rừng Dừa Bảy Mẫu을 방문하는데, 쿠킹 클래스(요리 강습)와 바구니 배 타기를 결합한 1일 투어 상품도 있다.

지도 P.156-C2 **주소** Xã Cẩm Thanh, Thành Phố Hội An **요금** 3만 VND(마을 입장료) **가는 방법** 호이안 올드타운에서 동쪽(끄어다이 해변 방향)으로 3~4㎞ 떨어져 있다.

travel plus

【 바구니 배 타기 】

껌탄(코코넛 빌리지) 주변에서는 야자수 숲을 탐방하는 바구니 배(대나무 쪽배) 타기 투어가 활발하게 진행된다. 투어를 이용해도 되고 직접 방문해도 된다. 직접 흥정할 경우 바가지가 심한 편인데, 바구니 배 한 대(2명 탑승) 기준으로 15만~20만 VND이 적당하다. 40분 정도 노를 저어가며 풍경을 감상하는데, 흥을 돋우기 위해 한국 노래를 틀어 놀고 바구니 배를 돌리는 공연도 펼친다.

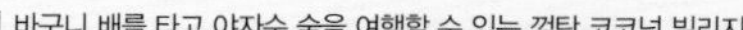

바구니 배를 타고 야자수 숲을 여행할 수 있는 껌탄 코코넛 빌리지

끄어다이 대교에서 투본 강이 시원스럽게 보인다

바구니 배

호이안에서 가장 가까운 해변

끄어다이 해변 Cua Dai Beach / Bãi Biển Cửa Đại ★★★

호이안에서 가장 가까운 해변이다. 호이안에서 오른쪽 끄어다이 거리를 따라 가면 한적한 해변이 나온다. 끄어다이는 투본 강과 바다가 만나는 강 하구에 형성된 길이 3㎞에 이르는 해변으로, 해변도로를 따라 고급 리조트가 들어서 있다. 아쉽게도 2004년부터 시작된 침식작용과 바다로 유입되는 강물 부실 관리, 높은 파도로 해변이 줄어들었다. 현재는 모래 유실을 막기 위해 거대한 모래주머니로 둑을 쌓아 놓았다(중간 중간 바다로 내려가는 계단이 있다). 때문에 인접한 안방 해변으로 관광객을 빼앗겼다. 파도가 잔잔한 4~10월이 수영하기 적합하다. 우기에는 파도가 높으므로 주의해야 한다. 현지인들은 물놀이보단 야자수 그늘 아래서 더위를 식히며 휴식을 즐긴다.

지도 P.156-C1 **주소** Cua Dai Beach, Cửa Đại **운영** 24시간 **요금** 무료 **가는 방법** 호이안에서 끄어다이 거리 Đường Cửa Đại를 따라 동쪽으로 5㎞ 떨어져 있다.

끄어다이 해변

제방을 쌓아놓은 끄어다이 해변

농촌 체험과 요리 강습으로 유명한 마을

짜께(베지터블 빌리지) Tra Que(Vegetable Village) / Làng Rau Trà Quế ★★☆

대표적인 채소 재배 마을이다. 푸른 채소밭이 시원스럽게 펼쳐진다. 데봉 강 Sông Đế Vọng에 둘러싸인 섬 모양의 비옥한 토지에서 전통적인 방법으로 채소와 허브를 재배한다. 40헥타르(약 12만 평) 규모로 220여 가구가 농업에 종사한다. 농기구가 아닌 사람에 의해 농사가 이루어지는데, 강에서 물을 길어와 밭에 물을 뿌린다. 옛날 방식으로 농사를 짓고 신선한 유기농 채소를 생산한다. 마을에 향긋한 채소 향이 가득해 짜꿰(짜는 '차', 꿰는 '시나몬'을 뜻한다) Tra Que 마을이라고 한다. 영어로 짜꿰 베지터블 빌리지 Tra Que Vegetable village 또는 짜꿰 허브 빌리지 Tra Que Herb Village라고 불린다. 여행사에서는 요리 강습과 농촌 체험 프로그램을 만들어 여행 상품화하기도 했다.

지도 P.156-B1 **주소** Làng Rau Trà Quế, Xã Cẩm Hà, Thành Phố Hội An **요금** 2만 VND **가는 방법** 호이안 올드 타운에서 하이바쯩 거리 Hai Bà Trưng를 따라 북쪽으로 3㎞ 더 간다. 안방 해변 가는 길에 있다. 큰 길(하이바쯩 거리)에서 마을까지 400m 떨어져 있다.

전통적인 방법으로 농사 짓는 짜께 마을

유기농 채소가 향긋하다

베트남 전통 목공예 공방이 모인 마을

껌낌(낌봉 목공예 마을) Cam Kim Island / Đảo Cẩm Kim ★★★

투본 강에 있는 섬으로 올드 타운과 가깝다. 목공예 마을인 낌봉 마을 때문에 유명해진 섬이다. 현지인들은 낌봉 목공예 마을이라고 해서 '랑목 낌봉 Làng Mộc Kim Bồng'이라고 부르기도 한다. 강과 어우러진 농촌 풍경을 볼 수 있는데, 여행자들은 대부분 목공예 마을만 방문한다. 목공예 마을은 선착장 바로 앞에 있어 찾기 쉽다. 과거 호이안의 전통가옥에 사용했던 목조 기둥과 서까래, 장식들이 대부분 낌봉 마을의 장인들의 손을 거쳤을 정도로 손재주가 좋다. 목공예는 15~18세기에 전성기를 이루고, 현재는 20여 개의 공방이 남아 있을 뿐이다. 목공예 마을을 제외하고는 관광객이 적어서 한적하게 풍경을 즐길 수 있다.

지도 P.156-A2 **가는 방법** 호이안에서 투본 강 건너 남쪽으로 2㎞. 안호이 섬에 있는 호이안 리버 타운 호텔 앞쪽의 껌낌교 Cầu Cẩm Kim(Cam Kim Bridge)를 건너면 된다. 철판을 이용해 만든 다리라서 차량 통행은 불가하다. 보트를 이용한 투어로 방문하는 방법도 있다.

투본 강에 위치한 껌낌 섬

낌봉 목공예 마을

16세기부터 이어진 도자기 마을

탄하 도자기 마을 Thanh Ha Pottery Village / Làng Gốm Thanh Hà ★★★

16세기부터 도자기 마을을 이루었던 곳이다. 번성했던 시절에는 이곳에서 벽돌, 타일, 항아리, 토기 제품 등 건축과 생활에 필요한 모든 종류의 제품을 생산했다. 현재는 10여개 공방만 남아 있는 작은 시골 마을이 됐지만 여전히 꽃병, 조각 장식, 동물 모양의 호각 등 기념품이 될 만한 것들을 만들어 판매하고 있다. 관광객이 찾아오면 물레를 돌리며 도자기 빚는 시연도 해준다. 마을 입구 매표소 맞은편에는 테라코타 파크 Terra Cotta Park Công Viên Đất Nung Thanh Hà가 있다. 일종의 도자기 박물관으로, 별도의 입장료(운영 08:30~17:30, 요금 5만 VND)를 받는다.

지도 P.156-A2 **요금** 3만5,000VND **가는 방법** 호이안 올드 타운에서 남서쪽으로 3㎞. 호이안 서쪽으로 연결되는 훙브엉 거리 Hùng Vương를 따라가다 탄하 시장 Chợ Thanh Hà 앞 삼거리에서 주이떤 거리 Duy Tân로 들어가면 매표소가 나온다.

탄하 도자기 마을

테라코타 파크

워터파크와 민속 박물관이 결합된 놀이공원
빈 원더스 남호이안 Vin Wonders Nam Hội An ★★★☆

베트남을 대표하는 리조트 회사 빈펄에서 설립한 놀이공원이다. 호이안 남쪽 해변에 있는 초대형 리조트 빈펄 리조트 & 골프 남 호이안 Vinpearl Resort & Golf Nam Hội An과 함께 건설됐다. 빈 원더스 남호이안은 62헥타르(약 19만 평) 규모에 총 다섯 개 구역으로 구분되어 있다. 리조트와 별개로 일반인의 방문이 가능해 멀리 다낭에서까지 단체 관광객들이 관광버스를 타고 찾아온다. 참고로 15:00 이후에는 입장료가 할인된다. 놀이공원 주요 지역을 순회하는 버기카가 운행되는데, 추가 요금(10만 VND, 1일 무제한 탑승)을 내야한다.

지도 P.156-D2, P.062-B4 **주소** Đường Võ Chí Công, Bình Minh, Thăng Bình, Quảng Nam **전화** 0898-219-889 **홈페이지** www.vinwonders.com **운영** 09:00~19:00 **요금** 성인 60만 VND, 어린이(키100~140㎝) 45만 VND, 15:00 이후 42만 VND **가는 방법** 호이안 올드 타운에서 남쪽으로 17㎞ 떨어져 있다. 호이안 동남쪽의 끄어다이 대교를 건너서 남쪽으로 9.5㎞ 더 내려간다. 택시를 탈 경우 호이안에서 20분, 택시 편도 요금은 20만~25만 VND 정도다. 다낭에서는 약 45㎞, 택시를 탈 경우 1시간 이상 걸린다. 편도 요금은 50만~60만 VND 정도다.

빈 원더스 남호이안 전경

워터 파크

리버 사파리

● 빈 원더스 남호이안 주요 볼거리

하버 코너 Harbour Corner

빈 원더스의 입구. 12척의 대형 선박을 정박해 번듯한 항구의 모습으로 꾸몄다. 입구를 지나면 수로를 사이에 두고 왼쪽에는 호이안 올드 타운, 오른쪽에는 유럽의 주요 건축물을 재현한 거리가 길게 이어진다. 롯데리아를 포함한 레스토랑과 카페, 기념품 상점 등이 입점해 있다.

워터 월드 Water World

빈 원더스로 들어서자마자 왼편으로 보이는 물놀이 테마 파크로 낮 시간(09:00~17:30)에만 운영된다. 사물함(사용료 3만 VND) 사용은 별도의 요금을 받는다.

리버 사파리 River Safari

동물원과 사파리를 결합해 만든 곳으로 수로를 따라 보트를 타고 이동하며 동물을 관람할 수 있다. 벵갈 호랑이, 코끼리, 캥거루를 비롯해 39종의 야생 동물이 생활하고 있다. 리버 사파리는 10:00~16:30까지만 운영된다.

포크 아일랜드 Folk Island

베트남 전통 가옥과 북부 산악지역에 사는 소수민족 가옥을 재현한 민속촌이다. 야외무대에서 전통 음악이 연주되며, 수상 인형극도 볼 수 있다. 소망의 언덕 Wheel of Wishes에 오르면 빈 원더스 전체가 내려다보인다.

어드벤처 랜드 Adventure Land

20여 종류의 놀이기구를 탈 수 있는 놀이공원이다. 한낮의 더위를 피하려거든 에어컨 시설을 갖춘 실내 놀이기구를 이용할 것.

Restaurant

호이안의 레스토랑

전통가옥을 개조한 곳이 많아 별다른 인테리어 없이도 분위기가 좋다. 가정집 일부를 식당으로 꾸며 베트남 가정식을 정성스레 내놓는 곳도 있다. 저녁이 되면 투본 강변의 식당들은 홍등을 밝혀 낭만적인 분위기를 연출한다. 메뉴는 비슷하며, 관광객이 많아 대부분 영어 메뉴판이 있고, 세트 메뉴도 있다.

▶ **카페 & 베이커리**

유명 관광지라 관광객을 위한 카페가 흔하다. 빈티지한 느낌의 전통 가옥, 필터에 내려 마시는 달달한 베트남 커피, 에스프레소 머신에 내려주는 에스프레소, 달달한 생과일 셰이크까지. 거리를 걷다 맘에 드는 어디건 자리를 잡으면 된다. 눈 앞에 보이는 거리 풍경은 덤이다.

01 리칭 아웃 티 하우스

Reaching Out Tea House ★★★★

추천

장애인들의 수공예품 공방에서 운영하는 찻집을 겸한 커피숍이다. 베트남에서 차 마시는 게 특별할 건 없지만, '침묵의 미'를 보여주는 이곳에서의 시간은 특별하다. 청각 장애인을 고용해 운영하기 때문이다. 테이블에 놓인(영어가 적힌) 나무 블록을 주문서로 대신하면 된다. 전통 목조 가옥의 운치와 건물 안마당의 고요함까지 더해져 몸과 마음이 '힐링'되는 기분이 들게 한다. 공방에서 직접 만든 다기와 찻잔, 접시로 차를 제공해 예술적인 감각을 더했다. 다양한 맛을 보고 싶은 사람들을 위한 베트남 티 테이스팅 세트와 베트남 커피 테이스팅 세트 메뉴가 있다. 장애인들이 정성 들여 만든 수공예품을 판매하는 기념품 상점 Reaching Out Arts & Crafts을 함께 운영한다.

지도 P.158-B4 **주소** 131 Trần Phú **전화** 0235-3910-168 **홈페이지** www.reachingoutvietnam.com **영업** 08:00~20:00 **예산** 6만~15만 VND **메뉴** 영어, 베트남어 **가는 방법** 쩐푸 거리 131번지에 있다.

정갈한 다기에 차를 내어준다

옛 가옥 그 자체로 앤티크하다

나무 블록 주문서

리칭 아웃 티 하우스

02 파이포 커피
Faifo Coffee ★★★☆

인기

루프 톱에서 사진찍기 좋은 카페. 베트남 커피를 매장에서 직접 로스팅하기 때문에 실내는 커피 향이 가득하다. 100년이 넘는 콜로니얼 건물을 카페로 사용해 고풍스러운 운치가 있다. 2층 건물은 층마다 다른 분위기를 준다. 에어컨은 없지만 실내는 여유롭고 무엇보다 옥상을 개방해 호이안 올드 타운을 내려다볼 수 있어 전망이 좋다. 주변에 높은 건물이 없기 때문에 전망대 역할을 한다. 올드 타운을 배경 삼아 기념사진 찍기 좋다. 베트남 커피, 아메리카노, 카푸치노, 플랫 화이트 등 메뉴가 다양해 기호에 따라 커피를 선택할 수 있다. 너무 유명해져서 관광지처럼 사람이 몰린다. 때문에 1층 입구에서 주문하고 계산을 먼저 해야만 카페로 들어갈 수 있다.

지도 P.158-B4 **주소** 130 Trần Phú **전화** 0913-495-378 **홈페이지** www.facebook.com/Faifocoffee **영업** 07:00~21:00 **메뉴** 영어, 베트남어, 중국어 **예산** 5만~8만 5,000VND **가는 방법** 쩐푸 거리 130번지에 있다. 쩐푸 거리 & 레러이 거리 사거리에서 쩐푸 거리를 따라 서쪽(내원교 방향)으로 60m.

올드 타운 풍경을 감상하기 좋은 하이포 커피 옥상

콜로니얼 양식으로 지어진 하이포 커피

03 92 스테이션
92 Station ★★★☆

인기

올드 타운에 있는 루프 톱 카페. 파이포 커피가 유명해지고 복잡해지면서 그에 대한 대안으로 떠오른 곳이다. 콜로니얼 건물은 아니지만 꽃과 식물이 건물 외벽을 가득 메우고 있어 독특하다. 루프 톱(옥상)을 포함해 4층 건물로, 주변 건물보다 높다. 덕분에 루프 톱에 올라서면 앞뒤로 막힘없이 탁 트인 주변 경관을 감상할 수 있다. 사진 찍기 좋게 포토 존도 만들어 두고 있다. 2·3층 발코니에서도 올드 타운 풍경이 내려다보인다. 커피, 차(茶), 과일 주스, 맥주까지 다양한 마실 거리를 보유하고 있다. 1층에서 주문하고 올라가면 된다. 커피 맛은 평범하다. 대부분 기념사진을 찍기 위해 들르는 편이다. 베트남어 간판은 Cửa Hàng 92라고 적혀 있다.

지도 P.158-C4 **주소** 92 Trần Phú **전화** 0905-063-199 **영업** 07:00~19:00 **메뉴** 영어, 베트남어 **예산** 5만~7만 VND **가는 방법** 쩐푸 거리 92번지에 있다.

전망대 역할을 하는 루프 톱

4층 옥상에면 막힘 없는 풍경이 펼쳐진다

04 호이안 로스터리
Hoi An Roastery ★★★☆

한때 호이안을 대표하던 카페라고 해도 과언이 아니다. 제대로 된 커피를 뽑아내는 카페가 없던 호이안에 혜성처럼 등장해 선풍적인 인기를 얻었다(최근에는 괜찮은 카페가 많이 생겼다). 원두를 직접 로스팅해 커피를 만드는데, 베트남 커피, 아메리카노, 라테, 코코넛 커피, 에그 커피 등 종류가 다양하다. 카페 안에는 원두가 가득 진열되어 있다. 베트남에서 보기 드문 프렌치 프레스 French Press와 사이폰 Syphon으로 만든 커피도 있다. 파니니, 샌드위치, 쌀국수 같은 간단한 음식도 곁들일 수 있다. 모두 3개 지점을 운영한다. 본점(1호점)은 목조 전통 가옥이라 고풍스러운 느낌이고, 3호점은 올드 타운 외곽에 신축한 3층 건물로 모던한 분위기다.

지도 P.158-B4 **주소** 135 Trần Phú **전화** 0235-3927-772 **홈페이지** www.hoianroastery.com **영업** 07:30~22:00 **예산** 5만 5,000~8만 VND **메뉴** 영어, 베트남어 **가는 방법** ①본점은 내원교와 가까운 쩐푸 거리 135번지에 있다. ②2호점은 쩐푸 거리 89번지(주소 89 Trần Phú)에 있다. ③3호점은 쩐까오번 거리 84번지(주소 84 Trần Cao Vân)에 있다.

호이안 로스터리 1호점

직접 로스팅한 원두도 판매한다

05 에스프레소 스테이션
Espresso Station ★★★★

인기

골목 안쪽에 숨어 있는 아담한 카페. 작정하고 찾아가지 않으면 찾기 어렵다. 이름처럼 에스프레소 커피를 제대로 뽑아낸다. 아메리카노, 카푸치노, 라테, 코코넛 커피 같은 한국인에게도 익숙한 커피를 맛볼 수 있다. 5년간 여행과 관광업에 종사했던 베트남 청년이 자신의 꿈을 이루기 위해 바리스타가 되어 카페를 열었다고 한다. 유기농 베트남 원두를 직접 로스팅해 커피를 만든다. 위치와 상관없이 커피 애호가들 사이에 입소문을 타고 유명해졌다. 조용해서 동네 카페처럼 편하게 시간을 보낼 수 있다.

지도 P.158-B2 **주소** 28/2 Trần Hưng Đạo **전화** 0325-505-506 **홈페이지** www.facebook.com/TheEspressoStation **영업** 07:30~17:00 **예산** 5만~8만 VND **메뉴** 영어 **가는 방법** 쩐흥다오 거리 28번지와 30번지 사이에 있는 골목 안쪽으로 50m 들어간다.

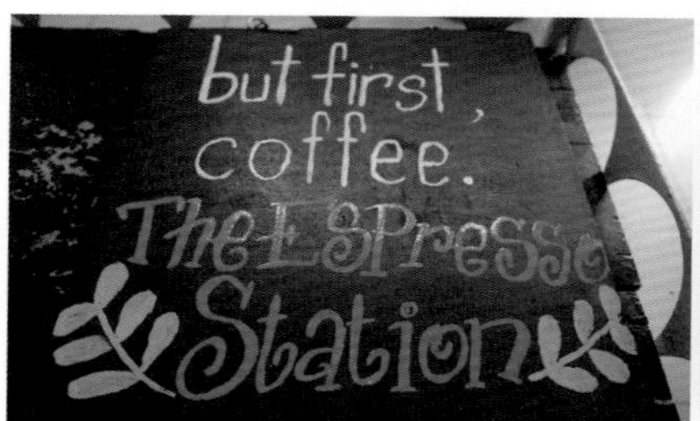

에스프레소 스테이션

골목 안쪽의 차분한 야외 카페

06 핀 커피
Phin Coffee ★★★★

인기

골목 안쪽 깊숙이 숨어있는 카페다. 차들이 다닐 수 없는 골목 끝자락이라 조용하고, 넓은 정원과 녹색 식물들이 여유로움을 선사한다. 가게 이름인 '핀'은 베트남에서 커피를 내릴 때 쓰는 스테인리스 커피 필터를 뜻하는데, 커피를 주문하면 핀으로 즉석에서 드립 커피를 내려준다. 아라비카와 로부스타 두 가지 원두를 혼합해 블렌딩한 베트남 스페셜 커피 Vietnam Special Coffee는 풍미가 좋다. 과일 향이 더해진 바리스타 크리에이션 Barista's Creation 같은 독창적인 커피도 맛볼 수 있다. 한국 여행자들이 좋아하는 코코넛 커피는 물론 크루아상, 토스트, 과일+요거트 같은 디저트 메뉴도 있다. 참고로 마당에 놓여진 테이블 좌석은 에어컨이 없어서 더운 편이다.

지도 P.158-B3 **주소** 132/7 Trần Phú **홈페이지** www.phincoffeehoian.com **영업** 08:00~21:30 **메뉴** 영어, 베트남어 **예산** 커피 5만~8만 5,000VND **가는 방법** 큰 길 세 곳에서 연결되는 좁은 골목길로 찾아 들어가야 하다. ①쩐푸 거리 132번지 골목 안쪽 끝에 있다. ②레러이 거리 60번지(60 Lê Lợi) 옆 골목으로 들어가도 된다. ③판쩌우찐 거리 69번지(69 Phan Chu Trinh) 옆 골목으로 들어가면 된다.

골목 끝자락에 숨어 있는 핀 커피

필터에 내려 먹는 베트남 커피

07 더 힐 스테이션
The Hill Station ★★★☆

베트남 북부에 있는 싸파 Sapa에서 유명한 카페로, 호이안에 분점을 열었다. 호이안 분위기와 잘 어울리는 빛바랜 옛 유럽풍 건물을 개조했다. 높은 천장과 발코니를 간직한 콜로니얼 건물이 고풍스럽다. 거리 풍경을 보면서 커피를 마시거나 바게트 샌드위치, 파니니, 버거, 샐러드를 곁들여 브런치를 즐겨도 좋다. 다양한 와인을 보유하고 있으며 벨기에 맥주와 호주 맥주도 판매한다. 치즈와 곁들여 와인을 마시기 좋다. 와인은 잔술로도 판매한다. 올드 타운에서 벗어나 있어 북적대지 않는다.

지도 P.159-E3 **주소** 321 Nguyễn Duy Hiệu **전화** 0235-6292-999 **홈페이지** www.thehillstation.com **영업** 07:00~22:00 **예산** 커피 · 맥주 5만~10만 VND, 메인 요리 15만~30만 VND **메뉴** 영어 **가는 방법** 응우옌주이히에우 거리 321번지에 있다. 호이안 시장 앞에 있는 꽌꽁 사당에서 오른쪽(응우옌주이히에우 거리) 방향으로 250m.

빛바랜 유럽풍 건물, 더 힐 스테이션

빈티지한 카페 내부

08 더 이너 호이안

추천

The Inner Hoian by Àla ★★★★

올드 타운을 살짝 벗어난 골목 안쪽에 있는 숨겨진 카페. 골목과 건물들 사이에 있어 카페 자체가 독립된 공간처럼 느껴진다. 넓은 야외 정원에 가건물을 세워 만든 것 같은 카페는 정원과 어우러져 힙한 느낌을 준다. 덕분에 베트남 젊은이들이 사진 찍으러 많이 온다. 기본적인 베트남 커피는 꽝찌 지역에서 생산한 원두 Arabica Natural Quảng Trị를 직접 로스팅해 만든다. 에티오피아 원두까지 생산지와 로스팅 방식에 따라 다양하게 선택할 수 있다. 에스프레소에 초콜릿, 오트 밀크, 말차, 오렌지, 라임, 레몬 등을 배합한 창의적인 커피도 많다. 커피를 잘 아는 바리스타가 다양하고 새로운 커피를 만들어 준다. 직접 만든 원두와 드립백 커피도 판매한다. 에어컨을 갖추고 있으며 외국 관광객에게도 친절하다.

지도 P.159-E3 **주소** 54 Phan Bội Châu **홈페이지** www.facebook.com/theinnerhoian **영업** 07:30~17:00(주문 마감 16:30) **메뉴** 영어, 베트남어 **예산** 5만~8만 VND **가는 방법** 판보이쩌우 거리 54번지 골목 안쪽에 있다.

골목 안쪽의 독립된 공간

미니멀하고 창 넓은 카페 내부

09 꽁 카페

인기

Cong Cafe / Cộng Cà Phê ★★★★

베트남 주요 도시에 체인점을 운영할 정도로 대중적인 꽁 카페의 호이안 지점이다. 올드 타운을 살짝 빗겨난 강변에 있는데 콜로니얼 건물에 에어컨 시설까지 갖춰져 있다. 인테리어는 여느 꽁 카페와 마찬가지로 사회주의 모티브를 현대적으로 재해석해 빈티지하게 꾸몄다. 메뉴는 달달한 베트남 커피부터 코코넛 커피까지 다양하다. 2층 건물로 카페 규모는 크지만 더위를 피해 찾아온 관광객들로 인해 붐비는 편이다.

지도 P.158-A4 **주소** 64 Công Nữ Ngọc Hoa **홈페이지** www.congcaphe.com **영업** 07:30~23:00 **메뉴** 영어, 베트남어 **예산** 커피 3만~5만 5,000VND **가는 방법** 투본 강변의 꽁느응옥호아 거리 64번지에 있다. 내원교 앞쪽의 나무다리에서 왼쪽(서쪽)으로 150m.

꽁 카페 호이안 지점

사회주의 모티브로 빈티지하게 꾸민 꽁 카페

10 우베베 호이안
Ubebe Hoian ★★★☆

올드 타운 중심가에 있는 에어컨 시설을 갖춘 카페. 목조 건물에 기와를 얹은 복층 건물로 호이안 분위기와 잘 어우러진다. 외관은 옛 멋을 살렸지만, 내부는 현대적인 느낌으로 리모델링했다. 노란색 색감의 실내는 가죽 의자와 원목 테이블, 서까래가 어우러진다. 2층은 야외 발코니가 딸려 있고, 3층은 홍등을 걸어 포토 존을 만들었다. 뒷문을 통해 옥상에 올라가면 올드 타운 풍경이 내려다보인다. 시그니처 메뉴는 코코넛 커피와 코코넛 빙수인데, 반미(바게트 샌드위치)를 곁들여도 된다. 베이커리를 겸하는 곳으로 수제 코코넛 잼과 코코넛 샌드(과자)도 판매한다. 설탕을 적게 넣어 건강하게 만든 잼은 구입 전에 시식도 가능하다. 참고로 간판은 팀 카페 우베 베이커리 Tim Cafe Ube Bakery라고 적혀 있다.

지도 P.158-C4 **주소** 70 Nguyễn Thái Học **전화** 0918-927-527 **영업** 08:00~21:00 **메뉴** 영어, 베트남어 **예산** 커피 6만~8만 VND, 빙수 12만 VND **가는 방법** 응우옌타이혹 거리 70번지에 있다.

1 우베베 호이안 **2** 에어컨 시설의 카페 내부 **3** 옥상에서 바라본 호이안 풍경

11 코코 박스
Coco Box ★★★☆

스웨덴·베트남 부부가 운영하는 밝고 쾌적한 느낌의 카페. 각종 생과일을 조합한 유기농 건강 음료를 제공한다. 과일 주스와 스무디 메뉴가 매우 독창적인데, 들어가는 과일의 조합이 다양하기 때문에 주문할 때 꼼꼼히 살펴보자. 커피 메뉴도 다양하고, 매장에서 직접 만든 빵을 이용한 아침 식사도 괜찮다. 팜 숍 Farm Shop을 함께 운영하는데 직접 만든 잼, 과자, 초콜릿 트러플, 말린 과일, 꿀, 향신료, 코코넛 오일 등을 전시 판매하고 있다.

커피와 각종 식료품을 판매하는 코코 박스

지도 P.158-C4 **주소** 94 Lê Lợi **홈페이지** www.cocobox.com.vn **영업** 08:00~20:30 **예산** 음료 6만~8만 VND, 브런치 11만~14만 VND **가는 방법** 레러이 거리 94번지에 있다.

FARM SHOP
EST 2014
COCOBOX
HOI AN
JUICE BAR & CAFE

12 리틀 하노이 에그 커피
Little Ha Noi Egg Coffee ★★★★

추천

에그 커피(까페 쯩 Cà Phê Trứng)는 원래 하노이에서 시작된 커피 문화다. 가난하던 시절 우유 대신 달걀노른자를 휘핑크림처럼 만들어 커피에 넣은 것이 그 시작이다. '리틀 하노이 에그 커피'는 이름과 달리 호찌민시(사이공)에서 유명한 카페로 3개 지점을 운영하고 있다. 네 번째 지점은 호이안으로 영역을 확장해 분점을 열었다. 콜로니얼 건물과 에어컨 시설을 갖춘 근사한 카페로 규모는 결코 작지 않다. 베트남 역사를 보여주는 흑백 사진(호찌민 주석의 사진도 걸려 있다)을 걸어 분위기를 살렸다. 시그니처 메뉴는 당연히 에그 커피다. 망고 토스트, 치즈 토스트, 아보카도 토스트 같은 브런치 메뉴도 있다.

지도 P.159-E3 **주소** 18 Phan Bội Châu **전화** 0904-522-339 **홈페이지** www.littlehanoieggcoffee.vn **영업** 09:00~21:00 **메뉴** 영어, 베트남어 **예산** 에그 커피 4만 VND, 브런치 8만~12만 VND **가는 방법** 판보이쩌우 거리 18번지에 있다.

리틀 하노이

에그 커피

13 못 호이안(못 카페)
Mót Hội An ★★★

단층짜리 아담한 옛 건물에 테이블을 몇 개 놓아 카페로 운영한다. 입구에 꽃과 허벌 티 Herbal Tea를 진열해 놓고 판매도 한다. 허벌 티는 생강, 계피, 레몬그라스, 라임, 연꽃을 이용해 만든다. 까오러우, 반미(바게트 샌드위치), 껌가(치킨 라이스), 퍼(쌀구수) 같은 간단한 식사도 가능하다. 가격이 저렴하고 부담 없이 쉬어가기 좋다. 유독 베트남 관광객에게 인기 있는데, 인증사진을 찍는 사람을 어렵지 않게 볼 수 있다.

지도 P.158-B4 **주소** 150 Trần Phú **전화** 0901-913-399 **홈페이지** www.facebook.com/mothoian **영업** 08:00~22:00 **메뉴** 영어 **예산** 허벌 티 1만 8,000 VND, 식사 4만~9만 VND **가는 방법** 득안 고가 맞은편, 쩐푸 거리 150번지에 있다.

단아한 목조 건물의 못 호이안

허벌 티

▶ 호이안 올드 타운 레스토랑

호이안의 또 다른 매력은 넘쳐나는 레스토랑이다. 유네스코 세계문화유산으로 지정된 고가옥들을 레스토랑으로 사용하기 때문에 그 자체만으로 멋과 낭만이 가득하다. 건물 개보수가 쉽지 않아 에어컨 시설은 많지 않다. 대부분의 레스토랑에서 베트남 음식을 요리하고 있고, 여행자들을 위해 간단한 서양식을 제공하는 레스토랑도 있다.

01 가오 호이안

Gạo Hoi An ★★★★

추천

골목 안쪽에 있는 베트남 가족이 운영하는 식당. 간판에는 껌냐 가오 Cơm Nhà Gạo라고 적혀 있다. 에어컨은 없지만 친절하고 정성스럽게 요리해준다. 대표 메뉴인 완탕을 직접 만들어 사용하기 때문에 신선하고 맛이 좋다. 호이안 전통 방식인 튀김 완탕 Hoành Thánh Chiên도 좋지만, 담백한 완탕 국수 Mỳ Nước가 일품이다. 수제로 직접 만든 면과 육수, 완탕이 조화롭게 어우러진다. 대중적 음식인 반쎄오 Mẹt Bánh Xèo, 화이트 로즈(백장미 만두) Bông Hồng Trắng, 까오러우 Cao Lầu, 돼지고기 꼬치구이 Mẹt Thịt Nướng도 요리한다. 식사 메뉴로는 치킨라이스 Cơm Gà Nướng, 사이드 메뉴로 바오 빵 Bánh Bao Kẹp을 추천한다. 주문 용지(종이)에 원하는 음식을 체크하는 로컬 방식인데, 한국어 메뉴판이 있어 주문하는 데 어렵지 않다.

지도 P.158-C3 **주소** 47/10 Trần Hưng Đạo
전화 0901-865-504 **영업** 10:00~22:00
메뉴 영어, 한국어, 베트남어 **예산** 5만~85,000VND **가는 방법** 쩐흥다오 거리 47번지 골목 안쪽으로 100m 들어간다. 판쩌우찐 거리에서도 골목이 이어진다.

가오 호이안

가정집에서 운영하는 소박한 식당

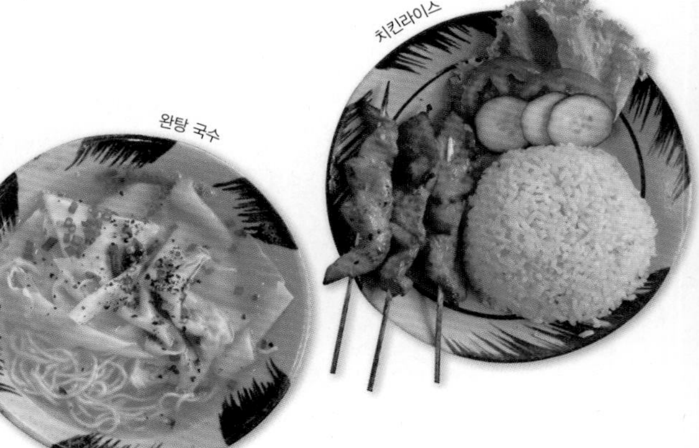
완탕 국수
치킨라이스

02 미스 리
Miss Ly ★★★☆

인기

25년 넘도록 인기를 누리고 있는 전통 맛집이다. 기와지붕을 얹은 세 칸짜리 단층 건물로, 내부는 아담하고, 특유의 호이안 가옥의 느낌을 살렸다. 인테리어를 조금씩 업그레이드 하고 있지만, 여전히 클래식한 분위기를 유지하고 있다. 이곳의 대표 인기 메뉴로는 담백한 소스에 비벼 먹는 까오러우(호이안 비빔국수) Cao Lầu, 쫄깃한 피 안에 새우가 들어 있는 물만두 같은 화이트 로즈 White Rose, 바삭하게 튀긴 군만두 같은 호안탄(완탕 튀김) Fried Wontons을 가장 많이 찾는다. 채소를 포함한 이곳의 식재료는 모두 현지(호이안 주변 농장)에서 조달해 오기 때문에 신선하다.

지도 P.159-D3 **주소** 22 Nguyễn Huệ **영업** 11:00~21:00 **예산** 9만~15만 VND **메뉴** 영어, 베트남어 **가는 방법** 응우옌후에 거리 22번지에 있다.

미스 리 레스토랑

호이안의 분위기를 느낄 수 있는 레스토랑 내부

03 포쓰아(포 슈아)
Phố Xưa ★★★☆

인기

캐주얼하다는 말이 잘 어울릴 정도로 담백한 식당이다. 메뉴도 면 요리 위주의 간단한 베트남 음식으로 이뤄져 있다. 까오러우, 미꽝, 호안탄, 화이트로즈, 껌가(치킨 라이스) 같은 호이안 음식을 거품 없는 가격에 맛볼 수 있다. 퍼 보(소고기 쌀국수) Phở Bò와 분짜(하노이에서 즐겨 먹는 국수+고기구이) Bún Chả도 있다. 메뉴가 다양하진 않지만 아담하고 청결한 곳으로, 음식 값도 저렴해 가볍게 식사하기 좋다. 투본 강변에서 2호점에 해당하는 포쓰아 리버사이드(Phố Xưa Riverside(주소 81 Trần Quang Khải)를 운영한다. 한글 간판은 '포 슈아 강변'이라고 적혀 있다.

지도 P.158-C3 **주소** 35 Phan Châu Trinh **전화** 0903-112-237 **영업** 09:00~21:00 **예산** 5만~9만 VND **메뉴** 영어, 중국어, 베트남어 **가는 방법** 판쩌우찐 거리 35번지에 있다.

포쓰아 본점

포쓰아 리버사이드

04 껌린(깜른)
Cơm Linh ★★★★

인기

호이안에서 인기 있는 로컬 레스토랑이다. 훈제 오리구이 Vịt Quay와 치킨라이스 Cơm Gà를 전문으로 하던 곳인데, 외국 관광객이 많이 찾아오면서 쌀국수, 반쎄오, 분짜, 분넴, 까오러우, 분팃느엉 등 대중적인 음식을 함께 요리하고 있다. 오징어와 새우 등 해산물 요리까지 한 곳에서 다양한 베트남 음식을 즐길 수 있다. 이곳의 대표 메뉴인 오리구이는 오리고기 쌀국수 Phở Vịt, 오리고기 덮밥 Cơm Vịt Quay, 오리고기 완탕면 Mỳ Hoành Thánh Vịt으로 즐길 수 있다. 바삭한 돼지고기 덮밥 Cơm Heo Quay도 인기 있다. 식사시간이면 붐비는 곳으로 한국 관광객도 많이 찾아온다. 한국어 간판까지 걸어 놓고 있다.

지도 P.158-C3 **주소** 42 Phan Châu Trinh(PhanChu Trinh) **전화** 0904-210-800 **홈페이지** www.facebook.com/comlinhrestaurant **영업** 09:30~21:30 **메뉴** 영어, 베트남어 **예산** 7만~22만 VND **가는 방법** 판쩌우찐 거리 42번지에 있다.

껌린

식당 규모가 작아서 항상 붐빈다

05 느 이터리
Nữ Eatery ★★★★

인기

골목 안쪽에 숨겨져 있는 아담한 레스토랑이다. 오래된 가정집을 개조해 빈티지한 느낌을 주었는데, 작고 예쁜 레스토랑으로 분위기가 좋다. 실내에는 2층으로 올라갈 수 있는 나무 계단이 있다. 메인 요리는 딱 네 종류다. 누들, 라이스, 베지테리언 라이스 Vegetarian Rice, 샌드위치뿐이다. 면 요리와 덮밥은 베트남과 일본 음식을 접목시킨 퓨전 요리로 정갈하다. 음식 양은 적은 편이라 감안해서 주문해야 한다. 주방이 개방되어 요리하는 모습을 볼 수 있다. 성수기 저녁 시간에는 예약하는 게 좋다. 참고로 '느 Nữ'는 여자(女)를 의미한다. 분점인 시셸 바이 느 이터리 Seashell by Nữ Eatery가 바로 옆에 붙어 있다.

지도 P.158-A4 **주소** 10A Nguyễn Thị Minh Khai **전화** 0129-5190-190 **홈페이지** www.facebook.com/NuEateryHoiAn **영업** 화~일요일 12:00~21:00 **휴무** 월요일 **예산** 10만 VND **메뉴** 영어 **가는 방법** 내원교를 건너서 응우옌티민카이 거리에 있는 풍흥 고가를 지나자마자 오른쪽에 있는 작은 골목 안쪽으로 30m 들어간다.

골목에 숨겨져 있는 느 이터리

빈티지한 느낌의 느 이터리

06 반미 마담 칸
Bánh Mì Madam Khánh ★★★★

추천

마담 칸(본명은 응우옌티록 Nguyễn Thị Lộc)이 노점에서 시작해 35년 넘는 역사를 간직한 반미(바게트 샌드위치) 식당이다. 세월은 흘러 마담 칸은 별세했고, 그녀의 따님이 식당을 운영하고 있다. 외관은 허름하지만 호이안에서 알아주는 반미 맛집 중 한 곳으로 통한다. 간판에 '반미의 여왕 The Banh Mi Queen'이라고 적혀 있을 정도다. 메뉴는 반미 한 가지뿐이다. 모든 재료를 다 넣은 것을 원하면 믹스 Mixed, 돼지고기만 원하면 바비큐 포크 BBQ Pork, 닭고기만 넣으면 치킨 Chicken, 채소만 넣으면 베지테리언 Vegetarian을 주문하면 된다. 외국인 관광객도 즐겨 찾을 정도로 유명하다. 점심시간에는 줄을 서야 하는 경우도 흔하다.

지도 P.158-B2 **주소** 115 Trần Cao Vân **전화** 0235-3916-369, 0122-747-6177 **영업** 07:00~19:00 **예산** 3만 VND **메뉴** 영어, 베트남어 **가는 방법** 쩐까오반 거리 115번지에 있다.

반미 마담 칸

샌드위치를 즉석에서 만든다

07 반미 프엉
Bánh Mì Phượng ★★★☆

인기

호이안의 대표적인 '반미(바게트 샌드위치)' 식당이다. 미국 유명 셰프 앤서니 보데인 Anthony Bourdain(오바마 대통령을 하노이 분짜 식당으로 안내했던 인물)이 '호이안의 넘버 원 반미'라고 치켜세우며 일약 맛집으로 등극한 곳이다. 1989년부터 장사를 시작했는데, 저렴하고 맛이 좋아 외국인 여행자들에게도 입소문이 났다. 샌드위치에 들어가는 음식 재료는 주인이 새벽부터 직접 만든다고 한다. 메뉴 중에는 모든 재료를 넣은 반미텁껌 Bánh Mì Thập Cẩm이 인기 있다. 노점이 아니라 식당 형태로 운영되며 호이안 전통 음식도 요리해 준다. 참고로 2023년 9월에 집단 식중독 사고가 발생해 3개월간 영업 정지 처분을 받았다가 다시 문을 열었는데, 위생에 신경 쓰는 분위기다.

지도 P.159-D3 **주소** 2B Phan Châu Trinh **전화** 0905-743-773 **영업** 06:30~21:30 **예산** 3만 5,000VND **메뉴** 영어, 베트남어 **가는 방법** 판쩌우찐 거리 2번지에 있다.

반미 프엉

바게트 샌드위치

08 반미 362
Bánh Mì 362 ★★★★

호찌민시(사이공)의 유명 반미(바게트 샌드위치) 프랜차이즈로 호이안에도 지점을 열었다. 투본 강을 끼고 있는 박당 거리에 있으며 규모도 크다. 2층 창가 자리에서는 강변 풍경도 내려다보인다. 달걀 프라이, 오믈렛, 파테, 햄, 돼지고기 등을 조합해 10여 종류의 반미를 만들어 준다. 베스트셀러는 소고기가 들어간 반미 보 Bánh Mì Bò, 시그니처는 달걀 프라이+햄+닭고기+돼지고기가 들어간 반미 362 Bánh Mì 362다. 고수, 칠리 등 향신료 첨가 여부는 주문할 때 선택할 수 있다. 카페를 겸한 반미 레스토랑이 호찌민시에서는 너무 흔해서 식상한데, 호이안에서는 (희소성 때문에) 귀한 대접을 받는다. 길거리 노점에서 반미를 먹는 게 불안하다면, 청결하고 시설 좋은 이곳을 방문하면 된다.

지도 P.158-C4 **주소** 68 Bạch Đằng **전화** 0888-080-362 **홈페이지** www.banhmi362.com **영업** 10:00~22:00 **메뉴** 영어, 베트남어 **예산** 5만~6만 VND **가는 방법** 박당 거리 68번지에 있다.

반미 362 시그니처 바게트 샌드위치

강변 풍경을 볼 수 있는 반미 362

2층 규모로 널찍한 식당 내부

09 찹스(호이안 지점)
Chops Hoi An ★★★☆

2015년 하노이에서 시작된 수제 버거 레스토랑이다. 2023년에는 호이안에 지점을 열었다. 호이안답게 기와지붕을 올린 목조 가옥의 멋을 살려 인테리어를 꾸몄다. 프리미엄 수제 버거를 만드는 곳으로 브리오슈 번(버거에 쓰이는 빵)을 직접 만든다. 소고기 패티는 호주산 와규를 이용해 매일 만들기 때문에 신선함을 유지한다. 수제 맥주도 함께 판매하니 펍처럼 즐기기 좋다. 점심시간(월~금요일 11:00~14:00)에 런치 콤보를 주문하면 사이드 메뉴와 음료를 함께 제공해 준다.

지도 P.158-B3 **주소** 61 Phan Châu Trinh(Phan Chu Trinh) **전화** 0852-040-061 **홈페이지** www.chops.vn **영업** 11:30~24:00 **메뉴** 영어, 베트남어 **예산** 19만~23만 VND **가는 방법** 올드 타운 초입의 판쩌우찐 거리 61번지에 있다.

찹스 호이안

찹스 수제 버거

10 퍼보 포꼬
Phở Bò Phố Cổ ★★★☆

올드 타운 초입에 있는 소고기 쌀국수(퍼 보 Phở Bò) 식당. 로컬 식당으로 에어컨은 없지만 식당 규모도 크고 깨끗하다. 하노이 스타일 쌀국수(남쪽에 비해 육수가 담백하다)를 만든다. 고명으로 들어가는 소고기 종류를 골라서 주문해야 한다. 얇게 썬 생고기를 넣으면 퍼 따이 Phở Tái, 익힌 고기를 넣으면 퍼 남 Phở Nạm, 차돌박이를 넣으면 퍼 거우 Phở Gầu, 생고기+익힌 고기를 함께 넘으면 퍼 따이남 Phở Tái Nạm, 세 종류의 소고기를 다 넣으면 퍼 닥비엣 Phở Đặc Biệt이 된다. 가격이 착해서 오다가다 부담 없이 쌀국수 한 그릇 맛보기 좋은 곳이다. 투어리스트 레스토랑에 비해 월등히 저렴하다.

지도 P.158-A3 **주소** 109 Trần Hưng Đạo **영업** 06:00~22:00 **메뉴** 영어, 베트남어 **예산** 3만 5,000~5만 VND **가는 방법** 쩐흥다오 거리 109번지에 있다.

퍼보 포꼬

소고기 쌀국수

11 퍼 마이(포 마이)
Phở May ★★★☆

베트남 사람이 운영하는 쌀국수 식당인데, 한국어로 간판을 썼을 정도로 한국 관광객에게 인기 있는 곳이다. 올드 타운 남쪽으로 조금 떨어져 있지만 드나들기 크게 불편하진 않다. 에어컨 시설로 쾌적하며 직원들도 친절하다. 소고기 쌀국수 Phở Bò Tái Lăn와 매콤한 곱창 쌀국수 Phở Lòng Bò가 메인이다. 스프링 롤, 모닝글로리 볶음, 해산물 볶음 쌀국수, 소고기 볶음면, 새우 볶음밥 같은 기본적인 베트남 음식도 함께 요리한다. 반찬으로 김치를 내주는데, 고수는 달라고 해야 가져다준다(향신료에 익숙하지 않은 외국인을 위한 배려인 듯!). 생수와 물티슈도 서비스로 주고, 앞치마까지 가져다 줄 정도로 신경을 많이 썼다.

지도 P.157-A2 **주소** 84 Nguyễn Phúc Tần **전화** 0908-708-256 **홈페이지** www.facebook.com/HoiAnFood.VietnameseCuisine **영업** 10:00~21:30 **메뉴** 영어, 한국어, 베트남어 **예산** 8만~12만 VND **가는 방법** 응우옌푹탄 거리 84번지에 있다. 내원교에서 남쪽으로 700m 떨어져 있다.

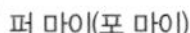
퍼 마이(포 마이)

곱창 쌀국수

12 호로꽌
Hồ Lô Quán ★★★☆

인기

올드 타운에서 조금 떨어진 조용한 골목에 있다. 가정집의 주택 1층을 식당으로 사용한다. 테이블 몇 개 없는 아담한 규모다. 에어컨 시설로 쾌적하다. 까오러우, 스프링 롤, 쌀국수, 볶음 국수, 시푸드까지 메뉴가 다양하다. 가성비가 좋고 주인장이 친절하다. 주문이 밀리면 조리하는데 시간이 걸리는 단점이 있다. 주변에 저렴한 여행자 숙소가 많아 특히 외국인 손님이 많이 찾는다. 장사가 잘되면서 영업시간을 늘렸다. 반미(바게트 샌드위치)도 메뉴에 추가해 더 많은 사람을 불러들이고 있다. 한국 관광객이 많이 찾는 곳으로 직원 유니폼에 한글까지 써져 있다.

지도 P.158-B1 **주소** 20 Trần Cao Vân **전화** 0901-132-369 **영업** 07:30~22:00 **메뉴** 영어, 베트남어 **예산** 8만~15만 VND **가는 방법** 쩐까오번 거리 20번지에 있다. 하이 핀 커피 Hi Phin Coffee를 바라보고 왼쪽에 있다.

호로꽌(호로콴)

에어컨 시설의 깔끔한 식당 내부

13 탄남꽌(탄남콴)
Thành Nam Quán ★★★☆

올드 타운을 살짝 벗어난 북쪽 지역 골목에 있는 자그마한 식당. 베트남 가정식 요리를 선보이는데 향신료가 적고 무난한 맛을 낸다. 모닝글로리 볶음 Rau Muống Xào Tỏi, 돼지고기를 넣은 달걀말이 Trứng Chiên Thịt Heo, 돼지고기 졸임 Thịt Heo Kho, 소고기 채소 볶음 Bò Xào Rau Củ, 새우 마늘 볶음 Tôm Rim Tỏi 같은 메인 요리는 공깃밥과 함께 먹으면 된다. 쌀국수, 분짜, 볶음밥, 볶음국수 위주의 단품 메뉴도 다양하다. 집밥처럼 익숙한 음식이 많은데, 볶음 요리는 기름진 편이다. 테이블이 5개로 협소하고 에어컨도 없지만 주인장은 친절하다.

지도 P.158-B1 **주소** 60 Trần Cao Vân **홈페이지** www.thanhnamquan.business.site **영업** 월~토 11:00~21:00 **휴무** 일요일 **메뉴** 영어, 베트남어 **예산** 7만~12만 VND **가는 방법** 쩐까오번 거리 60번지에 있다.

탄남꽌(탄남콴)

가정식 베트남 요리

14 오리비
Orivy ★★★☆

코로나 팬데믹 이후 새로운 장소로 이전했는데, 도로변에 위치한 식당은 규모도 작아지고 분위기도 평범해졌다. 로컬 음식을 요리하는 곳답게 스프링 롤, 쌀국수, 반쎄오, 치킨라이스, 호이안 3대 요리(까오러우, 호안탄, 화이트 로즈) 같은 대중적인 음식을 깔끔하게 요리한다. 생선과 해산물, 돼지고기, 소고기, 닭고기를 이용한 메인 요리와 곁들이면 된다. 지역에서 생산된 쌀과 채소, 생선을 이용해 음식이 신선하다. 현지인보다 외국인이 많이 찾아오면서 외국인의 입맛에 맞게 요리해준다. 주인장 부부가 친절한 것도 매력이다. 끄어다이 거리에 있지만 올드 타운과 비교적 가까운 편이다.

지도 P.157-B2 **주소** 546 Cửa Đại **전화** 0905-306-465 **홈페이지** www.orivy.com **영업** 11:00~21:30 **메뉴** 영어, 베트남어 **예산** 8만~12만 VND **가는 방법** 올드 타운 오른쪽으로 연결되는 끄어다이 거리 546번지에 있다.

오리비 레스토랑

두툼한 반쎄오와 바삭한 호안탄

15 분짜따
Bun Cha Ta ★★★★

하노이를 대표하는 음식인 분짜 Bún Chả를 요리한다. '분짜따'는 하노이를 여행했다면 한 번쯤 들어봤을 유명한 분짜 전문 식당으로 미쉐린 가이드에 선정되기도 했다. 길거리 음식을 레스토랑으로 끌어들여 성공했는데, 특히 노점에 쭈그리고 앉아 식사하기 꺼리는 외국 관광객이 선호하는 곳이다. 호이안 지점은 자그마한 단칸짜리 식당으로 로컬 레스토랑을 연상시킨다. 에어컨은 없지만 식당 내부는 깨끗하다. 메뉴는 간단하다. 분짜만 먹을 건지, 풀 옵션(분짜+스프링 롤)을 주문할지만 정하면 된다. 따듯한 느억맘 소스에 돼지고기 경단을 넣어서 서빙하는 것이 특징. 이곳 역시 손님 대부분은 외국 관광객이다.

지도 P.157-B2 **주소** 197 Nguyễn Duy Hiệu **전화** 0962-864-589 **홈페이지** www.bunchatahoian.com **영업** 08:00~22:00 **메뉴** 영어 **예산** 7만~13만 **가는 방법** 응우옌주이히에우 거리 197번지에 있다. 내원교(올드 타운)에서 동쪽으로 2㎞ 떨어져 있다.

분짜따

분짜 기본 1인분

16 쩌우 키친
Châu Kitchen & Bar ★★★★

추천

올드 타운에 있는 전통 가옥을 리모델링해 레스토랑으로 사용한다. 벽면을 장식한 그림과 색감 가득한 쿠션이 목조 가옥에 색과 멋을 더했다. 저녁 시간에는 안마당의 야외 테이블에 자리를 잡아도 괜찮다. 다분히 관광객을 겨냥한 곳으로 어느 한 가지 음식에 특화하지 않고, 누구나 즐길 만한 베트남 음식을 골고루 요리한다. 베스트셀러로 꼽히는 음식은 소고기 쌀국수 Phở Bò, 반쎄오 호이안 Bánh Xèo Hội An, 치킨라이스 Cơm Đùi Gà Nướng, 분보남보(소고기 볶음을 올린 비빔국수) Bún Bò Nam Bộ, 징거미새우를 곁들인 미꽝 Mì Quảng Tôm Càng, 호이안 요리를 한 접시에 모아 놓은 스페셜 콤보 Special Combo, 모둠 해산물 구이 Mẹt Hải Sản Nướng가 있다. 계산서에 5% 세금이 추가된다.

지도 P.158-B4 **주소** 141 Trần Phú **전화** 0903-529-377 **홈페이지** www.facebook.com/Chaukitchenhoian **영업** 09:00~22:00 **메뉴** 영어, 베트남어 **예산** 10만~26만 VDN(+5% Tax) **가는 방법** 쩐푸 거리 141번지에 있다.

쩌우 키친

호이안 전통 가옥을 감각적으로 꾸몄다

17 모닝 글로리 오리지널
Morning Glory Original ★★★☆

인기

호이안 올드 타운에서 가장 많이 알려진 베트남 음식점이다. 올드 타운에 있는 2층짜리 콜로니얼 건물을 레스토랑으로 사용한다. 베트남에서 흔하게 볼 수 있는 음식을 깔끔하고 건강하게 요리하는 데 중점을 두고 있다. 호이안을 대표하는 셰프라고 해도 과언이 아닌 찐지엠비 Trịnh Diễm Vy(영어로 미즈 비 Ms. Vy라고 알려졌다)가 운영한다. 유명세를 증명하듯 밀려드는 손님들로 혼잡하니 세심한 서비스는 기대하지 말 것. 여러 개의 지점이 있는데 원조 집임을 강조하기 위해 모닝 글로리 오리지널이라고 부른다. 참고로 투본강 건너편에는 모닝 글로리 시그니처 Morning Glory Signature(주소 41 Nguyễn Phúc Chu)가 있다.

지도 P.158-B4 **주소** 106 Nguyễn Thái Học **전화** 0235-3241-555 **홈페이지** www.tastevietnam.asia **영업** 11:00~22:00 **예산** 11만~22만 VND **메뉴** 영어, 베트남어 **가는 방법** 응우옌타이혹 거리의 땀땀 카페 Tam Tam Cafe 옆에 있다.

모닝 글로리 레스토랑의 오픈 키친

사진 왼쪽 건물이 모닝 글로리 레스토랑

18 호이안 하트 레스토랑

Hoi An Heart Restaurant / Hương Vị Hội An ★★★★

인기

내원교 옆쪽의 투본 강변에 있는 베트남 레스토랑이다. 현지어 간판은 흐엉비 호이안 Hương Vị Hội An이라고 적혀 있다. 접근성이 좋고 분위기가 좋아서 관광객에게 인기 있다. 파스텔 톤의 콜로니얼 양식 건물로 한쪽은 올드 타운이, 한쪽은 강변 풍경이 보인다. 2층은 에어컨도 설치되어 있다. 호이안 전통 음식과 베트남 요리를 두루두루 맛볼 수 있다. 메인 요리는 그릴 치킨, 로스트 덕, 대나무 통에 담아주는 소고기 볶음, 돼지갈비, 새우 요리가 있다. 전통 음식은 대나무로 만든 그릇에 담아서 내어준다. '밥'을 먹어야겠다면 모닝 글로리 볶음, 두부 요리, 가지 볶음을 주문하자. 계산서에 세금 10%가 추가되는 것은 단점.

지도 P.158-A4 **주소** 15 Nguyễn Thị Minh Khai **전화** 0983-300-781 **홈페이지** www.hoianheartrestaurant.com **영업** 11:00~22:00 **메뉴** 영어, 한국어, 베트남어 **예산** 메인 요리 17만~22만 VND(+10% Tax) **가는 방법** 내원교와 가까운 응우옌티민카이 거리 15번지에 있다.

흐엉비 호이안이라고 적힌 베트남어 간판

투본 강변의 150년 된 건물 호이안 하트 레스토랑

19 비스 마켓 레스토랑

Vy's Market Restaurant / Nhà Hàng Chợ Phố ★★★☆

모닝 글로리 오리지널(P.206)의 주인장인 비 Vy가 운영하는 대형 레스토랑이다. 전통 시장 음식을 현대적인 푸드 코트와 접목시켰다. 쌀국수부터 시푸드까지 베트남 전국 각지의 특산 요리가 다 모여 있고, 실제 장터처럼 주문 즉시 조리대 앞에서 음식을 만들어준다. 호이안 야시장과 접해 있어 입구는 어수선하지만, 널찍한 안마당을 둘러싼 2층 건물이라 규모가 제법 크다. 2층 테라스에 오르면 야시장도 내려다보인다. 쿠킹 클래스를 함께 운영하니 관심 있다면 문의해보자.

지도 P.158-B4 **주소** 3 Nguyễn Hoàng **전화** 0235-3926-926 **홈페이지** www.tastevietnam.asia **영업** 11:00~21:30 **메뉴** 영어, 베트남어 **예산** 메인 요리 10만~22만 VND **가는 방법** 호이안 야시장과 같은 거리인 응우옌호앙 거리 3번지에 있다.

비스 마켓 레스토랑

재래시장의 푸드 코트를 재연했다

20 리틀 파이포
Little Faifo ★★★☆

200년 넘는 역사를 가진 목조 가옥을 레스토랑으로 사용한다. 건물 자체를 문화유산으로 지정해 건설 당시의 모습을 온전히 보존하고 있다. 동양적인 정취가 가득한 건물을 스타일리시하게 꾸몄다. 1층은 카페와 바, 2층은 레스토랑으로 사용된다. 1층 안쪽은 에어컨이 나오고, 2층 테라스는 거리 풍경이 내려다보인다. 베트남 음식을 메인으로 요리하는데, 관광객이 많이 찾는 곳답게 샌드위치, 피자, 스파게티 메뉴도 있다. 전반적으로 외국인 입맛을 겨냥한 퓨전 요리에 가깝다. 호이안에서 가장 분위기 좋은 가게 중 하나로 특히 유럽 관광객들 사이에서 인기다. 은은한 조명을 밝히는 저녁이면 분위기가 더 좋다.

지도 P.158-C4 **주소** 66 Nguyễn Thái Học **전화** 0235-3917-444 **홈페이지** www.littlefaifo.com **영업** 09:00~22:00 **메뉴** 영어, 베트남어 **예산** 메인 요리 13만~30만 VND(+10% Tax) **가는 방법** 응우옌타이혹 거리 66번지에 있다.

200년된 목조 가옥을 사용한다

저녁 시간에 방문하면 분위기가 더 좋다

21 마이 피시
Mai Fish / Nhà Hàng Cá Mai ★★★☆

내원교를 건너 올드 타운에 위치해 차분한 분위기다. 기와지붕을 얹은 단층 건물이지만 입구 반대 방향의 강변 쪽으로 야외 마당이 있어 공간이 여유롭다. 망고 룸스 Mango Rooms(P.210)와 같은 주인이 운영한다. 대중적인 베트남 음식(가정 요리 또는 길거리 음식)을 트렌디 하게 요리하기 때문에 음식 값은 비싸다. 노점 음식이 부담스러운 외국인 관광객이 즐겨 찾는다. 퍼 보(소고기 쌀국수) Phở Bò, 반미(바게트 샌드위치) Bánh Mì, 반쎄오(베트남식 부침개) Bánh Xèo, 껌 팃 느엉(고기 덮밥) Cơm Thịt Nướng, 미싸오 하이싼(해산물 볶음 국수) Mì Xào Hải Sản, 까오러우(호이안식 비빔국수) 같은 기본 호이안 음식을 만든다. 수제 맥주 Craft Beer도 판매한다.

지도 P.158-A4 **주소** 45 Nguyễn Thị Minh Khai **전화** 0235-392-5545 **홈페이지** www.mangohoian.com/mai-fish **영업** 09:00~22:00 **예산** 13만~38만 VND **메뉴** 영어, 베트남어 **가는 방법** 내원교를 건너 응우옌티민카이 거리를 따라 100m. 투본 강과 연해 있는 꽁느응옥호아 Công Nữ Ngọc Hoa 거리에도 입구가 있다.

마이 피시 정문(응우옌티민카이 거리)

깔끔하게 꾸민 마이 피시 내부

22 하이 카페
Hai Cafe ★★★☆

올드 타운의 전통가옥을 레스토랑으로 사용해 분위기가 좋다. 응우옌타이혹 거리에서 보면(정문) 중국풍의 인테리어로 꾸민 레스토랑이 나오고, 쩐푸 거리에서 보면 야외 정원에 만든 카페가 나온다. 호이안 요리부터 바비큐, 시푸드, 바게트 샌드위치, 피자, 스파게티까지 메뉴는 다양하다. 식사보다는 푹신한 쿠션에 앉아 커피를 마시며 시간 보내기 좋은 곳이다. 저녁 시간에는 뒷마당(야외 정원)에서 바비큐를 요리한다. 구글 검색은 하이 카페 코트야드 비비큐 & 레스토랑 Hai Cafe Courtyard BBQ & Restaurant으로 해야 한다.

지도 P.158-B4 **주소** 98 Nguyễ Thá Họ & 111 Trần Phú **전화** 0235-3863-210 **홈페이지** www.visithoian.com **영업** 08:00~22:00 **예산** 11만~24만 VND, 세트메뉴 25만~35만 VND(+5% Tax) **메뉴** 영어, 한국어, 베트남어 **가는 방법** ❶ 응우옌타이혹 거리 98번지에 있다. 떤끼 고가(정문) 맞은편에 있다. ❷ 후문에 해당하는 쩐푸 거리(쩐푸 거리 11번지)에도 입구가 있다.

하이 카페 입구(정문)

하이 카페 내부

23 림 다이닝 룸
Lim Dining Room ★★★★

올드 타운에 있는 매력적인 고가옥을 분위기 가득한 이탈리안 레스토랑으로 리모델링했다. 목조 건물 외관은 전혀 손대지 않아 예스러운 멋이 가득하다. 안마당에 자라는 나무까지 그대로 보존했다. 간판도 작게 만들어 인위적인 느낌을 최소화했다. 아무래도 은은한 조명이 비추는 저녁시간에 더욱 낭만적이다. 에어컨이 없기 때문에 저녁에 식사하러 오는 사람이 더 많긴 하다. 메뉴는 파자, 파스타, 뇨키, 피시 필렛, 치킨 브레스트, 비프스테이크로 간단하다. 이탈리안 레스토랑답게 식사와 어울리는 다양한 와인을 보유하고 있다.

지도 P.158-B4 **주소** 96 Nguyễn Thái Học **전화** 0934-740-229 **홈페이지** www.limdiningroom.com **영업** 07:30~22:00 **메뉴** 영어 **예산** 메인 요리 26~45만 VND, 테이스팅 메뉴(코스 요리) 82만 VND **가는 방법** 응우옌타이혹 거리 96번지에 있다.

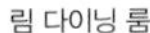
림 다이닝 룸

한번쯤 분위기를 내고 싶을땐 이탈리안 레스토랑으로

24 망고 룸스
Mango Rooms ★★★☆

호이안에서 인기 있는 고급 레스토랑 중 한 곳이다. 미국 국적의 베트남 요리사가 운영한다. 미국에서 오랫동안 요리했던 경험을 살려 아시아 퓨전 음식을 요리한다. 음식의 주재료와 맛은 동양적이지만 드레싱은 서양 요리의 기교를 가미했다. 새우 요리는 익소틱 댄스 Exotic Dance, 닭 가슴살 요리는 라 트로피카나 La Tropicana, 소고기 요리는 라 쿠바나 La Cubana 등 독창적인 이름이라 어떤 음식을 주문할지 메뉴판을 유심히 살펴야 한다. 올드 타운과 가까운 투본 강변에 있는데, 라틴풍으로 밝고 경쾌하게 인테리어를 꾸몄다. 강변에는 야외 테이블도 놓여 있다. 맥주와 와인을 마실 수 있는 버블 바 Bubble Bar를 함께 운영한다.

지도 P.159-E4 **주소** 37 Phan Bội Châu **전화** 0702-655-969 **홈페이지** www.mangomangohoian.com **영업** 08:00~21:00 **메뉴** 영어 **예산** 메인 요리 35만~68만 VND(+10% Tax) **가는 방법** 판보이쩌우 거리 37번지에 있다.

망고 룸스

투본 강변 야외 테이블

25 세븐 브리지(호이안 지점)
7 Bridges Hoi An Taproom ★★★★

수제 맥주 회사인 세븐 브리지 브루잉 컴퍼니에서 운영한다. 호이안 올드 타운 초입에 있는 목조 건물이라 호이안 감성을 제대로 느낄 수 있다. 안으로 들어가면 뒷마당을 겸한 야외 정원이 있는데, 별다른 치장 없이도 비어 가든이 되는 셈이다. 20여 종의 수제 맥주를 판매하는데, 시원한 수제 맥주는 탭에서 직접 뽑아준다. 맥주잔은 크기에 따라 스몰 Small(260㎖), 스탠더드 Standard(400㎖), 스타인 Stein(580㎖), 타워 Tower(3L)로 구분한다. 여러 종류의 맥주를 시음할 수 있는 플라이트 글라스는 4종류 맥주 Flight Glasses of 4 Beers(요금 28만 VND) 또는 7종류 맥주 Flight Glasses of 7 Beers(요금 48만 VND)를 선택할 수 있다.

지도 P.159-D3 **주소** 36 Trần Phú **전화** 0979-784-491 **홈페이지** www.facebook.com/7BridgesHoiAn **영업** 11:00~24:00 **메뉴** 영어 **예산** 맥주 9만~17만 VND **가는 방법** 쩐푸 거리 36번지에 있다.

세븐 브릿지

7 Bridges Hoi An Taproom

▶ 안방 해변 & 끄어다이 거리 레스토랑

호이안을 벗어나면 자연과 마주하게 된다. 끄어다이 해변으로 가는 도로는 강과 어우러지고, 안방 해변은 열대 해변의 정취가 가득하다. 이곳의 레스토랑은 일부러 찾아가야 하지만, 한적하고 평화로운 분위기만으로 매력은 충분하다. 조금 느리게 여행하고 싶은 여행자에게 어울리는 곳이 숨겨져 있다.

01 소울 키친

Soul Kitchen ★★★★

인기

안방 해변과 접해 있는 해변의 레스토랑이다. 프랑스 · 벨기에 사람이 운영한다. 한적한 해변 분위기를 그대로 살려 평화롭게 꾸몄다. 바다가 보이는 곳에 놓인 평상과 푹신한 쿠션, 잔디 위에 놓인 데크체어, 해변에 놓인 선베드에 자리를 잡고 널브러져 게으른 시간을 보내기 좋다. 안방 해변을 찾은 여행자들에게 일종의 휴식 공간이다. 아침에는 해변의 정취가 가득하고, 저녁에는 해변의 낭만이 어우러진다.

카페, 레스토랑, 라운지, 바를 모두 겸하고 있다. 브런치를 즐겨도 되고, 베트남 커피나 맥주로 더위를 식혀도 되고, 칵테일 · 와인을 곁들여 저녁 식사를 해도 된다. 다양한 국적의 여행자가 어우러져 히피스런 분위기도 연출한다. 저녁 시간에는 라이브 음악을 연주하기도 한다. 밤이 깊어지고 술기운이 오르면 자유분방하게 춤추며 여행자들끼리 어울려 파티가 열린다. 이래저래 해변을 찾은 외국인 여행자들의 놀이 공간이 된다. 저녁에 식사하러 갈 경우 예약하고 가는 게 좋다.

지도 P.161 **주소** An Bang Beach **전화** 0906-440-320 **홈페이지** www.facebook.com/soulkitchenlivemusic **영업** 08:00~23:00 **예산** 맥주 4만~8만 VND, 칵테일 10만~14만 VND, 메인 요리 10만~20만 VND **메뉴** 영어 **가는 방법** 호이안 올드 타운에서 하이바쯩 거리를 따라 북쪽으로 5㎞ 떨어진 안방 해변에 있다. 안방 해변에 도착하면 바이땀 안방 Bãi Tắm An Bàng이라고 적힌 표지석이 있는 해변 입구에서 왼쪽(북쪽)으로 100m. 해변 입구부터는 오토바이나 차가 다닐 수 없는 좁은 길로 걸어가야 한다.

1 소울 키친 **2** 해변에서 휴식할 수 있다 **3** 바다를 보며 시간을 보내기 좋다

02 덱 하우스
The Deck House ★★★☆

해변 라운지를 겸한 레스토랑이다. 안방 해변을 따라 일렬로 늘어선 레스토랑 중에서 시설이 좋은 곳으로 꼽힌다. 호텔에서 해변에 운영하는 비치 바처럼 미니멀하고 트렌디한 느낌을 강조했다. 파란색의 쿠션과 하얀색의 파라솔이 바다와 대비를 이룬다. 잔디 정원과 바다가 내려다보이는 데크, 해변의 선베드까지 공간이 여유롭다. 브런치, 버거, 파스타, 시푸드, 베트남 음식까지 다양한 음식을 요리한다.

지도 P.161 **주소** An Bang Beach **전화** 0905-658-106 **홈페이지** www.thedeckhouseanbang.com **영업** 07:00~22:00 **예산** 커피 · 맥주 6만~11만 VND, 메인 요리 14만~38만 VND(+5% Tax) **메뉴** 영어 **가는 방법** 호이안 올드 타운에서 하이바쯩 거리를 따라 북쪽으로 5㎞ 떨어진 안방 해변에 있다. 안방 해변에 도착하면 바이땀 안방 Bãi Tắm An Bàng 표지석이 있는 해변 입구에서 왼쪽으로 100m 들어간다. 소울 키친 Soul Kitchen을 지나 길 끝에 있다.

리조트의 비치 바 같은 해변 풍경

잔디 정원과 바다가 어우러진다

03 라 플라주
La Plage ★★★☆

안방 해변에 늘어선 식당 골목에서 오른쪽 끝에 있다. 소울 키친과 항상 경쟁 관계로, 소울 키친에 비해 캐주얼한 느낌이다. '플라주'는 '해변'이라는 뜻의 프랑스어. 바다를 바라보며 야자수 그늘 아래서 나른한 시간을 보낼 수 있다. 샌드위치, 버거, 스파게티, 볶음밥 같은 기본 음식을 요리한다. 크로크무슈 croque monsieur, 크로크 마담 croque madame, 메르게즈 Merguez 소시지, 크레페 같은 프랑스 · 지중해 음식도 있다. 커피, 맥주, 칵테일이 경쟁 업소보다 저렴하다. 주말 저녁에는 안방 해변에 거주하는 외국인 밴드가 음악을 연주해 준다.

지도 P.161 **주소** An Bang Beach **홈페이지** www.laplagehoian.weebly.com **영업** 08:00~21:00 **예산** 커피 · 맥주 3만~6만 VND, 메인 요리 9만~25만 VND **메뉴** 영어 **가는 방법** 호이안 올드 타운에서 하이바쯩 거리를 따라 북쪽으로 5㎞ 떨어진 안방 해변에 있다. 안방 해변에 도착하면 바이땀 안방 Bãi Tắm An Bàng 표지석이 있는 해변 입구에서 오른쪽(소울 키친 반대 방향)으로 100m. 해변 입구부터는 오토바이나 차가 다닐 수 없는 좁은 길로 걸어가야 한다.

라 플라주

바다와 정원이 편안함을 선사한다

04 사운드 오브 사일런스
Sound Of Silence ★★★★

인기

안방 해변의 조용한 바닷가에 있는 카페. 벽돌과 티크 나무로 이루어진 가옥과 야자수 아래 놓인 야외 테이블이 분위기를 더한다. 숙소를 함께 운영하기 때문에 넓은 공간을 활용해 꾸몄다. 해변에는 파라솔과 덱체어도 놓여 있어 열대 지방 분위기가 물씬 풍긴다. 자연적인 정취를 최대한 살렸으며, 파도 소리와 바닷바람을 느끼며 시간을 보낼 수 있다. 베트남 커피, 핸드 드립, 콜드 브루, 에스프레소, 라테 등 다양한 방법으로 커피를 만든다. 샌드위치, 파스타, 피자, 버거, 크레페, 오믈렛을 이용한 브런치 메뉴도 있다. 카페 입구에서 주문하고 해변 쪽에 자리 잡으면, 직원이 음료를 가져다준다.

지도 P.156-B1 **주소** 40 Nguyễn Phan Vinh **전화** 0866-774-962 **영업** 07:00~19:00 **메뉴** 영어, 베트남어 **예산** 커피 4만~11만 VND **가는 방법** 안방 해변의 응우옌판빈 거리 40번지에 있다.

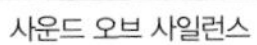
사운드 오브 사일런스

카페와 정원, 해변까지 이어져 있다

05 안방 비치 빌리지 레스토랑
An Bang Beach Village Restaurant ★★★★

인기

해변을 끼고 있거나 시설이 좋은 레스토랑은 아니다. 골목 안쪽에 숨어 있으나 음식 맛이 좋고 친절해 안방 해변에 장기 체류하는 외국인들 사이에 알려지기 시작했다. 홈스테이를 운영하는 베트남 가족이 운영한다. 인기 식당으로 변모하면서 해변을 잠시 찾은 관광객들도 일부러 찾아올 정도다. 그날그날 들여온 신선한 해산물로 요리하며, 특히 생선, 새우, 가리비 구이가 유명하다. 스프링 롤과 볶음밥을 곁들여 식사하면 된다. 베지 커리, 버터 치킨, 치킨 티카 마살라 같은 인도 음식도 요리한다.

지도 P.161 **주소** To 6B, An Bang Beach **전화** 0903-542-613 **홈페이지** www.anbangbeachvillage.com **영업** 11:00~20:00 **메뉴** 영어, 한국어, 베트남어 **예산** 메인 요리 11만~22만 VND, 세트 메뉴 21만~26만 VND **가는 방법** 안방 해변 내륙도로의 안방 미니마트 & 약국 An Bang Minimart & Pharmacy 옆 골목 안쪽으로 200m.

안방 비치 빌리지 레스토랑

골목에 걸린 안내 간판

06 호아히엔
Hoa Hien ★★★☆

지도 P.157-B2 **주소** 35 Trần Quang Khải **전화** 0235-3939-668 **홈페이지** www.hoahienrestaurant.com **영업** 09:00~21:00 **메뉴** 영어, 베트남어 **예산** 9만~18만 VND **가는 방법** 쩐꽝카이 거리 35번지에 있다. 강변도로인 후옌쩐꽁쭈아 거리 Huyền Trân Công Chúa에도 입구가 있다. 호이안 시장에서 동쪽으로 1.3㎞.

호이안의 인기 레스토랑인 포쓰아 Phố Xưa(P.199)의 업그레이드 버전이다. 마당과 정원에 둘러싸인 근사한 저택에서 여유로움을 느낄 수 있다. 올드 타운에서 조금 떨어진 강변에 자리하는데, 한적한 동네 분위기와 강이 보이는 풍경 덕분에 관광지를 벗어난 느낌을 준다. 쌀국수, 까오러우, 미꽝, 분짜, 스프링 롤, 반쎄오, 넴루이를 비롯해 가볍게 식사하기 좋은 단품 메뉴가 많다. 모든 메뉴는 짜께 마을(P.188)에서 재배하는 신선한 채소를 사용해 조리한다. 특별 요리로는 베트남식 비빔밥인 껌업푸 Cơm Âm Phủ가 있는데, 고추장이 아닌 피시 소스(느억맘)와 함께 먹는다.

호아히엔

실내와 실외 공간에 따라 분위기가 다르다

07 년 키친(니한 키친)
Nhan's Kitchen / Nhà Hàng Bếp Nhàn ★★★☆

인기

지도 P.157-B2 **주소** 167 Trần Nhân Tông **전화** 0905-186-867 **영업** 11:00~21:00 **메뉴** 영어, 베트남어 **예산** 10만~16만 VND **가는 방법** 쩐년똥 거리 167번지에 있다. 내원교에서 동쪽으로 2.5㎞ 떨어져 있다.

올드 타운에서 제법 떨어져 있는 레스토랑이다. 관광지를 벗어난 한적한 도로에 있지만 입소문을 타고 유명해졌다. 특히 외국 관광객에게 인기 있다. 한국 관광객에게는 니한 키친으로 알려지기도 했다. 도로변에 있는 로컬 레스토랑 분위기로 심플한 분위기지만 내부는 깔끔하다. 에어컨 시설의 실내와 야외 테이블로 구성되어 있다. 전형적인 투어리스트 레스토랑으로 호이안 요리, 베트남 요리, 피자까지 다양하게 요리한다. 메인 요리는 오징어순대 Stuffed Squid Steam, 돼지갈비 Pork Spake Ribs, 생선 요리 Red Snapper with Turmeric in Banana Leaf로 밥과 함께 접시에 담아 내어준다. 전체적으로 외국인(한국인 포함) 입맛에 무난하게 요리를 해 준다. 영어를 구사하는 직원들도 친절하다.

년스 키친

레스토랑 내부

08 로빙 칠 하우스
Roving Chill House ★★★☆

호이안 주변의 논 풍경을 감상할 수 있는 카페. 논밭을 끼고 야외에 만든 카페로 시골 풍경이 주는 편안함을 느낄 수 있다. 목재 테이블, 평상, 쿠션, 파라솔 등을 놓아 자연스러운 분위기를 극대화했다. 전원을 배경으로 사진 찍기 좋은 카페여서 현지인들에게 인기 있다. 레스토랑을 겸하고 있는데 식사보다는 커피 한 잔 시켜 놓고 시간을 보내는 사람이 많다. 오전에는 브런치 메뉴, 저녁에는 시푸드와 스테이크를 메인으로 요리한다. 호이안 올드 타운에서 안방 해변 가는 길에 잠시 들러 쉬어 가기 좋다. 에어컨이 없어서 더운 건 어쩔 수 없지만!

지도 P.156-B1 **주소** Nguyễn Trãi Thanh Tây, Hội An **전화** 0708-123-045 **홈페이지** www.facebook.com/RovingChillhouseHoiAn **영업** 07:00~21:00 **메뉴** 영어, 베트남어 **예산** 커피 6만~14만 VND, 메인 요리 15만~35만 VND **가는 방법** 끄어다이 거리에서 안방 해변으로 넘어가는 시골길에 있다. 호이안 올드 타운에서 4㎞ 떨어져 있다.

로빙 칠 하우스

전원 풍경을 감상하기좋은 카페

09 톡 바 & 레스토랑
Tok. Bar and Restaurant ★★★★

추천

호이안의 웬만한 관광지로 멀리 떨어져 있지만 분위기는 그 어떤 곳에도 뒤지지 않는다. 퓨전 요리를 선보이는 서양 음식점으로 바와 레스토랑을 겸한다. 독립된 레스토랑 건물은 모던한 감각으로 디자인해 고급 레스토랑다운 면모를 풍긴다. 복층 건물로 2층 테라스에도 테이블이 놓여 있다. 논밭을 배경으로 전원적인 정취를 만끽할 수 있는 것이 최대 매력이다. 뇨키 Gnocchi Sardi, 라비올리 Mushroom Ravioli, 생선 요리 Catch of the Day, 양고기 Braised Lamb Shank, 토마호크 스테이크 Argentinian Black Angus Tomahawk를 메인으로 요리한다. 식사가 아니더라도 음료나 디저트를 즐기며 한적하고 평화롭게 시간을 보낼 수 있다. 와인과 칵테일도 다양하게 구비되어 있다.

지도 P.156-C2 **주소** Trần Nhân Tông, Cẩm Thanh **전화** 0931-900-565 **홈페이지** www.tokrestaurant.com **영업** 11:00~22:00 **메뉴** 영어 **예산** 메인 요리 23만~65만 VND **가는 방법** 껌탄(코코넛 빌리지)으로 향하는 쩐년똥 거리에 있다. 호이안 올드 타운에서 5㎞ 떨어져 있다.

톡 바 & 레스토랑

평화로운 풍경은 덤이다

Shopping

호이안의 쇼핑

세계문화유산으로 지정된 작은 마을이라 대형 쇼핑몰이나 명품 매장은 없다. 그럼에도 쇼핑 파라다이스라고 불릴 만큼 작은 수공예품 상점이 곳곳에 널려 있다. 매장은 옛 가옥을 그대로 사용해 고풍스런 느낌이 강하다. 특히 호이안의 전통 맞춤옷 매장(간판에 Tailor라고 적혀 있다)이 많다. 호이안 시장(P.175)과 야시장(P.175)은 볼거리에서 소개한다.

01 마스터 탄
Master Tan ★★★★

관광객이 좋아할 만한 기념품을 모아 놓은 상점이다. 약초(베트남 허브)를 이용한 천연 제품을 만든다. 치료 목적으로 사용되는 약초를 현대적인 제품으로 만들어 판매한다고 보면 된다. 호랑이 연고, 천연 비누, 입욕제, 향초, 아로마 오일, 향(인센스)을 비롯해 향신료, 말린 과일, 견과류, 초콜릿, 꿀, 차, 그릇까지 다양한 물건을 한자리에서 구입할 수 있다. 외국 관광객이 주된 고객이라 직원들이 영어로 소통한다. 차를 시음해 볼 수도 있고, 말린 과일도 맛보게 해주는 등 친절하다. 올드타운에 있는 전통 가옥이라서 기념품 상점처럼 안 보이는 데다가, 간판도 작아서 주소(번지수)를 확인하고 찾아가는 게 좋다.

지도 P.158-B4 **주소** 105 Trần Phú **홈페이지** www.mastertan.vn **영업** 08:30~22:00 **가는 방법** 쩐푸 거리 105번지에 있다.

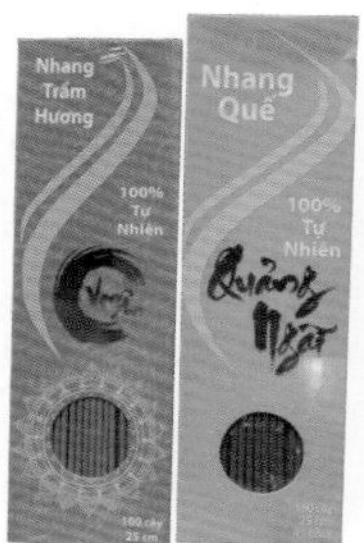

천연 허브 제품을 판매하는 마스터 탄

02 메티세코
Metiseko ★★★★

프랑스 디자이너가 베트남에 정착해 만든 로컬 브랜드. 현지에서 구한 천연 소재와 유니크한 디자인으로 인기를 얻고 있다. 자연친화적이면서 세련된 '에코 시크 라이프스타일 Eco Chic Lifestyle'을 추구하는데, 시원하면서 몸에 좋은 천연 실크와 오가닉 코튼을 사용해 가격은 비싼 편이다. 상의는 US$50~80, 바지는 US$85~120, 원피스는 US$98~180 정도. 스카프, 액세서리, 숄더백, 파우치, 클러치, 쿠션 커버 등도 구입할 수 있다. 쩐푸 거리에 두 개의 매장이 붙어 있는데, 왼쪽은 메티세코 오가닉 코튼 Metiseko Organic Cotton, 오른쪽은 메티세코 내추럴 실크 Metiseko Natural Silk 매장이다. 호찌민시와 하노이에도 매장이 있다.

지도 P.158-B4 **주소** 140~142 Trần Phú **전화** 0235-3929-878, 0510-3929-278 **홈페이지** www.metiseko.com **영업** 09:00~21:30 **가는 방법** 쩐푸 거리 140번지에 위치해 있다. 쩐푸 거리에 있는 하이 카페 Hai Cafe 후문의 맞은편에 위치해 있다.

천연 실크로 만든 패션 브랜드

메티세코 내추럴 실크

03 징코 티셔츠
Ginkgo T-shirt ★★★☆

베트남 토종 의류 회사로, 티셔츠를 전문으로 만든다. 호찌민시(사이공), 하노이, 냐짱, 호이안에 매장을 운영한다. 베트남 국기나 시클로, 오토바이 같은 베트남을 상징하는 문양으로 디자인한 옷이 많아 기념품으로도 손색이 없다. 바지와 원피스, 스커트뿐만 아니라 가방도 구입할 수 있다. 오가닉 제품이라 시장에 파는 티셔츠와 비교해 상당히 좋은 품질을 자랑한다. 티셔츠는 US$15~30 정도이며, 공정 무역을 표방한다.

지도 P.158-B4 **주소** 115 Trần Phú **전화** 0235-3921-379 **홈페이지** www.ginkgotshirts.com **영업** 09:00~22:00 **가는 방법** 쩐푸 거리 115번지에 있다.

징코 티셔츠 쩐푸 지점

베트남을 테마로 프린팅 한 티셔츠

04 선데이 인 호이안
Sunday in Hoi An ★★★☆

호이안에서 인기 있는 리빙숍이다. 주방 용품부터 침구까지 생활에 필요한 제품들이 가득하다. 머그 컵, 컵 받침, 도마, 그릇, 접시, 꽃병 등 감각적인 세라믹 제품이 많은 편이다. 라탄 가방, 실크 스카프, 파우치, 액세서리 등은 기념품으로 구매해도 손색이 없다. 대부분의 수공예품은 라탄, 대나무, 실크, 리넨 등 천연 소재로 만든다. 주변의 다른 매장들과는 차별화된 미니멀하고 모던한 디자인 제품들이 주를 이룬다. 올드 타운 분위기가 느껴지는 오래된 고가옥을 그대로 사용하고 있어 쇼핑이 아니더라도 스냅 사진 찍으러 들리는 곳이기도 하다.

지도 P.158-A4 **주소** 184 Trần Phú **전화** 0797-676-592 **홈페이지** www.sundayinhoian.com **영업** 09:00~21:00 **가는 방법** 내원교와 가까운 쩐푸 거리 184번지에 있다.

리빙숍으로 꾸민 선데이 인 호이안

그릇부터 가방까지 다양한 제품을 판매한다

05 쿨뢰 바이 레한(레한 갤러리)
Couleurs by Réhahn ★★★☆

호이안에 거주하며 작품 활동을 하고 있는 프랑스 사진작가 레한 Rehahn이 운영하는 갤러리. 쿨뢰는 컬러를 뜻하는 프랑스어로 '레한'이 베트남, 쿠바 등을 여행하며 촬영한 색감이 돋보이는 그의 작품을 전시·판매한다. 베트남 관련 작품은 호이안 풍경뿐만 아니라 북부 산악지역에서 생활하는 소수민족 사진까지 100여 점을 볼 수 있다. 좀 더 다양한 작품을 구경하고 싶다면 프레셔스 헤리티지 아트 갤러리 뮤지엄 Precious Heritage Art Gallery Museum(지도 P.159-E3, 주소 26 Phan Bội Châu, 홈페이지 www.preciousheritageproject.com)을 방문하면 된다. 소수 민족 전통 의상까지 전시해 박물관처럼 꾸몄다. 이곳에서는 엽서뿐만 아니라 액자로 제작된 사진 작품도 판매한다.

지도 P.159-D3 **주소** 7 Nguyễn Huệ **전화** 0235-3911-382 **홈페이지** www.rehahnphotographer.com **영업** 08:00~20:00 **가는 방법** 응우옌후에 거리 7번지에 있다.

레한 갤러리로 알려진 쿨뢰 바이 레한

프리셔스 헤리티지 아트 갤러리 뮤지엄

Spa & Massage

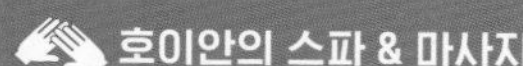

호이안의 스파 & 마사지

01 인 호이안 스파

In Hoi An Spa ★★★★

한국 관광객들에게 인기 있는 대형 스파 업소. 넓고 쾌적한 시설에 야외 수영장까지 갖춰져 있다. 호이안 올드 타운에서 조금 떨어진 끄어다이 해변 근처에 위치해 접근성이 떨어지지만, 픽업·드롭 서비스를 제공하니 이동하는데 어려움이 없다. 가족 단위 여행자를 고려해 다양한 연령층을 위한 테라피 메뉴를 마련한 것이 특징이다. 아로마 마사지, 아로마 스톤 마사지, 타이 마사지, 포 핸즈 마사지, 임산부 마사지, 12세 이하 아동을 위한 키즈 마사지가 있다. 마사지가 끝난 뒤에는 수영장 옆 레스토랑에서 식사도 제공해 준다.

지도 P.156-B2 **주소** 236 Cửa Đại **전화** 0235-653-0000 **카카오톡** 다낭 인 호이안 스파 **영업** 10:00~22:00 **요금** 아로마 마사지(60분) 77만 VND, 아로마 마사지(90분) 91만 VND, 핫 스톤 마사지(90분) 91만 VND, 포 핸즈 마사지(60분) 120만 VND **가는 방법** 끄어다이 거리 236번지에 있다. 내원교에서 동쪽(끄어다이 해변 방향)으로 4㎞.

인 호이안 스파

스파 룸 2인실

02 화이트 로즈 스파

White Rose Spa ★★★☆

규모가 크거나 고급스럽진 않지만 시설이 깔끔하고 직원들도 친절해서 호평을 받는 곳이다. 시그니처 메뉴는 아로마테라피 마사지인데, 아로마 오일과 코코넛 오일 중에 원하는 걸 선택할 수 있다. 마사지 룸은 층마다 2인실, 3인실, 4인실로 구분된다. 본격적으로 서비스를 받기 전 웰컴 드링크를 즐기면서 마사지 받고 싶은 부위의 강도를 체크하고, 족욕을 한 뒤 정해진 마사지 룸으로 이동하면 된다. 한국 관광객이 많이 찾는 곳으로 카카오톡을 통해 한국어로 예약이 가능하다. 픽업 서비스는 물론 짐 보관도 가능하다.

지도 P.158-A1 **주소** 529 Hai Bà Trưng **전화** 0376-602-882 **홈페이지** www.whiterose.vn **영업** 10:00~22:00(예약 마감 21:00) **요금** 아로마 마사지(60분) 41만 VND, 핫 스톤 마사지(60분) 43만 VND, 타이 마사지(60분) 52만 VND, 화이트 로즈 프리미엄 마사지(90분) 63만 VND **가는 방법** 올드 타운과 가까운 하이바쯩 거리 529번지에 있다.

화이트 로즈 스파

3인실 스파 룸

03 판다너스 스파
Pandanus Spa ★★★★

올드 타운 북쪽에 떨어져 있어 위치는 불편하지만 스파 실력은 좋다. 리모델링하면서 시설도 업그레이드됐고, 무료로 픽업 서비스(다낭에서 출발해도 픽업 가능하다)도 해준다. 픽업 서비스를 이용하지 않으면 할인해 준다. 현지 업소지만 기본적인 한국어 소통이 가능하며, 카카오톡으로 예약이 가능하다. 전용 마사지룸에서 프라이빗하게 마사지 받을 수 있다. 베트남 마사지(아로마 오일 마사지), 허벌 마사지, 핫 스톤 마사지, 타이 마사지 등 기본에 매우 충실하다. 마사지 강도가 적당한지 확인하면서 꼼꼼하게 마사지를 진행한다. 리뷰 강요가 없는 곳으로 친절하게 응대해준다. 마사지가 끝나면 망고와 음료, 기념품까지 챙겨 준다.

지도 P.160 **주소** 21 Phan Đình Phùng **전화** 0935-552-733 **홈페이지** www.pandanusspa.business.site **영업** 10:00~21:30 **예산** 베트남 마사지(70분) 35만 VND, 허벌 마사지(90분) 51만 VND, 판다너스 시그니처 마사지(90분) 51만 VND, 타이 마사지(90분) 61만 VND **가는 방법** 판딘풍 거리 21번지에 있다. 올드 타운(내원교)에서 북쪽으로 2㎞ 떨어져 있다.

판다너스 스파

스파 룸 2인실

04 라 스파(라 시에스타 스파)
La Spa(La Siesta Spa) ★★★★

라 시에스타 리조트에서 운영하기 때문에 라 시에스타 스파로도 알려져 있다. 독립된 스파 시설을 운영하기 때문에 차분하게 관리를 받기 좋다. 스파 룸은 독립된 빌라 형태로 열대 정원에 둘러싸여 자연친화적인 느낌을 준다. 오일을 이용한 아로마 마사지를 기본으로 한다. 부드러운 마사지는 릴랙세이션 트리트먼트 Relaxation Treatment, 강한 마사지는 텐션 릴리프 테라피 Tension Relief Therapy를 받으면 된다. 바디 스크럽, 바디 랩, 페이셜 트리트먼트를 결합한 스파 패키지도 다양하다. 직원들이 친절하고 마사지도 꼼꼼하게 해 준다. 하노이에도 같은 브랜드의 리조트와 스파 지점을 운영하고 있다.

지도 P.157-A2 **주소** 132 Hùng Vương, La Siesta Resort **전화** 0235-3915-912 **홈페이지** www.laspas.vn/hoi-an **영업** 08:30~21:00(예약 마감 20:00) **요금** 아로마 마사지(60분) 85만 VND, 핫 스톤 마사지(60분) 94만 VND, 포 핸즈 마사지(60분) 160만 VND, 스파 패키지(120분) 180만 VND **가는 방법** 훙브엉 거리 132번지에 있는 라 시에스타 리조트 내부에 있다.

천연재료로 만든 아로마 에센스 오일

라 시에스타 리조트에서 운영하는 라 스파

05 코랄 스파
Coral Spa ★★★★

오랫동안 사랑받고 있는 로컬 스파 업소. 야시장과 가까운 지역에 있는데 마사지 잘하고 친절한 곳으로 소문이 나 있다. 럭셔리하거나 트렌디한 곳은 아니다. 개별 마사지 룸에 스파 베드가 두 개(커플 룸) 또는 세 개(패밀리 룸)씩 놓여 있을 뿐이다. 편안한 바디 케어, 강한 압력 마사지, 타이 마사지(오일 없는 코스), 시그니처 마사지까지 선호하는 마사지 형태에 따라 선택이 가능하다. 마사지 받기 전에 마사지 강도와 집중적으로 마사지 받고 싶은 곳을 체크하면 된다. 마사지 전에는 웰컴 드링크, 마사지가 끝나면 수제 요거트까지 챙겨준다. 카카오톡으로 예약이 가능하며, 한국어 안내판도 갖추고 있다. 호이안 지역은 무료로 픽업도 해준다.

지도 P.157-A2 **주소** 69 Nguyễn Phúc Tần **전화** 0905-844-228 **홈페이지** www.coralspa.business.site **영업** 09:30~22:00 **요금** 타이 오일 마사지(60분) 46만 VND, 타이 마사지 오일 없는 코스(90분) 65만 VND, 시그니처 마사지(90분) 58만 VND, 핫 스톤 마사지(90분) **가는 방법** 응우옌푹떤 거리 69번지에 있다. 내원교에서 남쪽으로 400m 떨어져 있다.

코럴 스파

스파 룸 2인실

06 논 스파
Nón Spa ★★★☆

올드 타운 초입에 있는 로컬 업소. 콜로니얼 양식을 가미한 전형적인 호이안 전통 건물로 파스텔톤 외관부터 호이안스러운 느낌을 준다. 1층에 리셉션과 발 마사지 받는 곳이 있고, 2층은 스파 전용 룸으로 구성되어 있다. 발 마사지 받으며 네일 케어도 가능하다. 인기 스파 프로그램은 바디 마사지, 아로마 마사지, 핫 스톤 마사지다. 시그니처 마사지는 45분 타이 마사지+45분 오일 마사지로 구성되어 있다. 공용으로 사용하는 샤워 시설도 갖추고 있다. 웰컴 드링크, 과자, 기념품 선물까지 챙겨준다. 2인 이상 예약하면 다낭까지 무료로 픽업도 해준다. 카카오톡으로 예약이 가능하다.

지도 P.158-C3 **주소** 17 Lê Lợi **전화** 0703-793-930 **홈페이지** www.non-spa-hoi-an.business.site **요금** 시그니처 마사지(90분) 55만 VND, 바디 마사지(60분) 35만 VND, 아로마 마사지(90분) 55만 VND, 핫 스톤 마사지(90분) 55만 VND, 발 마사지(60분) 32만 VND **가는 방법** 레러이 거리 17번지에 있다.

외부에서 보면 스파 업소처럼 안 보인다

논 스파

Mỹ Sơn

미썬

참파 왕국의 화려한 종교 성지였던 미썬. 호이안과 더불어 유네스코 세계 문화유산으로 지정된 곳으로, 옛 참파 왕국의 신비스런 유적을 간직하고 있다. 미썬은 인도차이나에서 가장 오랫동안 사람이 거주한 유적지로 평가 받는다. 참파 왕국은 불교가 아닌 힌두교를 믿었다. 4세기부터 이곳에 힌두 사원을 건설했고, 10세기 동안 지나오며 왕과 왕족의 무덤까지 지었다. 힌두 사원은 라테라이트와 사암으로 만든 붉은 빛의 사원 외벽을 가졌고, 회랑을 양각 기법으로 조각했다. 베트남의 불교 사원과는 전혀 다른 느낌이다. 두 개의 산으로 둘러싸인 분지에 울창한 정글지대로 이뤄진 미썬은 베트남 전쟁 등을 겪으며 상당수 사원이 파괴되고, 20여 개만 남아 있다.

Information | 여행에 유용한 정보

행정구역
꽝남성 Tỉnh Quảng Nam
주이쑤옌현 Huyện Duy Xuyên
주이푸 마을 Duy Phú
주요 도시와의 거리
다낭 남쪽으로 69㎞,
호이안에서 서쪽으로 55㎞

입장료

외국인 입장료는 15만 VND이다. 매표소에서 유적지 입구까지 운행하는 전동 카(카트)를 탈 수 있으며, 압사라 공연(참족 전통 무용)도 무료로 관람할 수 있다. 압사라 공연은 네 번(09:45, 10:45, 14:00, 15:30) 공연된다.

여행 정보

매표소 옆에 미썬 유적 안내 전시실이 있다. 지도와 연대표, 사진을 통해 참파 왕국을 중심으로 한 역사를 개괄해 놓았다. 미썬 유적에서 가장 중요한 사원인 'A1' 단면도를 만들어 놓아, 전성기에 참파 건축이 어떠했는지 유추해볼 수 있다.

레스토랑 & 숙박

미썬은 폐허가 된 유적지로, 사람이 살지 않는다. 주차장 앞에 있는 간이식당과 매점, 기념품, 상점을 제외하면 상업시설은 전무하다. 하지만 호이안과 가깝기 때문에 숙박과 식사에 대해 걱정할 필요는 없다.

알아두세요

【 미썬 이름의 의미 】

미썬은 한자로 쓰면 미산(美山)이다. '미 Mỹ'는 아름답다, '썬 Sơn'은 산이란 뜻. 미썬은 '미썬 성지 My Son Sanctuary'라는 의미로, '탄디아 미썬 Thánh Địa Mỹ Sơn'이라고도 불린다.

미썬 유적 관람은 그룹 B부터 시계 반대 방향으로

매표소를 지나 주차장까지 차를 타고 간 다음, 주차장부터 걸어서 유적을 관람하면 된다. 가장 먼저 보이는 '그룹 B' 유적부터 시계 반대 방향으로 걸어가면서 다시 주차장으로 나오는 동선으로 움직인다. 미썬 유적은 역사 기록이 미비해, 유적군을 '그룹 A'부터 '그룹 L'까지 인위적으로 지정해 분류했다. 그룹 구분은 건축 양식이나 건설 시기가 아닌, 유적이 발견된 위치를 고려해 설정한 것이다. 각각의 구역마다 가장 중심이 되는 건물을 중심으로 번호를 붙여 유적을 구분한다. 즉 'A1'이 A그룹에서 가장 중요한 건물인 셈이다.

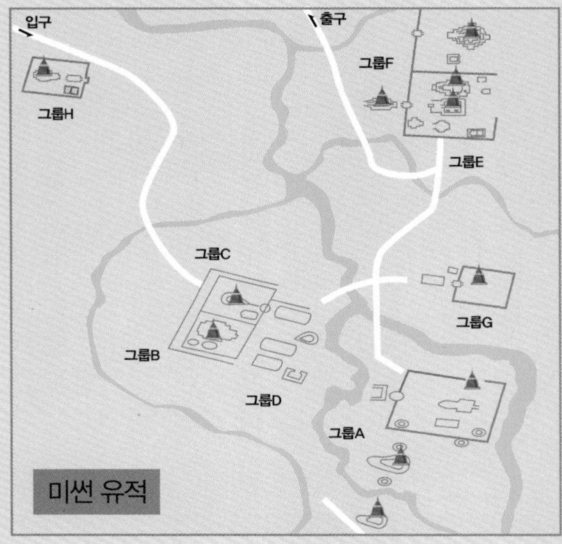

Access | 미썬 가는 방법

호이안에서 차로 1시간 거리지만, 대중교통이 미비해 투어를 이용해 방문하는 것이 일반적이다. 반나절 일정으로 차를 타고 갔다가 차를 타고 호이안으로 돌아오는 투어가 가장 보편적이다. 차를 타고 가서 투본 강을 거쳐 호이안으로 돌아오는 버스+보트 투어도 있다. 보트를 타고 돌아오는 길에 탄하 도자기 마을(P.189) 또는 낌봉 목공예 마을(P.189)을 잠시 들른다. 돌아올 때는 호이안 시장 앞 강변에 내려준다. 건기에는 새벽 일찍 출발하는 선라이즈 투어 Sunrise Tour도 운영된다. 미썬의 일출을 볼 수 있고, 오전 중에 호이안으로 돌아온다.

투어 예약은 여행사는 물론 호이안의 모든 호텔에서 예약할 수 있다. 커미션만 받고 여행사에 손님을 넘기는 곳이 많기 때문에 몇 군데 요금을 비교해보고 예약하는 것이 좋다. 투어 요금에는 영어 가능한 현지인 가이드와 점심 식사가 포함된다. 유적지 입장료는 포함되지 않는다. 오전 투어는 08:00~14:30까지 진행되고, 오후 투어는 13:00~18:30까지 진행된다.

보트 투어에 참가한 여행자

알아두세요

【 투어 예약 전 확인할 것 】

보트 투어를 이용한다면, 요금에 점심 식사가 포함되는지, 선라이즈 투어를 이용한다면 아침 식사가 요금에 포함되는지 예약 전에 미리 확인해 두자.

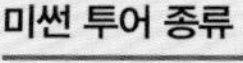

미썬 투어 종류

투어 종류	투어 진행 시간(경)	요금
차량 투어	08:30~13:00	30만~35만 VND (미썬 유적 입장료 불포함)
버스 + 보트 투어	08:00~14:30	40만~55만 VND (미썬 유적 입장료 불포함)

보트 투어는 투번 강을 따라 호이안으로 돌아온다

Attraction

미썬의 볼거리

유네스코 세계문화유산으로 지정된 미썬 유적이 볼거리다. 힌두 사원이 주는 신비로운 분위기와 옛 유적지가 아스라이 소개하는 과거 왕국의 이야기가 마을 전체를 맴돈다. 이른 아침에 이곳에서 유적지 사이로 떠오르는 태양을 보는 것도 또 다른 감동이다.

01 미썬 유적

My Son Historic Site ★★★☆

참파 왕국 시대의 성지로, 두 개의 산에 둘러싸인 2㎢의 분지에 형성된 유적지다. 힌두교를 믿었던 참파 왕국은 4세기경 바드라바르만 1세 Bhadravarman I(재위 380~413년)때부터 미썬에 힌두 사원을 건설했는데, 10세기 동안 지나오며 왕과 왕족의 무덤까지 더해졌다. 참고로 참파 왕국은 크메르 제국과의 숙명적인 패권 다툼에서 패하고, 다이비엣(베트남)에 복속되면서 참파 왕국은 역사 속에서 잊혀졌다. 이후 인도차이나를 지배하던 프랑스 국립 극동 아시아 연구원 Ecole Française d'Extrême Orient에 의해 1898년부터 본격적인 조사가 이루어졌다. 미썬 유적에서 모두 71개의 사원이 발굴되었으나, 현재는 20여 개 사원만 남아 있다. 울창한 정글 지대로 이루어진 미썬은 베트남 전쟁 기간 동안 비엣꽁(베트콩)의 야전 사령부가 위치했던 곳이다. 당시 미군 항공기의 무차별 폭격으로 상당수의 사원이 파괴되었다.

지도 P.224 **주소** Duy Phú, Duy Xuyên District, Quang Nam Province **전화** 0235-3731-309 **홈페이지** www.disanvanhoamyson.vn **운영** 06:00~17:00 **요금** 15만 VND **가는 방법** 호이안에서 차로 1시간(투어 이용 P.225 참고)

박물관처럼 꾸민 D2 유적

미썬 유적으로 향하는 숲길

1 보존 상태가 양호한 B5 유적 **2** 그룹 B 힌두 유적 **3** 시바를 상징하는 링가 **4** 중앙 진입로(참배로)

● 힌두 사원의 원형을 잘 보여주는, 그룹 B·C·D ★★★

미썬의 중앙 유적군에 해당하는 곳. 상대적으로 많은 건물들이 남아 있다. 주차장에서 이어진 산길을 따라가면 미썬 유적 중 가장 먼저 만나게 된다. 그룹 B의 중앙 사원은 B1이다. 시바 Shiva(힌두교 3대 신 중 하나. 파괴와 재창조라는 막강한 힘을 소유함)에게 헌정된 신전으로, 미썬에 최초로 건설되었던 힌두 사원인 바드레스바라 Bhadresvara가 있던 자리다. 화재와 전란으로 파괴되면서 여러 차례 증축됐으며, 현재 모습은 11세기에 건설된 것이다. 하지만 사암으로 만든 주춧돌을 제외하고는 모두 폐허가 됐다. 중앙 성소에는 시바를 상징하는 링가가 남아 있다.

그룹 B에서 눈여겨봐야 할 유적은 B5. A1과 같은 시기에 동일한 양식으로 건설됐으며, 미썬에서 원형이 가장 잘 보존됐다. 중앙 사원(B1)에 딸린 도서관(또는 장경고) 건물로, 규모는 작다. 측면에서 보면 새가 우아하게 날개를 펼친 듯한 모습이다(1층이 넓고 2층이 좁아, 말 안장처럼 생겼다는 학자도 있다). 기단부를 둘러싼 회랑의 힌두신 부조 조각은 참파 왕국의 정교한 건축 기술을 엿보게 한다. 9세기에 건설된 B4 유적은 벽면을 받치는 기둥을 일정한 패턴으로 치장해 사암 건축물의 멋을 더하고 있다.

그룹 B 옆에 위치한 그룹 C 유적은 다른 유적군과 달리 중앙 사원 C1이 남아 있다. 8세기에 건설된 힌두 신전으로, 시바에게 헌정되었다. 덕분에 참파 왕국의 힌두 신전 중앙 성소(까란)가 어떤 모양인지를 확인할 수 있다. 기단부의 회랑을 장식한 부조 조각도 선명하다. 중앙 신전의 시바 조각상을 포함해 이곳에서 발견된 유물들은 대부분 다낭의 참 박물관(P.084)에 전시되어 있다.

그룹 D의 D1과 D2는 무너져 내린 신전 일부에 지붕을 덮어 박물관처럼 꾸몄다. 특히 D2에는 시바, 가루다(비슈누가 타고 다니는 독수리) Garuda, 압사라(천상의 무희들) Apsara 같이 힌두 사원의 주요 부조가 전시되어 있다. 그룹 D로 향하는 중앙 진입로에 좌우로 석상이 열 맞춰 진열되어 있다. 왕들이 종교 행사를 할 때 신에게 다가가기 위해 몸과 마음을 정갈하게 한 곳이라고 한다. 평소에는 이곳에서 명상하거나 외국 사절단을 접견했다고 한다.

폐허가 된 A1 유적

● 미썬에서 빼먹지 말고 봐야 할 곳, 그룹 A

미썬 유적에서 가장 중요한 유적으로 여겨지는 곳. 그룹 A에서 중앙 사원 A1은 참파 문명이 절정을 이루었던 10세기에 건설되었다. 9세기 후반에는 인드라바르만 2세 Indravarman II가 대승 불교를 받아들이며 수도인 인드라푸라 Indrapura(오늘날의 동즈엉 Đồng Dương)에 불교 사원을 건설하기 시작했는데, 이에 대한 반발로 힌두 신자들이 미썬에 최고 수준의 힌두 사원을 건설한 것이 A1이다.

고푸라(탑처럼 생긴 출입문)와 상인방, 중앙 성소로 연결되는 통로인 만다파, 힌두신을 모신 중앙 성소(까란)로 구성된다. 전체적으로 첨탑 모양인데 정면에서 보면 연꽃 봉오리 모양을 닮았다. 'A1' 유적은 특이하게도 동쪽과 서쪽을 향해 출입문을 냈다. 힌두 사원들이 일반적으로 해가 뜨는 동쪽을 향해 출입문을 내는 것과 다른 구조다. 해가 지는 서쪽은 죽음과 연관된 것으로 중앙 신전의 서쪽 방향을 향해 참파 왕국 왕들의 무덤을 건설했을 것으로 여겨진다.

어쨌거나 'A1'의 실제 모습은 확인할 길이 없다. 1969년 8월 미군 B52 전투기의 폭격으로 인해 건물이 내려앉았다. 'A1'을 포함해 대부분의 유적들이 폐허로 남아 있다. 사원을 받치던 석조 기둥과 조각들만이 무성하게 자란 수풀들 사이에 가지런히 놓여 있을 뿐이다.

● 흘러간 시간 따라 흔적만 남은, 그룹 E·F·G

미썬 유적 북쪽에 흩어져 있는 유적군. 8~11세기에 건설된 힌두 신전들로, 중앙 유적군(그룹 B, C, D)에 비해 원형이 보존된 유적이 별로 없어 폐허가 된 도시를 둘러보는 느낌이다. 그룹 E에는 힌두 사원 한 개와 산스크리트어가 적힌 비문이 남아 있다. 그룹 F 유적을 지나면 한적한 오솔길이 이어진다. 숲길을 따라가면 주차장으로 되돌아 나오게 된다. 그룹 G는 사원의 기단부를 장식한 회랑 일부가 남아 있는데, 복원 작업을 이유로 출입을 금하고 있다.

알아두세요

【 참파 왕국 Champa Kingdom 】

베트남 중부와 남부 해안 지역에서 1200년 동안이나 존재했던 왕국. 지금은 존재하지 않지만, 192년부터 오늘날 '후에(훼)'를 중심으로 성장했다. 중국 문서에 '린이 林邑'라고 기록되어 있고, 베트남 사람들은 '럼업 Lâm Ấp'이라고 불렀다.

기록에 따르면 바드라바르만 1세 Bhadravarman I(재위 380~413년)가 첫 번째 왕이며, 심하푸라 Simhapura(미썬과 28㎞ 떨어진 짜끼에우 Trà Kiệu)를 첫 번째 수도로 삼았다고 한다. 참파 왕국은 다이비엣 Đại Việt(옛 베트남)과 달리 중국 영향(불교, 유교, 한자)보다 인도 힌두교의 영향을 받았다. 자바(인도네시아), 남인도와 해상으로 교역했기 때문으로 보인다. 종교와 문화면에선 내륙 국경을 맞대고 있던 크메르 제국과 유사하다.

참파 왕국은 7~12세기에 중국과 인도를 연결하는 바다의 실크로드를 통해 번영을 누렸다. 중국에서 출발한 뱃길은 베트남 중부의 해안 도시(오늘날 호이안과 뀌년)를 거쳐 아라비아 반도까지 이어졌다. 실크와 향신료, 도자기 등이 대량 거래됐고, 무역으로 경제적 안정을 누렸다고 한다. 특히 인드라푸라 Indrapura(동즈엉)에 수도를 두고 있었던 10세기와 비자야 Vijaya(뀌년)에 수도를 두고 있었던 12세기에 가장 번성했다. 미썬에 힌두 사원들이 대규모 건설되며 참파 문화도 꽃을 피웠다. 이 무렵 크메르 제국의 수도 앙코르를 점령할 정도로 강성했다. 하지만 크메르 제국의 자야바르만 7세 King Jayavarman VII와의 전쟁에서 완패하면서 1225년까지 크메르 제국의 통치를 받기도 했다. 13세기에 들어서는 다이비엣과 전쟁이 빈번해졌으며, 레탄똥 황제에 의해 1471년 마지막 수도 비자야가 정복되며, 참파 왕국은 독립 국가로서의 지위를 상실하게 되었다. 응우옌 왕조가 베트남을 통일하며, 참족은 소수민족으로 전락했다. 참족은 17세기 들어 이슬람으로 개종했고, 약 8만 명의 인구가 베트남 남부(메콩 델타)와 캄보디아에 흩어져 생활하고 있다.

미썬 유적에 남아 있는 산스크리트어 비문

미썬에서 발굴된 압사라 부조

Huế

후에(훼)

후에는 '고도(古都), 베트남의 문화 수도'라는 말이 참 잘 어울리는 도시다. 베트남을 최초로 통일하며 19세기를 풍미한 마지막 봉건 왕조인 응우옌 왕조의 수도가 있던 곳이다. 성벽과 해자에 둘러싸인 구시가에 들어서면 차분한 거리 사이로 옛 왕궁이 반긴다. 인도차이나 전쟁과 베트남 전쟁을 거치며 상당한 피해를 입기도 했지만 고즈넉한 분위기는 변함이 없다. 도시의 분주함은 흐엉 강의 시적인 분위기에 묻히고, 오토바이들 사이로 옛 향수를 자극하는 씨클로가 흘러간다. 유네스코 세계문화유산으로 지정된 왕궁과 흐엉 강변의 황제릉, 고색창연한 사원까지 곳곳에 베트남 역사와 문화가 녹아 있다.

Best of Best | 후에 베스트 10

BEST 5
새로운 국가를 예언한 왕실 사원 티엔무 사원
BEST 6
후에의 명물 쌀국수 분보후에 맛보기
BEST 7
오래된 역사와 문화가 흐르는
흐엉 강과 짱띠엔교
BEST 8
후에 사람들의 휴식처 랑꼬 해변
CUỘC SỐNG TRONG
BEST 9
베트남 전쟁의 기억 비무장지대 DMZ
CHỢ ĐÔNG BA
VEDAN
BEST 10
후에 최대의 재래시장 동바 시장

Look Inside | 후에 들여다보기

후에(훼)는 흐엉 강을 사이에 두고 왼쪽이 구시가, 오른쪽이 신시가다. 구시가는 응우옌 왕조의 왕궁이 있고 유네스코 세계문화유산으로 지정돼 개발이 제한되고 있다. 신시가와 구시가는 짱띠엔교와 푸쑤언교로 연결되어 있는데, 사이공 모린 호텔 앞 짱띠엔교를 이용하면 구시가로 쉽고 빠르게 이동할 수 있다. 신시가에 상업시설과 호텔, 레스토랑, 여행사가 몰려 있다. 여행자 편의 시설은 팜응우라오 거리, 쭈반안 거리, 보티싸우 거리에 밀집해 있다. 세 개의 도로가 연속해 여행자 거리를 형성한다. 저녁 시간에는 차량 진입을 통제해 걸어 다니기 좋은 워킹 스트리트 Walking Street로 변모한다.

후에 신시가 Huế City

흐엉 강 오른쪽에 새롭게 형성된 시가지. 볼거리는 거의 없고 상업 시설과 여행 관련 시설이 밀집해 있다. 짱띠엔교와 푸쑤언교가 구시가와 신시가를 연결한다.

후에 황제릉 Emperor's Tomb

흐엉 강을 따라 후에 남쪽으로 황제릉이 몰려 있다. 역대 응우옌 왕조 황제들이 생전에 건설한 무덤들로, 왕궁과 맞먹는 건축미를 뽐낸다. 여러 왕릉이 있지만 그 중에서도 민망 황제릉, 뜨득 황제릉, 카이딘 황제릉이 볼 만하다.

훙브엉 & 응우옌찌프엉 거리 Hùng Vương & Nguyễn Tri Phương

짱띠엔교에서 연결되는 훙브엉 거리는 신시가의 중심가다. 고층 빌딩은 별로 없다. 훙브엉 거리에서 연결되는 응우옌찌푸엉 거리에도 저렴한 숙소가 있다. 훙브엉 거리를 따라 동쪽으로 직진하면 고 후에(대형마트)를 지나 안끄우 시장과 피아남 버스 터미널에 닿는다.

후에 구시가(시타델) Huế Citadel

19세기를 풍미했던 응우옌 왕조의 왕궁이 있다. 성벽과 해자에 둘러싸인 구시가는 성문을 통해 드나들어야 한다. 마치 시간 여행을 하는 듯 차분한 거리 사이로 옛 왕궁이 반긴다.

레러이 & 팜응우라오 거리 Lê Lợi & Phạm Ngũ Lão

레러이 거리는 흐엉 강 동쪽을 남북으로 연결하는 도로다. 아제라이 라 레지던스, 사이공 모린 호텔, 센추리 리버사이드 호텔 등 유명 호텔이 모두 이곳에 있다. 레러이 거리 북쪽과 맞닿은 팜응우라오 거리는 여행자들에게 유명한 레스토랑과 바, 저렴한 게스트하우스, 미니 호텔이 밀집해 여행자 거리를 형성한다.

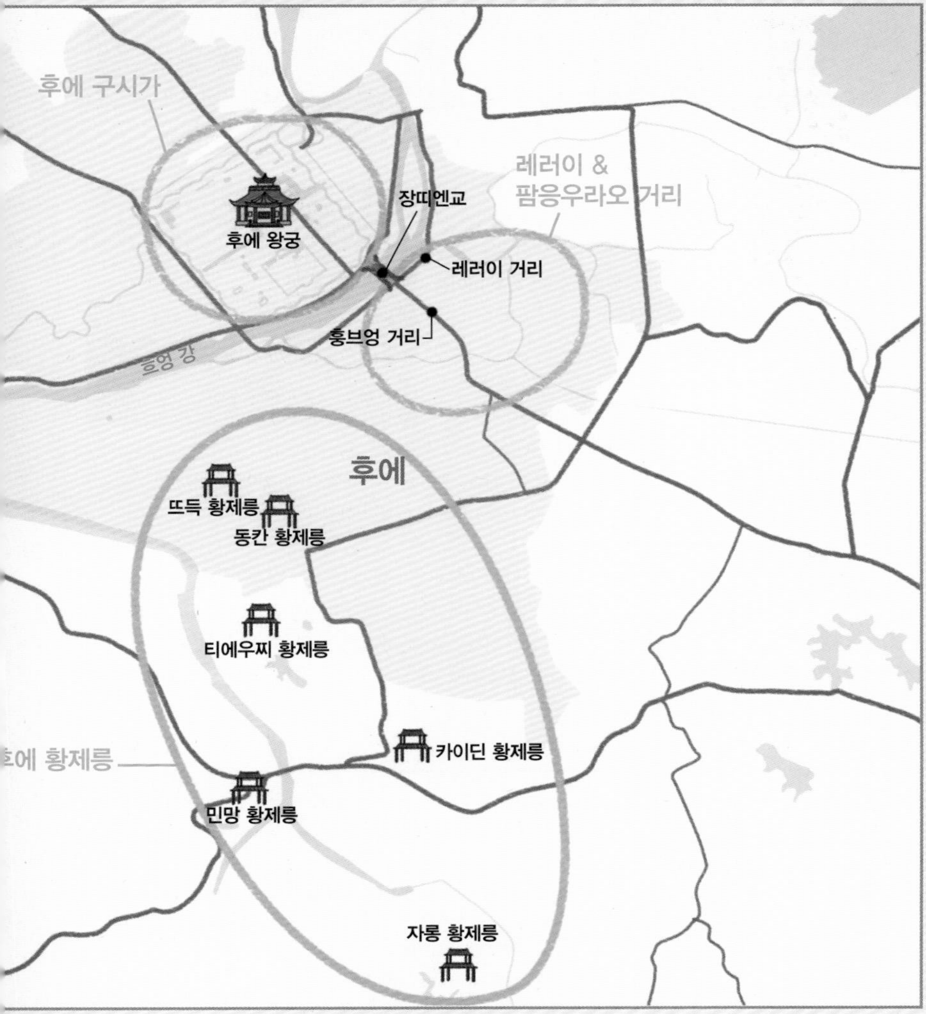

후에 구시가
레러이 &
팜응우라오 거리
장띠엔교
후에 왕궁
레러이 거리
훙브엉 거리
흐엉 강
후에
뜨득 황제릉
동칸 황제릉
티에우찌 황제릉
카이딘 황제릉
후에 황제릉
민망 황제릉
자롱 황제릉

Information | 여행에 유용한 정보

행정구역 트어티엔-후에 성
Tỉnh Thừa Thiên-Huế
후에시 Thành Phố Huế
면적 84㎢
인구 35만 4,124명
시외국번 0234

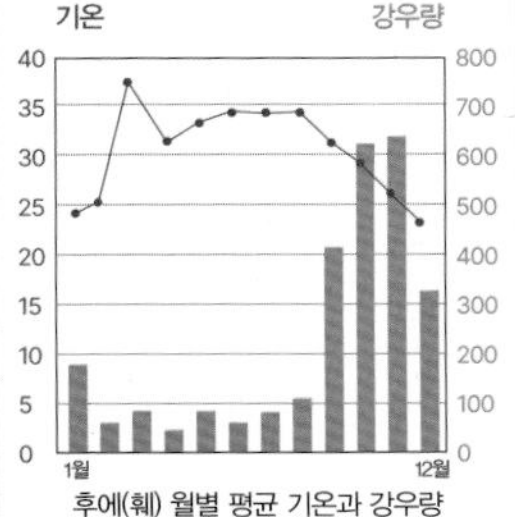

후에(훼) 월별 평균 기온과 강우량

날씨

베트남 중부의 다른 도시와 마찬가지로 건기와 우기가 있다. 건기는 3~8월, 우기는 9~1월까지 이어진다. 인접한 다낭보다 더운 편으로, 5~8월의 평균 기온이 33~34℃이며 최고 기온이 40℃까지 오르기도 한다. 우기에는 몬순의 영향으로 더위를 식혀주다가 11~1월은 밤 기온이 20℃ 밑으로 내려가 선선해진다. 12월과 1월 밤에는 기온이 10℃ 밑으로 내려가 쌀쌀하게 느껴지는 때도 있다.

여행 시기

더위에 민감하지 않다면 건기에 해당하는 4~5월이 여행하기 좋다. 베트남도 휴가철과 겹치는 7~8월이 성수기에 해당한다. 이때는 더위가 최고조에 달한다. 비가 내리고 날씨가 흐리긴 해도 선선한 날씨를 보이는 12~3월이 여행하기 괜찮은 편이다.

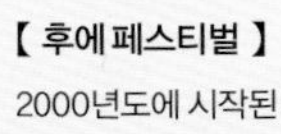

【 후에 페스티벌 】

2000년도에 시작된 문화 · 예술 · 공연 행사다. 2년 주기로 4월 말에 열린다. 단남자오(P.263)에서 제를 올리는 행사를 포함, 왕궁의 특별 무대에서 전통 무용과 냐냑(궁중 음악) 공연, 수공예 · 서예 · 요리 경연 등 후에의 역사 유적을 배경으로 다채로운 행사가 열린다. 베트남뿐 아니라 20여 개국에서 공연예술단이 참가해 국제 행사로 변모하고 있다.

후에 페스티벌 홈페이지 www.huefestival.com

은행·환전

도시 곳곳에 은행들이 많다. 신시가의 레러이 거리와 훙브엉 거리에 대형 은행의 지점이 있다. 대표적인 은행으로 VP 은행, TP 은행, BIDV 은행, 비엣인 은행 Vietin Bank, 비엣콤 은행 Vietcom Bank, 싸콤 은행 Sacom Bank이 있다.

VP 은행

ATM

은행은 물론이고 대형 마트에도 ATM 기기가 있고, 24시간 이용할 수 있다.

중앙 우체국

와이파이

호텔뿐만 아니라 호스텔 도미토리에서도 와이파이를 사용할 수 있다. 레스토랑과 카페에서도 와이파이를 지원해 준다. 무료로 사용할 수 있으나 비밀번호(패스워드)를 걸어두고 있으니, 사용하기 전에 확인할 것.

신시가에서 이정표 역할을 하는 빈콤 플라자

시티 투어 버스

주요 관광지를 둘러보는 2층 버스로 후에 신시가에서 출발해 구시가와 황제릉을 연결한다. 투어리스트 보트 선착장(레러이 거리)→동바 시장→시타델(응우옌 왕조의 왕궁 입구)→티엔무 사원→후에 기차역→뜨히에우 사원→뜨득 황제릉→카이딘 황제릉→단남자오→퀵혹(레러이 거리)→투어리스트 보트 선착장을 순환한다. 운행 시간은 08:00~16:00까지 40분 간격으로 출발한다. 정해진 시간 동안 제한 없이 타고 내릴 수 있는데, 요금은 4시간 30만 VND, 24시간 43만 VND, 48시간 60만 VND이다.

시티 투어 버스

알아두세요

【 후에의 통합 입장권 】

왕궁 매표소에서 왕궁과 황제릉을 함께 묶은 통합 입장권도 판매한다.
왕궁+황제릉 두 곳(카이딘 · 민망 황제릉) 통합 입장권은 42만 VND, 왕궁+황제릉 세 곳(카이딘 · 민망 · 뜨득 황제릉) 통합 입장권은 53만 VND이다. 통합 입장권 유효 기간은 2일이다.

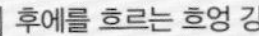
후에를 흐르는 흐엉 강

Access | 후에 가는 방법

공항, 철도, 버스 터미널이 모두 있어 교통이 편리하다. 하노이와 호찌민시가 항공편으로 연결되고, 베트남을 남북으로 연결하는 기차도 통과한다. 오픈 투어 버스와 라오스행 국제버스까지 다양한 교통편이 있다. 다낭까지 기차로 오고갈 수 있으며, 호이안(다낭 경유)까지 오픈 투어 버스를 이용할 수 있다.

항공

후에 공항의 공식 명칭은 푸바이 공항 Phu Bai Airport(Sân Bay Phú Bài). 시내에서 남쪽으로 14㎞ 떨어져 있다. 베트남항공, 비엣젯항공, 뱀부항공이 후에↔하노이, 후에↔호찌민시 노선을 운항한다. 공항에서 시내까지 택시 요금은 25만~30만 VND 정도. 베트남항공은 비행기 도착 시간에 맞춰 셔틀 버스(편도 5만 VND)도 운행한다.

후에 기차역 Ga Huế

지도 P.240-C4
주소 2 Bùi Thị Xuân
전화 0234-8221-750(예매)
운영 07:00~11:30, 13:30~17:00

기차

하노이↔호찌민시를 오가는 통일열차가 모두 후에역에 정차한다. 후에역은 레러이 거리 남쪽 끝에 있으며 시내에서 1.5㎞ 떨어져 있다. 기차역을 바라보고 기차역 광장 왼쪽에 예매소를 별도로 운영한다. 하노이까지 6인실 침대칸 Nằm Cứng(Hard Sleeper) 75만~97만 VND, 4인실 침대칸 Nằm Mềm(Soft Sleeper)은 110만 VND이다. 호찌민시(사이공)까지는 6인실 침대칸 83만~100만 VND, 4인실 침대칸 121만 VND이다. 기차 출발 시간 정보는 P.305 참고.

기차역 예매소

【 후에↔다낭 기차 여행 】

후에↔다낭 구간은 기차를 이용하면 해안선 풍경(P.095 하이번 고개 참고)을 덤으로 얻을 수 있다. 1일 7회 운행되며, 에어컨 좌석칸 요금은 9만~12만 VND이다.

피아남 버스 터미널(남부 터미널)

피아박 버스 터미널(북부 터미널)
Bến Xe Phía Bắc

주소 Phường An Hòa
전화 0234-3522-716
요금 동하 8만 VND, 라오바오 15만VND, 빈(빙) 32만 VND

피아남 버스 터미널(남부 터미널)
Bến Xe Phía Nam

주소 97 An Dương Vương
전화 0234-3823-817
요금 다낭 10만 VND,
달랏 38만 VND,
냐짱 30만 VND,
호찌민시 46만 VND

버스

오픈 투어 버스가 워낙 잘되어 있어서 터미널에서 시외버스를 이용하는 외국인 여행자는 거의 없다. 단거리 구간이나 라오스행 국제 버스는 이용해볼 만하다. 후에에는 두 개의 버스 터미널이 있는데, 상당히 멀리 떨어져 있다. 후에 북쪽의 도시로 갈 때는 피아박 버스 터미널을 이용한다. 동하 Đông Hà, 라오바오 Lao Bảo, 빈(빙) Vinh으로 버스가 출발한다. 후에 시내에서 북쪽으로 5㎞ 떨어져 있어 드나들기 불편하다. 후에 남쪽의 도시로 갈 때는 피아남 버스 터미널을 이용한다. 다낭, 달랏, 냐짱(나트랑), 호찌민시로 버스가 운행된다. 후에 신시가에서 동쪽으로 2㎞ 떨어져 있으며 안끄우 시장 Chợ An Cựu과 가깝다.

피아남 버스 터미널에서는 라오스행 국제버스도 출발한다. 싸완나켓 Savannakhet까지는 매일 08:00에 출발하며, 편도 요금은 40만 VND이다. 국제버스 표를 예약할 경우 반드시 여권을 지참해야 한다. 참고로 베트남에서 싸완나켓은 싸반나켓 Xa-Vẵn-Na-Khẹt으로, 위앙짠은 비엥짠 Viêng Chăn으로 발음한다.

프엉짱 버스 FUTA Bus

오픈 투어 버스

유명 관광지라 오픈 투어 버스가 활발하게 운행된다. 여행사뿐만 아니라 숙소에서도 예약할 수 있다. 예약한 곳에서 버스 타는 곳까지 무료로 픽업해 준다. 후에→다낭→호이안 노선은 1일 2회(08:00, 13:00) 출발한다. 편도 요금은 18만~20만 VND이다. 낮에 이동하지만 좌석 버스가 아니라 침대 버스인 경우가 많다. 소형 리무진 버스를 이용할 경우 호이안까지 편도 요금은 28만 VND이다.

다낭 또는 호이안에서 오픈 투어 버스로 후에를 방문할 경우 여행사에 따라 하차 장소가 다르다. 여행사 사무실 앞에 정차하기도 하지만, 푸쑤언 교(흐엉 강 건너편)를 건너 레주언 Lê Duẩn 거리 4번지에 있는 관광버스 주차장 Điểm Đỗ Xe Du Lịch Nguyễn Hoàng(지도 P.241-D3)에서 내려주기도 한다.

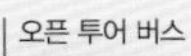
오픈 투어 버스

레주언 거리의 관광버스 주차장

P.240

후에(훼)
구시가(시타델)
Kinh Thành
응우옌 왕조의 왕궁
Đại Nội
찌빈 문
Cửa Trấn Bình
허우 문
Cửa Hậu
짜이 문
Cửa Trài
안호아 문
Cửa An Hòa
깐떠이 문
Cửa Chánh Tây
호아빈문
Hoà Bình
쯔엉득 문(彰德門)
Cửa Chương Đức
응오 몬
레 자뎅 데 라 까람볼
흐우 문
Cửa Hữu
깐남 문
Cửa Chánh Nam
Kim Long
낌롱 시장
Chợ Kim Long
다비엔교
Cầu Da Viên
낌롱 거리 Kim Long
후에 기차역
Ga Huế
피아박 버스 터미널, 동하 · DMZ 방면
티엔무 사원 방면
호꾸옌 방면
부이티쑤언 거리
Bùi Thị Xuân
옹익키엠 거리
Ông Ích Khiêm
레주언 거리
Lê Duẩn
Vạn Xuân
똔텃티엡 거리
Tôn Thất Thiệp
레응옥헌 거리
Lê Ngọc Hân
호앙지에우 거리
Hoàng Diệu
응우옌짜이 거리
Nguyễn Trãi
탄종 거리
Thánh Gióng
타이피엔 거리
Thái Phiên
레쭝딘 거리
Lê Trung Đình
딘띠엔호앙 거리
Đinh Tiên Hoàng
레반흐우 거리
Lê Văn Hưu
풍흥 거리
Phùng Hưng
도안티디엠
Đoàn Thị
Đặng Tất
Tăng Bạt Hổ
Lương Ngọc Quyến
Triệu Quang Phục
Đặng Thái Thân
Thạch Hãn
레후언 거리
Lê Huân
Yết Kiêu
쩐응우옌딴 거리
Trần Nguyên Đán
응우옌끄찐 거리
Nguyễn Cư Trinh
Trần Nguyên Hãn
Đặng Trần Côn
Ông Ích Khiêm
N
0
200
400m
A
B
C
1
2
3
4
관광
식당
쇼핑
숙소

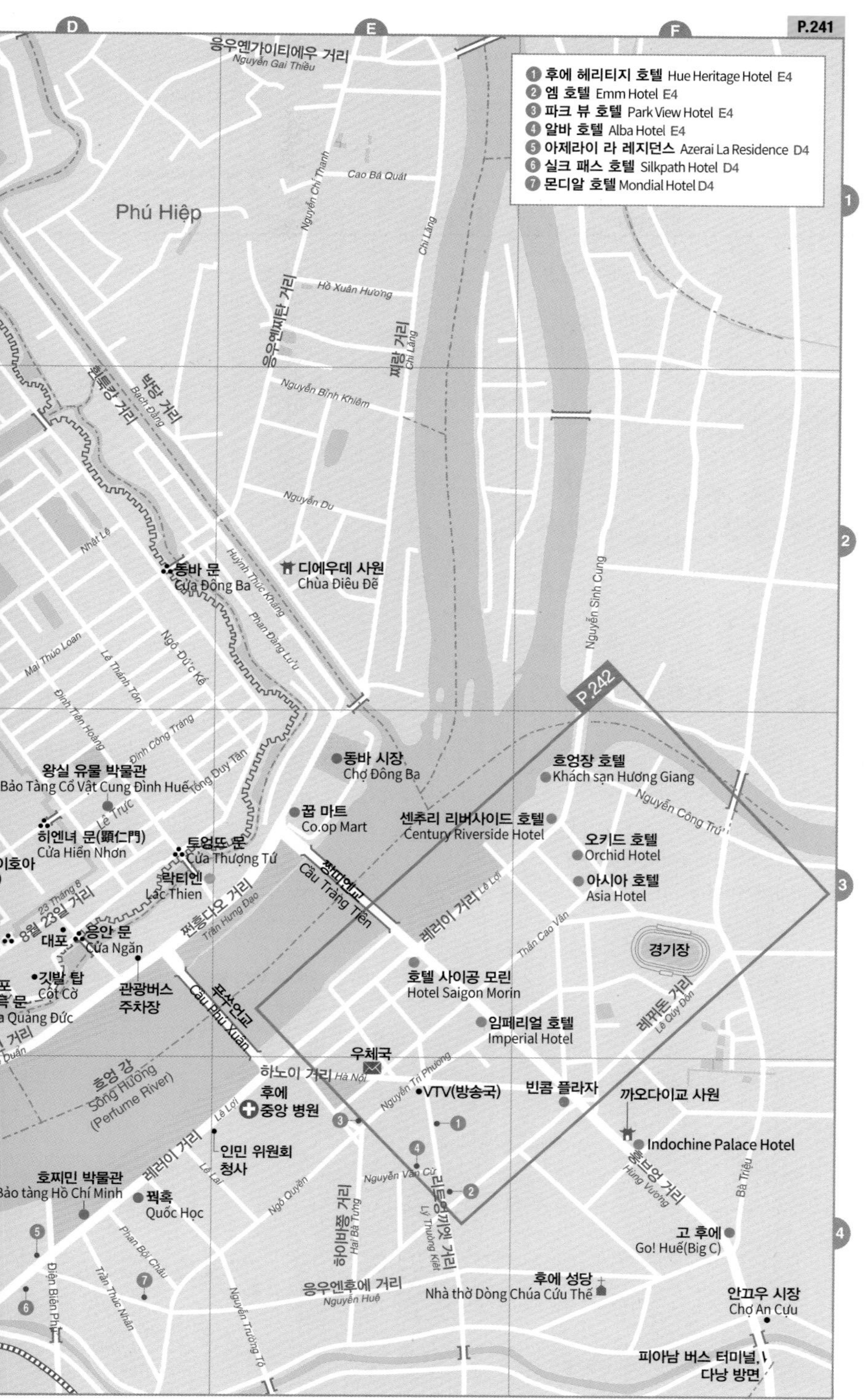
D
E
F
1
2
3
4
① 후에 헤리티지 호텔 Hue Heritage Hotel E4
② 엠 호텔 Emm Hotel E4
③ 파크 뷰 호텔 Park View Hotel E4
④ 알바 호텔 Alba Hotel E4
⑤ 아제라이 라 레지던스 Azerai La Residence D4
⑥ 실크 패스 호텔 Silkpath Hotel D4
⑦ 몬디알 호텔 Mondial Hotel D4
응우옌가이티에우 거리
Nguyễn Gai Thiều
Phú Hiệp
Cao Bá Quát
Nguyễn Chí Thanh
Chi Lăng
Hồ Xuân Hương
응우옌찌탄 거리
찌랑 거리
Chi Lăng
Nguyễn Bỉnh Khiêm
박당 거리
Bạch Đằng
흰특캉 거리
Nguyễn Du
Nhật Lệ
동바 문
Cửa Đông Ba
Huỳnh Thúc Kháng
디에우데 사원
Chùa Điều Đế
Nguyễn Sinh Cung
Phan Đăng Lưu
Mai Thúc Loan
Lê Thánh Tôn
Ngô Đức Kế
Đinh Tiên Hoàng
Đinh Công Tráng
P.242
동바 시장
Chợ Đông Ba
호엉장 호텔
Khách sạn Hương Giang
왕실 유물 박물관
Bảo Tàng Cổ Vật Cung Đình Huế
Tống Duy Tân
Nguyễn Công Trứ
Lê Trực
꿉 마트
Co.op Mart
센추리 리버사이드 호텔
Century Riverside Hotel
히엔녀 문(顯仁門)
Cửa Hiển Nhơn
투엉뜨 문
Cửa Thượng Tứ
오키드 호텔
Orchid Hotel
짱띠엔교
Cầu Tràng Tiền
락티엔
Lạc Thien
아시아 호텔
Asia Hotel
23 Tháng 8
8월 23일 거리
쩐흥다오 거리
Trần Hưng Đạo
레러이 거리
Lê Lợi
대포
응안 문
Cửa Ngăn
Thần Cao Vân
경기장
깃발 탑
Cột Cờ
관광버스 주차장
호텔 사이공 모린
Hotel Saigon Morin
Quảng Đức
푸쑤언교
Cầu Phú Xuân
임페리얼 호텔
Imperial Hotel
레뀌돈 거리
Lê Quý Đôn
우체국
호엉 강
Sông Hương
(Perfume River)
하노이 거리
Hà Nội
Nguyễn Tri Phương
후에 중앙 병원
VTV(방송국)
빈콤 플라자
까오다이교 사원
Lê Lợi
Indochine Palace Hotel
인민 위원회 청사
레러이 거리
Lê Lai
호찌민 박물관
Bảo tàng Hồ Chí Minh
꿕혹
Quốc Học
Ngô Quyền
Nguyễn Văn Cừ
리트엉끼엣 거리
Lý Thường Kiệt
흥브엉 거리
Hùng Vương
Bà Triệu
하이바쯩 거리
Hai Bà Trưng
고 후에
Go! Huế(Big C)
Phan Bội Châu
Điện Biên Phủ
Trần Thúc Nhẫn
응우엔후에 거리
Nguyễn Huệ
후에 성당
Nhà thờ Dòng Chúa Cứu Thế
안끄우 시장
Chợ An Cựu
Nguyễn Trường Tộ
피아남 버스 터미널,
다낭 방면

P.242

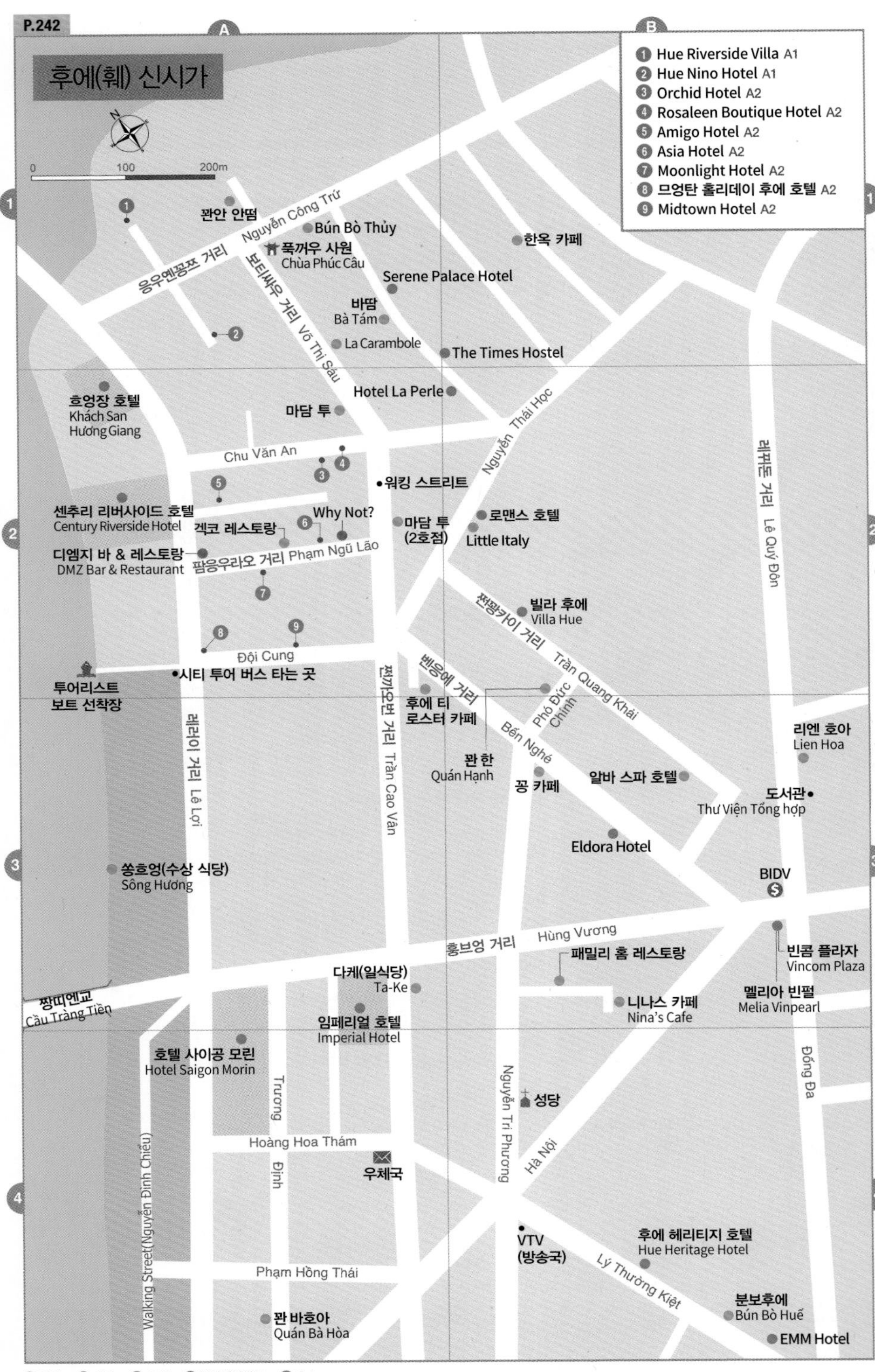
후에(훼) 신시가
0
100
200m
1 Hue Riverside Villa A1
2 Hue Nino Hotel A1
3 Orchid Hotel A2
4 Rosaleen Boutique Hotel A2
5 Amigo Hotel A2
6 Asia Hotel A2
7 Moonlight Hotel A2
8 므엉탄 홀리데이 후에 호텔 A2
9 Midtown Hotel A2
꽌안 안떰
응우옌꽁쯔 거리 Nguyễn Công Trứ
Bún Bò Thủy
푹꺼우 사원
Chùa Phúc Câu
한옥 카페
Serene Palace Hotel
보티싸우 거리 Võ Thị Sáu
바땀
Bà Tám
La Carambole
The Times Hostel
흐엉장 호텔
Khách San
Hương Giang
Hotel La Perle
마담 투
Nguyễn Thái Học
Chu Văn An
워킹 스트리트
센추리 리버사이드 호텔
Century Riverside Hotel
Why Not?
겍코 레스토랑
마담 투
(2호점)
로맨스 호텔
Little Italy
디엠지 바 & 레스토랑
DMZ Bar & Restaurant
팜응우라오 거리 Phạm Ngũ Lão
레꾸이돈 거리 Lê Quý Đôn
빌라 후에
Villa Hue
쩐꽝카이 거리
Trần Quang Khải
Đội Cung
시티 투어 버스 타는 곳
투어리스트
보트 선착장
벤응에 거리
Bến Nghé
Phó Đức Chính
후에 티
로스터 카페
레러이 거리 Lê Lợi
쩐까오번 거리 Trần Cao Vân
꽌 한
Quán Hạnh
꽁 카페
알바 스파 호텔
리엔 호아
Lien Hoa
도서관
Thư Viện Tổng hợp
Eldora Hotel
쏭흐엉(수상 식당)
Sông Hương
BIDV
홍브엉 거리 Hùng Vương
패밀리 홈 레스토랑
빈콤 플라자
Vincom Plaza
다케(일식당)
Ta-Ke
짱띠엔교
Cầu Tràng Tiền
니나스 카페
Nina's Cafe
멜리아 빈펄
Melia Vinpearl
임페리얼 호텔
Imperial Hotel
호텔 사이공 모린
Hotel Saigon Morin
Trương Định
Nguyễn Tri Phương
성당
Đống Đa
Hoàng Hoa Thám
우체국
Hà Nội
Walking Street(Nguyễn Đình Chiểu)
VTV
(방송국)
후에 헤리티지 호텔
Hue Heritage Hotel
Lý Thường Kiệt
Phạm Hồng Thái
분보후에
Bún Bò Huế
꽌 바호아
Quán Bà Hòa
EMM Hotel
관광 식당 쇼핑 엔터테인먼트 숙소

Transportation | 후에의 시내 교통

후에는 크게 구시가와 신시가로 구분되며, 같은 지역에서는 걸어 다닐 만하다. 기차역에서 신시가에 위치한 여행자 숙소까지는 도보로 20분 정도 걸린다. 돈을 아껴야 한다면 어쩔 수 없지만 배낭을 메고 걸을 만한 거리는 아니다. 예약한 호텔에 픽업을 부탁하는 것이 가장 편리하고 현명한 방법이다.

시내버스 Xe Buýt

7개의 시내버스 노선이 운행 중이다. 05:00~18:00까지 운행하며, 기본 요금은 4,000~7,000VND. 대부분 후에 주변 지역을 연결하는 노선이라 여행자가 이용할 일이 거의 없다. 참고로 1번 버스는 피아남 버스 터미널(남부 터미널)→피아박 버스 터미널(북부 터미널)을 오간다. 2번 버스는 피아남 버스 터미널에서 푸바이 Phú Bài를 연결한다. 7번 버스는 피아박 버스 터미널→피아남 버스터미널→랑꼬 Lăng Cô를 오간다.

택시 Taxi

택시 잡기는 어렵지 않다. 베트남 택시는 소형(4인승)과 대형(7인승)으로 구분된다. 택시 회사마다 로고와 전화번호가 찍혀 있는데, 믿을 만한 회사일수록 전화번호가 크고 선명하다. 전국적인 택시회사인 싼에스엠 택시 Xanh SM Taxi와 마이린 Mai Linh이 가장 유명하다. 신시가에서 왕궁까지 요금은 4만~6만 VND 정도. 참고로 기차역 앞에서 대기 중인 택시는 미터기로 안 가고, 비싸게 요금을 부르는 경우가 흔하다. 기차역에서 레러이 거리에 있는 웬만한 호텔까지 5만 VND 정도면 갈 수 있다.

후에의 택시

그랩 Grab

베트남 전국에서 이용 가능한 콜택시 애플리케이션인 그랩을 이용하면 편리하다. 그랩 카(자가용 택시) Grab Car와 그랩 바이크(오토바이 택시) Grab Bike로 구분해 호출하면 된다.

오토바이

자전거 Bicycle(Xe Đạp)

후에는 자전거 타는 사람을 흔히 볼 수 있다. 자전거를 대여해 여행하는 여행자도 어렵지 않게 볼 수 있다. 신시가에서 흐엉 강 건너의 구시가 왕궁(시타델)까지는 자전거를 타고 다녀올 만하다. 자전거를 타고 황제릉까지 다녀오기에는 너무 멀고 체력 소모가 크다. 자전거 대여료는 하루 3만 VND 정도다.

자전거

Best Course | 후에 추천 코스

후에는 볼거리가 넓은 지역에 흩어져 있다. 유네스코 세계문화유산으로 지정된 응우옌 왕조의 왕궁과 황제릉 세 곳(민망·뜨득·카이딘 황제릉)을 우선순위에 두고 코스를 짠다. 여유가 있으면 보트 여행으로, 일정이 빡빡하다면 버스 투어나 택시로 다녀오면 된다.

COURSE 2

여유롭게 문화와 역사를 즐기는

후에 1박 2일 코스

빡빡한 일정이 싫다면, 혹은 베트남 과거의 문명을 더 깊이 있게 느껴보고 싶다면, 황제릉을 둘러보는 데 하루를 투자하고, 다음날 오전에 구시가를 다녀오면 된다.

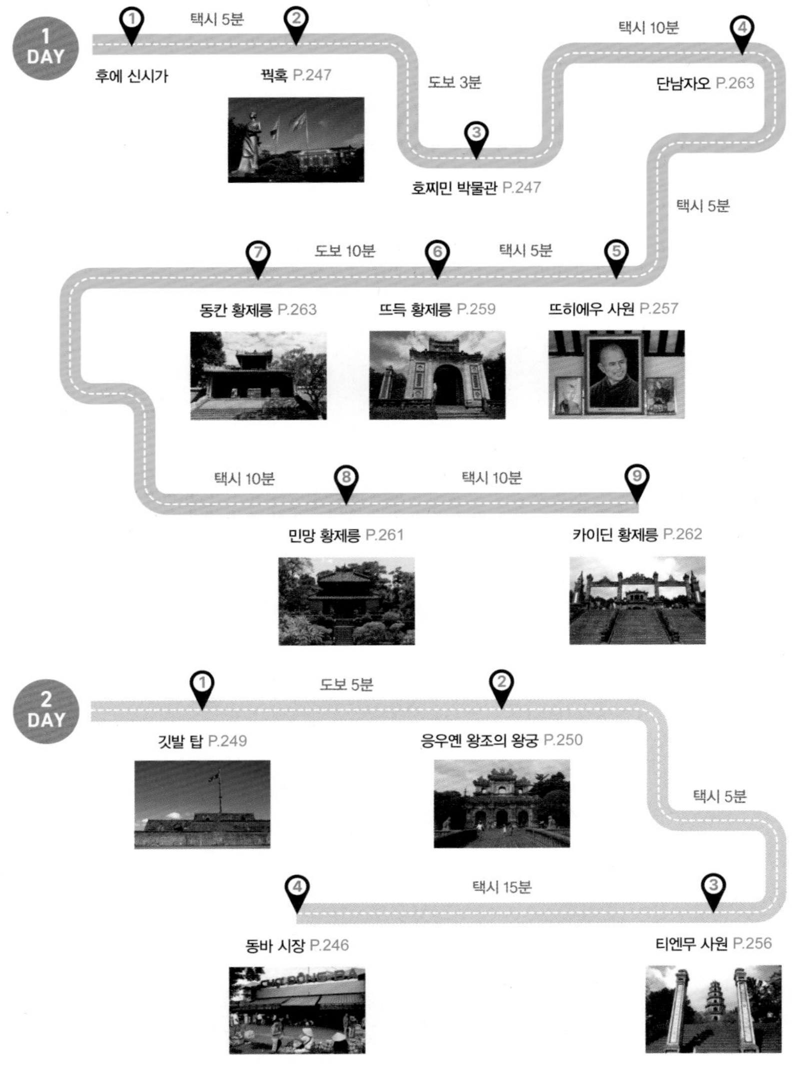

Attraction

후에의 볼거리

응우옌 왕조의 수도였던 구시가(시타델)가 가장 큰 볼거리다. 성벽과 성문이 고스란히 남아 있고 개발도 제한되어 고즈넉한 분위기를 풍긴다. 유네스코 세계문화유산으로 지정된 응우옌 왕조의 왕궁은 안타깝게도 베트남 전쟁을 겪으며 상당 부분 손실되었다.

01 향기도 함께 흐르는 강
흐엉 강(香江) Huong River(Perfume River) / Sông Hương ★★★

후에를 남북으로 가르며 흐르는 강이다. '향기 나는 강(香江)'이라는 뜻으로 베트남어로는 쏭흐엉 Sông Hương(또는 흐엉장 Hương Giang), 영어로는 퍼퓸 리버 Perfume River라고 한다. 다양한 식물과 향기로운 나무들이 강을 따라 흘러 들어오면서 강물에 향기가 난다고 해서 붙여진 이름이다. 흐엉 강의 길이는 80㎞에 불과하지만, 평화롭고 잔잔한 분위기로 고도(古都)에 서정적인 느낌을 불어넣는다. 프랑스 건축가 에펠이 설계한 짱띠엔교 Trang Tien Bridge(Cầu Tràng Tiền)가 신시가와 구시가를 이어준다.

지도 P.241-E3 **주소** Đường Lê Lợi **가는 방법** 레러이 거리 Đường Lê Lợi 서쪽으로 흐엉 강이 흐른다.

후에를 가로지르는 흐엉 강

구시가와 신시가를 연결하는 짱띠엔교

02 후에를 대표하는 재래시장
동바 시장 Dong Ba Market / Chợ Đông Ba ★★★☆

후에에서 가장 큰 재래시장이다. 2층 건물로 된 상설시장으로, 총 면적 4만 7,614㎡에 이른다. 식료품과 생필품, 잡화, 의류, 기념품을 판매하는 동바 시장에는 하루 7,000명이 넘게 들락거려 항상 분주하다. 시장 한복판에 노점을 펼치고 장사하는 사람들도 많아서 활기가 넘친다.

지도 P.241-E3 **주소** Đường Trần Hưng Đạo **운영** 06:00~18:00 **요금** 무료 **가는 방법** 짱띠엔교를 건너서 쩐흥 다오 거리를 따라 오른쪽으로 500m 떨어져 있다.

흐엉 강변에 있어 구시가를 구경하며 들르면 된다

생기 있는 동바 시장 내부 풍경

03 베트남 현대사의 걸출한 인물을 배출한 명문학교
꿕혹(國學) National School / Quốc Học ★★

베트남에서 가장 오래된 학교로, 1896년 응우옌 왕조의 10대 황제 탄타이 시절에 설립됐다. 본래는 왕족과 귀족 자재들만 입학할 수 있는 엘리트 학교였다. 유교적 전통에 따라 남자만 입학했으나 현재는 남녀공학으로 운영된다. 이 학교 출신으로는 베트남 영웅 호찌민, 통일된 베트남 총리를 지낸 팜반동 Phạm Văn Đồng, 디엔비엔푸 전투와 베트남 전쟁을 승리로 이끈 보응우옌잡 Võ Nguyên Giáp, 남부 베트남 초대 대통령 응오딘지엠 Ngô Đình Diệm 등이 있다. 응오딘지엠의 아버지 응오딘카 Ngô Đình Khả가 초대 교장을 역임했다. 학교 정문부터 붉은색 건물들이 들어서 있고, 교정에는 호찌민 동상(당시 그가 사용한 이름 응우옌 떳탄 Nguyễn Tất Thành이 적혀 있다)도 있다.

지도 P.241-D4 **주소** 12 Lê Lợi **전화** 0234-382-3234 **홈페이지** www.truongquochochue.com **운영** 수업 중에는 출입이 통제된다. **요금** 무료 **가는 방법** 레러이 거리 12번지에 있다. 기차역과 푸쑤언교 중간의 레러이 거리에 있다. 기차역에서 700m 떨어져 있다.

꿕혹 정문

교정에 세워진 호찌민 동상

04 호찌민을 기록한 역사 박물관
호찌민 박물관 Ho Chi Minh Museum / Bảo Tàng Hồ Chí Minh ★★

민족의 영웅인 호찌민과 관련된 박물관이다. 하노이나 호찌민시의 호찌민 박물관보다 전시 내용은 빈약하다. 2층으로 올라가면 호찌민 동상이 먼저 보인다. 내부에는 호찌민과 관련된 사진과 문서, 유물이 전시되어 있다. 해외에서 각종 신문에 기고했던 사설, 귀국 후 독립 운동을 펼치던 모습, 베트남 전쟁 당시 후에의 흑백 사진도 볼 수 있다. 방문하는 사람이 적어 차분하게 박물관을 둘러볼 수 있다.

지도 P.241-D4 **주소** 7 Lê Lợi **전화** 0234-338-2152 **운영** 화~일요일 07:30~11:30, 14:00~17:00 **휴무** 월요일 **요금** 2만 VND **가는 방법** 레러이 거리 7번지에 있다. 기차역에서 500m 떨어져 있다.

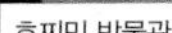

호찌민 박물관

베트남 민족 영웅 호찌민

▶ **구시가(낀탄 京城)** Citadel / Kinh Thành ★★★★★

응우옌 왕조의 황제들이 건설한 도시다. 자롱(야롱) 황제가 1804년부터 건설해 1832년 민망 황제 때 완공했다. 구시가로 들어가려면 해자를 건너 작은 다리와 옛 성문을 통과해야 하는데, 성문을 지나면 시간을 거슬러 가는 느낌이 든다. 응우옌 왕조의 왕궁은 후에의 가장 큰 볼거리로, 유네스코 세계문화유산으로 지정되어 있다. 구시가는 도로가 좁아 일방통행인 곳이 많다.

01 현재와 과거를 연결해주는 성문 구시가(시타델) 남쪽 성문 Citadel Gate ★★☆

지도 P.241-D3 **주소** Trần Hưng Đạo & Lê Duẩn **운영** 24시간 **요금** 무료 **가는 방법** 흐엉 강 서쪽의 강변에 인접한 쩐흥다오 거리와 레주언 거리에서 성문으로 도로가 연결된다.

응우옌 왕조가 건설한 옛 수도는 성벽으로 둘러싸여 있다. 성벽은 총 길이 10㎞, 높이는 7m, 두께는 20m이며, 10개의 출입문이 있다. 방향마다 두 개의 출입문을 만들었는데, 그 중 남쪽 성벽에만 4개의 출입문을 두었다. 각 성문에는 이름이 한자로만 적혀 있다. 남쪽 출입문 중 가장 동쪽에 위치한 동남문 東南門 Cửa Đông Nam(트엉뜨 문 Cửa Thượng Tứ)은 짱띠엔교를 건너면 제일 먼저 보이는 성문이다. 그 다음은 체인문 體仁門 Cửa Thể Nhân(응안 문 Cửa Ngăn)이다. 세 번째 출입문은 광덕문 廣德門 Cửa Quảng Đức, 네 번째 출입문은 새로 복원한 정남문 正南門 Cửa Chánh Nam이다.

체인문과 광덕문을 안쪽에는 자롱 황제 시절에 만든 대포가 전시되어 있다. 1803년에 만든 청동 대포는 모두 9개가 있다. 체인문 앞에는 4개, 광덕문 앞에는 5개가 있는데 사계절과 오행 사상을 상징한다.

알아두세요

유적 보호를 위해 대형 버스는 성벽 안쪽 구시가로 들어갈 수 없다. 레주언 Lê Duẩn 거리 4번지(푸쑤언교 건너편)의 관광버스 주차장 Điểm Đỗ Xe Du Lịch Nguyễn Hoàng에서 내려 전동차로 갈아타야 한다.

1 성벽에 둘러싸인 구시가 2 자롱 황제가 국가를 보호하겠다는 의미로 만든 대포 3 동남문

02 국가 정세에 따라 달리 게양된 깃발
깃발 탑(국기 게양대) Flag Tower / Cột Cờ(Kỳ Đài) ★★★

흐엉 강변에 우뚝 솟아 있는 국기 게양대. 자롱 황제 때인 1807년에 만들어졌다. 나무로 만든 18m 높이의 탑에 황제를 의미하는 노란색 깃발을 게양했다. 후대 황제들이 계속 증축하며 규모가 커졌다. 후에의 상징적인 위치에 있어 여러 차례 전란으로 피해를 입었고, 1968년에 37m 높이의 콘크리트 탑으로 재건축했다. 1968년 구정 대공세를 통해 후에를 점령한 비엣꽁(베트콩)의 깃발이 게양되며, 베트남 전쟁의 전세가 역전되고 있음을 상징적으로 알렸던 곳이기도 하다. 현재는 붉은색의 거대한 베트남 국기가 게양되어 있다.

지도 P.241-D3 **운영** 24시간 **요금** 무료 **가는 방법** 구시가의 왕궁 정문(응오 몬) 앞에 있다.

베트남 국기가 게양된 깃발 탑

03 세월의 덧없음 보여주는
왕실 유물 박물관 Hue Royal Antiquities Museum / Bảo Tàng Cổ Vật Cung Đình Huế ★★

구시가 안쪽에 있는 왕실의 부속 건물로, 1845년 티에우찌 황제 때 건설되었다. 본래 황제의 경호원들이 머물던 곳으로, 디엔롱안(용안전 龍安殿) Điện Long An이라 불렸다. 1923년 카이딘 황제 때부터 왕실에서 사용한 물건을 보관하며 박물관으로 쓰이고 있다. 왕실 전통 의상, 머리 장식, 도자기, 자개 장식 가구 등 황제가 사용한 물건이 전시되어 있다. 야외에는 의전용 대포도 전시되어 있다. 안타깝게도 베트남 전쟁 동안 상당한 양의 유물이 파괴되거나 분실되었다. 궁전 미술 박물관 Museum of Royal Fine Arts(Bảo Tàng Mỹ Thuật Cung Đình)으로 불리니 혼동하지 말자.

왕궁 입장료에 왕실 유물 박물관 관람도 포함된다

지도 P.241-D3 **주소** 3 Lê Trực **전화** 0234-3524-429 **운영** 08:00~11:30, 13:30~17:00 **요금** 왕궁 입장료(20만 VND)에 포함 **가는 방법** 왕궁 오른쪽의 레쯕 거리에 있다. 응오몬에서 도보10분.

04 후에 여행의 백미
응우옌 왕조의 왕궁 Imperial City / Hoàng Thành ★★★★★

구시가로 들어가면 성벽에 둘러싸인 또 다른 축성도시 호앙탄(황성 皇城) Hoàng Thành이 나온다. 안쪽에 있는 큰 도시라 하여 다이노이(大內) Đại Nội라고 부르기도 한다. 응우옌 왕조의 왕궁과 종묘가 들어선 곳으로, 모두 4개의 출입문이 둘러싸고 있다. 구조는 중국 베이징의 자금성과 비슷하지만 규모는 현저히 작다. 안타깝게도 인도차이나 전쟁, 베트남 전쟁을 거치며 왕궁의 많은 건물이 파손되었다. 새로 복원된 일부 건물들은 반짝이는 색으로 칠해 폐허가 된 궁전 터와 어색한 조화를 이룬다. 왕궁 전체를 다 돌아보는 데는 2~3시간 정도 소요된다. 매표소가 있는 응오몬(오문)으로 들어가서, 왕궁 동쪽 출입문에 해당하는 히엔년몬(현인문)으로 나오면 된다. 왕실이 있던 곳이라 기본적인 복장 규정을 지켜야 한다. 민소매 상의나 짧은 반바지 등 노출이 심한 옷을 삼가자.

지도 P.240-C3 **주소** Đường 23 Tháng 8 **운영** 06:30~17:30 (여름), 07:00~17:30(겨울) **요금** 성인 20만 VND(왕실 유물 박물관 포함), 어린이(7~12세) 4만 VND **가는 방법** 구시가의 8월23일 거리(Đường 23 Tháng 8)에 있는 응오몬 앞쪽에 매표소가 있다.

응우옌 왕조의 왕궁(후에)

* ▭ 표시는 현존하는 건물을 나타냅니다.

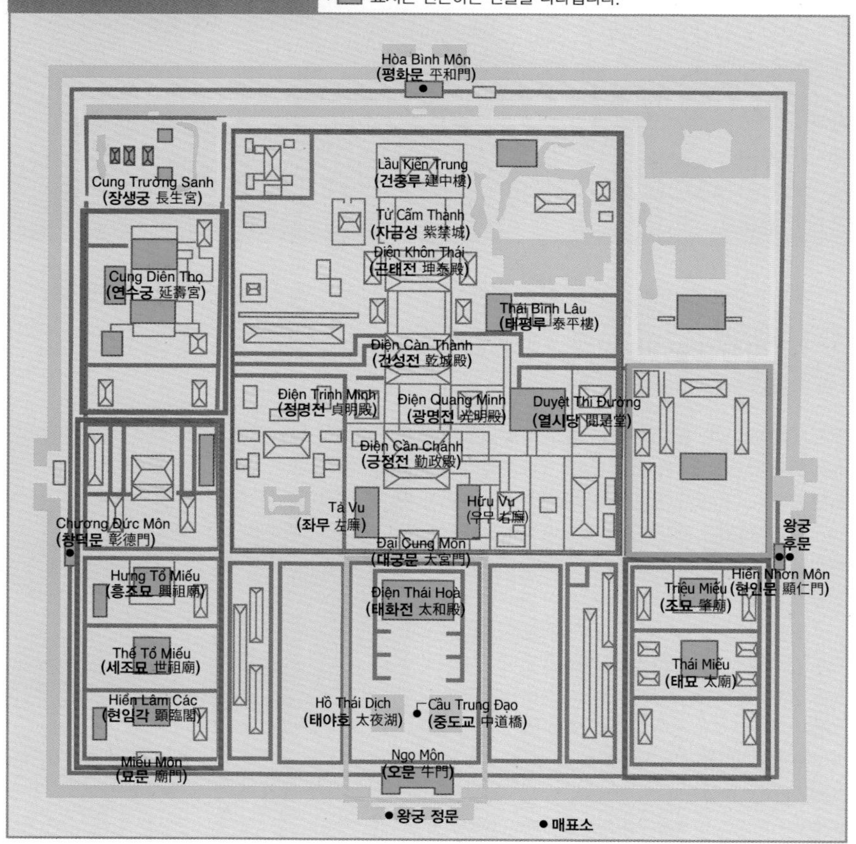

● 왕궁의 정문, 응오몬 Ngọ Môn[오문 午門]

지도 P.240-C3 왕궁의 정문이다. 1833년 민망 황제 시절에 건설되었다. 정오가 되면 태양이 문 위로 떠오른다고 해서 응오몬이라고 칭했다. 응오몬은 요새처럼 만든 출입문 위에 궁궐 같은 누각을 올려 만들었다. 출입문은 모두 5개다. 중앙에 있는 커다란 3개의 출입문은 황제와 관료(문관과 무관)가, 좌우에 있는 작은 출입문은 일반인들이 이용했다고 한다. 당연히 정중앙 출입문은 황제만 드나들 수 있었다. 응오몬 위에 올린 누각은 날개를 펼친 다섯 마리의 봉황을 닮았다 하여 응우풍러우(오봉루 五鳳樓) Ngũ Phụng Lầu라고 부른다. 황제를 상징하는 노란색 기와지붕을 얹어 왕실의 권위를 세웠다. 황제는 누각에 올라 국가 행사는 물론 군사 행렬을 참관했다. 역사적으로는 응우옌 왕조의 마지막 황제 바오다이 황제가 1945년 8월 25일에 호찌민 정부에게 권력을 위양하며 퇴위한 곳이기도 하다.

왕궁 출입문 역할을 하는 응오몬(오문)

응오몬에서 왕궁을 둘러싼 해자가 보인다

● 황제의 즉위식이 열린 곳, 디엔타이호아 Điện Thái Hoà[태화전 太和殿]

지도 P.250 응오몬을 들어서면 진입로에 두 개의 패방(牌坊, 문짝과 지붕이 없는 망대만 걸쳐진 대문 모양의 건물)이 세워져 있다. 첫 번째 패방에는 군주의 통치 이념이자, '베트남과 중국은 동등하다'는 의미를 내포했던 정직탕평(正直蕩平), 두 번째 패방에는 높고 밝은 것은 영원하다는 뜻의 고명유구(高明悠久)라고 적혀 있다. 응오몬과 패방을 지나 왕궁으로 들어가면 태화전이다. 응우옌 왕조 1대 자롱 황제가 1805년에 건설한 것으로, 황제의 즉위식이 거행된 곳이다. 노란색 기와지붕을 겹지붕으로 얹었으며, 석주 기둥과 지붕에 용을 조각한 것도 황제가 사용하는 건물임을 상징적으로 보여준다. 단층 건물로 규모는 크지 않지만 왕궁에서 보존이 가장 잘된 건물로 손꼽힌다. 즉위식이 없을 땐 조정 대신을 접견하거나 궁중 행사를 참관하는 알현실로 쓰였다고 한다. 내부는 붉은색으로 반짝이는 80개의 목조 기둥이 있고, 황제의 대좌가 그대로 남아 있다. 앞마당에는 정일품(正一品)을 시작으로 신하들의 품계를 적은 석비가 세워져 있다.

품계가 적힌 석비가 놓여져 있는 태화전

응오문을 지나 보이는 패방과 태화전

● 폐허로 남아 있는, 뜨껌탄 Tử Cấm Thành(자금성 紫禁城)

지도 P.250 디엔타이호아(태화전)를 지나 다이꿍몬(대궁문 大宮門) Đại Cung Môn을 통과하면 내궁에 해당하는 뜨껌탄이 나온다. 왕궁의 핵심 구역으로, 외부인의 출입이 철저하게 통제되던 곳이다. 근정전(황제의 집무실)과 황제의 침전, 왕비의 침전이 겹겹이 이루어진 성벽과 출입문을 통해 차례대로 들어서 있었다. 하지만 베트남 전쟁 중 미군의 폭격으로 대부분의 건물들이 파손되어 궁전 터만 남아 있다.

다이꿍몬에 들어서면 좌우로 온전한 형태의 건물이 있다. 국사를 논의하기 위해 입궁한 문관과 무관이 머물던 곳이다. 문관은 오른쪽 건물을(우무 右廡 Hữu Vu), 무관은 왼쪽 건물을(좌무 左廡 Tả Vu) 사용했다. 현재 오른쪽 건물은 기념품과 음료를 판매하는 휴게소로, 왼쪽은 왕과 왕비 복장을 대여해 기념사진을 촬영하는 장소로 이용되고 있다.

규모만 짐작할 수 있는 뜨껌탄

일부만 온전한 형태로 남아 있다

왕실 극장 열시당

열시당 내부

● 왕족들을 위한 왕실 극장, 주옛티즈엉 Duyệt Thi Đường (열시당 閱是堂)

1826년 민망 황제가 왕족들만을 위한 연회 장소로 만든 왕실 극장이다. 전란으로 피해를 입었다가 2004년에 신축해 일반 관광객을 위한 공연장으로 사용하고 있다. 궁중 음악과 궁중 무용, 민속 음악을 매일 2회 공연한다. 참고로 궁중 음악인 냐냑(아악 雅樂) Nhã Nhạc은 중국에서 영향을 받은 것으로, 베트남에서는 13세기 쩐 왕조부터 공연되다가 응우옌 왕조에 이르러 절정에 이르렀다. 20세기 초반 들어 궁중 음악은 소멸되었으나, 2003년부터 유네스코에서 무형문화재로 지정해 보존 노력을 기울이고 있다.

지도 P.250 공연 시간 10:00, 15:00

● 종묘와 사원을 모신 곳, 히엔럼깍 Hiển Lâm Các & 미에우몬 Miếu Môn (현임각 顯臨閣 & 묘문 廟門)

지도 P.250 디엔타이호아(태화전) 왼쪽(황궁의 남서쪽 구역)에는 응우옌 왕조의 역대 황제들과 선조들의 위패를 모신 종묘가 있다. 크게 세 구역으로 구분되며 성벽과 성문으로 서로 공간이 나뉘어 있다. 종묘의 정문은 남문에 해당하는 미에우몬(묘문)이다. 종묘를 출입하는 문이라는 뜻인 미에우몬을 들어서면 히엔럼깍이 나온다. 히엔럼깍은 3층짜리 누각으로 민망 황제가 1824년에 만들었다. 왕조 건설을 위해 헌신한 이들의 공덕을 기리는 일종의 왕실 사원이다. 황제들은 이곳을 찾아 선조들의 명복을 빌었다고 한다. 누각의 높이는 13m로, 후대의 황제들이 왕궁에 더 높은 건물의 신축을 금지하면서 현재까지도 왕궁에서 가장 높은 건물로 남아 있다. 히엔럼깍 좌우에는 종루(鐘樓, 종을 쳐서 성문을 여는 시간을 알림)와 고루(鼓樓, 북을 쳐서 성문을 닫는 시간을 알림)를 세웠다.

묘문

현임각

9개의 정 앞에는 세조묘가 있다

9개의 정이 일렬로 놓여 있다

● 황제의 통치권을 상징하는 9개의 정 Cửu Đỉnh(구정 九鼎)

지도 P.250 히엔럼깍(현임각)을 지나면 테또미에우(세조묘) 안뜰이 나오고, 커다란 정(鼎, 세 개의 받침대와 귀가 두 개 달린 쇠솥)이 일렬로 놓여 있다. 청동으로 만든 9개의 정은 민망 황제 때인 1836년부터 만들어졌다. 응우옌 왕조의 1~9대 황제들의 통치권을 상징(정이 향한 방향에는 황제들의 위패를 모신 테또미에우-세조묘가 있다)하는 것으로, 무게는 2t이 넘는다. 9개의 청동 정은 약간씩 크기가 다르다. 가장 큰 것은 가운데 있는 것(까오딘 高鼎 Cao Đỉnh)으로 높이 2.5m, 무게 2.6t이며, 응우옌 왕조의 1대 황제인 자롱 황제를 위해 만든 것이다.

● 황제들의 위패를 모신 종묘, 테또미에우 Thế Tổ Miếu(세조묘 世祖廟)

지도 P.250 13칸짜리의 기다란 단층 건물이다. 테또(세조)는 자롱 황제의 묘호(종묘에 신위를 모실 때 왕의 공덕을 칭송하여 올리는 칭호)이다. 본래 자롱 황제의 위패를 모신 사당이었으나, 현재는 역대 황제들의 위패도 함께 모시고 있다. 정중앙에 자롱 황제의 위패를 모시고 오른쪽으로 2·4·9·8·10대 황제, 왼쪽으로 3·7·12·11대 황제 위패를 모셨다. 과거에는 황제들을 위한 제례 행사가 열렸으며, 유교 전통에 따라 황후를 포함한 여성의 출입을 철저히 제한했다. 참고로 10명의 황제 위패밖에 없는 이유는 프랑스 통치에 반기를 들다가 어린 나이에 폐위된 황제들은 제외되었기 때문이다. 8·10·11대 황제의 위패는 프랑스 군대가 완전히 철수한 1959년에 들어서 종묘에 모실 수 있었다고 한다. 마지막 황제인 바오다이 황제는 위패를 모시지 못했다(그의 무덤은 프랑스 파리에 있다).

세조묘

황제의 위패를 모셔 놓았다

● 초대 황제가 선친을 위해 설립한 묘, 흥또미에우 Hưng Tổ Miếu(흥조묘 興祖廟)

지도 P.250 테또미에우(세조묘) 북쪽에 있는 또 다른 사당. 자롱 황제가 친부모의 제례를 지내기 위해 1804년에 설립했다. 황제와 왕족들은 응우옌 푹루언 Nguyễn Phúc Luân(자롱 황제의 아버지)의 기일이 되면 이곳을 찾아 제례를 올렸다고 한다. 유교 전통에 따라 왕비를 포함한 여성의 출입이 금기시되었다.

성벽에 둘러싸인 흥조묘

● 초대 황제가 친모를 위해 만든 궁전, 꿍지엔토 Cung Diên Thọ(연수궁 延壽宮)

지도 P.250 자롱 황제가 어머니를 위해 1804년에 건설한 궁전. 종묘 북쪽(왕궁의 북서쪽 구역)에 별도의 성벽으로 둘러싸여 있다. 집무실과 침전, 사원 등 10여 개의 건물로 이루어졌고, 정자와 연못, 수족관도 만들어 어머니가 편한 시간을 보낼 수 있도록 했다. 장수무강을 기원하며 꿍쯔엉토(장수궁 長壽宮) Cung Trường Thọ라고 이름 지었으나, 1916년 카이딘 황제 때 증축하면서 '영원한 생명'을 뜻하는 이름으로 바뀌었다.

연수궁

연못과 정자가 있는 연수궁

● 2대 황제가 친모를 위해 만든 궁전, 꿍쯔엉싼 Cung Trường Sanh(장생궁 長生宮)

지도 P.250 꿍지엔토(연수궁) 북쪽에 황제의 어머니를 위한 또 다른 궁전이다. 민망 황제가 그의 어머니를 위해 1821년에 건설했다. 주거보다는 여가를 위한 곳이라 초승달 모양의 인공 호수와 화원을 만들어 공원처럼 꾸몄다. 후대에는 궁전을 증축해 왕비들의 침전으로 사용했다. 현재의 모습은 2007년에 복원한 것이다.

장생궁

인공 연못이 주변을 감싼다

● 왕궁의 북문, 호아빈몬 Hòa Bình Môn(평화문 平和門)

지도 P.240-C3 자롱 황제 때인 1804년에 건설된 왕궁의 북문. 성벽과 연꽃이 가득한 해자가 어우러져 낭만적이다. 북문은 왕궁에서 유일하게 다른 문을 지나지 않고 내궁으로 직행할 수 있는 출입문이었다. 베트남 전쟁 때 훼손됐지만, 2004년에 보수 공사를 마치고 원형을 회복했다.

왕궁의 북문 평화문

성벽과 평화문

후에 주변 볼거리

후에에 왕궁이 있다면, 후에 주변에 왕궁과 더불어 유네스코 세계문화유산으로 지정된 응우옌 왕조의 황제릉이 가장 큰 볼거리다. 흐엉 강을 따라 후에 남쪽으로 사원과 황제릉이 넓게 분포되어 있다. 후에 도심에서 주요 황제릉까지 돌아보려면 투어를 이용하는 것이 가장 좋다.

새로운 국가의 건립을 예언해준 왕실 사원

티엔무 사원(天姥寺) Thien Mu Pagoda / Chùa Thiên Mụ ★★★☆

지도 P.240-A4 **주소** Đường Kim Long **운영** 08:00~17:00 **요금** 무료 **가는 방법** 구시가에서 흐엉 강변을 따라 서쪽으로 5~6㎞. 흐엉 강을 지나는 기차 철교에서 서쪽으로 3.5㎞ 더 가면 된다. 자전거나 오토바이를 탈 경우 낌롱 거리를 따라 가면 된다. 보트 투어를 이용할 경우 티엔무 사원에 들른다.

후에의 상징적인 사원으로 흐엉 강변에 있다. 1601년에 건설된 이 사원은 '하늘의 신비한 여인'이라는 뜻으로 티엔무(天姥)라고 불렸으며, '영적인 여인의 사원'이라는 뜻으로 린무 사원(靈姥寺) Chùa Linh Mụ으로 불린다. 응우옌 왕조의 건국과 연관돼 왕실에서 관리하던 사원이다. 건국 전설에 따르면 하늘에서 신비한 여인이 나타나 '곧 군주가 나타나 이곳에 사원을 건설할 것이다. 그는 새로운 국가의 번영을 가져다 줄 것이다'라고 말했다고 한다. 이 말을 전해들은 지방 군주 응우옌호앙 Nguyễn Hoàng(응우옌 왕조를 건설한 자롱 황제의 선조)이 신비한 여인이 나타났던 자리에 사원을 건설했다고 한다.

티엔무 사원에서 가장 눈에 띄는 것은 프억주옌탑(福緣塔) Tháp Phước Duyên이다. 흐엉 강변에서도 보이는 21m 높이의 8각 7층 석탑이다. 티에우찌 황제가 1884년에 건설한 것으로 베트남에서 가장 큰 석탑이다. 층마다 감실을 만들어 불상을 안치했다. 석탑 좌우에 두 개의 정자를 대칭되게 세웠다. 오른쪽 정자에는 거북이 석상 위에 티엔무 사원 역사를 기록한 석비가 세워져 있다. 왼쪽 정자에는 크기 2.5m, 무게 2,052㎏의 커다란 동종 Đại Hồng Chung이 있다. 1725년에 만든 것으로 종소리가 10㎞ 밖까지 들린다. 석탑 뒤쪽으로 돌아 들어가면 사천왕을 모신 법전(像天王殿)을 지나 대웅전(大雄殿) Diện Đại Hùng에 이른다.

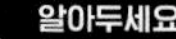

사원엔 오래된 하늘색 오스틴 자동차가 전시돼 있다. 1960년대 부패한 남부 베트남 초대 대통령 응오딘지엠 Ngô Đình Diệm 정권에 저항하는 시위가 있었고, 천주교를 옹호했던 대통령은 시위에 참여한 승려를 사살할 정도로 종교 탄압이 심했다. 1963년 6월 11일 틱꽝득 스님(釋廣德) Thích Quảng Đức은 이 자동차를 타고 사이공(오늘날 호찌민시)까지 가서 분신자살을 하며 강하게 항의했다. 그 모습은 외신으로 보도됐고, 미국 사진작가 말콤 브라운은 그 사진으로 퓰리처상을 수상했다.

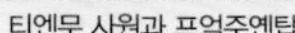
티엔무 사원과 프억주옌탑

일주문

티낫한 스님이 수행했던 고요한 산사

뜨히에우 사원(慈孝寺)

Tu Hieu Pagoda / Chùa Từ Hiếu ★★

1843년에 건설된 사원으로, 소나무 숲에 둘러싸여 산사(山寺) 분위기가 신비롭다. 사원 입구의 일주문이 연꽃 가득한 연못에 반사되어 낭만적인 느낌을 더한다. 대웅전과 사원의 건설 역사를 기록한 석비, 고승들의 사리를 모신 부도가 경내에 남아 있다. 뜨히에우 사원은 틱낫한 Thích Nhất Hạnh(베트남어 발음은 '틱녓한') 스님이 불가에 입문해 수행한 사원으로 더 유명하다. 오랜 프랑스 망명 생활 끝에 베트남 정부의 귀국 허가로 2018년에 고향으로 돌아왔으며, 2022년 95세의 나이로 뜨히에우 사원에서 열반했다.

지도 P.258-A1 **주소** Đường Lê Ngô Cát, Phường Thụy Xuân **운영** 07:00~18:00 **요금** 무료 **가는 방법** 시내에서 남쪽으로 5㎞ 떨어져 있다. 레응오깟 거리 72번지(72 Lê Ngô Cát) 옆으로 사원의 위치를 나타내는 '또딘뜨히에우 Tổ Đình Từ Hiếu'라고 적힌 출입문이 있다. 출입문 안쪽으로 골목을 따라 400m 더 들어가면 사원이 나온다.

뜨히에우 사원

알아두세요

【 승려이자 베스트셀러 작가, 틱낫한 】

본명은 응우옌쑤언바오 Nguyễn Xuân Bảo. 1926년 출생하고 16세에 불가에 입문해 '틱낫한'이라는 법명을 가졌다. '석가의 가르침을 따른다'는 뜻으로, 한자로는 석일행(釋一行)이다. 소설가, 시인, 평화운동가로도 활동하며 100여 권의 불교와 명상 관련 책을 출판했다. 티베트의 달라이 라마와 더불어 서방 세계에 가장 잘 알려진 불교계의 상징적인 인물. 1975년 프랑스로 망명했으며, 1982년부터 프랑스 남서부의 도르도뉴 Dordogne 지방에 플럼 빌리지 Plum Village(www.plumvillage.org)를 설립해 활동했다.

한적한 바닷가와 어촌 마을이 어우러진다

랑꼬 해변 Lang Co Beach / Bãi Biển Lăng Cô ★★★

다낭에서 하이번 고개(P.095)를 넘자마자 오른쪽으로 보이는 아름다운 풍경이 바로 랑꼬 해변이다. 산이 병풍처럼 둘러싸고, 반원을 그리며 둥글게 생긴 모래해변과 바다가 그림처럼 어울린다. 10㎞에 이르는 랑꼬 해변은 바다와 연결된 내륙의 석호(라군) lagoon가 감싸고 있어 반도처럼 생겼다(멀리서 보면 섬처럼 보인다). 랑꼬 마을을 중심으로 한적한 어촌 마을 풍경이 펼쳐진다. 해변은 3~9월까지 수영에 적합한 온도지만, 겨울에는 영상 10℃ 아래도 떨어진다. 8월 말~11월까지는 비가 자주 오고 파도가 높다.

알아두세요

반얀 트리 리조트 랑꼬 해변 지점
홈페이지 www.banyantree.com/vietnam/lang-co

앙싸나 리조트 랑꼬 해변 지점
홈페이지 www.angsana.com/vietnam/lang-co

주소 Huyện Phú Lộc, Tỉnh Thừa Thiên-Huế **가는 방법** 후에에서 남쪽으로 90㎞, 다낭에서 북쪽으로 35㎞ 떨어져 있다.

한적한 해변과 수려한 풍경의 랑꼬 해변

▶ 응우옌 왕조의 황제릉 Tomb of Emperor ★★★★★

후에 남쪽으로 흐엉강을 따라 응우옌 왕조의 황제릉이 흩어져 있다. 13명의 황제 중 7명만 황제릉을 건설했는데, 나머지는 프랑스 식민 지배에 반대해 폐위되거나, 망명길에 오를 수밖에 없었던 비운의 황제들이다. 황제릉까지 진입하는 도로가 포장되고 다리도 놓이면서 보트보다 오토바이로 여행하는 사람이 늘었다. 황제릉의 모델인 민망 황제릉, 유원지를 거니는 듯한 뜨득 황제릉, 유럽풍의 카이딘 황제릉이 가장 볼 만하다.
통합 입장권을 구매하면 왕궁과 황제릉을 함께 볼 수 있다. 황제릉 2곳(민망 · 카이딘 황제릉)+왕궁 통합 입장권은 42만 VND, 황제릉 3곳(민망 · 뜨득 · 카이딘 황제릉)+왕궁 통합 입장권은 53만 VND이다. 통합 입장권은 처음 방문하는 어느 곳에서나 구입할 수 있다. 통합 입장권 유효 기간은 2일이다.

travel plus

【 드래곤 보트 타고 황제릉 가기 】

뱃머리에 용이 장식되어 있는 드래곤 보트 Dragon Boat, 드래곤 보트를 타고 흐엉 강변을 유람하면 목가적인 풍경을 감상할 수 있다. 황제릉 투어에는 드래곤 보트 투어가 좋다. 다만, 흐엉 강변 선착장과 멀리 떨어진 뜨득 황제릉과 카이딘 황제릉을 가려면 별도로 쎄옴(오토바이 택시)이나 차를 타야 한다. 이런 단점을 만회하기 위해 보트+버스로 황제릉을 둘러보는 투어가 있다. 투어는 티엔무 사원, 혼쩬 사원, 향(香)공예마을, 민망 황제릉, 카이딘 황제릉, 뜨득 황제릉을 방문하는 일정이다. 투어마다 오전에 보트를 타고 둘러보는 곳도 있고, 버스 투어를 먼저 하고 일몰 시간에 보트를 타는 여행사도 있다. 투어 요금은 US$15 정도다. 입장료는 불포함이다.
개별적으로 방문해도 된다. 오토바이로 투어하는 건 도로 이정표가 미비해 길 찾는 데 좀 어려울 수 있으며, 안전에 유의해야 한다. 오토바이 기사와 동행할 경우 반드시 목적지와 요금을 결정한 다음 출발해야 시비가 생기지 않는다. 참고로 시티 투어 버스(P.237 참고)는 뜨득 황제릉과 카이딘 황제릉 두 곳을 들른다.

황제릉을 완성하고 16년을 더 살았다는 황제의 무덤

뜨득 황제릉 Tomb of Emperor Tu Duc / Lăng Tự Đức ★★★★

응우옌 왕조의 4대 황제인 뜨득 황제(재위 1847~1883년)가 묻힌 곳. 겸릉(謙陵) Khiêm Lăng이라고 불린다. 뜨득 황제는 무덤이 완성되고도 16년을 더 살았다. 응우옌 왕조의 황제들 중에 가장 오랜 기간인 36년 동안 통치했다. 숲과 호수가 어우러져 아름다운 '무덤'은 황제의 별장처럼 여겨졌다. 황제는 완성된 무덤을 찾아 뱃놀이를 즐기거나 시를 쓰고, 왕비들과 궁중 연회를 펼치기도 했으며, 왕실 극장까지 만들어 여가를 즐겼다. 심지어 화겸전에서 국정을 논하기도 했다.

지도 P.258-A1 **주소** Thủy Xuân **운영** 06:30~17:30(여름), 07:00 ~15:00(겨울) **요금** 15만 VND **가는 방법** 시내에서 남쪽으로 8㎞ 떨어져 있다. 기차역 왼쪽의 디엔비엔푸 거리를 가다가 단남자오 Đàn Nam Giao 앞 삼거리에 있는 레응오깟 거리 Đường Lê Ngô Cát에서 우회전해 넓은 도로를 따라가면 된다. 흐엉 강변에서 떨어져 있어 보트보다는 차나 오토바이로 가는 게 좋다.

1 무겸문 **2** 겸궁문 **3** 공덕비

알아두세요

뜨득 황제의 삶이 행복하기만 했던 것은 아니다. 장남을 제치고 왕위를 계승했기 때문에 치열한 형제간의 권력 다툼을 벌여야 했고, 응우옌 왕조에 반기를 든 쿠데타도 여러 차례 진압해야 했으며, 프랑스와 여러 차례 전투를 치르며 국가와 왕권을 지켜내야 했다(1862년 프랑스는 남부 베트남을 코친차이나라고 칭하고, 사이공을 수도로 삼아 통치를 시작했다). 하지만 무엇보다 황제를 슬프게 했던 것은 왕위를 이을 후손이 없었다는 것. 무려 104명의 왕비를 거느렸으나 후사를 보지 못하고, 사촌 형제의 아들을 양자로 입양해 왕권을 물려줘야 했다.

● 황제의 자부심이 느껴지는 화려한 규모의 무덤

뜨득 황제릉은 1864~1867년까지 3년에 걸쳐 조성되었다. 약 3만 6,000평에 이르는 면적에 인공 연못과 정자를 포함, 50여 개의 구조물로 이루어졌다. 다른 황제릉과 다르게 인공 연못을 전면에 배치하고, 호수 옆으로 사당을 지었다. 호사스러운 규모와 달리, 겸손하다는 의미로 '겸릉'이라 불렸으며, 황제릉의 모든 건물들은 '겸 謙' 자로 이름을 지었다고 한다.

뜨득 황제릉에서는 황제의 업적을 기록한 공덕비가 독특하다. 후대 황제가 전대 황제의 업적을 기록한 것과 달리 뜨득 황제는 자신의 공덕비를 직접 썼다. 아들을 보지 못한 탓에 기록할 사람도 없다고 생각했기 때문. 그래서인지 단순히 업적뿐 아니라 재위 기간 중의 불행과 실수, 질병에 대해서도 회고했다. 또 다른 진기록은 공덕비의 크기다. 베트남에서 가장 크다. 무게가 무려 200t에 달한다(500㎞나 떨어진 곳에서 돌을 옮겨 와야 했으니 무덤 건설로 폭동을 일으킬 만도 하다).

반원형의 작은 연못인 소겸지(小謙池) Tiểu Khiêm Tri를 지나면 성벽으로 둘러싸인 봉분이 나온다. 봉분은 높이 2.5m, 둘레 300m 크기다. 하지만 많은 역사학자들은 이곳이 실제 무덤이 아닐 것이라고 주장한다. 후에 어딘가에 묻혀 있을 것으로 예상하나, 정확히 어디인지는 아직 모른다. 도굴을 우려한 황제는 자신이 묻힐 곳을 철저하게 비밀에 붙였다. 공사에 참여한 200여 명의 신하는 완공 후, 교수형에 처해졌다고 한다.

travel plus

【 뜨득 황제릉 둘러보기 】

무겸문(務謙門) Vụ Khiêm Mon 남동쪽 출입문

▶ 유겸호(流謙湖) Hồ Lưu Khiêm 가장 먼저 보이는 인공 호수

▶ 충겸사(沖謙榭) Xung Khiêm Tạ / 유겸사(愈謙榭) Dũ Khiêm Tạ

▶ 호수 왼쪽 계단

▼ 겸궁문(謙宮門) Khiêm Cung Môn

◀ 화겸전(和謙殿) Điện Hoà Khiêm 황제와 황후의 위패를 모신 사당. 황제 행차 그림이 걸려 있다

◀ 양겸전 황제의 침전. 지금은 황제 어머니의 위패를 모신 사당

◀ 문관과 무관 석상 석상 앞쪽에 공덕비가 있다.

▼ 공덕비

▶ 소겸지(小謙池) Tiểu Khiêm Tri

▶ 봉분 보성(寶城)이란 의미로, 바오탄 Bảo Thành이라고 부른다.

무덤인 듯, 왕궁인 듯한 황제의 무덤

민망 황제릉 Tomb of Emperor Minh Mang / Lăng Minh Mạng ★★★★

응우옌 왕조의 2대 황제인 민망 황제(재위 1820~1841년)가 묻힌 곳. 효릉(孝陵) Hiếu Lăng이라고 부른다. 본격적으로 무덤이 건설된 것은 황제의 건강이 악화된 1840년부터다. 황제는 1841년 1월에 승하했고, 같은 해 8월 20일에 봉분을 만들어 매장했다. 전체적인 무덤 건축과 조경은 그의 아들인 티에우찌 황제가 공사를 이어받아 1843년에 완성했다.

민망 황제릉은 중국 풍수지리 사상에 따른 전형적인 베트남 황제의 무덤이다. 성벽에 둘러싸인 황제릉은 출입문을 통해 공간이 구분돼 있다. 석상, 공덕비, 황제와 황후의 사당, 누각, 무덤이 일직선으로 놓여 있다. 왕궁과 비슷한 구조라 무심코 걷다 보면 무덤인지 궁전인지 분간하기 힘들 정도다. 황제 무덤의 봉분은 높이 3.5m, 둘레 273m로, 봉분을 감싸 둥글게 외벽을 만들었다. 응우옌 왕조의 황제릉에 있는 봉분은 보성(寶城)이라는 의미로, 바오탄 Bảo Thành이라고 불린다.

지도 P.258-A2 **주소** QL49, Hương Thọ **운영** 06:30~17:30(여름), 07:00~15:00(겨울) **요금** 15만 VND(7~12세 3만 VND) **가는 방법** 시내에서 남서쪽으로 12㎞ 떨어져 있다.

【 민망 황제릉 둘러보기 】

대홍문(大紅門) Đại Hồng Môn
민망 황제릉의 정문. 황제의 관이 통과할 때만 열렸다

▶ **좌홍문(左紅門)** Tả Hồng Môn / **우홍문(右紅門)** Hữu Hồng Môn
일반인의 출입문

▶ **코끼리와 말, 문관과 무관의 석상**
죽은 사람의 영혼을 지키고 황제에게 충성을 다하는 신하의 모습 표현

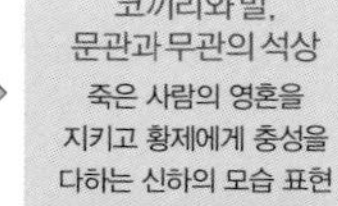

▶ **공덕비 정자**
황제의 공덕비를 모신 곳

▼ **현덕문(顯德門)** Hiển Đức Môn
두번째 아치형 출입문

◀ **숭은전(崇恩殿)** Diện Sùng Ân
황제와 황후의 위패를 모신 사당

◀ **홍택문(弘澤門)** Hoằng Trạch Môn
세번째 아치형 출입문

◀ **명루(明樓)** Minh Lâu
붉은색 2층 목조 건물

▼ **마지막 진입로**
왕궁과 비슷한 패방이 있다

▶ **신월호(新月湖)** Hồ Tân Nguyệt

▶ **용이 조각된 33개 계단**

▶ **황제의 무덤**

프랑스 정부에 협조했던 황제의 유럽풍 무덤

카이딘 황제릉 Tomb of Emperor Khai Dinh / Lăng Khải Định ★★★★

응우옌 왕조의 12대 황제인 카이딘 황제(재위 1916~1925년)가 묻힌 곳. 응릉(應陵) Ứng Lăng이라고 부른다. 카이딘 황제가 살아 있을 때인 1920년부터 건설해 승하 후 6년이 지난 1931년에 완공됐다. 다른 황제릉에 비해 건축 양식이 파격적이다. 친(親) 프랑스 정책을 유지했던 황제답게 동서양의 양식을 융합해 무덤을 건설했다. 목조 건축이 아니라 콘크리트를 사용해 만들었고, 고딕·바로크·중국(청나라)·힌두 사원 양식이 혼재해 있다.

황제의 묘역인 천정궁(天定宮) Cung Thiên Định에 그 특징이 두드러진다. 용이 조각된 계단과 사원 모양의 외관은 다분히 동양적이지만, 외벽은 섬세한 로코코 양식으로 우아하게 장식했다. 묘역 안으로 들어서면 화려함의 극치를 보여준다. 형형색색의 도자기와 유리를 이용한 모자이크 공예로 내부를 꾸몄다. 바닥은 꽃으로 장식했고, 천장엔 9마리의 용이 구름을 휘감고 있다.

산기슭에 건설된 카이딘 황제릉은 127개의 계단을 이용해 층을 높여가며 무덤을 건설했다. 계단을 오르며 황제릉을 볼 수 있고, 제일 끝에 황제의 유체를 안치한 계성전(啟成殿) Điện Khải Thành에 다다른다. 대좌에 앉아 있는 카이딘 황제 청동 동상을 세워 실제 궁전처럼 꾸몄다. 도굴을 방지하고자 가묘(假墓)를 두었던 다른 황제릉과 달리 유체를 무덤 내부에 직접 안치했다고 한다. 카이딘 황제의 흑백사진도 전시되어 있다.

지도 P.258-A2 **주소** Thủy Bằng **운영** 06:30~17:30(여름), 07:00~15:00(겨울) **요금** 15만 VND **가는 방법** 후에 시내에서 남쪽으로 10㎞ 떨어져 있다. 민망 황제릉을 지나서 동쪽으로 4㎞ 더 간다. 흐엉 강변에서 떨어져 있어 보트보다는 차나 오토바이를 타고 가는 게 편하다.

travel plus

【 카이딘 황제릉 둘러보기 】

4년이란 짧은 기간을 통치했던 동칸 황제

동칸(동카이) 황제릉 Tomb of Emperor Dong Khanh / Lăng Đồng Khánh ★★

응우옌 왕조의 9대 황제인 동칸 황제(재위 1885~1889년)가 묻힌 곳. 사릉(思陵) Tư Lăng이라고 불린다. 일반적인 황제릉과 달리 사당과 묘역을 두 개의 구역으로 구분했다. 황제와 황후의 위패를 모신 응희전(凝禧殿) Điện Ngưng Hy은 궁전처럼 성벽에 둘러싸여 있고, 좌우로 황제의 유품을 보관한 건물이 있다. 요체를 매장한 무덤은 응희전 뒤쪽에 별도로 만들었다. 황제릉을 호위하는 문관과 무관 석상은 동일하지만, 무덤의 봉분은 둥그런 모양의 아닌 직사각형 형태로, 동양적인 색채를 배제했다. 이때부터 황제릉에 유럽 양식을 가미했다고 한다. 프랑스의 식민지 건설이 완성되던 1880년대는 프랑스의 압력 행사로 황제가 폐위되거나 독살되며 끊임없이 교체됐다. 뜨득 황제의 뒤를 이은 5대 죽득 황제 Dục Đức는 3일, 6대 히엡호아 황제 Hiệp Hòa는 5개월, 7대 끼엔푹 황제 Kiến Phúc는 8개월 만에 물러나야 했다. 동칸 황제는 아들이 없는 뜨득 황제의 양자로 입양되며 운 좋게 황제의 자리까지 올랐다. 25세에 사망했고, 4년이라는 짧은 집권 기간 때문에 왕릉의 규모가 작다.

지도 P.258-A1 **주소** 8 Đoàn Nhữ Hải, Thủy Xuân **운영** 06:30~17:30(여름), 07:00~15:00(겨울) **요금** 5만 VND **가는 방법** 뜨득 황제릉 입구를 바라보고 오른쪽으로 500m 더 들어가면 포장도로 끝에 있다.

동칸 황제릉 입구

황제릉 외벽

황제들이 하늘에 제를 올리던 제단

단남자오(南郊壇)

Đàn Nam Giao ★★

자롱 황제가 1806년에 건설한 것으로 황제들이 하늘에 제를 올리던 곳이다. 길이 390m, 폭 265m 크기로, 총 면적 104㎡의 직사각형 구조다. 중심에는 하늘을 상징하는 둥근 모양의 원형 제단이 있다. 제단은 3단으로 구성되며, 폭 165m의 사각형 기단 위에 직경 41m의 원형 제단을 올렸다. 중국 베이징에 있는 천단(天壇)과 동일하다고 보면 된다(규모는 월등히 작다). 제를 올리는 것은 풍년을 기원함과 동시에 황제의 통치권을 하늘로부터 인정받는 행위이기도 했다. 1807~1885년까지 매년 봄마다 의식이 행해졌고, 응우옌 왕조의 세력이 약해진 1886~1945년에는 3년 주기로 행사가 열렸다. 현재는 제단을 제외하고 특별한 볼거리는 남아 있지 않다. 주변에 소나무 숲이 우거져 수목원을 연상케 한다. 일반적으로 '남자오(또는 남야오)'라고 부른다.

지도 P.258-A1 **주소** Đường Điện Biên Phủ & Đường Lê Ngô Cát **운영** 08:00~17:00 **요금** 무료 **가는 방법** 기차역 남쪽으로 2㎞ 떨어져 있다.

한산한 단남자오

황제들이 하늘에 제를 올린 제단

SPECIAL PAGE

지도 P.264-A1 **가는 방법** 비무장 지대와 가장 가까운 도시는 동하 Đông Hà다. 후에에서 북쪽으로 66㎞ 떨어져 있다. 대중교통도 없고 도시에서 멀리 떨어져 있어 투어를 이용해야 한다.

\ 베트남 전쟁의 흔적, 비무장 지대 DMZ /

1954년 제네바 협정으로 베트남은 분단국가가 되었다. 북위 17°선을 흐르는 벤하이강 Ben Hai River(Sông Bến Hải)을 따라 군사분계선이 그어졌고 비무장 지대 DMZ Demilitarized Zone가 만들어졌다. 비무장 지대 인근에 위치해 군사적 요충지가 된 동하 군사 보급로를 확보하려는 북부 베트남과 이를 봉쇄하려는 미군(남부 베트남 연합군) 간의 치열한 전투가 벌어졌다. 베트남이 통일되고 49년이 흐른 지금, 옛 격전지에는 도로가 새로 놓이고 아무 일이 없었다는 듯 녹음이 우거지며 관광지가 되었다.

travel plus

【 주요 볼거리 】

- ▶ 케산 Khe Sanh
- ▶ 햄버거 힐 Hamburger Hill
- ▶ 록 파일 Rock Pile
- ▶ 빈목 터널(빈목 땅굴) Vinh Moc Tunnels
- ▶ 족미에우(욕미에우) Dốc Miếu
- ▶ 히엔르엉 다리 Hien Ruong Bridge(Cầu Hiền Lương)
- ▶ 다끄롱 다리 Da Krong Bridge(Cầu Đă Krông)

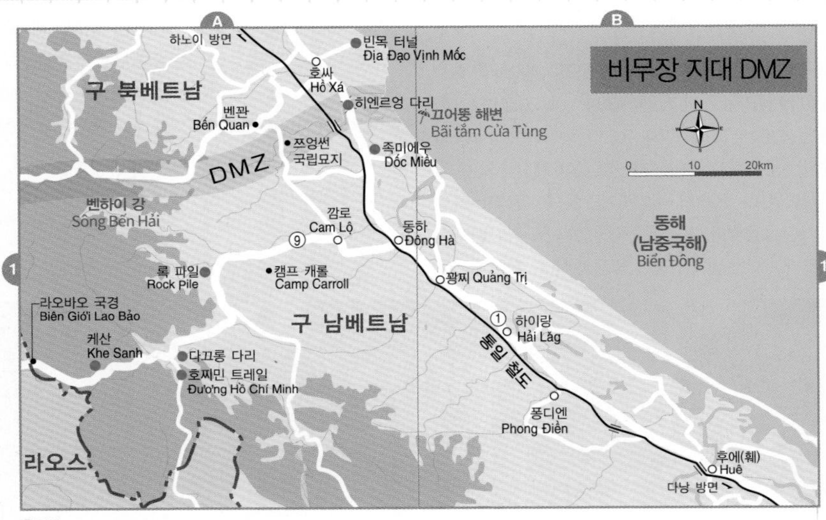

● 관광

전쟁과 폭격 속에도 삶은 이어진다

빈목 터널(빈목 땅굴)

Vinh Moc Tunnels / Địa Đạo Vịnh Mốc ★★★☆

DMZ에 남아 있는 유적 중 가장 큰 볼거리다. 빈목은 분단된 베트남의 북쪽 최전방 마을이었다. 베트남 전쟁 동안 미군은 이곳에 북부 베트남군의 보급 창고가 있을 거라 여겨 무차별 폭격을 가했다. 주민들은 1965년부터 비엣꽁(베트콩)의 도움을 받아 지하 땅굴을 만들어 생활했다. 삽과 곡괭이, 손으로 붉은 흙을 파내 만들었는데, 총 길이는 3㎞, 깊이 20m(지하 3층 정도), 폭 0.9~1.3m, 높이 1.6~1.9m 규모다. 민간인들의 피난처와 작전 회의실, 병원, 극장 등을 만들었고, 13개의 위장 출입구(7개는 바다로 통한다)를 냈다. 약 300명의 민간인과 북부 베트남군 병사가 4년이나 피난 생활을 했고, 그 동안 17명의 아이가 태어났다고 한다.

지도 P.264-A1 **운영** 07:00~16:30 **요금** 5만 VND **가는 방법** 동하에서 북쪽으로 41㎞, 벤하이강 북쪽으로 19㎞ 떨어져 있다.

중부 전선 최대의 격전지

케산(케싼) Khe Sanh ★★★☆

베트남 전쟁 때 중부 전선 최대 격전지. 미군은 중부 전선 방어와 북부 베트남군의 활동을 관측하기 위해 군사적 요지 케산에 기지를 건설했다. 그 후 1967년부터 소규모 전투가 잦아졌고, 1968년 1월 들어 전면전으로 확대됐다. 77일간 벌어졌던 치열한 전투는 미군의 승리로 끝났다. 하지만 전쟁 무용론이 대두되면서 결국 동하 인근 미군 주둔지로 병력이 철수하며 케산 기지 방어 작전은 종지부를 찍었다. 현재의 케산은 조용한 시골 마을로, 케산 기지에는 당시의 전투 헬기, 부서진 전투기 잔해, 탱크, 포탄, 사진과 지도 등 전쟁 유물을 전시하고 있다.

지도 P.264-A1 **운영** 07:00~17:00 **요금** 5만 VND **가는 방법** 동하에서 서쪽으로 63㎞, 라오바오 국경에서 동쪽으로 20㎞ 떨어져 있다. 케산 기지는 9번 국도에 있는 케산 마을에서 북쪽으로 3㎞ 더 가야 한다.

남쪽으로 내려가려는 자와 이를 막으려는 자

호찌민 트레일

Ho Chi Minh Trail / Địa Đạo Vịnh Mốc ★★★☆

호찌민 트레일(드엉 호찌민 Đường Hồ Chí Minh)은 베트남 중부의 산악 지대에서 사이공(호찌민시)까지 이어졌던 북부 베트남군의 군사 보급로다. 쯔엉썬 산맥을 따라 이어졌기 때문에 쯔엉썬 도로 Đường Trường Sơn라고도 불린다. 총 길이는 2만 ㎞의 험한 산길이라 트럭이 아닌 자전거로 군수 물자를 보급하느라 사이공까지 6개월이 걸렸고, 10%가 질병으로 사망했을 정도로 험한 길이었다. 1970년 이후 보급로가 다양해지면서 사이공까지 6주로 단축됐고, 한 달에 2만 명 이상의 병력을 남부로 파병할 수 있었다. 호찌민 트레일은 다끄롱 다리 Da Krong Bridge(Cầu Đă Krông)에서 시작한다.

지도 P.264-A1 **가는 방법** 동하에서 서쪽으로 46㎞ 떨어진 9번 국도에 있다. 케산에서 동쪽으로 13㎞ 떨어져 있다.

Restaurant

후에의 레스토랑

응우옌 왕조의 왕궁이 있는 구시가는 개발이 제한적이어서 현지인들이 많이 가는 서민적인 레스토랑이 많고, 여행자 숙소가 몰려 있는 신시가에는 외국인 여행자들을 위한 레스토랑이 많다.

01 리엔 호아
Lien Hoa ★★★☆

후에에서 유명한 채식 전문 레스토랑이다. 사찰 음식에서 힌트를 얻어 심플하면서도 건강한 식단을 꾸린다. 껌 디아 Cơm Đia(한 접시에 밥과 반찬을 담아주는 덮밥)와 껌 펀 Cơm Phần(밥, 세 종류의 반찬, 국물 세트 요리)이 인기 메뉴다. 음식 값이 저렴해 현지인들에게 매우 인기가 높다.

지도 P.242-B3 **주소** 3 Lê Quý Đôn **전화** 0234-3816-884
영업 07:00~21:00 **예산** 3만~6만 VND **메뉴** 영어, 베트남어
가는 방법 레뀌돈 거리 3번지에 위치해 있다. 훙브엉 & 레뀌돈 Hùng Vương & Lê Quý Đôn 사거리에서 레뀌돈 거리 방향으로 300m 떨어져 있다.

리엔호아

사원 뒷편에 마련된 채식 레스토랑

02 분보투이
Bún Bò Thủy ★★★☆

현지인에게 인기 있는 로컬 식당으로 오전에만 장사한다. 그늘진 건물 1층의 공터에 철제 테이블이 가득 놓여 있다. 에어컨은 없다. 한쪽은 주차장으로 사용된다. 메뉴는 분보후에 한 가지로 고기 종류를 선택해 주문하면 된다. 소고기를 넣으면 분보 Bún Bò, 돼지고기를 넣으면 분헤오 Bún Heo가 된다. 고명으로 들어가는 어묵 Chả과 게살 Cua을 추가로 선택할 수 있다. 모든 고명을 다 넣은 스페셜 비프 누들(닥비엣 Đặc Biệt)도 있다. 외국인이 방문하면 영어 메뉴판을 가져다준다.

지도 P.242-A1 **주소** 24 Nguyễn Công Trứ **메뉴** 베트남어 **영업** 05:00~13:00
예산 4만~5만 VND **가는 방법** 응우옌꽁쯔 거리 24번지에 있다.

전형적인 로컬 식당

분보투이 간판

03 꽌 한(한 레스토랑)

Hanh Restaurant / Quán Hạnh ★★★☆

인기

골목 안쪽에 있는 저렴한 서민 식당. 에어컨은 없지만 리모델링해서 규모도 커지도 깨끗해졌다. 넴루이, 반코아이, 반베오 같은 후에 음식을 요리한다. 각종 채소와 함께 라이스페이퍼에 싸서 먹으면 된다. 다섯 가지 후에 음식을 맛볼 수 있는 세트 메뉴(15만 VND)도 있다. 허름한 분위기지만 현지 가이드들이 손님을 데리고 올 정도로 유명하다. 여행자 거리와 가깝다.

지도 P.242-B2 **주소** 11 Phó Đức Chính **전화** 0234-3833-552 **영업** 10:00~21:00 **예산** 6만~15만 VND **메뉴** 영어, 베트남어 **가는 방법** 벤응에 Bến Nghé 거리와 쩐꽝카이 Trần Quang Khải 거리 사이에 있는 좁은 골목(포득찐 Phó Đức Chính) 에 위치해 있다.

후에 음식 세트

꽌 한(한 레스토랑)

04 꽌안 안떰

Quán Ăn An Tâm ★★★★

식당이 전혀 있을 것 같지 않은 골목 안쪽에 있다. 식당이라기보다는 시골에 있는 오래된 가정집을 연상시킨다. 수리한 흔적이 전혀 보이지 않는 구옥이라서 오히려 정겹다. 테이블 몇 개가 옹기종기 놓여 있고, 주인장이 친절하게 손님을 맞고 정성스럽게 음식을 만든다. 베트남어로만 적힌 주문지(종이)에 원하는 음식을 체크해야 하는데, 외국인이 방문하면 음식 사진을 보여주며 주문을 도와준다. 분보후에, 넴루이, 반베오, 반록, 반잠잇 같은 후에 전통 음식이 많은 편이다. 쌀국수 종류는 분지에우꾸아(토마토와 게살을 넣어 육수를 낸 쌀국수) Bún Riêu Cua를 추천한다. 날씨가 쌀쌀한 겨울에는 러우 지에우(전골 요리) Lẩu Riêu도 훌륭한 선택이 된다.

지도 P.242-A1 **주소** 3 Kiệt 33 Nguyễn Công Trứ **전화** 0935-596-960 **홈페이지** www.facebook.com/QUANANANTAM/ **메뉴** 베트남어 **예산** 4만~8만 5,000 VND **가는 방법** 응우옌꽁쯔 거리 33번지 골목 안쪽으로 50m.

골목 안쪽의 오래된 집을 식당으로 사용한다

꽌안 안떰

05 바땀
Bà Tám ★★★★

외국 여행자들이 부담 없이 들를 수 있는 베트남 레스토랑이다. 에어컨은 없지만 로컬 식당에 비해 깔끔하다. 식당 입구로 들어가는 좁은 통로에 테이블을 배치해 놓고 있다. 붉은색 테이블 때문에 색감이 좋다. 후에 음식을 포함해 남부·북부 지방 요리를 골고루 맛볼 수 있다. 대표적인 후에 음식은 넴루이 Nem Lụi, 반코아이 Bánh Khoái, 반록 Bánh Lọc 세 가지다. 후에 전통 음식을 골고루 맛보고 싶다면 7가지 음식을 한 접시에 담아주는 세트 메뉴를 주문하면 된다. 분보후에 Bún Bò Huế, 분짜 Bún Chả, 분팃느엉(비빔국수) Bún Thịt Nướng, 분보싸오남보(소고기 볶음 국수) Bún Bò Xào Nam Bộ를 포함해 가볍게 식사하기 좋은 음식이 많다. 영어 소통이 가능하며, 직원들도 친절하다.

지도 P.242-A1 **주소** 1/14 Kiệt 42 Nguyễn Công Trứ **영업** 07:00~21:30 **메뉴** 영어, 베트남어 **예산** 6만~9만 VND **가는 방법** 응우옌꽁쯔 거리 42번지 골목 안쪽에 있다.

바땀

넴루이와 반록

06 후에 티 로스터 카페
HÚE T. Roaster Cafe ★★★★

신시가에서 가장 눈에 띄는 로컬 카페. 골목 안쪽에 있지만 큰길에서 연결되기 때문에 찾기 쉽다. 3층짜리 건물로 넓은 공간에 따라 각기 다른 분위기를 연출한다. 루프 톱 형태의 야외 공간과 쾌적한 에어컨 룸도 완비하고 있다. 로스팅을 직접해 다양한 커피를 만들어 내는 것이 특징. 베트남 커피, 솔트 커피, 핀 드립을 기본으로 에스프레소, 아메리카노, 콜드 브루까지 다양하다. 시그니처 메뉴로는 에스프레소와 열대 과일, 요거트 등을 배합한 창의적인 커피도 있다. 대표 메뉴는 후에 HÚE로 자주색 참마+에스프레소 Purple Yam+Espresso를 함께 내어준다. 커피 값도 저렴하다.

지도 P.242-A2 **주소** Hẻm 10 Bến Nghé **홈페이지** www.facebook.com/hue.troaster **영업** 07:00~22:30 **메뉴** 영어, 베트남어 **예산** 3만~4만 5,000VND **가는 방법** 벤응에 거리 10번지 골목 안쪽에 있다.

후에 티 로스터 카페

공간이 넓어서 북적대지 않는다

07 라 까람볼
La Carambole ★★★

여행자 거리에서 인기 있는 레스토랑이다. 프랑스 남자와 베트남 여자 커플이 운영하는 곳으로, 베트남 요리부터 피자, 스파게티, 스테이크, 크레페까지 동서양의 음식이 적절히 조화를 이룬다. 여러 가지 음식을 동시에 맛볼 수 있는 세트 메뉴가 다양하다. 외국인 입맛에 맞추다보니 음식 맛이 예전 같지 않다고 불평하는 사람도 있다. 내부는 베트남 회화와 민속 공예품을 이용해 예쁘게 꾸몄다. 여러 가이드북에 소개됐으며, 저녁 시간에 관광객이 즐겨 찾는다.

지도 P.242-A1 **주소** 18 Võ Thị Sáu **전화** 0234-3810-491 **영업** 08:00~23:00 **예산** 10만~26만 VND **메뉴** 영어, 베트남어 **가는 방법** 보티싸우 거리 18번지에 있다.

유럽풍으로 꾸민 라 까람볼

캐주얼한 느낌의 실내

08 마담 투
Madam Thu ★★★☆

여행자 거리에 있는 외국 관광객을 위한 레스토랑이다. 로컬 식당에 비해 깨끗하고 직원들도 친절하다. 반코아이, 반베오, 넴루이를 비롯한 후에 전통 음식을 제공한다. 스프링 롤과 분팃느엉(고기 비빔국수) 같은 단품 메뉴도 있다. 여러 명이 갈 경우 네 종류의 요리와 디저트, 음료로 구성된 세트 메뉴(19만 VND)를 주문하면 알맞다. 유럽 관광객에게 인기 있는 곳답게 채식 메뉴도 선보인다. 대체로 외국인 입맛에도 부담 없는 무난한 맛이다. 식당 규모가 작아서 저녁 시간에는 다소 붐빈다. 가까운 거리에 있는 2호점 Madam Thu 2(주소 4 Võ Thị Sáu)은 고풍스러운 분위기의 목조 가옥으로 규모도 크다.

지도 P.242-A2 **주소** 45 Võ Thị Sáu **전화** 0234-368-1969, 0905-126-661 **홈페이지** www.madamthu.com **영업** 09:00~22:0 **메뉴** 영어, 베트남어 **예산** 6만~11만 VND **가는 방법** 보티싸우 거리 45번지에 있다.

마담 투 1호점

관광객을 위한 후에 전통 요리를 제공한다

09 디엠지 바 & 레스토랑
DMZ Bar & Restaurant ★★★★

인기

여행자 거리(팜응우라오 거리) 초입에 있다. 1994년부터 영업 중인 곳으로, 지금까지 변함없는 인기를 누린다. 군용 드럼통으로 외부를 장식했고, 식당 내부 1층 천장에는 지도로 DMZ(비무장 지대)를 재현해 놓았다. 베트남 음식, 버거, 피자, 파스타, 스테이크까지 메뉴가 다양하다. 커피가 포함된 아침 식사(07:00~10:30) 메뉴도 있다. 맥주와 칵테일도 다양하다. 외국인 여행자들이 항상 붐벼 분위기는 이국적이다. 현지인들도 많이 찾아온다. 거리 풍경을 바라보며 편하게 시간을 보내기 좋다.

지도 P.242-A2 **주소** 60 Lê Lợi **전화** 0234-3993-456 **홈페이지** www.dmz.com.vn **영업** 07:00~24:00 **예산** 맥주 3만~7만 VND, 메인 요리 10만~23만 VND **메뉴** 영어, 베트남어 **가는 방법** 레러이 거리와 팜응우라오 Phạm Ngũ Lão 거리가 만나는 삼거리 코너에 있다.

디엠지 바 & 레스토랑

비무장 지대를 테마로 한 인테리어

10 레 자뎅 데 라 까람볼
Les Jardins de La Carambole ★★★★

후에의 대표적인 고급 레스토랑이다. 성벽 안쪽의 구시가에 있는 콜로니얼 건축물을 레스토랑으로 사용한다. 1915년에 만들어진 건물을 완벽하게 복원했다. 프랑스 음식과 베트남 음식을 요리한다. 프랑스 음식 메뉴는 많지 않아 정통 프랑스 음식점이라고 하기는 부족하다. 후에 전통 음식을 포함한 베트남 음식이 깔끔하다. 외국인 관광객이 많이 찾는 곳인 만큼 피자와 파스타도 있고, 점심 세트 메뉴를 갖추고 있다.

지도 P.240-C3 **주소** 32 Đặng Trần Côn **전화** 0234-3548-815 **홈페이지** www.lesjardinsdelacarambole.com **영업** 10:00~22:00 **예산** 17만~44만 VND **메뉴** 영어, 베트남어 **가는 방법** 왕궁 입구에 해당하는 응오몬을 바라보고 왼쪽으로 500m 떨어져 있다. 왕궁 왼쪽 끝에서 우회전해서 레후언 Lê Huân 거리가 나오면 첫 번째 골목(Đặng Trần Côn)에서 좌회전해 50m 들어간다.

레 자뎅 데 라 까람볼 외관

콜로니얼 건물과 고급스러운 실내 인테리어

11 겍코 레스토랑
Gecko Restaurant ★★★☆

외국인 여행자들을 위한 바가 몰려 있는 팜응우라오 거리에 있다. 높은 담벼락에 둘러싸여 있어서 마당처럼 아늑하다. 실내는 안정감을 주는 편안한 분위기고, 2층에는 개방형 테라스가 있다. 식사를 하거나 맥주를 마시며 담소를 나누기 좋다. 칵테일, 버킷(양동이 칵테일), 와인까지 다양한 술을 제공한다. 수제 맥주도 판매한다. 쌀국수와 볶음밥 같은 베트남 음식도 있지만, 외국인 여행자의 입맛에 맞춘 피자 · 파스타 · 버거를 메인으로 요리한다. 익숙한 팝 음악을 틀어 주며 직원들도 친절하다.

지도 P.242-A2 **주소** 9 Phạm Ngũ Lão **전화** 0234-3933-407 **홈페이지** www.facebook.com/geckopub.hue **영업** 15:00~23:00 **예산** 맥주 4만~10만 VND, 메인 요리 12만~22만 VND **메뉴** 영어, 베트남어 **가는 방법** 팜응우라오 거리에 있는 문라이트 호텔 Moonlight Hotel 맞은편에 있다.

담벼락이 주는 아늑한 분위기

펍과 레스토랑을 겸한다

12 워킹 스트리트
Walking Street ★★★☆

여행자 숙소가 몰려 있는 신시가의 일부를 통제해 저녁에는 보행자 전용 도로로 만든다. 외국 여행자들이 즐겨 가는 레스토랑과 펍이 많은 지역답게 나이트라이프의 중심이 되는 곳이다. 주말에는 노점까지 생겨서 더 북적댄다. 디엠지 바 DMZ Bar, 와이 낫 바 Why Not? Bar, 따벳 Tà Vẹt, 912 팩토리 바 912 Factory Bar가 유명하다. 야외 테이블에 자리 잡고 맥주 한잔하며 사람 구경하기 좋다. 이른 저녁 시간에는 해피 아워 Happy Hour라고 해서 술값을 할인해준다. 이곳에서는 로컬 맥주인 후다 맥주 Fuda Beer를 즐겨 마신다.

지도 P.242-A2 **주소** Phố Đi Bộ Huế **운영** 18:00~24:00 **메뉴** 영어, 베트남어 **예산** 맥주 2만~5만 VND **가는 방법** 쭈반안 거리 Chu Văn An, 보티싸우 거리 Võ Thị Sáu, 팜응우라오 거리 Phạm Ngũ Lão 일대에 워킹 스트리트가 형성된다.

워킹 스트리트 거리 풍경

여행자들이 후에서 밤 시간을 보내는 방법

베트남 여행의 숙박
Accommodation

베트남의 특별한 하룻밤_다낭의 리조트

다낭의 호텔

호이안의 호텔

후에의 호텔

SPECIAL PAGE

베트남의 특별한 하룻밤
다낭의 리조트

저렴한 저가항공을 이용했다면 숙소만큼은 고급 리조트에서 호사를 누려보면 어떨까. 이국적인 해변에서 다이내믹한 해양 스포츠를 즐기고 싶은 아빠도, 몸과 마음을 릴렉스 하며 마사지와 스파를 즐기고 싶은 엄마도, 파란 풀장에서 신나게 물놀이 하고 싶은 아이도 모두 만족할 수 있다. 다낭의 미케 해변과 논느억해변 중심으로 유명 리조트들이 즐비하다.

1. 수영 못하면 어때?
낮에도 밤에도 멋진 풀장에서 여유 부리기
선베드에서 책 한 권 읽거나
풀 바에서 칵테일 한 잔 하거나

2. 리조트 투숙객의 특권!
프라이빗 비치에서 해양 스포츠 즐기기
스노클링 · 서핑 · 카약 배우기
아이들과 해변에서 맘껏 뛰어놀기

3. 아이들도 안심하고 놀자
키즈 프로그램 & 키즈 룸

4. 오늘 만큼은 진짜 휴식
스파와 마사지로 피곤함 달래주기

5. 진짜 베트남을 만나는 시간
쿠킹 클래스와 랜턴 메이킹 클래스

리조트 여행 추천 일정

1DAY

- PM 05:00 해변 거닐기
- PM 07:00 호텔 야경 보며 산책하기

2DAY

- AM 08:30 여유롭게 조식 뷔페 즐기기
- PM 02:00 야외 수영장에서 물놀이 하기
- PM 05:00 다낭 시내 구경하기
- PM 07:00 다낭 한 강에서 야경 보기

3DAY

- AM 10:00 일찍 바나 힐로 이동
- PM 11:00 바나 힐 즐기기
- PM 03:00 호이안 올드 타운으로 이동
- PM 07:00 호이안 야경 보기

4DAY

- AM 08:30 여유롭게 조식 뷔페 즐기기
- PM 02:00 해양 스포츠 즐기기 / 쿠킹 클래스 듣기
- PM 05:00 스파 & 마사지 받기
- PM 08:00 시푸드 레스토랑에서 식사하기

알아두세요

【 리조트는 너무 비싸다? 】

멋진 수영장과 프라이빗 비치, 햇살 가득 전망 좋은 침실. 베트남에는 시설 좋으면서도 합리적인 가격의 리조트가 많다. 4성급 리조트만 해도 훌륭한 부대시설과 자연 경관을 자랑하면서 요금은 1박에 US$80~100정도면 된다. 2인 가족을 기준으로 하면 1인에 US$40~50 비용이 드는셈이다.

가족 여행를 위한 베스트 리조트

BEST 1

우리 가족끼리 별채에서 바다를 만끽하자

프리미어 빌리지 다낭 리조트 매니지드 바이 아코르 (P.281)

BEST 2

풍부한 액티비티와 아름다운 조경

풀만 다낭 비치 리조트 (P.283)

BEST 3

열대 리조트에서 누릴 수 있는 모든 것

쉐라톤 그랜드 다낭 리조트 (P.289)

Hotel

다낭의 호텔

다낭 시내에는 중급 호텔이 많고, 강변에는 고급 호텔이 들어서 있다. 저렴한 게스트하우스는 많지 않다. 미케 해변이 개발되면서 '한 강' 건너편으로 호텔이 많이 생겼고, 미케 해변에서 다낭 시내까지 택시로 다닐 만하다. 관광을 원하면 시내로, 휴식을 원한다면 해변으로 선택한다.

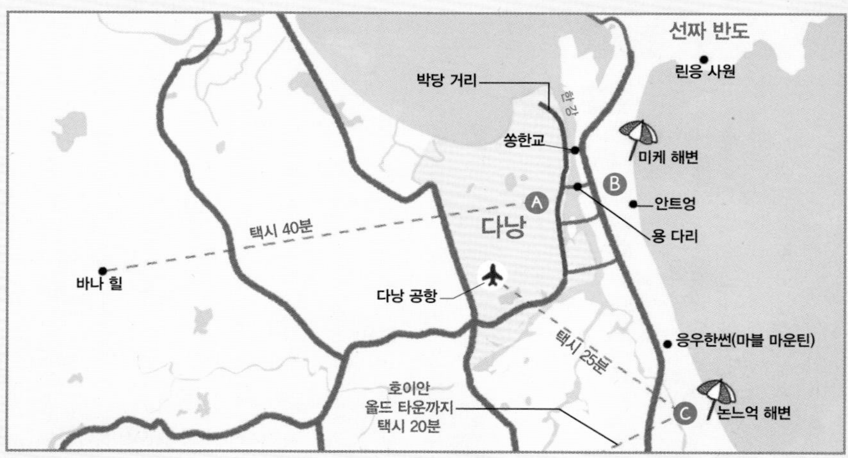

여행자 숙소 밀집 지역

A 다낭 시내(P.277)

관광에 중심을 두고 있다면 이곳이 좋다. 강변에 3~4성급 호텔이 몰려 있어 주요 볼거리와 레스토랑을 도보로 다닐 수 있다. 미니 호텔은 요금은 US$20~30 정도. 3성급 호텔은 대부분 수영장이 없다.

B 미케 해변·안트엉 거리(P.281)

알라카르트 호텔 A La Carte Hotel 주변으로 내륙 쪽 팜반동 Phạm Văn Đồng 거리에는 3성급 호텔이, 해변 쪽 보응우옌잡 Võ Nguyên Giáp 거리에는 고급 호텔이 있다. 알라카르트 호텔 뒤쪽 하봉 거리 Hà Bổng와 호잉인 거리 Hồ Nghinh에도 저렴한 미니 호텔이 많다. 안트엉 An Thượng 거리는 외국인 여행자가 선호하는 호텔이 몰려 있다. 해변과 인접해 있는데 대형 호텔보다 미니 호텔과 홈스테이 등 저렴한 숙소가 많다. 장기 거주 외국인이 많아 한 달씩 임대하는 아파트 형태의 호텔도 있다. 미케 해변 남쪽(박미안 Bắc Mỹ An 해변)에는 전용 해변을 갖춘 5성급 리조트가 있다. 다낭 시내와 조금 떨어져 있지만 주변에 레스토랑도 많고 롯데 마트도 가까워 크게 불편하지 않다.

C 논느억 해변(P.288)

시내에선 멀지만 응우한썬과 가깝고 휴식하기 좋다. 연인들을 위한 풀빌라, 가족을 위한 레지던스 빌라까지 기호에 따라 선택이 가능하다. 리조트에서는 다낭 시내와 호이안 올드 타운까지 셔틀버스를 운영한다.

다낭 시내

01 노보텔 다낭 프리미어 한 리버
Novotel Danang Premier Han River ★★★★☆

국제적인 호텔 체인인 노보텔에서 운영하는 고급 호텔. 시내 중심가의 강변도로(박당 거리)에 우뚝 솟아 있는 건물은 어디서든 눈에 잘 들어오며, 다낭의 랜드마크 역할을 한다. 위치가 좋아 객실에서 내려다보는 전망도 뛰어나다. 객실은 나무 바닥과 원목을 이용해 차분한 분위기를 연출했다. 욕실은 욕조 없이 샤워 부스만 설치되어 있고, 통유리에 블라인드로 가려져 있다. 일반 객실에 해당하는 슈피리어 룸은 넓진 않고, 스위트 코너 룸은 침실과 거실, 2개의 화장실이 있으며, 넓은 통유리 창을 통해 전망이 시원하게 펼쳐진다.

알아두세요

【 로맨틱한 하룻밤을 위한 팁 】

노보텔 다낭 프리미어 한 리버의 장점은 훌륭한 위치가 선물하는 전망. 특히 이곳에서 보는 야경은 로맨틱한 분위기를 연출하기엔 그만이다. 4층에 위치한 풀 바 pool bar와 28층의 라운지 바 premier executive lounge에서 한 잔 즐기며 감상하는 야경은 끝내준다. 두 곳 모두 22:00까지 영업한다.

지도 P.064-B1 **주소** 36 Bạch Đằng **전화** 0236-3929-999 **홈페이지** www.novotel-danang-premier.com **요금** 슈피리어 (28㎡) US$159, 디럭스(37㎡) US$185, 스위트 코너(56㎡) US$285 **객실** 323실 **조식** 포함 **부대시설&서비스** 공항 셔틀(유료), 투어 예약, 야외 수영장, 피트니스, 스카이라운지, 스파, 요가 클래스 **가는 방법** 다낭시 정부청사 Da Nang Administrative Centre(Trung Tâm Hành Chính Thành Phố Đà Nẵng) 옆 강변도로(박당 거리)에 있다.

1 다낭의 랜드마크 노보텔 **2** 노보텔 디럭스 룸 Novotel Deluxe Room **3** 호텔 로비

02 멜리아 빈펄 다낭 리버프런트
Melia Vinpearl Danang Riverfront ★★★★☆

빈펄 콘도텔 리버프런트를 멜리아 호텔에서 인수해 멜리아 빈펄 다낭 리버프런트로 바뀌었다. 강변에 세워진 36층 건물로 한 강을 끼고 있다. 2018년에 오픈한 호텔로 관리 상태가 좋다. 객실 전망이 좋고 일반 호텔에 비해 방도 넓다. 리버 뷰 스위트는 침실과 거실이 구분되어 있고, 강 건너 다낭 시내 풍경까지 한눈에 펼쳐진다.

지도 P.063-B2, P.066-A2 **주소** 341 Trần Hưng Đạo **전화** 0236-3642-888 **홈페이지** www.melia.com **요금** 디럭스(41㎡) US$115, 리버 뷰 스위트(53㎡) US$175 **객실** 864실 **조식** 포함 **부대시설&서비스** 공항 셔틀(유료), 투어 예약, 야외 수영장, 피트니스, 스파, 키즈 클럽, 스카이라운지 **가는 방법** 한 강 건너편 강변도로인 쩐흥다오 거리 341번지에 있다. 쏭한교 건너편 빈콤 플라자 앞에 있다.

03 힐튼 호텔
Hilton Hotel ★★★★☆

다낭 시내 중심가에 있는 5성급 호텔이다. 2019년 1월에 신축된 28층 건물로 객실 위치에 따라 리버 뷰와 오션 뷰로 나뉜다. 하이 플로워 High Floor에 해당하는 13층부터는 43인치 LCD TV를 비롯해 업그레이드된 시설과 전망을 누릴 수 있다. 강변의 주요 레스토랑과 가깝고 시내 관광하기도 편리하다.

지도 P.063-B2 **주소** 50 Bạch Đằng **전화** 0236-3874-000 **홈페이지** www.hiltondanang.hilton.com **요금** 트윈 룸 리버 뷰(36㎡) US$159~179, 하이어 플로워 오션 뷰(36㎡) US$180~210, 스위트 오션 뷰(60㎡) US$225~255 **객실** 223실 **조식** 포함 **부대시설&서비스** 공항 셔틀(유료), 투어 예약, 야외 수영장, 피트니스, 스카이라운지 **가는 방법** 박당 거리 50번지에 있다.

04 브릴리언트 호텔
Brilliant Hotel ★★★★

한 강을 끼고 있는 박당 거리에 위치한 고급 호텔. 모든 시설이 산뜻하다. 객실에는 카펫이 깔려 있고, 욕실 바닥은 대리석이 깔려 있다. 대부분의 객실이 강변 전망을 갖고 있는데, 높은 층일수록 시야가 트여 전망이 좋다. 루프톱에 운영하고 있는 라운지 바에서는 강과 다낭 시내가 시원하게 내려다보인다. 호텔 규모에 비해 수영장과 피트니스는 작다. 시내 중심가라 주요 볼거리로 이동하기 편리하다.

지도 P.065-B3 **주소** 162 Bạch Đằng **전화** 0236-3222-999 **홈페이지** www.brilliant hotel.vn **요금** 슈피리어 US$82, 디럭스 리버 뷰 US$92, 주니어 스위트 US$124 **객실** 102실 **조식** 포함 **부대시설&서비스** 공항 셔틀(유료), 실내 수영장, 피트니스, 스파, 스카이라운지 **가는 방법** 박당거리 162번지에 있다.

05 베이 캐피털 호텔

Bay Capital Da Nang Hotel ★★★★☆

다낭 시내에 있는 5성급 호텔이다. 대리석으로 치장한 로비부터 현대적인 느낌을 준다. 디럭스 룸으로 꾸민 객실은 타일과 카펫을 깔았고 욕실은 욕조까지 갖추고 있다. 객실은 36㎡ 크기로 넓다. 통창을 통해 도심 풍경이 보이는 시티 뷰가 좋다. 냉장고(미니 바)에 들어 있는 음료와 맥주가 무료인 것도 매력이다. 4층에 있는 수영장은 식당 옆이라 불편할 수 있다. 시내 중심가에 있지만 관공서(다낭 시청)와 가까워 시끄럽지 않다.

지도 P.064-B1 **주소** 17 Quang Trung **전화** 0236-7307-999 **홈페이지** www.baycapitaldanang.com **요금** 디럭스(36㎡) US$110~135 **객실** 284실 **조식** 포함 **부대시설&서비스** 공항 셔틀(유료), 수영장, 피트니스, 사우나, 스파 **가는 방법** 꽝쭝 거리 17번지에 있다.

06 반다 호텔

Vanda Hotel ★★★★

참 박물관과 롱교(용 다리)와 가까운 곳에 위치한 4성급 호텔. 전체적으로 깨끗하고 모던한 시설을 자랑한다. 객실은 나무 바닥으로 산뜻하며, 개인 욕실엔 샤워 부스가 설치돼 있다. 기본적인 객실 시설도 잘 갖춰져 있다. 19층 건물로 주변에 높은 건물이 시야를 가리지 않아 객실에서 보는 전망이 좋다. 공항에서 택시로 5분 정도 거리라 접근성도 좋다. 시내를 관광하기에도 위치가 좋아 한국인 관광객이 많이 이용하는 호텔 중 하나다.

지도 P.064-B4 **주소** 3 Nguyễn Văn Linh **전화** 0236-3525-967 **홈페이지** www.vandahotel.vn **요금** 슈피리어(28㎡) US$74, 디럭스(32㎡) US$86 **객실** 114실 **조식** 포함 **부대시설&서비스** 공항 셔틀(유료), 실내 수영장, 스파 **가는 방법** 응우옌반린 거리 3번지에 있다. 참 박물관에서 150m, 롱교(용 다리)에서는 250m.

07 윙크 호텔 다낭 센터

Wink Hotel Danang Centre ★★★★

시내 중심가에 있는 3성급 호텔이다. 신축한 호텔이라 시설이 깨끗하고 관광하기도 편리한 위치다. 객실은 침대와 샤워 부스로 이루어진 심플한 구조다. 스탠더드 룸은 20㎡ 크기로 넓진 않다. 체크인 시간부터 24시간 체류할 수 있다. 강 건너편에 있는 윙크 호텔 다낭 리버사이드 Wink Hotel Danang Riverside는 루프 톱에 작지만 수영장도 갖추고 있다.

지도 P.065-A4 **주소** 178 Trần Phú **전화** 0236-3831-999 **홈페이지** www.wink-hotels.com **요금** 스탠더드(20㎡) US$55, 프리미어 리버 뷰(20㎡) US$65 **객실** 224개 **조식** 포함 **부대시설&서비스** 공항 셔틀(유료), 피트니스 **가는 방법** 쩐푸 거리 178번지에 있다. 다낭 성당에서 200m 떨어져 있다.

08 그랜드 머큐어 다낭
Grand Mercure Danang ★★★★

프랑스 호텔 그룹 아코르에서 운영하는 현대적인 시설의 호텔. 22층 건물로, 한 강 안쪽에 있는 작은 섬에 있다. 해변과 시내 중심가에서 벗어나 있어 위치는 애매하다. 주변에 고층 빌딩이 없어 전망은 좋다.

지도 P.061-B4 **주소** Lot A1 Zone, Green Island **전화** 0236-3797-777 **홈페이지** www.grandmercure.com **요금** 슈피리어 더블(26㎡) US$125 **객실** 272실 **조식** 불포함 **부대시설&서비스** 야외 수영장, 피트니스, 스파, 테니스 코트 **가는 방법** 다낭 시내 남쪽의 쩐티리교 Tran ThiLy Bridge(Cầu Trần Thị Lý) 옆 그린 아일랜드에 위치.

09 사티야 호텔
Satya Hotel ★★★★

가성비 좋은 4성급 호텔이다. 다낭 성당 맞은편에 있어 관광하기 매우 편리한 위치다. 수영장은 규모가 작은 편이라 여유롭게 즐기기는 어려울 수 있다. 한국 관광객이 많이 묵는 곳으로 직원들이 친절하다.

지도 P.065-B3 **주소** 155 Trần Phú **전화** 0236-3588-999 **홈페이지** www.satyadanang.com **요금** 디럭스 더블(27㎡) US$58~65, 프리미어 더블(30㎡) US$70~75 **조식** 포함 **부대시설&서비스** 공항 셔틀(유료), 투어 예약, 수영장, 피트니스 **가는 방법** 다낭 성당 맞은편의 쩐푸 거리 155번지에 있다.

10 코지 다낭 부티크 호텔
Cozy Danang Boutique Hotel ★★★★☆

가성비 좋은 부티크 호텔이다. 다낭 시내에 있지만 골목 안쪽에 있어 조용한 편. 폭이 좁고 높은 건물이라 높은 층의 객실일수록 전망도 좋고 채광도 좋다. 아침 식사가 포함되며, 9층 루프 톱에 수영장도 있다.

지도 P.064-B4 **주소** 37 Cô Giang **전화** 0236-3658-666 **홈페이지** www.cozydananghotel.com **요금** 디럭스(35㎡) US$65, 디럭스 리버 뷰(40㎡) US$80 **객실** 38실 **조식** 포함 **부대시설&서비스** 공항 셔틀(유료), 수영장 **가는 방법** 꼬장(꼬양) 거리 37번지에 있다. 롱교(용 다리)에서 400m, 다낭 성당에서 800m 떨어져 있다.

11 사누바 호텔
Sanouva Hotel ★★★★

시내 중심가에 위치한 3성급 호텔. 현대적인 시설에 부티크 호텔 느낌을 가미해 인테리어를 꾸몄다. 객실은 나무 바닥으로 아늑한 느낌을 주고, 동급 호텔에 비해 넓은 편이다. 욕실과 객실이 통유리로 되어 있다. 높은 층일수록 전망이 좋아진다.

지도 P.064-B3 **주소** 68 Phan Chu Trin(Phan Châu Trinh) **전화** 0236-3823-468 **홈페이지** www.sanouvahotel.com **요금** 디럭스(32㎡) US$52~68, 시니어 디럭스 US$65~80, 시그니처 US$85~120 **객실** 77실 **조식** 포함 **부대시설&서비스** 공항 셔틀(유료)투어 예약, 피트니스, 마사지 **가는 방법** 판쭈찐(판쩌우찐) 거리 68번지에 위치해 있다.

미케 해변·안트엉 거리

01 프리미어 빌리지 다낭 리조트 매니지드 바이 아코르(프리미어 빌리지)
Premier Village Danang Resort Managed by Accor ★★★★★

호텔이라기보다 '빌리지'라는 말이 더 어울릴 정도로 독립 풀빌라가 해변가에 여유롭게 배치된 럭셔리 리조트. 가족 단위 여행객에게 인기 있다. 개별 수영장이 딸린 화이트 톤의 별채 빌라는 해변 풍경과 어울려 부유한 전원주택 느낌을 준다. 해변과 접한 야외 수영장도 리조트와 걸맞은 규모로 시원스럽게 만들었다. 리조트 부지가 넓어서 단지 내부를 돌아다니기 편리하도록 자전거를 무료로 대여해 준다. 리셉션에 버기카를 요청해 이동해도 된다. 근처에 롯데 마트가 있어 장 보러 가기도 좋다.

빌라는 가든 뷰와 오션 뷰로 구분된다. 제대로 된 해변 전망을 원한다면 비치 프런트 Beach Front 빌라를 선택하자. 빌라는 복층 구조에 거실과 주방 시설을 갖췄다. 전자레인지까지 구비되어 있어 원하는 음식을 직접 조리해 먹을 수도 있다. 4개의 객실이 있는데, 예약한 조건에 따라 사용할 수 있는 방을 열어준다. 리조트 내 아이들이 이용할 수 있는 놀이터와 키즈 룸 등의 시설이 잘 갖춰져 있고, 해변에는 모래 놀이를 할 수 있도록 도구들도 준비돼 있어 어린 아이를 둔 가족들이 이용하기에 좋다.

지도 P.068-B3 **주소** 99 Võ Nguyên Giáp **전화** 0236-3919-999 **홈페이지** www.premier-village-danang.com **요금** 투 베드룸 빌라 가든 뷰(4인실) US$390~445, 투 베드룸 빌라 오션 뷰(4인실) US$450~516, 스리 베드룸 빌라 오션 뷰(6인실) US$490~580 **객실** 111채 **조식** 불포함 **부대시설&서비스** 자전거 대여, 공항 셔틀(무료), 투어 예약, 야외 수영장, 전용 해변, 키즈 클럽, 피트니스, 스파, 편의점, 도서관 **가는 방법** 다낭 시내에서 8㎞ 떨어진 박미안 해변 Bac My An Beach(Bãi Biển Bắc Mỹ An)에 보응우옌잡 거리와 호쑤언흐엉 거리 Hồ Xuân Hương가 만나는 곳에 입구가 있다. 풀만 다낭 비치 리조트 옆. 롯데 마트는 차로 7분 정도 걸린다.

1 프리미어 빌리지 전경 **2** 빌라 가든 뷰 Villa Garden View

알아두세요

【 리조트를 알차게 이용하는 팁 】

❶ **생일을 특별하게 기념하기** 리조트 내 레스토랑 Lemongrass Restaurant나 Ca Chuon Co Seafood Restaurant에서 식사할 때 생일 케이크를 무료로 제공한다. 하루 전에 컨시어지에 예약해야 한다.

❷ **비치 클럽의 해피 아워** 풀 바 pool bar가 있는 Nautica Beach Club에서는 매일 17:00~19:00에 음료 1잔을 주문하면 1잔이 공짜(병음료 제외)다.

❸ **해양스포츠로 기분 내기** 워터 스키, 바나나 보트, 패러세일링, 스노클링, 스쿠버다이빙 등 다양한 해양 액티비티 프로그램을 신청할 수 있다. 시간과 요금은 호텔 컨시어지나 Nautica Beach Club에 문의해서 예약하면 된다.

❹ **진정한 힐링을 위한 요가 클래스** 피트니스 센터에서는 월·수·금요일 08:00~09:00 1시간 동안 베이직 요가 클래스를 무료로 진행한다.

02 인터콘티넨탈 다낭 선 페닌슐라 리조트(인터콘티넨탈 리조트)
Intercontinental Danang Sun Peninsula Resort ★★★★★

37헥타르(약 11만 2,000평) 규모의 산과 바다가 어우러진 자연 경관을 활용해 만든 럭셔리 리조트. 객실 주변은 숲이고, 앞으로 해변과 바다가 펼쳐진다. 경사진 산비탈에 층을 이루도록 설계되어 전망이 좋다. 리셉션에서 객실과 해변을 연결하는 트램으로 이동할 수 있다. 리조트 내부를 돌아다닐 때는 리셉션에 버기카를 요청해 이동하면 편리하다. 산책로를 따라 걸어 다녀도 된다. 도시에서 멀리 떨어진 썬짜 반도 Sơn Trà Peninsula에 위치해 교통은 불편하다. 다낭 시내까지 차로 30분 정도 걸린다. 관광보다는 빈둥대기 좋은 숙소다. 야외 수영장은 두 개며, 야자수 숲 속의 수영장(리조트 가든 풀 Resort Garden Pool)과 전망이 좋은 메인 수영장(롱 풀 Long Pool)으로 구분된다. 물론 전용 해변도 있어서 해변 휴양지로서 손색이 없다.

넓은 객실과 발코니가 기본인 객실은 트렌디한 디자인으로 호화롭게 꾸몄다. 객실과 테라스가 나무 바닥으로 고급스럽고, 창문 옆으로 욕조도 배치해 두었다. 테라스 룸은 전망이 더 좋아 날씨에 따라 전혀 다른 풍경을 감상할 수 있다. 객실은 클래식 Classic, 썬짜 Son Tra, 클럽 Club, 클럽 펜트하우스 Club Penthouse로 구분했다. 바닷가 쪽으로 있는 시사이드 빌라 Seaside Villa와 레지던스 빌라 Residence Villa는 투 베드룸에 개인 수영장을 갖춘 풀빌라다. 시 사이드 빌라는 바다와 접해 개인 수영장에서도 바다 풍경을 즐길 수 있다. 주방 시설을 갖춘 레지던스 빌라는 해변으로 접근성이 좋다.

지도 P.062-B1 **주소** Bãi Bắc, Sơn Trà Peninsula, Đà Nẵng **전화** 0236-3938-888 **홈페이지** www.danang.intercontinental.com **요금** 클래식 오션 뷰(70㎡) US$445, 테라스 스위트 오션 뷰(80㎡) US$530 **객실** 197실 **조식** 불포함 **부대시설&서비스** 트램, 공항 셔틀(유료), 투어 예약, 야외 수영장, 전용 해변, 키즈 클럽, 피트니스, 스파, 테니스 코트 **가는 방법** 남중국해와 접해 있는 썬짜 반도 북쪽에 있다. 다낭시내에서 13㎞, 다낭 공항에서 20㎞ 떨어져 있다. 린응 사원은 차로 15분 정도 걸린다.

알아두세요

【 리조트에서 즐기는 특별한 액티비티 】

- 선짜 반도 트레킹 트립
- 바스켓 보트 레슨
- 랜턴 만들기 클래스 (유료, 2인 이상)
- 베트남 전통 모자 만들기 클래스(유료, 2인 이상)

1 인터콘티넨탈 리조트 전경 2 Terrace Suite 3 Sun Peninsula Residence Villa

03 풀만 다낭 비치 리조트
Pullman Danang Beach Resort ★★★★★

전 세계 호텔 체인을 구축한 풀만 호텔 & 리조트에서 운영하는 리조트. 라이프스타일 리조트 Lifestyle Resort였지만, 프랑스 호텔 그룹 아코르 Accor에서 인수하면서 이름을 바꿨다. 럭셔리 리조트다운 부대시설과 객실을 갖추고 있다. 호텔 로비에 들어서면 수영장까지 이어지며 잘 가꿔진 리조트 조경이 시선을 붙잡는다. 객실은 나무 바닥이며 침구는 푹신해 포근한 느낌이다. 객실마다 발코니가 딸려 있어 여유로운 분위기를 돋우고, 욕실엔 샤워 부스와 욕조가 있어 편리하다. 슈피리어와 디럭스의 큰 차이는 없지만, 높은 층의 객실을 디럭스 룸으로 구분하고 있다. 독립 빌라 형태인 코티지 Cottage가 시설이 가장 좋다.

지도 P.068-B3 **주소** Đường Võ Nguyên Giáp, Khuê Mỹ, Đà Nẵng **전화** 0236-3958-888 **홈페이지** www.pullman-danang.com **요금** 슈피리어(42㎡) US$244~305, 디럭스(47㎡) US$256~320, 원 베드룸 코티지(130㎡) US$372~465 **객실** 187실 **조식** 불포함 **부대시설&서비스** 호이안 셔틀(유료), 공항셔틀(유료), 투어 예약, 야외 수영장, 전용 해변, 키즈 클럽, 피트니스, 스파, 테니스 코트 **가는 방법** 박미안 해변 Bac My An Beach(Bãi Biển Bắc Mỹ An)에 위치. 프리미어 빌리지 Premier Village와 푸라마 리조트 Furama Resort 사이에 있다. 다낭 공항은 택시로 15분 정도 걸리며, 호이안은 23㎞ 떨어져 있다. 롯데마트까지는 차로 10분 정도 걸린다.

알아두세요

【 리조트에서 즐기는 특별한 무료 액티비티 】

- 에어로빅 클래스 06:00~06:30
- 수영 레슨 10:00~11:00
- 서핑 06:00~18:00
- 스탠드업 패들 보드 06:00~18:00
- 오션 카약 06:00~18:00
- 바디 보드 06:00~18:00

1 호텔 메인 야외 수영장 **2** 리조트 메인 빌딩 **3** 호텔 분위기를 살리는 인피니티 풀 **4** 메인 수영장 **5** 리조트 전용 해변

04 TIA 웰니스 리조트
TIA Wellness Resort ★★★★★

다낭 인근 해변에 만든 5성급 리조트. 모든 객실은 개인 수영장이 딸린 풀빌라다. 풀빌라, 스파 빌라(투 베드룸) Spa Villa, 디럭스 비치 빌라(스리 베드룸) Deluxe Beach Villa로 구성된다. 부티크 리조트답게 객실은 미니멀하게 디자인했다. 타일이 깔린 화이트 톤의 객실은 목재 침대가 놓여 있다. 빌라와 메인 풀, 모래 해변으로 이루어진 리조트는 잔디 정원과 대나무, 야자수로 차분한 분위기를 유지하도록 했다. 해변 쪽으로 메인 수영장이 있고, 전용 해변이 나온다. 조식은 시간 제한 없이 원하는 시간에 주문할 수 있고, 뷔페로도 준비되어 있다. 휴양에 중점을 둔 곳이라 무료로 받을 수 있는 스파가 객실 요금에 포함된다.

지도 P.062-A2 **주소** Đường Võ Nguyên Giáp, Khuê Mỹ, Đà Nẵng **전화** 0236-3967-999 **홈페이지** www.tiawellnessresort.com **요금** 풀빌라(106㎡) US$590 **객실** 86채 **조식** 포함 **부대시설&서비스** 호이안 셔틀(무료), 공항 셔틀(유료), 투어 예약, 야외 수영장, 전용 해변, 키즈 클럽, 피트니스, 스파, 영화관 **가는 방법** 다낭 시내에서 남쪽으로 9㎞ 떨어진 박미안 해변 Bac My An Beach(Bãi Biển Bắc Mỹ An)에 있다. 크라운 플라자 다낭(리조트) Crown Plaza Danang이 인접해 있다. 다낭 시내에서 차로 10분, 다낭 공항에서 차로 15분 정도 걸린다.

알아두세요

【 TIA 웰니스 리조트 투숙객 혜택 】

- 무료 스파 이용권
  객실 요금에는 스파 이용료가 포함된다. 스파 운영 시간은 10:00~22:00, 마지막 날은 체크아웃(12:00) 이전에 스파를 받아야 한다. 미리 예약하는 것이 좋다.
- 무료 클래스 요가 클래스와 태극권 클래스도 무료로 이용할 수 있다.
- 호이안 무료 셔틀버스
  호이안행 셔틀 버스는 1일 3회 운행된다. 운행 시간은 호텔 컨시어지에 문의하면 된다.

1 TIA 웰니스 리조트 메인 풀 **2** 개인 수영장이 딸린 풀빌라 **3** TIA 웰니스 리조트 **4** 스파 빌라 베드룸

05 알라카르트 호텔
A La Carte Hotel ★★★★☆

미케 해변에 자리한 대형 레지던스 호텔. 퓨전 스위트 다낭 비치와 같은 계열의 호텔이다. 길 하나만 건너면 해변이기 때문에 객실에서 해변 풍경이 시원하게 펼쳐진다. 침실과 거실, 주방 구분이 없는 라이트 스튜디오 Light Studio, 침실과 거실이 구분된 딜라이트 오션 뷰 Delight Ocean View 룸이 넓다. 딜라이트 오션 뷰 투 베드룸은 4인실로 이용된다. 오션 뷰 룸은 발코니가 있다. 주방 시설은 있지만 조리 도구나 식기는 별도로 대여해야 해서 실제로 요리하기는 어렵다. 23층의 야외 수영장과 루프톱 바(스카이 라운지)에서 보는 풍경이 일품이다. 수영장은 작은 편이다. 다른 해변 리조트에 비해 시내로 접근성이 좋다.

지도 P.067-B1 **주소** 200 Võ Nguyên Giáp & Đình Nghệ **전화** 0236-3959-555 **홈페이지** www.alacartedanangbeach.com **요금** 라이트 스튜디오(44㎡) US$120~145, 딜라이트 오션 뷰(69㎡) US$170~190 **객실** 202실 **조식** 포함 **부대시설&서비스** 공항 셔틀(유료), 투어 예약, 야외 수영장, 피트니스, 스파 **가는 방법** 보응우옌잡 거리와 딘응에 거리가 만나는 삼거리에 있다. 다낭 시내까지 택시로 10분.

알라카르트 호텔 외관

옥상에 위치한 전망 좋은 야외 수영장

06 퓨전 스위트 다낭 비치
Fusion Suites Da Nang Beach ★★★★★

미케 해변 북쪽에 있는 레지던스 호텔. 사각형의 호텔 외관과 달리 객실 내부는 화사하다. 레지던스 호텔이라 객실마다 주방 시설을 갖췄고, 소파도 비치되어 있다. 시크 스튜디오 Chic Studio는 바다와 시내 전망이 반반 보이고, 오션 스위트 Ocean Suite는 2층 침대 방이 있어 가족 단위 관광객에게 좋다. 통유리라 채광도 좋고 전망도 훌륭하다. 조식은 원하는 시간에 객실로 가져다준다. 꼭대기 층에 젠 루프톱 라운지 Zen Rooftop Lounge를 운영한다. 수영장은 길 건너 해변에 있다. 해변 중심가에서 떨어져 있어 교통은 불편하다.

지도 P.066-B1 **주소** Đường Võ Nguyên Giáp, Sơn Trà, Đà Nẵng **전화** 0236-3919-777 **홈페이지** www.danang.fusion-suites.com **요금** 시크 스튜디오(37㎡) US$175, 오션스위트(61㎡) US$220 **객실** 129실 **조식** 포함 **부대시설&서비스** 호이안 셔틀(유료), 바나 힐 셔틀(유료), 공항 셔틀(유료), 투어 예약, 야외 수영장, 피트니스, 스파, 발 마사지(1회 무료), 요가 클래스(1회 무료) **가는 방법** 미케 해변 북쪽 바닷가에 위치. 다낭 쏭한교를 지나 팜반동 거리 Phạm Văn Đồng를 따라 동쪽끝까지 가면 미케 해변이 나온다. 팜반동 거리와 해변이 만나는 삼거리에 북쪽(린응 사원 방향)으로 1.5㎞ 더 올라간다.

오션 스위트 Ocean Suite

야외 수영장

07 그랜드 투란 호텔
Grand Tourane Hotel ★★★★

해변을 끼고 있는 5성급 호텔. 한국 단체 관광객이 많이 묵는 호텔 중 한 곳이다. 21층 건물로 객실에서 주변 풍경이 시원스럽게 펼쳐진다. 시티 뷰는 다낭 시내가 보이고, 오션 뷰는 미케 해변이 보인다. 주변 호텔에 비해 야외 수영장이 넓은 편이다. 참고로 투란은 프랑스령 인도차이나 시절 사용했던 다낭의 옛 지명이다.

지도 P.067-B4 **주소** 252 Võ Nguyên Giáp **전화** 0236-3778-888, 0236-3778-5555 **홈페이지** www.grandtouranehotel.com **요금** 슈피리어 오션 뷰 US$126~140, 디럭스 오션 뷰 US$160~190 **객실** 189실 **조식** 포함 **부대시설&서비스** 공항 셔틀(유료), 투어 예약, 야외 수영장, 피트니스, 스파, 테니스장 **가는 방법** 보응우옌잡 거리 252번지에 위치. 미케 해변 중간의 해변 도로에 있다.

08 므엉탄 럭셔리 다낭 호텔
Mường Thanh Luxury Da Nang Hotel ★★★☆

베트남 대표 호텔인 므엉탄에서 운영한다. 2017년 5월에 오픈한 4성급 호텔이다. 객실에서 바다가 보이고, 길 하나만 건너면 해변이 나오기 때문에 편리하다. 583개 객실을 보유한 대형 호텔로 섬세한 서비스를 기대하긴 힘들다. 한국·중국 단체 관광객이 많이 묵는다. 야외 수영장은 6층, 스카이라운지는 40층에 있다. 다낭 시내에 있는 므엉탄 그랜드 다낭 호텔 Mường Thanh Grand Da Nang Hotel과 혼동하지 말 것.

지도 P.069-B1 **주소** 270 Võ Nguyên Giáp **전화** 0236-3956-789 **홈페이지** www.muongthanh.com/luxurydanang **요금** 디럭스 시티 뷰 US$108~125, 디럭스 오션 뷰 US$118~135 **객실** 583실 **조식** 포함 **부대시설&서비스** 야외 수영장, 피트니스, 스파 **가는 방법** 해변을 끼고 있는 보응우옌잡 거리 270번지에 있다.

09 아바타 호텔
Avatar Hotel ★★★★

미케 해변과 가까운 안트엉 거리에 위치한 4성급 호텔이다. 18층 건물로 주변에 대형 호텔이 많지 않아 쉽게 눈에 띈다. 객실은 나무 바닥이라 깔끔하며 창문이 통유리로 되어 있어 탁 트인 느낌을 준다. 높은 층 객실이 전망이 좋다. 직원들이 친절하다. 3층 수영장은 아담하며, 해변까지는 도보로 5분 정도 걸린다.

지도 P.069-A2 **주소** Lô 120, An Thượng 2 **전화** 0236-3939-888 **홈페이지** www.avatardanang.com **요금** 슈피리어 더블(28㎡) US$70, 디럭스 더블 US$82 **객실** 108실 **조식** 포함 **부대시설&서비스** 공항 셔틀(유료), 투어 예약, 실내 수영장, 피트니스, 스파, 스카이라운지 **가는 방법** 홀리데이 비치 호텔 뒤쪽 호앙께비엠 Hoàng Kế Viêm & 안트엉 2 삼거리 코너에 있다.

10 포 포인트 바이 쉐라톤

Four Points by Sheraton ★★★★☆

미케 해변 북쪽에 있는 5성급 호텔로 쉐라톤에서 운영한다. 36층짜리 대형 호텔로 도시적인 느낌과 현대적인 시설로 꾸몄다. 낮은 층은 슈피리어, 중간층은 디럭스, 높은 층은 파노라믹으로 구분된다. 바다가 시원스럽게 보이는 오션 뷰 객실의 전망이 훌륭하다. 36층에는 야외 수영장과 루프톱 바가 있다.

지도 P.066-B1 **주소** 118~120 Võ Nguyên Giáp **전화** 0236-3997-979 **홈페이지** www.fourpointsdanang.com.vn **요금** 슈피리어(32㎡) US$122~140, 디럭스(32㎡) US$138~155, 파노라믹(32㎡) US$148~160 **객실** 390실 **조식** 포함 **부대시설&서비스** 공항 셔틀(유료), 투어 예약, 야외 수영장, 피트니스, 스파, 스카이라운지 **가는 방법** 미케 해변 북쪽의 보응우웬잡 거리 118번지에 있다. 다낭 공항에서 8㎞.

11 래디슨 호텔

Radisson Hotel ★★★★

미케 해변 도로에 신축한 5성급 호텔이다. 국제적인 호텔 체인인 래디슨 호텔에서 운영한다. 28㎡ 크기의 디럭스 룸을 기본으로 한다. 객실은 타일과 카펫이 깔린 평범한 구조로 위치에 따라 시티 뷰와 시 뷰로 나뉜다. 수영장, 피트니스, 조식 뷔페 레스토랑, 루프톱 바, 스파까지 호텔 부대시설도 잘 갖추고 있다. 21층 수영장에서 바다가 시원스럽게 내려다보인다. 모두 182개 객실을 운영한다.

지도 P.066-B2 **주소** 170 Võ Nguyên Giáp **전화** 0236-3898-666 **홈페이지** www.radissonhotels.com **요금** 디럭스(28㎡) US$96, 디럭스 시뷰(28㎡) US$125 **객실** 182개 **조식** 포함 **부대시설&서비스** 공항 셔틀(유료), 수영장, 피트니스, 스파 **가는 방법** 미케 해변 북쪽의 보응우옌잡 거리 170번지에 있다.

12 벨 메종 파로산드 다낭

Belle Maison Parosand Danang ★★★★☆

해변 도로를 끼고 있는 4성급 호텔로 가성비가 좋다. 신축한 호텔답게 현대적인 시설로 모던하게 꾸몄다. 일반 객실은 디럭스 룸으로 칭하지만 24㎡ 크기로 평범하다. 객실 위치에 따라 바다가 보이기도 하지만, 옆 건물이 보일 수 있다. 패밀리 룸은 더블 침대와 2층 침대가 각각 놓여 있고, 레지던스는 객실에 주방 시설까지 갖춰져 있다.

지도 P.067-B2 **주소** 216 Võ Nguyên Giáp **전화** 0236-3928-688 **홈페이지** www.bellemaisonparosand.com **요금** 디럭스(24㎡) US$65~79, 디럭스 시뷰(24㎡) US$77~94, 패밀리 시 뷰(32㎡) US$92~112, 레지던스 시 뷰(38㎡) US$134~165 **객실** 138실 **조식** 포함 **부대시설&서비스** 야외 수영장, 피트니스, 스파, 스카이라운지 **가는 방법** 해변 도로인 보응우옌잡거리 216번지에 있다.

논느억 해변

01 다낭 메리어트 리조트 & 스파
Danang Marriott Resort & Spa ★★★★☆

해변과 접하고 있는 대형 리조트로 호텔 건물이 정원과 수영장을 감싸고 있는 구조다. 객실은 위치에 따라 가든 뷰 Garden View, 풀 뷰 Pool View, 오션 뷰 Ocean View로 구분된다. 객실은 나무 바닥이며, 욕실은 샤워 부스와 욕조가 분리되어 있다. 1층에 위치한 풀 뷰는 테라스가 딸려 있으며, 오션 뷰는 바다를 조망할 수 있는 높은 층이 좋다. 대형 호텔과 커다란 수영장을 선호하는 사람에게 어울린다.

지도 P.062-A2 **주소** Đường Trường Sa, Quận Ngũ Hành Sơn, Đà Nẵng **전화** 0236-3968-888 **홈페이지** www.marriott.com **요금** 디럭스 가든(54㎡) US$245, 디럭스 오션 US$285, 투 베드 룸 빌라(4인실) US$410 **객실** 200실 **조식** 포함 **부대시설&서비스** 호이안 셔틀(유료), 공항 셔틀(유료), 투어 예약, 야외 수영장, 전용 해변, 피트니스, 스파, 키즈 클럽, 해양 스포츠 프로그램 **가는 방법** 다낭에서 남쪽으로 12㎞, 응우한썬 매표소에서 600m.

다낭 메리어트 리조트 & 스파

리조트 메인 빌딩

02 신라 모노그램
Shilla Monogram Quangnam Danang ★★★★★

신라 호텔에서 운영하는 5성급 리조트. 다낭 시내에서 멀찌감치 떨어진 한적한 해변에 만든 대형 리조트로 호텔, 레지던스, 빌라로 구분되어 있다. 2020년에 오픈했으며, 월드 럭셔리 어워즈 World Luxury Awards를 수상했다. 호텔 객실은 36㎡ 크기로 낮은 층엔 슈피리어 룸, 높은 층엔 디럭스 룸이 위치한다. 야자수가 가득한 야외 수영장은 열대 휴양지의 느낌을 충분히 느낄 수 있다.

지도 P.062-A3 **주소** Lạc Long Quân, Quảng Nam **전화** 0235-6250-088 **홈페이지** www.shillamonogram.com **요금** 슈피리어 오션 뷰(36㎡) US$185, 디럭스 오션 뷰(36㎡) US$225 객실 309실 **조식** 포함 **부대시설&서비스** 수영장, 사우나, 피트니스, 라운지, 비즈니스 센터 **가는 방법** 응우한썬(마블 마운틴)에서 남쪽으로 6.5㎞ 떨어진 해변 도로에 있다. 다낭 시내(한 시장)까지 16 ㎞, 다낭 공항까지 18㎞ 떨어져 있다.

Shilla Monogram Quangnam Danang

신라 모노그램 수영장

03 쉐라톤 그랜드 다낭 리조트
Sheraton Grand Danang Resort ★★★★★

2018년에 오픈한 리조트로 글로벌 호텔 그룹 쉐라톤에서 운영한다. 5성급 리조트답게 전용 해변과 접한 약 2만 1,000평의 넓은 부지에 커다란 야외 수영장까지 갖췄다. 다낭에 있는 리조트 중에서도 가장 긴 250m 길이의 인피티니 풀이 매력이다. 아이들을 위한 수영장도 별도로 마련되어 있다. 6층짜리 건물 두 동이 들어서 있는데, 객실 위치에 따라 주변 풍경과 썬짜 반도가 보이는 베이 뷰 객실, 수영장이 보이는 풀 뷰 객실, 바다가 보이는 시 뷰 객실로 나뉜다. 객실은 모던 클래식 분위기로 고급스럽게 꾸몄으며, 발코니가 딸려 있다. 신축한 건물답게 깨끗하고 시설도 좋다. 1층 객실은 개인 수영장이 딸린 디럭스 플런지 풀이 있고, 수영장을 기준으로 오른쪽에는 복층 빌라 형태의 스위트룸이 있다. 다낭 시내에서는 멀리 떨어져 있어서 관광보다 휴양에 적합한 리조트다.

지도 P.062-A3 **주소** 35 Trường Sa **전화** 0236-3988-999 **홈페이지** www.sheratongranddanang.com **요금** 디럭스 풀 뷰(47㎡) US$194~280, 디럭스 시 뷰(47㎡) US$211~300, 디럭스 플런지 풀(69㎡) US$260~380 **객실** 258실 **조식** 포함 **부대시설&서비스** 공항 셔틀(유료), 투어 예약, 야외 수영장, 전용 해변, 키즈 클럽, 피트니스, 스파, 티 라운지 **가는 방법** 다낭 시내에서 13㎞, 호이안에서 16㎞로 떨어진 논느억 해변에 있다. 다낭 시내에서 택시로 20~30분 걸린다. 택시 요금은 14만~18만 VND 정도 나온다.

1 쉐라톤 그랜드 다낭 리조트 **2** 비치 클럽 & 바 La Plage **3** 디럭스 시 뷰 **4** 해변에 다양한 부대시설을 운영한다 **5** 가든 스위트

04 나만 리트리트
Naman Retreat ★★★★★

도심과 떨어져 휴양과 휴식에 적합한 리조트다. 현대적인 디자인과 대나무를 이용한 조경까지 세심하게 신경 쓴 흔적이 곳곳에서 느껴진다. 리조트 중앙에는 해변을 향해 만든 인피니티 풀이 시원스럽게 펼쳐진다. 일반 객실인 바빌론 룸 Babylon Room은 테라스가 딸려 있으며, 미니멀한 디자인으로 모던한 느낌을 준다. 전용 수영장이 딸린 풀빌라는 욕조가 수영장 쪽으로 배치돼 로맨틱하고, 돌과 대나무로 담을 쌓아 독립성을 보장했다.

지도 P.062-A3 **주소** Đường Trường Sa **전화** 0236-3959-888 **홈페이지** www.namanretreat.com **요금** 바빌론 룸(45㎡) US$310~350, 원 베드룸 풀빌라(2인, 100㎡) US$470~520, 투 베드룸 풀빌라(4인, 150㎡) US$710~800 **객실** 200실 **조식** 포함 **부대시설&서비스** 다낭·호이안 셔틀(무료), 공항 셔틀(유료), 투어 예약, 야외 수영장, 피트니스, 스파(무료), 키즈 클럽 **가는 방법** 응우한썬(마블 마운틴)에서 남쪽으로 5㎞ 떨어져 있다. 다낭 시내와 다낭 공항까지는 차로 약 25분, 호이안 올드 타운까지는 약 15분 소요된다.

나만 리트리트의 풀빌라

바빌론 룸 Babylon Room

05 하얏트 리젠시 다낭 리조트
Hyatt Regency Danang Resort ★★★★☆

하얏트에서 운영하는 5성급 리조트로 한국인 관광객이 즐겨 묵는다. 전용 해변을 갖춘 대형 리조트로, 객실은 일반 객실과 빌라, 레지던스로 구분되어 있다. 해변으로 이어지는 넓은 부지에 여러 동의 건물이 들어서 있다. 거대한 정원과 5개나 되는 야외 수영장이 매력이다. 객실 등급에 따라 이용할 수 있는 수영장이 달라진다. 객실은 타일과 목재 가구를 이용해 미니멀하면서도 현대적으로 디자인했다. 가족이 함께 여행할 경우 주방 시설이 갖춰진 레지던스를 이용하는 것이 더 좋다. 시내에서 멀리 떨어져 있어 관광하기 불편하다.

지도 P.062-A2 **주소** 5 Trường Sa, Ngũ Hành Sơn, Đà Nẵng **전화** 0236-3981-234 **홈페이지** www.danang.regency.hyatt.com **요금** 스탠더드(42㎡) US$227~258, 리젠시 클럽(42㎡) US$320, 스위트(84㎡) US$410, 원 베드룸 레지던스(65~82㎡)US$350, 투 베드룸(100~126㎡) US$490 **객실** 193실(호텔), 95실(레지던스), 27채(오션 빌라) **조식** 포함 **부대시설 & 서비스** 호이안 셔틀(유료), 공항 셔틀(유료), 투어 예약, 야외 수영장, 전용 해변, 피트니스, 스파, 키즈 클럽, 테니스 코트, 레저 스포츠 프로그램 **가는 방법** 다낭 시내에서 남쪽으로 12㎞ 떨어져 있다. 다낭 시내에서 차로 15~20분.

하얏트 리젠시 다낭 리조트

오션 빌라 Ocean Villa

Hotel

호이안의 호텔

호이안은 다낭에 비해 개인 여행자들이 선호하는 곳이라, 저렴한 호스텔과 미니 호텔, 홈스테이, 리조트까지 숙소 형태가 더 다양하다. 관광객이 점점 늘어서 끄어다이 해변과 안방 해변까지 숙소가 넓게 퍼져 있다. 유네스코 세계문화유산으로 지정된 올드 타운 안에는 호텔 영업을 할 수 없다.

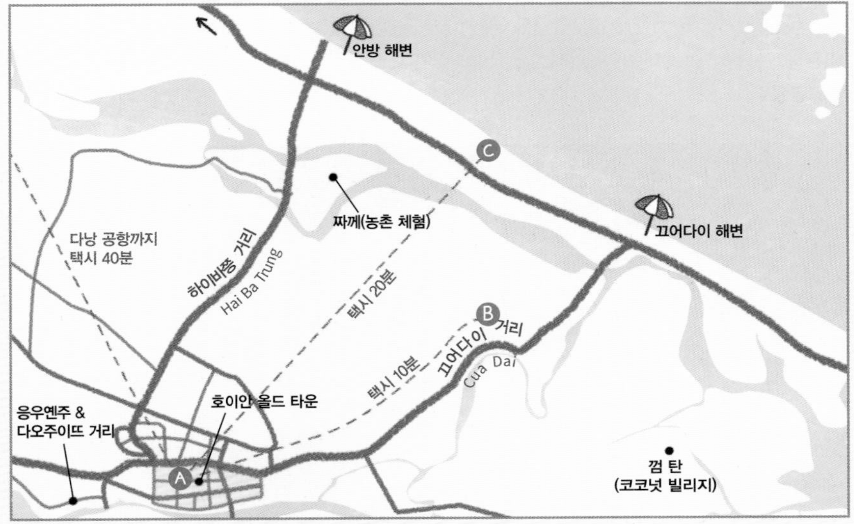

여행자 숙소 밀집 지역

A 호이안 올드 타운 Old Town(P.292)

개발이 제한된 지역이라 대형 호텔은 많지 않다. 대부분 미니 호텔로, 하이바쯩 거리와 바찌에우 거리에 저렴한 숙소가 몰려 있다. 올드 타운에서 도보로 10분 정도. 올드 타운을 살짝 벗어난 응우옌주 & 다오주이뜨 거리에 수영장을 갖춘 3~4성급 호텔도 많다.

B 끄어다이 거리 Cửa Đại(P.293)

부티크 호텔이 많고, 수영장 딸린 홈스테이도 있다. 올드 타운과 멀지만 시골과 강변, 바다 풍경을 볼 수 있다. 대부분 자전거를 무료로 빌려 준다.

C 끄어다이 해변 & 안방 해변(P.296)

Bãi Biển Cửa Đại & Bãi Biển An Bàng

끄어다이 해변에는 전용 해변을 갖춘 고급 리조트가 많다. 끄어다이 해변 다음으로 안방 해변에도 숙소가 속속 건설되고 있다.

호이안 올드 타운 주변

01 호텔 로열 호이안 엠갤러리 콜렉션
Hotel Royal Hoi An MGallery Collection ★★★★☆

노보텔 Novotel과 소피텔 Sofitel을 운영하는 프랑스의 대표 호텔 그룹인 아코르 Accor에서 운영하는 호텔. 올드 타운에서 살짝 벗어난 투본 강변에 위치해 있다. 2015년에 오픈한 호텔로 고풍스런 느낌보다는 테라스가 딸린 세련된 느낌의 콜로니얼 양식으로 건축했다. 엠갤러리 콜렉션답게 스타일리시함을 강조했다. 객실은 동일한 패턴의 타일, 색상을 강조한 가구와 소품, 흑백 사진을 소품으로 꾸민 인테리어까지 디자인에 신경 쓴 흔적이 곳곳에서 느껴진다. 객실은 그랜드 디럭스와 로열 디럭스 크기로 구분한다.

지도 P.157-A2 **주소** 39 Đào Duy Từ **전화** 0235-3950-777 **홈페이지** www.hotelroyalhoian.com **요금** 그랜드 디럭스(40㎡) US$145~165, 로열 디럭스(50㎡) US$185~225 **객실** 120실 **조식** 포함 **부대시설&서비스** 자전거 대여, 공항 셔틀(유료), 투어 예약, 야외 수영장, 피트니스, 쿠킹 클래스 **가는 방법** 내원교에서 서쪽으로 600m 떨어져 있다. 다오주이뜨 거리에 있는 리틀 레지던스 호텔 Little Residence Hotel 호텔 옆에 위치해 있다. 내원교까지는 도보로 10분.

1 호텔 로열 호이안 엠갤러리 콜렉션 건물 2 객실이 둘러싸고 있는 야외 수영장 3 디럭스 룸 Deluxe Room

02 아난타라 호이안 리조트
Anantara Hoi An Resort ★★★★★

올드 타운과 가장 가까운 럭셔리 리조트. 투본 강변의 넓은 부지에 열대 정원을 잘 가꿔 아늑하고 평화로운 분위기다. 콜로니얼 양식의 복층 건물로, 아난타라에서 인수하면서 객실 설비가 월등히 좋아졌다. 객실은 발코니 유무와 전망(가든 뷰와 리버 뷰로 구분)에 따라 등급을 매겼다. 위층 객실이 발코니가 딸려 있다. 전망이 좋은 디럭스 리버 뷰 스위트는 객실 크기가 42㎡로 큼직하다. 객실은 침대와 소파를 파티션으로 나누어 배치했다.

지도 P.159-F3 **주소** 1 Phạm Hồng Thái **전화** 0235-3914-555 **홈페이지** www.anantara.com/hoi-an **요금** 디럭스(36㎡) US$210~250, 디럭스 스위트(42㎡) US$280~345 **객실** 93실 **조식** 포함 **부대시설&서비스** 자전거 대여, 공항 셔틀(유료), 투어 예약, 야외 수영장, 스파, 쿠킹 클래스, 베트남어 클래스, 랜턴 만들기 클래스 **가는 방법** 판보이쩌우 Phan Bội Châu & 팜홍타이 거리가 만나는 코너에 위치. 호이안 시장에서 동쪽으로 600m 떨어져 있다.

아난타라 호이안 리조트 전경

정원 속 야외 수영장

03 알마니티 호이안
Almanity Hoi An ★★★★☆

고풍스러우면서도 트렌디한 느낌의 4성급 호텔. 시설이 깔끔하고 직원도 친절하다. 중앙에 야자수 가득한 정원과 야외 수영장을 배치해 여유로움을 더했다. 객실은 타일과 원목을 이용해 아늑하게 꾸몄고, 위치에 따라 전망이 다른데 수영장이 보이는 방이 분위기가 좋다. 마이 스피릿 My Spirit은 복층 구조로, 1층은 소파가 놓인 거실, 2층은 침대가 놓인 침실이다. 마이 에너지 My Energy는 수영장 방향으로 발코니가 있다. 마이 하트 My Heart는 발코니에 자쿠지 욕조가 있어 커플들에게 어울린다. 올드 타운까지 걸어갈 만하고, 주변에 호텔이나 상업시설이 적어 한적하다. 스파(1일 90분) 서비스가 포함된 예약 상품(6만 원 정도 추가)도 있다.

지도 P.157-A1 **주소** 326 Lý Thường Kiệt **전화** 0235-3666-888 **홈페이지** www.almanityhoian.com **요금** 마이 스피릿 디럭스 US$150~200, 마이 마인드 US$170~230, 마이 에너지 US$200~270 **객실** 145실 **조식** 포함 **부대시설&서비스** 공항 셔틀(유료), 해변&올드타운 무료 셔틀(1일 4회), 투어 예약, 야외 수영장, 피트니스, 스파, 키즈 클럽 **가는 방법** 올드 타운 북쪽의 리트엉끼엣 거리 326번지. 엠 호텔 Emm Hotel 맞은편에 있다. 올드 타운 내원교까지 도보로 15분.

마이 마인드 룸 My Mind

알마니티 호이안 리조트 입구

04 리버 타운 호이안 리조트
River Town Hoi An Resort ★★★★☆

2016년 5월에 오픈한 4성급 호텔. 가격 대비 시설이 좋고, 무엇보다 친절한 직원과 서비스가 인상적이다. 웰컴 드링크를 시작으로 조식까지 정성스럽다. 객실은 타일 바닥에 발코니도 있으며, 에어컨에 선풍기(실링 팬)도 있다. 객실 위치에 따라 수영장이나 투본 강이 보이는데, 높은 층의 전망이 좋다. 올드 타운에서 적당히 떨어져 있어 조용하다. 2박 이상 예약 시 점심 또는 저녁 식사와 자전거 투어를 무료로 제공하는 프로모션을 진행 중이다.

지도 P.157-A2 **주소** 47 Thoại Ngọc Hầu **전화** 0235-3924-924 **홈페이지** www.rivertownhoian.com **요금** 디럭스 리버뷰 US$86~95, 그랜드 디럭스 US$105, 트리플(3인실) US$140 **객실** 77실 **조식** 포함 **부대시설&서비스** 자전거 대여, 공항 셔틀(유료), 해변 무료 셔틀, 투어 예약, 수영장(2곳), 피트니스 **가는 방법** 올드 타운 남쪽 안호이 섬 가장자리에 위치. 토아이 응옥 허우 거리 또는 응우옌주 Nguyễn Du 거리를 따라 내원교까지 900m 떨어져 있다. 올드 타운까지 도보 10~15분.

리버 타운 호이안 리조트 외관

디럭스 룸 Deluxe Room

05 라 시에스타 리조트
La Siesta Resort ★★★★☆

에센스 호텔이던 곳이 간판을 바꾸어 달았다. 나무랄 데 없는 시설과 서비스를 갖춘 4성급 인기 리조트. 직원들도 친절해 인기 있다. 객실은 타일 바닥이며, 침구와 가구가 정갈하다. 스탠더드 룸은 넓지 않지만, 디럭스 룸은 발코니가 딸려 있고 한결 여유롭다. 야외 수영장이 크고 부대시설도 다양해 호텔에서 한가하게 지낼 수 있다. 호텔 주변으로 논과 전원 풍경이 펼쳐진다. 야외 수영장은 규모가 작고, 수심이 깊은 편이다.

지도 P.157-A2 **주소** 132 Hùng Vương **전화** 0235-3915-915 **홈페이지** www.lasiestaresorts.com **요금** 스탠더드(28㎡) US$90, 디럭스(32㎡) US$115~135 **객실** 70실 **조식** 포함 **부대시설&서비스** 자전거 대여, 공항 셔틀(유료), 해변 무료 셔틀, 투어 예약, 야외 수영장, 피트니스, 스파 **가는 방법** 내원교에서 서쪽으로 1.5㎞ 떨어져 있다. 훙브엉 거리를 따라 서쪽으로 쭉 가면, 마을 끝자락에 위치. 올드 타운까지 도보 15분.

트윈 룸 Twin Room

야외 수영장

06 베이 리조트 호이안
Bay Resort Hoi An ★★★★★

투본 강을 끼고 있는 껌남 섬에 있는 5성급 리조트. 강변을 끼고 나지막한 건물들이 연속해 들어서 있다. 한적한 풍경과 고급스러운 리조트가 잘 어우러진다. 호이안과 가까워 관광하기도 편리한데, 강 건너로 올드 타운이 바라다보인다. 객실은 36㎡ 크기의 디럭스 리버 뷰 룸을 기준으로 한다. 도회적인 객실 디자인과 욕조를 갖춘 욕실까지 고급스럽다. 발코니에 앉아 호이안 풍경을 감상할 수 있는 것도 매력이다. 럭셔리하게 즐기고 싶다면 전용 스파까지 객실 요금에 포함되는 풀 빌라를 이용하면 된다.

지도 P.159-E4 **주소** Cam Nam Riverside, Ven Sông Cẩm Nam **전화** 0235-7307-999 **홈페이지** www.bayresorthoian.com **요금** 디럭스(36㎡) US$150, 프리미엄(45㎡) US$230, 풀 빌라(138㎡) US$750 **객실** 128실 **조식** 포함 **부대시설&서비스** 자전거 대여, 야외 수영장, 스파, 피트니스 **가는 방법** 투본 강 건너편의 껌남 섬에 있다. 올드 타운(호이안 시장)까지 500m 떨어져 있다.

베이 리조트 호이안

투본 강 건너편에 올드 타운이 펼쳐진다

07 벨 마리나 리조트
Bel Marina Hoi An Resort ★★★★☆

올드 타운과 가까운 안호이 섬에 있는 5성급 리조트. 다리(안호이 다리) 하나만 건너면 올드 타운이기 때문에 관광과 휴식에 적합한 입지 조건을 갖추고 있다. 투본 강을 끼고 있어 경관이 좋고 야시장도 가깝다. 야외 수영장과 넓은 정원 덕분에 여유롭게 시간을 보내기 좋다. 객실은 신관과 구관으로 나뉜다. 시티 뷰, 풀 뷰, 리버 뷰로 전망에 따라 객실 등급도 달라진다. 신관에 해당하는 디럭스 룸은 유럽풍으로 인테리어를 꾸몄으며, 루프톱 수영장도 별도로 갖추고 있다.

지도 P.157-A2 **주소** 127 Nguyễn Phúc Tần **전화** 0235-3938-888 **홈페이지** www.belmarinahoian.com **요금** 프리미어(30㎡) US$90, 프리미어 디럭스 리버 뷰(40㎡) US$159 **객실** 202실 **조식** 포함 **부대시설&서비스** 자전거 대여, 안방 해변 셔틀버스, 야외 수영장, 피트니스, 스파, 키즈 클럽 **가는 방법** 안호이 섬 응우옌푹떤 거리 127번지에 있다. 호이안 야시장에서 500m 떨어져 있다.

투본 강을 끼고 있는 벨 마리나 리조트

벨 마리나 리조트 디럭스 룸

끄어다이 해변 & 안방 해변

01 포 시즌스 리조트 더 남하이(남하이 리조트)
Four Seasons Resort The Nam Hai ★★★★★

호이안 인근의 한적한 하미 해변 Ha My Beach (Bãi Biển Hà My)에 있는 5성급 럭셔리 리조트. 35헥타르(약 10만 평) 규모로, 야자수 정원과 곱게 정리된 잔디, 야외 수영장에서 전용 해변으로 이어지는 조경까지 자연 친화적으로 건축했다. 특히 해변까지 곧게 직선으로 뻗은 야외 수영장이 리조트의 분위기를 대변한다. 식재료는 직접 운영하는 농장에서 재배한 유기농 제품을 사용한다. 접근성은 떨어져도 충분히 휴식하며 즐기기엔 좋다.

일반 빌라는 80㎡(약 24평) 크기의 원 베드룸이다. 객실은 대리석 바닥에 일자형 직사각형이며, 중간 중간 계단 때문에 아이들이 마음 놓고 뛰어놀기는 어려운 구조다. 침대는 네 기둥 침대로 커튼을 달아 로맨틱하다. 욕조가 침대 뒤쪽에 있고, 개인 수영장은 없다. 객실 용품도 정성스럽게 갖춰 놓았고, 목욕 용품은 작은 항아리에 담겨 있다. 개인 수영장이 있는 풀빌라는 럭셔리하다. 객실과 거실이 별채로 분리되어 있으며 버틀러 서비스를 제공한다. 원 베드룸 풀빌라는 250㎡(약 75평) 크기로, 성인 3명 또는 성인 2명과 아동 1명이 함께 머물 수 있다. 대가족(성인 6명 또는 성인 4명과 아동 2명)이 머물 수 있는 투 베드룸 풀빌라는 400㎡(약 120평) 크기다. 15m 길이의 개인 수영장과 두 동의 침실, 한 동의 거실로 구분되어 있다.

지도 P.062-B3 **주소** Ha My Beach(Bãi Biển Hà My), Điện Dương, Điện Bàn, Quảng Nam **전화** 0235-3940-000 **홈페이지** www.fourseasons.com/hoian **요금** 원 베드룸 빌라 US$790~950, 비치 프런트 원 베드룸 빌라 US$1,050~1200, 원 베드룸 풀빌라 US$1,290~1,470, 투 베드룸 풀빌라 US$2,100~2,390 **객실** 60채(일반 빌라), 40채(풀빌라) **조식** 포함 **부대시설&서비스** 공항 셔틀(유료), 투어 예약, 야외 수영장, 피트니스, 마사지룸, 도서관, 키즈 클럽, 테니스 코트 **가는 방법** 호이안의 동쪽 안방 해변에서 북쪽으로 3㎞ 떨어진 하미 해변에 있다. 올드 타운에서 9㎞ 거리이며, 차로는 15분 정도 걸린다.

1 야외 수영장(메인 풀) **2** 스리 베드룸 풀 빌라 **3** 풀빌라 침실 **4** 일반 객실의 야외 샤워장

Hotel

후에의 호텔

후에의 호텔들은 흐엉 강 오른쪽 신시가에 몰려 있다. 여름엔 더워서 에어컨 시설이 중요하지만, 겨울에는 생각보다 쌀쌀해서 온수 샤워가 더 중요하다. 에어컨과 온수 샤워를 갖춘 미니 호텔은 US$20~25 정도로 저렴하다. 호텔에서 대부분 픽업 서비스를 제공한다.

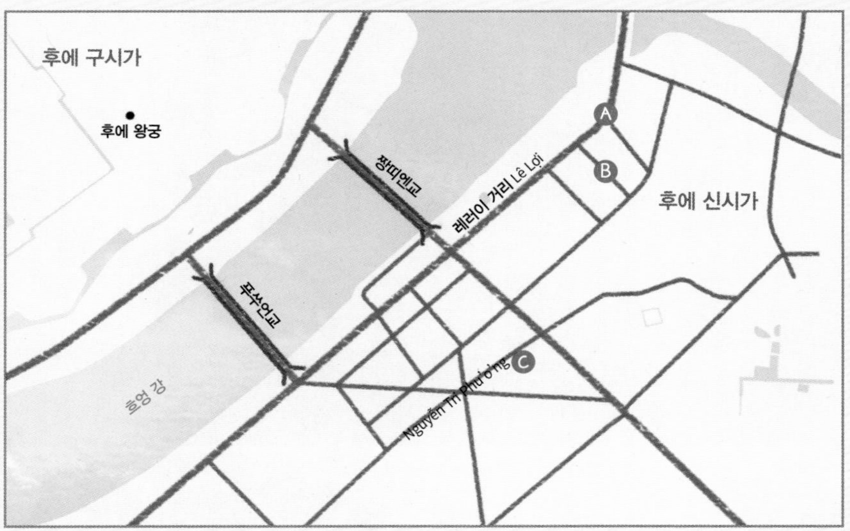

여행자 숙소 밀집 지역

A 레러이 거리 66번지 골목 Kiệt 66 Lê Lợi

센추리 리버사이드 호텔 맞은편 골목이다. 150m 남짓한 골목에 10여 개의 미니 호텔과 게스트하우스가 들어서 있다. 에어컨과 온수 시설을 갖췄고, 숙박비는 US$15~20 정도다.

주변에 있는 응우옌꽁쯔 거리 Nguyễn Công Trứ에도 외국인 여행자가 선호하는 미니 호텔이 많다. 신시가라고는 하지만 고층 빌딩은 없다.

B 응우옌찌프엉 거리 34번지 골목 Kiệt 34 Nguyễn Tri Phương

시내 중심가와 가까운 응우옌찌프엉 거리에서 연결되는 좁은 골목이다. 저렴한 미니 호텔이 대부분으로, 시설은 비슷비슷하다.

C 팜응우라오 거리 & 쭈반안 거리 Phạm Ngũ Lão & Chu Văn An

여행자 거리를 형성하는 곳으로, 3성급 호텔이 들어서 있다. 주변에 레스토랑이 많아 편리하다.

01 호텔 사이공 모린
Hotel Saigon Morin ★★★★☆

후에에서 가장 오래된 호텔로, 이정표 역할을 하는 곳이다. 신시가에서 눈에 가장 잘 띈다. 프랑스 식민 지배 시기인 1901년 전형적인 콜로니얼 양식을 가미해 건설했다. 기본 객실에 해당하는 콜로니얼 디럭스는 40㎡ 크기로, 동급 호텔과 비교하면 월등히 넓다. 객실 바닥은 나무로 깔려 있으며, 원목 가구와 테이블을 배치해 고풍스런 느낌을 준다. 도로 방향으로 아치형 창문과 발코니가 딸려 있다. 후에의 역사를 보여주는 흑백 사진도 호텔 내부 곳곳에 걸려 있다. 호텔 안마당에 있는 정원과 수영장은 공원처럼 아늑하다.

지도 P.242-A4 **주소** 30 Lê Lợi **전화** 0234-3823-526 **홈페이지** www.morinhotel.com.vn **요금** 콜로니얼 디럭스 US$105, 리버 디럭스 US$140 **객실** 180실 **조식** 포함 **부대시설&서비스** 공항 셔틀(유료), 투어 예약, 야외 수영장, 피트니스, 마사지 **가는 방법** 짱띠엔교 앞의 레러이 거리와 훙브엉 Hùng Vương 거리가 교차하는 사거리에 있다.

1 호텔 사이공 모린 외관 **2** 야외 수영장 **3** 디럭스 룸 Deluxe Room **4** 야외 정원

02 아제라이 라 레지던스
Azerai La Résidence ★★★★☆

인도차이나 총독이 살던 콜로니얼 건축물을 개조해 모던 클래식한 느낌이 드는 호텔. 우아한 건축물을 아트 데코 디자인으로 꾸며 모던함을 강조했다. 객실은 낭만적인 네 기둥 침대와 흐엉 강이 바라보이는 발코니까지 근사하다. 넓은 정원과 수영장을 중심으로 두 동의 건물이 들어서 있다.

지도 P.241-D4 **주소** 5 Lê Lợi **전화** 0234-3837-475 **홈페이지** www.azerai.com **요금** 슈피리어 US$225, 디럭스 US$340 **객실** 122실 **조식** 불포함 **부대시설&서비스** 공항 셔틀(유료), 투어 예약, 야외 수영장, 피트니스 **가는 방법** 레러이 거리 초입에 있다. 기차역에서 400m.

03 임페리얼 호텔
Imperial Hotel ★★★★

후에 최초의 5성급 호텔. 신시가 한복판에 우뚝 솟은 현대적인 호텔로 웅장한 로비와 편안한 객실을 제공한다. 객실은 나무 바닥이라 클래식한 느낌을 준다. 디럭스 룸은 36㎡ 크기로 위치에 따라 시티 뷰와 리버 뷰로 구분된다. 스카이 라운지에서 도시 풍경이 막힘없이 내려다보인다.

지도 P.242-A3 **주소** 8 Hùng Vương **전화** 0234-3882-222 **홈페이지** www.ttchospitality.vn **요금** 디럭스 US$120~140 **객실** 195실 **조식** 포함 **부대시설&서비스** 야외 수영장, 피트니스 **가는 방법** 훙브엉 Hùng Vương 거리 8번지에 있다.

04 빌라 후에
Villa Hue ★★★★

콜로니얼 건물을 개조한 소규모 부티크 호텔로 정부에서 운영한다. 후에관광대학교 학생들이 호텔 직원으로 일하는데 친절하다. 36㎡ 크기의 넓은 객실에는 소파와 가구가 놓여 있다. 안마당에는 야외 수영장이 있다.

지도 P.242-B2 **주소** 4 Trần Quang Khải **전화** 0234-3831-628 **홈페이지** www.villahue.com **요금** 슈피리어 US$65~72, 디럭스 US$85 **객실** 29실 **조식** 포함 **부대시설&서비스** 자전거 대여, 공항 셔틀(유료), 투어 예약, 야외 수영장, 피트니스, 쿠킹 클래스 **가는 방법** 신시가 여행자 거리와 가까운 쩐꽝카이 거리 중간에 있다.

05 필그리미지 빌리지
Pilgrimage Village ★★★★☆

시내와 떨어져 있지만, 한적한 전원에 위치해 자연적인 정취가 가득한 호텔이다. 후에의 여느 호텔과 완벽하게 차별화되는 곳으로, 녹음이 우거진 나무들로 열대 정원의 분위기를 만끽할 수 있다. 단독 빌라인 허니문 풀빌라는 프라이버시를 방해받지 않고 여유로운 시간을 보낼 수 있다.

지도 P.258-A2 **주소** 130 Minh Mạng **전화** 0234-3885-461 **홈페이지** www.pilgrimagevillage.com **요금** 디럭스 US$105~128, 허니문 풀빌라 US$245 **객실** 99실 **조식** 포함 **부대시설&서비스** 야외 수영장, 스파 **가는 방법** 시내에서 4㎞ 떨어져 있다.

06 멜리아 빈펄
Melia Vinpearl ★★★★☆

후에 신시가에 있는 5성급 호텔이다. 멜리아 호텔에서 인수하면서 멜리아 빈펄로 바뀌었다. 도시 중심가에 올라선 고층 건물인데다, 한낮의 볕을 난반사하는 전면 통유리창 덕에 눈길을 사로잡는다. 주변에 높은 건물이 없어 객실 전망이 뛰어나고, 33층 루프톱의 스카이 바에서도 근사한 경관을 누릴 수 있다.

지도 P.242-B3 **주소** 50A Hùng Vương **전화** 0234-3688-666 **홈페이지** www.melia.com **요금** 디럭스 트윈(36㎡) US$75~84 **객실** 213실 **부대시설&서비스** 수영장, 피트니스, 스파, 스카이라운지 **가는 방법** 훙브엉 거리 50번지. 빈콤 플라자 쇼핑몰 옆에 있다.

07 로맨스 호텔
Romance Hotel ★★★★

4성급 호텔로, 3성급 정도의 수준이지만 새로 만든 호텔이라 시설이 깨끗하다. 나무 바닥과 욕조가 딸린 개인 욕실이 있으며, 전형적인 호텔 객실 설비를 갖췄다. 객실 크기는 32~38㎡로 넓은 편. 시내 중심가라 방에서 도시 풍경이 보인다.

지도 P.242-B2 **주소** 16 Nguyễn Thái Học **전화** 0234-3898-888 **홈페이지** www.romancehotel.com.vn **요금** 슈피리어 US$60~70, 디럭스 시티 뷰 US$85 **객실** 131실 **조식** 포함 **부대시설&서비스** 공항 셔틀(유료), 투어 예약, 옥상 야외 수영장 **가는 방법** 여행자 거리와 가까운 응우옌타이혹 거리 16번지. 리틀 이탈리 Little Italy 옆에 있다.

08 문 라이트 호텔
Moonlight Hotel Hue ★★★★

위치가 좋고 시설이 깨끗하며, 나무 바닥 객실은 아늑하다. 낮은 층은 슈피리어 룸으로 특별한 전망은 없다. 디럭스 룸은 시티 뷰와 리버 뷰가 있고, 높은 층일수록 전망이 좋다. 꼭대기층의 식당에선 시티 뷰를 감상할 수 있다. 주변에 술집이 많아 시끄러울 수 있다.

지도 P.242-A2 **주소** 20 Phạm Ngũ Lão **전화** 0234-3979-797 **홈페이지** www.moonlighthue.com **요금** 디럭스 시티 뷰 US$72, 디럭스 리버 뷰 US$85 **객실** 90실 **조식** 포함 **부대시설&서비스** 수영장, 피트니스 **가는 방법** 팜응우라오 거리 20번지에 있다.

09 호텔 라 펄
Hotel La Perle ★★★☆

좁고 어둑한 골목에 있어 위치는 불편하지만 가성비 좋은 2성급 호텔이다. 특히 자유여행자들이 선호하는 호텔로 직원들이 친절한 게 매력이다. 객실은 에어컨, LCD TV, 냉장고가 갖춰진 기본적인 시설이다. 아침 식사가 포함되며, 무료로 제공되는 음료와 과일을 항상 비치하고 있다.

지도 P.242-B2 **주소** Số 24 Kiệt 42 Nguyễn Công Trứ **전화** 0234-3816-678 **홈페이지** www.hotellaperlehue.com.vn **요금** 슈피리어 더블 US$30, 디럭스 US$32 **객실** 28실 **조식** 포함 **부대시설&서비스** 투어 예약 **가는 방법** 응우옌꽁쯔 거리 42번지 골목 안쪽에 있다.

여행 준비하기
Before the Travel

한국에서 출국하기

베트남행 직항편은 인천 국제공항, 김해 국제공항, 대구 국제공항, 청주 국제공항 4곳에서 출발한다. 집에서 공항까지의 이동 수단, 이동 시간, 공항에서 수속 시간 2시간 정도 고려해 비행 시간에 늦지 않게 출발하자.

© 인천국제공항공사

T1과 T2이 한눈에 보이는 인천 국제공항 전경

01 공항으로 출발하기

수도권이나 경기권 주요 도시에서 인천 국제공항으로 가는 편리한 방법으로는 크게 두 가지가 있다. 공항버스를 타거나 공항철도를 타는 것. 홈페이지를 통해 미리 노선을 확인한다.

- **인천 국제공항** www.airport.kr
- **공항 철도** www.arex.or.kr
- **김해 국제공항** www.airport.co.kr/gimhae/main.do
- **공항 리무진** www.airportlimousine.co.kr

02 공항 도착

인천 국제공항은 두 개의 터미널로 구분되어 있다. 각기 다른 항공사들이 취항하기 때문에, 공항으로 가기 전에 본인이 타고 가는 비행기가 어떤 터미널을 이용하는지 반드시 확인해야 한다. 대부분의 항공사는 기존에 사용하던 제1여객터미널을 이용하고, 대한항공과 진에어 포함해 8개 항공사는 제2여객터미널을 이용한다. 출국장은 공항 청사 3층에 있다. 공항 리무진을 타면 3층 출국장에 바로 내려준다.

03 항공사 카운터에서 탑승 수속 및 보딩 패스 발급

공항에 도착하면 항공사 카운터 위치(알파벳)를 확인한다. 카운터에 여권과 항공권(E-ticket)을 제출하면 비행기 좌석번호와 탑승구 번호가 적힌 보딩 패스(탑승권) Boarding Pass를 건네준다. 원하는 자리(창가석, 통로석)를 요구해서 배정받을 수 있다. 주요 소지품 등을 넣은 보조가방만 휴대하고 트렁크는 위탁 수하물로 처리한 뒤 수하물 표 Baggage Claim Tag를 받는다. 수하물 표는 짐을 찾을 때까지 잘 보관한다.

04 보안 검색대 통과하기

기내 반입 제한 물품을 휴대하고 있는지 확인하는 검색대를 통과한다. 안내에 따라 주머니 소지품을 포함해 모든 휴대 물품을 X-Ray 검색 컨베이어에 올려놓자.

05 출국 심사(자동 출국 심사)

심사대에서 여권, 탑승권을 심사관에게 제출하면 여권에 출국 도장을 찍은 후 항공권과 함께 돌려준다. 무인으로 진행되는 자동 출입국 심사대를 이용해도 된다.

06 면세점 쇼핑 뒤 탑승구 이동

보딩 패스에 적힌 탑승구(Gate No.)를 확인한다. 제1여객터미널의 경우 여객터미널 탑승구(1~50번 게이트)와 탑승동 탑승구(101~132번 게이트)로 나뉜다. 탑승동에 위치한 탑승구는 셔틀 트레인 Shuttle Train을 타고 가야 한다. 탑승구 27번과 28번 게이트 사이에 있는 에스컬레이터를 타고 지하 1층으로 내려가면 셔틀 트레인 승강장이 나온다. 새롭게 생긴 제2여객터미널에서 출발하는 항공기의 탑승구(Gate No.)는 200번대로 시작된다.

07 탑승

항공기 출발 40분 전까지 지정 탑승구로 이동해 탑승한다.

● 다낭 취항 항공 노선과 시간

베트남항공, 대한항공, 아시아나항공, 제주항공, 진에어, 티웨이항공, 비엣젯 항공, 에어서울에서 인천→다낭 국제선을 취항한다. 대부분의 항공편이 인천 공항에서 오후에 출발해 다낭에 밤늦게 도착한다. 비행 시간은 약 4시간 30분 소요된다.

인천 ▶ 다낭

항공사	편명	출발 시각	도착 시각
베트남항공	VN431	14:15	20:30
대한항공	KE457	10:55	13:40
아시아나항공	OZ755	18:50	21:35
제주항공	7C2903	21:20	00:35
진에어	LJ081	20:25	23:05
티웨이 항공	TW127	21:35	00:25

다낭 ▶ 인천

항공사	편명	출발 시각	도착 시각
베트남항공	VN430	00:05	06:40
대한항공	KE462	22:50	05:25
아시아나항공	OZ756	23:20	05:25
제주항공	7C2904	02:00	08:25
진에어	LJ082	01:35	08:05
티웨이 항공	TW128	01:50	08:35

알아두세요

【 기내 반입 불가 물품 】

창·도검류(칼과 가위, 칼 모양의 장난감 포함), 총기류, 인화성 물질, 스포츠 용품, 무술·호신용품, 공구, 100㎖가 넘는 액체·젤·스프레이·화장품도 기내에 반입할 수 없다.

국제선 출국

이륙 준비 중인 비행기

알아두세요

【 도심공항 터미널 이용하기 】

도심공항 터미널에서 미리 출국 수속, 항공 체크인, 수하물 탁송을 할 수 있다. 공항 터미널은 서울역과 삼성동 2곳에 있다. 당일 출국자만 이용할 수 있고, 이용하는 항공사의 카운터가 있는지 확인해야 한다. 탑승 수속을 마치면, 공항에서는 전용 통로를 통해 보안 검색 후 바로 출국 심사대를 통과할 수 있다.

- **서울역 공항 터미널**
  전화 032-745-7861
  홈페이지 www.arex.or.kr
- **삼성동 도심공항 터미널**
  전화 02-551-0077~8
  홈페이지 www.calt.co.kr

현지 교통 이용하기

베트남의 대중 교통은 국내선 항공, 기차, 버스, 오픈 투어 버스 등 다양하다. 다낭, 호이안, 후에(훼)는 인접해 있어 세 도시를 연결하는 항공편은 없다. 근교에 갈 때는 여행사가 운행하는 오픈 투어 버스를 이용하는 것이 효율적이다. 기차도 운행하고 있지만 운행 편수가 많이 없다.

01 | 항공

베트남항공 Vietnam Airlines은 전국 노선을 운항하며, 비엣젯항공 VietJet Air과 뱀부항공 Bamboo Airways은 호찌민시(사이공)·하노이·다낭·하이퐁·빈(빙)·냐짱으로 노선이 한정되지만 요금이 저렴하다. 다낭과 후에에 공항이 있고, 호이안에는 공항이 없다. 국내선 노선이라도 예약할 때 여권이 필요하다.

- **베트남항공** www.vietnamairlines.com
- **비엣젯항공** www.vietjetair.com
- **뱀부항공** www.bambooairways.com

베트남항공

02 | 기차

1976년부터 하노이↔사이공(호찌민시)을 연결하는 통일열차 Reunification Express(Đường Sắt Thống Nhất)가 개통되었다. 속도는 평균 50㎞/h로 느리다. 다낭·호이안·후에를 이동하는 수단으로 사용하기보다는 베트남 전역으로 여행을 이어갈 때 이용할 만하다. 베트남 남북을 관통하는 남부행(하노이→다낭→사이공) 노선은 편명이 홀수(SE1, SE3, SE5, SE19), 북부행(사이공→다낭→하노이) 노선은 편명이 짝수(SE2, SE4, SE6, SE20)다. 기차표는 역에서 예약하며, 미리 하는 게 좋다. 영어는 잘 통하지 않기 때문에 목적지와 열차 등급을 종이에 적어 보여주면 된다. 여행사를 통해 예약하면 수수료를 추가로 지불해야 한다.

베트남 기차

● 다낭-후에(훼)를 잇는 기차 여행

다낭에서 후에(훼)를 가는 방법으로는 오픈 투어 버스를 이용하는 것과 기차를 이용해서 가는 방법이 있다. 오픈 투어 버스가 기차보다 편리하지만, 다낭-후에를 잇는 기차 노선의 장점은 바로 수려한 경관이다. 다낭에서 후에로 가려면 하이번 고개(P.095 참고)를 넘어야 한다. 굽이굽이 해안선을 따라 가는 기차 철로 덕분에 바다 풍경을 즐기며 이동할 수 있다. 속도가 느려서 다낭에서 후에까지 3시간 정도 걸리지만, 하이번 고개를 넘으면서 보는 랑꼬 해변의 경치가 좋아 여행자들이 종종 이용한다. 다낭→후에 구간은 매일 5회 출발하며, 편도 요금(에어컨 좌석)은 9~12만 VND이다.

알아두세요

【 기차 좌석 】

- **응오이끙** Ngồi Cứng(Hard Seat) 완행열차의 딱딱한 좌석.
- **응오이멤** Ngồi Mềm(Soft Seat) 일반열차의 푹신한 좌석.
- **응오이멤 디에우호아** Ngồi Mềm Điều Hòa(Ngồi Mềm ĐH) 에어컨 시설의 일반열차 1등 좌석.
- **남끙** Nằm Cứng(Hard Sleeper) 6인실 딱딱한 침대칸. 대부분 에어컨 시설이다. 3층 침대가 양쪽으로 놓여 있고, Tầng 1(하), Tầng 2(중), Tầng 3(상)으로 구분된다. 아래쪽 침대가 요금이 비싸다.
- **남멤** Nằm Mềm(Soft Sleeper) 4인실 푹신한 침대칸. 모두 에어컨 시설이다. 2층 침대가 양쪽으로 놓여 있다. Tầng 1(하)와 Tầng 2(상)의 요금 차이는 별로 나지 않는다.

하노이 → 사이공(호찌민시) 열차 시간표

	거리(km)	SE1	SE3	SE5	SE7	SE19	SE21
하노이 Hà Nôi	–	21:10	19:20	16:30	06:10	19:50	–
동하 Đông Hà	622	09:53	07:38	04:27	19:25	08:28	–
후에(훼) Huế	688	11:06	08:51	05:40	20:38	09:39	–
랑꼬 Lăng Cô	755	–	–	–	–	–	–
다낭 Đà Nẵng	791	13:41	11:25	08:26	23:13	12:28	08:10
냐짱 Nha Trang	1,315	23:58	22:00	20:34	09:58	–	20:00
사이공 Sài Gòn	1,726	08:25	06:30	05:40	18:36	–	05:00

사이공(호찌민시) → 하노이 열차 시간표

	거리(km)	SE2	SE4	SE6	SE8	SE20	SE22
사이공 Sài Gòn	–	20:50	19:00	15:25	06:00	–	10:35
냐짱 Nha Trang	411	04:25	02:34	23:49	14:05	–	18:22
다낭 Đà Nẵng	935	14:51	12:38	10:20	00:41	18:10	06:00
랑꼬 Lăng Cô	971	–	–	–	–	–	–
후에(훼) Huế	1,038	17:36	15:35	13:42	03:26	20:35	–
동하 Đông Hà	1,104	18:51	16:50	14:57	04:58	21:50	–
하노이 Hà Nôi	1,726	08:30	05:55	04:40	19:12	–	–

03 오픈 투어 버스(여행사 버스)

오픈 투어 버스는 도심에서 멀리 떨어진 터미널까지 갈 필요가 없고, 여행사 숙소가 밀집한 곳에서 출발하기 때문에 편리하다. 로컬 버스에 비해 버스 시설이 좋고, 목적지까지 빠르게 이동한다. 호이안↔다낭↔후에를 이동할 때는 오픈 투어 버스를 이용하면 편리하다. 호이안→후에까지 약 4시간(편도 20만 VND), 다낭→후에(편도 15만 VND)까지 약 3시간 정도 걸린다. 장거리를 이동하는 승객을 위해 낮이라도 침대 버스 Sleeping Bus가 운행된다. 침대 버스는 호이안을 거쳐 남쪽의 냐짱까지 가거나, 후에를 거쳐 북쪽의 하노이까지 이동한다. 버스 티켓은 여행사뿐만 아니라 숙소에서도 예약할 수 있고, 예약한 곳으로 픽업해 준다(버스 출발 장소까지 오토바이나 미니밴으로 데려가는 경우도 있다). 단, 숙소에서 예약하면 숙소와 연계된 여행사를 통하기 때문에 원하는 버스 회사를 선택할 수 없다. 대표적인 여행사는 '신 투어리스트 The Sinh Tourist'다.

신 투어리스트 버스

신 투어리스트 다낭 사무실

04 택시

베트남에서 택시 잡기는 쉽지만, 미터기를 조작하는 택시도 있으므로 주의가 필요하다. 믿을 만한 택시 회사일수록 회사 로고와 전화번호가 크게 적혀 있고 암기하기도 쉽다. 마이린 Mai Linh과 비나선 Vina Sun이 믿을 만하다. 빈 패스트 Vin Fast(베트남 전기차 회사)에서 운영하는 싼에스엠 택시 Xanh SM Taxi도 괜찮다. 영어가 잘 통하지 않기 때문에 목적지 주소(번지수)를 적어서 보여주는 게 좋다.

택시는 소형(4명 탑승)과 대형(7명 탑승)으로 구분된다. 기본 요금은 8,000~1만 6,000VND이며, 택시 회사마다 약간 차이가 있지만, 같은 거리를 갈 때 요금은 비슷하다. 일반적으로 1만 VND에 1㎞를 갈 수 있으며, 10분 정도 이동하면 6만 VND 정도 요금이 나온다. 회사마다 무전으로 택시 기사와 연락되기 때문에 호텔에서 택시를 불러도 콜 비를 따로 낼 필요는 없다.

알아두세요

【 택시 미터기 보는 법 】

베트남 택시 미터기를 보고 이상한 숫자에 당황하기 마련이다. 베트남 화폐 단위가 워낙 크기 때문에 금액을 전부 표시하지 않고 뒷자리 2개를 생략하기 때문. 미터기를 보는 요령은 찍혀 있는 숫자에 '00'을 더하면 된다. 만약 미터기에 '54.0'이라고 표시되어 있다면, 이는 5만 4,000VND다.

05 그랩 Grab

베트남을 비롯한 주요 동남아시아 국가들에서 이용되는 콜택시 애플리케이션이다. 카카오택시나 우버와 마찬가지로 무료 애플리케이션을 설치하고, 현재 위치로 택시를 부르면 가고자 하는 목적지까지 이동할 수 있다. 그랩 택시 Grab Taxi(그랩에 등록된 택시), 그랩 카 Grab Car(그랩에 등록된 자가용 택시), 저스트 그랩 Just Grab(그랩 택시와 자가용 택시 중 가까운 곳에 있는 차량을 우선 배정)으로 나뉜다. 그랩 카는 4인승과 7인승 중 인원에 맞게 선택할 수 있다. 애플리케이션을 실행하고 가고자 하는 목적지를 입력하면 택시 요금이 미리 산정돼서 나오기 때문에 편리하다. 카드보다는 현금을 사용하면 더 편리하다.

06 그랩 바이크 Grab Bike

쎄옴(오토바이 택시) Xe Ôm의 불편함을 보완한 애플리케이션으로 그랩 Grab에서 운영한다. 그랩 애플리케이션을 실행할 때는 오토바이 로고가 그려진 '그랩 바이크'를 누르면 된다. 목적지까지의 요금이 표시되어 편리하고, 택시보다 빠르게 이동할 수 있다. 가까운 거리를 이용할 때 편리하지만, 한 명만 탑승 가능하다.

07 시내버스 Xe Buýt

제한적이긴 하지만 다낭과 후에는 시내버스가 운행된다. 저렴한 대중교통이지만 영어 안내판 · 영어 방송이 전무해 외국인에게는 불편하다. 차장이 돌아다니며 요금을 받는데 잔돈을 미리 준비하는 게 좋다.

08 씨클로

영화로도 만들어졌을 정도로 베트남의 상징적인 교통수단. 삼륜자전거로 좌석을 앞쪽에 배치했는데, 사람이 직접 몰기 때문에 속도가 느리다. 현지인에게는 단거리를 이동할 때 이용하지만(짐도 실을 수 있어 편리하다), 외국인에게는 바가지요금의 온상처럼 여겨진다. 반드시 탑승하기 전에 요금을 흥정하고 타야 한다(간혹 내릴 때 딴소리하며 돈을 더 내라고 한다). 거스름돈을 안 주는 경우도 비일비재하니 잔돈을 미리 준비하자.

씨클로

09 오토바이 Motorbike(Mô Tô)

베트남에서 오토바이는 생필품이다. 때문에 여행지에서 외국인에게 오토바이 대여해 주는 곳을 어렵지 않게 볼 수 있다. 오토바이 기종에 따라 12만~15만 VND에 빌릴 수 있다. 하지만 무엇보다 안전한 여행이 최우선이다. 반드시 헬멧을 착용하고 초보자는 절대로 운전하지 말 것.

베트남 비자(무비자 45일 체류 가능)

01 무비자 45일

베트남은 비자 없이 45일 여행이 가능하다. 무비자로 입국하려면 규정상 왕복 항공권 Return Ticket이나 다른 나라로 가는 항공권 One-ward Ticket이 있어야 하지만 실제로 항공권을 확인하는 경우는 드물다.

❶ 베트남을 무비자로 입국하기 위해서는 여권 유효기간이 반드시 6개월 이상 남아 있어야 한다.
❷ 무비자 조항은 공항으로 입국하든 육로 국경으로 입국하든 한국 여권 소지자에게 동일하게 적용된다.
❸ 무비자 입국은 제한사항 없이 베트남에 입국할 때마다 자동으로 45일 체류가 가능하다.
❹ 장기 여행할 계획이라면 입국하기 전에 비자 관련 변동 사항을 미리 확인해두자.

변경된 출입국 관리법은 대사관 홈페이지(http://overseas.mofa.go.kr/vn-ko/index.do)를 통해 확인이 가능하다.

02 e비자

45일을 초과해 여행할 경우 비자를 미리 발급 받아야 한다. 온라인으로 e비자 신청 및 발급이 가능하다. 대사관이나 여행사를 통하지 않고 직접 비자를 받을 수 있어 편리하다. e비자는 최대 90일까지 체류 가능하다. 단수 비자(입출국을 1회로 제한하는 비자)와 복수 비자(입출국이 여러 번 가능한 비자)로 구분해 신청할 수 있다. 베트남 이민국에서 운영하는 e비자 신청 사이트(https://evisa.xuatnhapcanh.gov.vn)를 이용하면 된다.

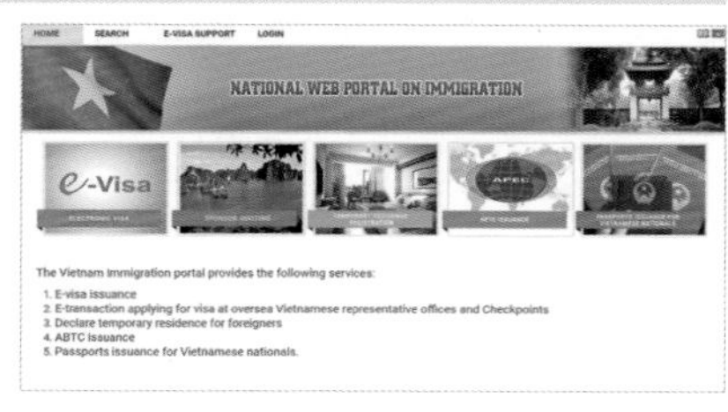

❶ e비자 수수료는 단수 비자 US$25, 복수 비자 US$50다. 온라인으로 신청할 때 카드로 선결제하면 된다.
e비자 발급은 통상 3일이 소요된다. 온라인으로 발급된 e비자는 직접 프린트해서 입국할 때 소지하고 있어야 한다.
❷ e비자를 신청할 때 영문 이름, 생년월일, 여권 번호, 여권 만료일 등 입력 내용이 틀리지 않도록 유의해야 한다.
❸ 비자 유효 기간은 비자 발급일로부터 개시되므로 입국 예정일을 맞추어 비자를 발급받도록 하자.

베트남 입국일로부터 90일이 아니고, 비자 발급일로부터 90일간 유효하다. e비자 신청서를 작성할 때 '입국 예정일 Intended Date of Entry'에 비행기 타는 날짜를 적으면 그날부터 유효한 베트남 비자가 발급된다. 베트남 입국 도시 Allowed to Entry through Checkpoint와 출국 도시 Exit through Checkpoint를 적는 항목도 있으므로 여행 일정과 맞게 주의를 기울여 기입해야 한다.

03 도착 비자

절차가 복잡하지만 공항으로 입국할 경우 도착 비자를 받는 방법도 있다. 현지에서 발행한 초청장과 여권 정보를 출입국사무소(이민국)에 보내 미리 승인을 받아야 한다. 개인이 하기에는 불편하기 때문에 대부분 여행사를 통한다. 허가증 발급에 5일 정도 걸리는데, 급행으로 처리할수록 대행 수수료가 비싸진다.
비자가 미리 발급된 게 아니므로, 베트남 공항에 도착하면 입국 심사대가 아니라 도착 비자 받는 창구로 먼저 가야 한다. 도착 비자 서류(입국 신청서 Application for Entry And Exit Vietnam)도 이곳에서 직접 작성해야 한다. 영문으로 작성하고 사진 2장을 첨부해 제출하면 된다. 잠시 후 여권에 비자를 붙여 발급해준다. 이때 비자 수수료(30일 비자 US$25, 90일 비자 US$50)를 추가로 내야 한다.

베트남어 여행 회화

베트남의 공식 언어는 베트남어다. 베트남의 봉건 왕조 시대에는 한자를 이용해 만든 글자를 표기하는 쯔놈 Chữ Nôm을 베트남어로 사용했으나, 프랑스가 베트남을 식민 지배하는 동안 로만 알파벳으로 표기가 교체되었다. 현재의 베트남어는 국어(國語)라는 뜻으로 꿕응으 Quốc Ngữ라고 부른다. 베트남어는 6성으로 이루어진 성조가 있어서 같은 글자라고 해도 성조에 따라 전혀 다른 뜻이 된다. 수도인 하노이를 중심으로 한 북부 베트남어를 표준어로 삼고 있으나, 호찌민시를 중심으로 한 남쪽 사람들은 표준어 발음을 전혀 개의치 않는다.

01 | 숫자

0 không 🔊 콩

1 một 🔊 못

2 hai 🔊 하이

3 ba 🔊 바

4 bốn 🔊 본

5 năm 🔊 남

6 sáu 🔊 싸우

7 bảy 🔊 바이

8 tám 🔊 땀

9 chín 🔊 찐

10 mười 🔊 므어이

100 một trăm 🔊 못 짬

1,000 một ngàn(nghìn)
🔊 못 응안(응인)

10,000 mươi ngàn(nghìn)
🔊 므어이 응안(응인)

100,000 một trăm ngàn(nghìn)
🔊 못 짬 응안(응인)

1,000,000 một triệu
🔊 못 찌에우

02 | 기본 여행 어휘

공항 sân bay 🔊 썬 바이

여권 hộ chiếu 🔊 호 찌에우

화장실 nhà vệ sinh 🔊 냐 베 씬

싱글 룸 phòng đơn 🔊 퐁 던

더블 룸 phòng đôi 🔊 퐁 도이

경찰 công an 🔊 꽁안

은행 ngân hàng 🔊 응언 항

신용카드 thẻ tín dụng 🔊 테 띤 중

달러 đô la 🔊 돌라

거스름돈 tiền trả lại
🔊 띠엔 짜 라이

병원 bệnh viện 🔊 벤 비엔

약국 hiệu thuốc 🔊 히에우 투옥

감기약 thuốc cảm 🔊 투옥 깜

설사약 thuốc tiêu chảy
🔊 투옥 띠에우 짜이

소화제 thuốc tiêu hóa
🔊 투옥 띠에우 호아

03 | 기본 여행 회화

예 vâng 🔊 벙

아니요 không 🔊 콩

좋다 tốt 🔊 뚯

나쁘다 xấu 🔊 써우

안녕하세요(일반적인 인사)
🔊 Xin chào. 씬 짜오.

여보세요(전화) Á-lô. 🔊 알로.

감사합니다. Cảm ơn. 🔊 깜언.

죄송합니다. Xin lỗi. 🔊 씬 로이.

괜찮습니다(천만에요).
Không có chi(Không sao).
🔊 콩 꼬 찌(콩 싸오).

다음에 만나요. Hẹn gặp lại.
🔊 헨 갑 라이.

나는 한국 사람입니다.
Tôi là người Hàn Quốc.
🔊 또이 라 응으어이 한꿕.

이건 뭐예요? Cái này là cái gì?
🔊 까이 나이 라 까이 지?

~는 어디 있나요? ~ ở đâu?
🔊 ~ 어 더우?

얼마예요? Bao niêu.
🔊 바오 니에우.

계산서 주세요! Tính tiền.
🔊 띤 띠엔.

영수증을 주십시오.
Xin cho tôi hóa đơn.
🔊 씬 쪼 또이 호아 던.

너무 비싸요. Đắt quá.
🔊 닷 꽈.

더 싼 거 있나요?
Có loại rẻ hơn không ạ?
🔊 꼬 로아이 제 헌 콩 아?

세워주세요. Xin dừng lại.
🔊 씬 증 라이.

오토바이/자전거를 빌리고 싶습니다.
Tôi muốn thuê xe máy/xe đạp.
🔊 또이 무온 투에 쎄 머이/쎄 답.

택시 불러 줄 수 있어요?
Nhờ gọi xe taxi cho tôi?
🔊 녀 고이 쎄 딱씨 쪼 또이?

04 | 긴급 상황 회화

도와주세요! Hãy giúp tôi!
🔊 하이 줍(윱) 또이!

길을 잃었어요. Tôi bị lạc.
🔊 또이 비 락.

지갑을 잃어버렸어요.
Tôi bị mất cái ví.
🔊 또이 비 멋 까이 비.

아픕니다. Tôi bị bệnh.
🔊 또이 비 벤.

다쳤어요. Tôi đã bị thương.
🔊 또이 다 비 트엉.

귀찮게 하지 마!
Đừng làm phiền tôi.
🔊 등 람 피엔 또이.

만지지 마! Đừng đụng tôi!
🔊 등 둥 또이!

속도를 줄여주세요! Đi chậm lại!
🔊 디 쩜 라이!

도둑이야! Ăn trộm!
🔊 안 쫌!

경찰을 불러주세요.
Xin gọi công an giúp tôi.
🔊 씬 고이 꽁 안 줍(윱) 또이.

경찰서가 어디 입니까?
Công an địa phương nằm ở đâu?
🔊 꽁 안 디어 프엉 남 어 더우?

05 | 식당

▶ 음식 재료

❶ 고기

닭고기 Gà 🔊 가

소고기 Bò 🔊 보

돼지고기(남쪽 지방) Heo 🔊 헤오

돼지고기(북쪽 지방) Lợn 🔊 런

오리고기 Vịt 🔊 빗

달걀 Trứng 🔊 쯩

> 알아두세요
> 고기 종류들은 고기를 뜻하는 '팃 Thịt'을 붙여서 팃가 Thịt Gà(닭고기), 팃보 Thịt Bò(소고기), 팃헤오 Thịt Heo(돼지고기)라고 표기합니다.

❷ 해산물

시푸드 Hải Sản 🔊 하이싼

생선 Cá 🔊 까

새우 Tôm 🔊 똠

오징어 Mực 🔊 믁

장어 Lươn 🔊 르언

게 Cua 🔊 꾸어

꽃게 Ghẹ 🔊 게

❸ 채소

채소 Rau 🔊 자우(라우)

두부 Đậu Phụ 🔊 더우푸

버섯 Nấm 🔊 넘

오이 Dưa Chuột 🔊 즈아쭈옷

가지 Cà Tím 🔊 까띰

당근 Cà Rốt 🔊 까롯

배추 Bắp Cải 🔊 밥까이

토마토 Cà Chua 🔊 까쭈어

❹ 면

Phở 쌀국수(넓적한 면발) 🔊 퍼

Bún 쌀국수(가는 면발) 🔊 분

Miến 당면 🔊 미엔

Mì 노란색 달걀면 🔊 미

▶ 조리 방법

무침(샐러드) Gỏi 🔊 고이

볶다 Xào 🔊 싸오

굽다 Nướng 🔊 느엉

졸이다 Kho 🔊 코

튀기다(북부 지방) Rán 🔊 잔

볶다 · 튀기다(남부 지방) Chiên
🔊 찌엔

말다 Cuốn 🔊 꾸온

찌다 Hấp 🔊 헙

데치다 Luộc 🔊 루옥

볶다 Rang 🔊 랑(장)

통째로 굽다 Quay 🔊 꿰이

삶다 Nấu 🔊 너우

▶ 향신료 · 소스

생선소스 Nước Mắm 🔊 느억맘

굴소스 Dầu Hào 🔊 저우하오

간장 Nước Tương 🔊 느억뜨엉

칠리소스 Tương Ớt 🔊 느억 엇

소금 Muối 🔊 무오이

설탕 Đường 🔊 드엉

고추 Ớt 🔊 엇

마늘 Tỏi 🔊 또이

후추 Tiêu 🔊 띠에우

생강 Gừng 🔊 긍

양파 Hành 🔊 한

피망 Ớt Chuông 🔊 엇 쭈옹

레몬그라스 Sả 🔊 싸

타마린드 Me 🔊 메

고수 · 허브 Rau Thơm
🔊 자우텀(라우텀)

> 알아두세요
> 한국인 여행자 중에서는 고수가 입맛에 맞지 않을 수 있습니다. "고수를 빼주세요." 는 "Không cho rau mùi 콩 쪼 자우 무이" 라고 말하면 됩니다.

▶ 베트남 음식

소고기 쌀국수 Phở Bò 🔊 퍼보

닭고기 볶음국수 Mì Xào Gà
🔊 미싸오가

새우 볶음국수 Mì Xào Tôm
🔊 미싸오똠

해산물 볶음밥 Cơm Chiên Hải Sản
🔊 껌찌엔 하이싼

해산물 전골요리 Lẩu Hải Sản
🔊 러우 하이싼

망고 셰이크 Sinh Tố Xoài
🔊 신또 쏘아이

> 알아두세요
> **【 베트남 음식 이름 】**
> 베트남의 음식 이름은 '재료+조리 방법'으로 붙여집니다. 예를 들어, 닭고기 볶음국수는 주재료인 국수(미 Mì) + 조리 방법은 볶음 (싸오 Xào) + 부재료인 닭고기(가 Gà)로 이름 지어집니다.

인덱스

*지역별로 가나다 순. 구글 지도 검색명을 병기함.

프렌즈 시리즈 28

프렌즈 다낭

발행일 | 초판 1쇄 2017년 2월 1일
개정 5판 1쇄 2024년 6월 10일

지은이 | 안진헌

발행인 | 박장희
대표이사·제작총괄 | 정철근
본부장 | 이정아
파트장 | 문주미
책임편집 | 박수민

기획위원 | 박정호

마케팅 | 김주희, 박화인, 이현지, 한륜아
본문 디자인 | 정원경
개정 디자인 | 김미연, 변바희
지도 | 김영주

발행처 | 중앙일보에스(주)
주소 | (03909) 서울시 마포구 상암산로 48-6
등록 | 2008년 1월 25일 제2014-000178호
문의 | jbooks@joongang.co.kr
홈페이지 | jbooks.joins.com
네이버 포스트 | post.naver.com/joongangbooks
인스타그램 | @j__books

ISBN 978-89-278-8043-1 14980
ISBN 978-89-278-8003-5(세트)